Python

実践
Pythonライブラリー

計算物理学 I

数値計算の基礎／HPC／
フーリエ・ウェーブレット解析

小柳義夫 [監訳]

秋野喜彦
小野義正
狩野　覚
小池崇文
善甫康成 [訳]

R.H.Landau,
M.J.Páez and C.C.Bordeianu:
Computational Physics:
Problem Solving with Python,
3rd ed.

朝倉書店

To the memory of Jon Maestri

Computational Physics: Problem Solving with Python, Third edition
by Rubin H. Landau, Manuel J. Páez and Cristian C. Bordeianu

Copyright © 2015 WILEY-VCH Verlag GmbH & Co. KGaA, Boschstr. 12, 69469 Weinheim, Germany

Translation copyright © 2018 by Asakura Publishing Company, Ltd.

All Rights Reserved. Authorised translation from the English language edition published by John Wiley & Sons Limited. Responsibility for the accuracy of the translation rests solely with Asakura Publishing Company, Ltd. and is not the responsibility of John Wiley & Sons Limited. No part of this book may be reproduced in any form without the written permission of the original copyright holder, John Wiley & Sons Limited.

Japanese translation rights arranged with John Wiley & Sons, Ltd., Chichester, West Sussex, UK through Tuttle-Mori Agency Inc., Tokyo

監訳者まえがき
— 4つの科学手法による知の体系 —

　計算物理学はコンピュータによる大規模シミュレーションを主要な手段とする物理学研究の方法論であり，実験，理論と対比して第三の科学手法と呼ばれている．現在では，実験的研究においても理論的研究においてもコンピュータの利用は不可欠であるが，だからといって全ての研究が計算物理なのではなく，あくまで大規模シミュレーションを主要な手法とする方法論を計算科学と呼ぶ．

　このような方法論は物理学に始まり，化学，天文学，地球科学などでも大きな成果を上げ，生物科学にまで広がっている．先端的な科学研究だけでなく，工学の先端的な諸分野でも，ものづくりの産業界の現場でも，さらには人文・社会科学の研究においても発展しつつある．これを広く計算科学と呼ぶ．計算科学は，解析的に解くことが困難な非線形超多自由度系の振る舞いをコンピュータ・シミュレーションによって解明しようとしている．計算結果はしばしば予期しない結果を示し，膨大な自由度をもつ複雑系に関するわれわれの知識を大きく拡大させた．

　シミュレーションによる研究では，数理モデルの振る舞いをコンピュータで計算し，その結果を実験データのように帰納的に分析して何らかの法則性を見いだしそれを探究する．一般にモデルは多くの自由度を含む非線形複雑系であり，要素間の基礎方程式は単純でも，系全体の振る舞いは計算してみなければわからない．系の振る舞い (例えば，相転移があるか，その次数は何かなど) を知るには，計算結果を，実験データを分析するのと同様な手続きで分析することが必要である．このように計算科学は，モデルに基づく点で理論に類似し，データを帰納的に分析する点で実験に近いので，どちらでもない第三の科学と呼ばれるのである．

　現代社会では膨大なデータが蓄積されつつある．その背景には，コンピュータ技術の発展，インターネット技術の発展，ユビキタス・コンピューティング (ありとあらゆるところにコンピュータ・チップが組み込まれていること) の発展，IoT (Internet of Things) の登場，とくにモバイル機器に搭載された膨大なセンサー群の存在などがある．その膨大なデータ (しばしば「ビッグデータ」と呼ばれる) を蓄積し，そこから意味のある情報を抽出し，予測制御や意志決定に活用することは，人間の知的活動の重要な営みである．これはシミュレーションによる計算科学とは違う新しい手法であり，「データ科学」と呼ばれる．マイクロソフト研究所のジム・グレイ (Jim Gray) は，死後出版された記念論文集 "The Fourth Paradigm: Data-Intensive Scientific Discovery" (2009) において「データ科学 (data-intensive science)」を，実験科学，理論科学，計算科学に続く「第四の科学」として提示した．今後，データ科学と計算科学が，相互に刺激し合いながら，知

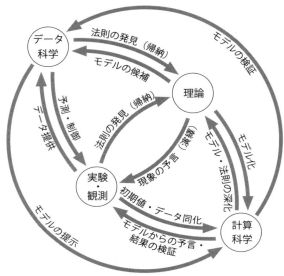

図 4つの科学手法の関係

の体系を構築していくものと期待している．本書で活用されている Python 言語はデータ科学でもよく使われている．

　科学手法の間の関係は本書の1章に示されているが，データ科学を含めると図のようになるであろう．

　本書の前身である『計算物理学』(2001 年) の監訳者序文では近々「地球シミュレータ」という世界最大のスーパーコンピュータが横浜に完成すると書いたが，2002 年に完成したこのコンピュータは大気・海洋・地殻のシミュレーションなどで大きな成果を出した．現在わたしは神戸で 2011 年に運転を始めた「京」コンピュータの隣にいるが，「京」は広い分野のシミュレーションで大活躍している．2020 年代に向けては更に桁違いの計算能力をもつ「ポスト京」コンピュータが開発されており，これはシミュレーションはもちろん，ビッグデータや人工知能 (AI) などのデータ科学でも大きな成果が出るものと期待している．

　計算物理学を含む計算科学の研究のためには，コンピュータ利用法とともに対象のモデルや，それを解く数理手法の理解が必要であり，本書がそれに役立つものとなると信じている．

2018 年 3 月

監訳者　小 柳 義 夫

神戸大学計算科学教育センター特命教授

はじめに

　LandauとPáezによる「計算物理」の第1版がWileyから出版されてから17年，Cristian Bordeianuが加わった第2版からは12年が過ぎた．この第3版でも，大切にした考え方はずっと同じで，計算物理 (CP) を学ぶ最良の方法は，教科書とコンピュータをパートナーとして用い，広い範囲にわたる課題をこなすことだと思っている．第3版でもほとんどの課題は，計算と科学における問題解法のパラダイムを用いて作られている：

$$\text{問題} \to \text{理論/手法} \to \text{アルゴリズム} \rightleftarrows \text{可視化} \tag{0.1}$$

私たちは相変わらずCPが計算科学だと強く思っている．その意味は，CPを理解するには，ある程度は物理も応用数学もコンピュータ科学も理解する必要があるということである．今回の版の変更は，サンプルのプログラムにPythonを用いたこと，扱うテーマの数を増やしたことである．通年のコースでカバーしきれないほどの内容をもったCP入門の教材となっている．

　Pythonの利用は単に言語を変えたという以上の意味があり，基本的な言語であるうえに計算に必要な専門化されたライブラリーを多数あわせ持つというPythonエコシステムを活用している．それに加え，私たちの経験から，Pythonは初心者にとって最も容易かつ最もとりかかりやすい言語であるが，その一方で科学的な研究で広く受け入れられている探索的かつインタラクティブな環境としても秀逸である．さらに，Pythonは，可視化パッケージ (VPython) があるので物理の初年級教育の立場からも支持されており，そのためCPのコースでもPythonを使えば円滑な移行ができるのではないかと思われる．とはいえ，数値計算のモデルや思考は個々のコンピュータ言語を超えたものというのは重要な観点であり，以前の版でFortran, C, Javaを使い今回はPythonを使うことで，この観点 (どの言語でのプログラムも可能) をさらに周知させることに寄与できると思う．

　以前から提唱していることだが，CPを学ぶときにはコンパイル型あるいはインタプリタ型のプログラミング言語を用いるほうがよく，問題解決の環境として日常の仕事に使っているようなMathematicaやMapleなど高いレベルのはもの使わないほうがよい．その理由は，これも私たちの経験から来ているのだが，科学的に計算する仕方を理解したければ，プログラム内のブラックボックスの中を見る必要があるし，自らの手を汚す必要があるからである．さもなければ，アルゴリズム，ロジック，解の正当性を確かめることはできないし，そうしなければ優れた物理にはならない．すべての物理学者がプ

ログラムの読み方と書き方に熟知しているべきだ，と私たちは信じているのだが，これは当然のことだと思う．

　プログラミングについて私たちがもつ信念にもかかわらず，プログラムのデバッグが，ことに初心者にとっては，しばしば大変に長い時間を使いフラストレーションがたまることは承知している．そこで，本書を使う学習では，全部のプログラムをゼロから書き上げるよりも，掲載してある非常に多くのプログラムを動かすだけ，あるいはその修正や拡張をするだけという作業を要請することが多い．これにより，進んだ発展課題や分析に使える時間が残ることに加え，プログラミングの現代的な環境を経験できる．それは，他の人が作った既存のプログラムに新しい開発を付け加えるという仕事のやり方である．とはいうものの，第3版では，適合するプログラムを本書に収録していない（先生用として別途用意してある）課題を加えている．こうすることで，学生諸君がプログラムを新たに書き起こすか中古品を使うかのバランスの決定を，指導の先生にお任せした．

　本書は，印刷したバージョンに加えてeBook版もある．後者は，新しい技術により可能となった多様な形態の拡張機能を含む：ビデオ講義，自分で動かせるシミュレーション，手直しできるプログラム，アニメーション，音声教材などである．このeBookはWeb (HTML5) のドキュメントとしてPC用と携帯端末用がある．ビデオ講義はeBookとは別に閲覧でき，本書のほとんどのテーマをカバーする（付録Bに一覧表がある）ので，オンライン授業や，実験実習と教室の講義を混ぜた授業に利用できる．後者のアプローチは私たちが推奨するものだが，学生が課題で苦労したり学習がうまく進まないときに，指導の先生がもっと個別的に指導する時間をつくれる．スタジオ収録の授業はまさに「モジュール」化されていて，中でクリックできるスライドや内容一覧があり，（ブロンクスのアクセントは別にして）素晴らしい音声も聞けるし，先生の顔を映すのをやめてデモもときどき見ることができる．

　最初の章には，本書に収録したすべての課題と演習の表を収録し，その収録の位置だけでなく，それらが数値計算の例として出てくる可能性がある物理のコース名も記した．CPのコース全体を学ぶ中でこれらの課題や演習を見ていくのがよいと考える．だが，伝統的な物理のコースの中の例として学ぶ場合であっても，現代化への価値ある第一歩となるかもしれない．

　新版を準備するにあたり，全体を見直して記述をより明快にして本書の利用価値を高めるようにした．新しい教材も加えた：Python言語とそのパッケージ，可視化パッケージのデモ，数式処理のツールについての議論，タンパク質分子の折りたたみ構造の例，ガウス求積法の導出，磁化の温度依存性に関する論考，カオス的な天候パターン，惑星の運動，Numerical Pythonによる行列計算，並列計算の議論の拡張とアップデート（スケーラビリティと領域分割を含む），NumPyによる最適化された行列計算，GPU計算，CUDAプログラミング，主成分分析，デジタル・フィルタ，高速フーリエ変換 (FFT)，ウェーブレット解析とデータ圧縮については1つの章の全体，いろいろな捕食者–被食者モデル，カオスの信号，2重振り子の非線形な挙動，セル・オートマトン，パーリン・

ノイズ，光線追跡，熱力学シミュレーションにおけるワン–ランダウのサンプリング法，1次元および2次元の偏微分方程式について有限要素法（と差分法）の解，懸垂線を伝わる波動，電磁波の FDTD 解，液体中の衝撃波，流体力学について新たな章である．どのテーマも皆さんに楽しんでいただきたいと願う！

Redmond, Oregon, June 2014

RHL, rubin@science.oregonstate.edu

謝　　辞

> 未熟な詩人は模倣し，熟練した詩人は盗む．　　　　　　　　　　　　　　　T.S. Elliot

　オレゴン州立大学における計算物理 (CP) のコースとそれらをもとにした本書は，大学からの支援はもとより，National Science Foundation の CCLI・EPIC・NPACI の各プログラムからの継続的な財政支援がなければ，このように生まれ変わりつつ発展し続けることはできなかった．支援の決定にかかわった皆様に感謝するとともに，私たちの成果を喜んでいただけたものと期待している．

　CP 分野の開拓で先駆的な役割を担ったのが Thompson, Gould and Tobochnik, Koonin, そして Press et al. による著書であり，本書はその延長上にある．さらに言うと，本書はこれらの著作の題材を借用し，本書独自のものに変えることを躊躇しなかった．Hans Kowallik, Sally Haerer (ビデオ講義モジュール作成), Paul Fink, Michel Vallières, Joel Wetzel, Oscar A. Restrepo, Jaime Zuluaga, Pavel Snopok, Henri Jansen の貢献は貴重であり感謝したい．たくさんの同僚や学生諸君との間には何ものにも代えがたい友情が育まれ，激励を受け，議論が交わされ助けられた．長年にわたりこのような経験ができたことに感謝している．また，Guillermo Avendaño-Franco, Satoru S. Kano, Melanie Johnson, Jon Maestri (故人), David McIntyre, Shashikant Phatak, Viktor Podolskiy, C.E. Yaguna, Zlatco Dimcovic, Al Stetz には特にお世話になった．1997 年に Jon Wright および Roy Schult との素晴らしい共同作業が実現し，そこから主成分分析についての新しい仕事が生まれた．思慮深く貴重な提案をしてくれたレビュアーの皆様にも感謝をささげる．特に，Bruce Sherwood には Python コードをより速く見映えよくするために助けていただいた．最後になるが，Wiley-VCH の Martin Preuss, Nina Stadthaus, Ann Seidel, Vera Palmer とは常に快適な共同作業をさせてもらえた．

　間違いのないよう最善を尽くしているが，それでもなお本書および本書中のコードに残っている誤りや不明確な記述は私たちの責任である．

　私たちの妻である Jan と Lucia には，いつもながら助けられ励まされそれが心の支えとなった．ここで感謝の気持ちを表したい．

訳者一覧

監訳者

小柳 義夫（おやなぎ よしお）　一般財団法人 高度情報科学技術研究機構

訳者

秋野 喜彦（あきの のぶひこ）　住友化学株式会社 先端材料開発研究所
小野 義正（おの よしまさ）　理化学研究所 創発物性科学研究センター
狩野 覚（かの さとる）　法政大学情報科学部
小池 崇文（こいけ たかふみ）　法政大学情報科学部
善甫 康成（ぜんぼ やすなり）　法政大学情報科学部

目　　次

1. **はじめに** ………………………………………………………………… 1
   - 1.1 計算物理と計算科学 ……………………………………………… 1
   - 1.2 本書が扱うテーマ ………………………………………………… 3
   - 1.3 本書に収録した課題 ……………………………………………… 4
   - 1.4 本書で用いる言語：Python エコシステム …………………… 7
     - 1.4.1 Python のパッケージ (ライブラリ) ………………………… 8
     - 1.4.2 本書で用いるパッケージ …………………………………… 9
     - 1.4.3 簡便なやり方：Python ディストリビューション (パッケージコレクション) ……………………………………………………… 11
   - 1.5 Python の可視化ツール ………………………………………… 12
     - 1.5.1 Visual (VPython) の 2 次元プロット ……………………… 13
     - 1.5.2 VPython のアニメーション ………………………………… 16
     - 1.5.3 Matplotlib の 2 次元プロット ……………………………… 17
     - 1.5.4 Matplotlib の 3 次元サーフェスプロット ………………… 22
     - 1.5.5 Matplotlib のアニメーション ……………………………… 25
     - 1.5.6 プロットを超える Mayavi の可視化⊙ ……………………… 26
   - 1.6 演習 (プロット) ……………………………………………………… 31
   - 1.7 Python の数式処理ツール ……………………………………… 31

2. **計算機ソフトウェアの基礎** ……………………………………… 33
   - 2.1 コンピュータを意のままに操る ………………………………… 33
   - 2.2 プログラミングの準備 …………………………………………… 35
     - 2.2.1 構造化された再現可能なプログラムのデザイン …………… 36
     - 2.2.2 シェル，エディター，実行 …………………………………… 38
   - 2.3 Python の I/O ……………………………………………………… 40
   - 2.4 コンピュータにおける数の表現 (理論) ………………………… 41
     - 2.4.1 IEEE 方式の浮動小数点数 ………………………………… 42
     - 2.4.2 Python と IEEE 754 規格 …………………………………… 48
     - 2.4.3 オーバーフローとアンダーフローの演習 …………………… 49
     - 2.4.4 計算機イプシロン (モデル) ………………………………… 49

  2.4.5 実験：計算機イプシロン ϵ_m を求める 51
 2.5 課題：級数の計算 51
  2.5.1 数値的に総和を計算する (手法) 52
  2.5.2 実装と評価 53

3. 数値計算の誤差と不確実さ 54
 3.1 誤差の種類 (理論) 54
  3.1.1 災難のモデルケース：引き算で起きる桁落ち 56
  3.1.2 桁落ち，演習 57
  3.1.3 丸 め 誤 差 58
  3.1.4 丸め誤差の蓄積 59
 3.2 球ベッセル関数における誤差 (課題) 60
  3.2.1 数値計算に適した漸化式 (手法) 61
  3.2.2 プログラミングと検討：漸化式 62
 3.3 誤差を実験的に調べる 63
  3.3.1 誤差を評価する 66

4. モンテカルロ法：乱数, ランダムウォーク, 減衰 68
 4.1 コンピュータで生成する擬似的な乱数 68
 4.2 乱数列 (理論) 68
  4.2.1 乱数発生 (アルゴリズム) 69
  4.2.2 実装：乱数列 71
  4.2.3 ランダム性と一様性の評価 72
 4.3 ランダムウォーク (課題) 74
  4.3.1 ランダムウォークのシミュレーション 74
  4.3.2 実装：ランダムウォーク 76
 4.4 拡張：タンパク質のフォールディングと自己回避ランダムウォーク 77
 4.5 放射性崩壊 (課題) 79
  4.5.1 離散的な崩壊 (モデル) 80
  4.5.2 連続的な崩壊 (モデル) 81
  4.5.3 ガイガー・カウンターの音が出る崩壊のシミュレーション 81
 4.6 崩壊のシミュレーションの実装と可視化 82

5. 微分と積分 84
 5.1 微　　　分 84
 5.2 前進差分 (アルゴリズム) 85
 5.3 中心差分 (アルゴリズム) 85

5.4	高精度の中心差分 (アルゴリズム)	86
5.5	誤差の評価	87
5.6	2次微分係数 (課題)	88
5.6.1	2次微分係数の評価	89
5.7	積分	89
5.8	長方形の個数を数えて数値積分を行う (数学)	89
5.9	アルゴリズム：台形則	91
5.10	アルゴリズム：シンプソン則	92
5.11	数値積分の誤差 (評価)	94
5.12	アルゴリズム：ガウス求積法	95
5.12.1	変数変換により積分点の位置を変える	96
5.12.2	ガウス求積法の積分点の決め方	97
5.12.3	数値積分の誤差の評価	98
5.13	高次式を用いる数値積分 (アルゴリズム)	100
5.14	石を投げて面積を測るモンテカルロ法 (課題)	101
5.14.1	「石投げ」の実装	101
5.15	平均値の定理を用いた積分 (理論と数学)	102
5.16	数値積分の演習	103
5.17	多次元モンテカルロ積分 (課題)	105
5.17.1	多次元積分の誤差の評価	106
5.17.2	実装：10次元モンテカルロ積分	106
5.18	急激に変化する関数の積分 (課題)	107
5.19	分散低減法1(手法)	107
5.20	分散低減法2(手法)	107
5.21	フォン・ノイマンの棄却法 (手法)	108
5.21.1	正規分布に従う乱数の簡単な発生法	110
5.21.2	非一様分布の評価 ☉	110
5.22	実装 ☉	110
6.	**行列の数値計算**	**113**
6.1	課題3: N次元ニュートン–ラフソン；糸で結ばれた2個の物体	113
6.1.1	理論：静力学	114
6.1.2	アルゴリズム：多次元の探索	115
6.2	なぜ行列計算ライブラリを使うか？	118
6.3	行列問題のパターン (数学)	118
6.3.1	現実的な行列計算	120
6.4	Pythonにおける配列としてのリスト	122

- 6.5 NumPy (Numerical Python) の配列 ･････････････････････････ 123
  - 6.5.1 NumPy のパッケージ linalg ･････････････････････････････ 128
- 6.6 演習：行列のプログラムをテストする ･････････････････････････ 131
  - 6.6.1 糸でつるした物体の平衡状態を行列計算で解く ･･･････････ 133
  - 6.6.2 課題 3 の拡充と展開 (発展課題) ･････････････････････････ 135

7. 試行錯誤による解の探索，およびデータへのフィッティング ･･･････ 137
- 7.1 課題 1：箱の中の量子状態の探索 ･･･････････････････････････ 137
- 7.2 アルゴリズム：二分法を用いた試行錯誤による解の探索 ･････････ 138
  - 7.2.1 実装：二分法 ･･･ 140
- 7.3 改良されたアルゴリズム：ニュートン–ラフソン法 ･････････････ 140
  - 7.3.1 バックトラッキング付きニュートン–ラフソン法 ･････････ 142
  - 7.3.2 実装：ニュートン–ラフソン法 ･････････････････････････ 143
- 7.4 課題 2：磁化の温度依存性 ･･･････････････････････････････････ 143
  - 7.4.1 探索の演習 ･･･ 145
- 7.5 課題 3：実験的なスペクトルに曲線をフィットする ･･･････････ 145
  - 7.5.1 ラグランジュ補間，検討 ･･･････････････････････････････ 147
  - 7.5.2 3 次スプライン補間 (手法) ･････････････････････････････ 148
- 7.6 課題 4：指数関数的減衰のフィッティング ･･････････････････ 153
- 7.7 最小 2 乗法 (理論) ･･･ 154
  - 7.7.1 最小 2 乗法：理論と実装 ･･･････････････････････････････ 155
- 7.8 演習：指数関数的減衰，熱流，ハッブル則に関係するフィッティング ･･･ 157
  - 7.8.1 最小 2 乗法による 2 次式のフィッティング ･･････････････ 160
  - 7.8.2 課題 5：ブライト–ウィグナー公式のフィッティング ･････ 163

8. 微分方程式を解く：非線形振動 ･･････････････････････････････････ 165
- 8.1 非線形振動子の自由振動 ･････････････････････････････････････ 165
- 8.2 非線形振動子 (モデル) ･･･････････････････････････････････････ 166
- 8.3 微分方程式の種類 (数学) ･････････････････････････････････････ 167
- 8.4 ODE の標準的な形 (理論) ･･･････････････････････････････････ 169
- 8.5 ODE アルゴリズム ･･･ 170
  - 8.5.1 オイラー法 ･･･ 171
- 8.6 ルンゲ–クッタ法 ･･･ 172
- 8.7 アダムス–バシュフォース–ムルトンの予測子・修正子法 ･････････ 177
  - 8.7.1 評価：rk2, rk4, rk45 の比較 ･･･････････････････････････ 179
- 8.8 非線形振動子の解 (評価) ･････････････････････････････････････ 181
  - 8.8.1 精度の評価：エネルギー保存 ･･･････････････････････････ 182

8.9 非線形振動子の共鳴, うなり, 摩擦 (発展課題) 183
   8.9.1 摩擦 (モデル) 183
   8.9.2 共鳴とうなり：モデルと実装 184
8.10 時間的に変化する駆動力 (発展課題) 184

9. ODE の応用：固有値問題, 散乱問題, 放物体の運動 186
9.1 課題：いろいろなポテンシャルによる量子力学的な固有値 186
   9.1.1 モデル：箱の中の粒子 187
9.2 ふたつの要素をもつアルゴリズム：ODE ソルバーと探索で求める固有値 188
   9.2.1 ヌメロフ法のシュレーディンガー方程式型 ODE への適用 ⊙ 190
   9.2.2 実装：ODE ソルバーと二分法による固有値の探索 193
9.3 ポテンシャル井戸の形を変える (発展課題) 196
9.4 課題：古典力学のカオス的散乱問題 197
   9.4.1 モデルと理論 197
   9.4.2 実　　装 199
   9.4.3 評　　価 200
9.5 課題：上空から落ちてくるボール 201
9.6 理論：空気抵抗を受ける放物体の運動 201
   9.6.1 連立 2 階 ODE 202
   9.6.2 評　　価 203
9.7 演習：惑星運動の 2 体および 3 体問題とカオス的天候 204

10. ハイ・パフォーマンス・コンピューティングのためのハードウェアと並列計算機 208
10.1 ハイ・パフォーマンス・コンピュータ 208
10.2 メモリの階層構造 209
10.3 中央演算処理ユニット (CPU) 213
10.4 CPU の設計：RISC 214
10.5 CPU 設計：マルチコア・プロセッサ 215
10.6 CPU 設計：ベクトル・プロセッサ 216
10.7 並列計算入門 217
10.8 並列計算のセマンティクス (理論) 217
10.9 分散メモリ・プログラミング 220
10.10 並 列 性 能 221
   10.10.1 通信のオーバーヘッド 223
10.11 並列化の戦略 224
10.12 並列処理から見た MIMD メッセージ・パッシング 225

- 10.12.1 高級言語から見たメッセージ・パッシング 226
- 10.12.2 メッセージ・パッシングの例と演習 228
- 10.13 スケーラビリティ 230
  - 10.13.1 スケーラビリティ (演習) 232
- 10.14 データ並列と領域分割 233
  - 10.14.1 領域分割 (演習) 236
- 10.15 例：IBM Blue Gene スーパーコンピュータ 237
- 10.16 マルチノード・マルチコア GPU を使ったエクサスケールの計算 240

11. HPC (応用編)：最適化，チューニング，GPU プログラミング 242
- 11.1 プログラムの最適化 (一般論) 242
  - 11.1.1 仮想メモリを使うときのプログラミング (手法) 243
  - 11.1.2 最適化 (演習) 243
- 11.2 NumPy を使った行列の最適化プログラミング 246
  - 11.2.1 NumPy における最適化 (演習) 249
- 11.3 ハードウェアのパフォーマンス (実験) 249
  - 11.3.1 Python と Fortran/C のスピード競争 250
- 11.4 データキャッシュのためのプログラミング (手法) 258
  - 11.4.1 キャッシュミス (演習 1) 259
  - 11.4.2 キャッシュ内のデータの動き (演習 2) 260
  - 11.4.3 大きな行列の乗算 (演習 3) 261
- 11.5 ハイパフォーマンス・コンピューティングのための GPU 261
  - 11.5.1 GPU カード 262
- 11.6 マルチコアと GPU プログラミングのための実用的なヒント ⊙ 264
  - 11.6.1 CUDA におけるメモリの利用 266
  - 11.6.2 CUDA プログラミング (演習)⊙ 267

12. フーリエ解析：信号とフィルタ 272
- 12.1 非線形振動のフーリエ解析 272
- 12.2 フーリエ級数 (数学) 273
  - 12.2.1 例：のこぎり波と半波整流波 275
- 12.3 演習：フーリエ級数の部分和 276
- 12.4 フーリエ変換 (理論) 276
- 12.5 離散フーリエ変換 278
  - 12.5.1 エイリアシング (評価) 282
  - 12.5.2 フーリエ級数を入力とする DFT (例) 284
  - 12.5.3 評　　価 285

  12.5.4 非周期関数の DFT (発展課題) ･････････････････････････ 287
 12.6 ノイズを含む信号にフィルタをかける ･････････････････････ 287
 12.7 自己相関関数を利用したノイズの除去 (理論) ･･････････････ 287
  12.7.1 自己相関関数の演習 ･･････････････････････････････ 290
 12.8 フーリエ変換を用いたフィルタ (理論) ･････････････････････ 291
  12.8.1 sinc フィルタ (発展課題) ⊙ ･･････････････････････ 293
 12.9 高速フーリエ変換 (FFT) ⊙ ･･････････････････････････････ 295
  12.9.1 ビットの逆転 ･･･････････････････････････････････ 298
 12.10 FFT の実装 ･･･ 300
 12.11 FFT プログラムの評価 ････････････････････････････････ 300

13. ウェーブレット解析と主成分分析：非定常信号とデータ圧縮 ･･････････ 303
 13.1 課題：非定常的な信号のスペクトル解析 ･･･････････････････ 303
 13.2 ウェーブレットの基礎 ･･･････････････････････････････････ 304
 13.3 波束と不確定性原理 (理論) ･･････････････････････････････ 305
  13.3.1 波束の評価 ･････････････････････････････････････ 307
 13.4 短時間フーリエ変換 (数学) ･･････････････････････････････ 307
 13.5 ウェーブレット変換 ････････････････････････････････････ 309
  13.5.1 ウェーブレット基底の生成 ････････････････････････ 309
  13.5.2 連続ウェーブレット変換の実装 ････････････････････ 312
 13.6 離散ウェーブレット変換，多重解像度解析 ⊙ ････････････････ 315
  13.6.1 ピラミッド・アルゴリズムの実装 ⊙ ････････････････ 319
  13.6.2 フィルタ係数からドブシー・ウェーブレットへ ･･････ 323
  13.6.3 DWT の実装と演習 ･･････････････････････････････ 326
 13.7 主成分分析 ･･･ 328
  13.7.1 PCA の実例 ･･･････････････････････････････････ 330
  13.7.2 PCA の演習 ･･･････････････････････････････････ 333

文   献 ･･･ 1
索   引 ･･･ 9

第 II 巻目次

14. 離散的非線形系のダイナミクス ··· 335
15. 連続的非線形系のダイナミクス ··· 359
16. フラクタルとランダムな成長モデル ··· 378
17. 熱力学シミュレーションとファインマン経路積分 ···························· 404
18. 分子動力学シミュレーション ·· 438
19. 偏微分方程式の復習と差分法による静電場の解析 ···························· 453
20. 熱伝導の解析と時間発展 ·· 468
21. 波動方程式 I：弦と膜 ··· 481
22. 波動方程式 II：量子力学の波束，電磁波 ······································ 499
23. 有限要素法による静電場の解析 ··· 523
24. 衝撃波とソリトン ·· 542
25. 流 体 力 学 ·· 561
26. 量子力学の積分方程式 ··· 577

本書で紹介されているプログラムの動作確認は英語版執筆時点のものです．日本語版のサポート情報は朝倉書店 Web サイト www.asakura.co.jp の本書紹介ページに随時掲載します．

1 はじめに

> どれも最初は難しいものだ． *Chaim Potok*
> 始動より高いハードルはない． *Friedrich Nietzsche*

　実は，本書はふたつの形態で公開されている．ひとつはかなり伝統的な印刷物であり関連の Web サイトを参照するもの，もうひとつは eBook 版である．後者はデジタルな内容を幅広く取り込んでいて，コンピュータで体験するのが最良なものである．だが印刷された本を使うときも，講義のビデオを含むたくさんのデジタル的な内容を次の Web サイトから利用できる：
http://physics.oregonstate.edu/~rubin/Books/CPbook/eBook/Lectures/ および http://physics.oregonstate.edu/~landau/Books/CPbook/Request.html (先生用のサイト)

　この章では，物理と計算科学の広い分野に計算物理がどのような形で適合するのかを述べることから始める．次に，本書で扱うテーマを述べ，すべての課題の一覧表を記し，物理の数値計算の例としてどんな分野で利用できるかを述べる．最後に本題にとりかかるが，それは Python という言語の議論であり，Python で利用できる多数のパッケージのいくつか，可視化および数式処理パッケージの利用に関する詳細な例をいくつか論じる．

1.1 計算物理と計算科学

　本書が提示するものは，計算科学の分野としての計算物理 (computational physics: CP) である．その言外の意味は，CP が物理学と応用数学およびコンピュータ科学 (computational science: CS) を結び付けた学際的な分野であり (図 1.1a)，物理学における現実的でたえず変化する様々な問題を解くためのものだということである．計算物理の「物理」を，たとえば生物，化学，工学など，各専門分野の名前に置き換えた計算「……」があるが，それらをふくめた計算科学は，CS と関連していても CS に含まれる分野ではない．CS はコンピューティングに興味がありそれを研究し，計算科学の研究者が用いるハードウェアとソフトウェアのツールを発展させる．同様に，応用数学は計算科学者が用いるアルゴリズムを研究し発展させる．数学と CS が面白い分野であることはよくわ

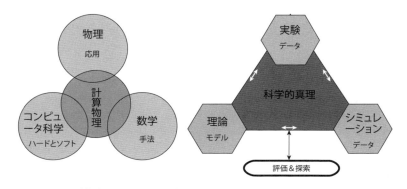

図 1.1 (a) 計算物理の学際的な性質を示す．計算物理学とは，物理学，応用数学，コンピュータ科学が重なりあった領域，またそれらの橋渡しをする領域である．(b) 科学的真理を求めるときの基本のアプローチとして，実験と理論にシミュレーションが加わるようになった．本書はシミュレーションに焦点を合わせるが，それが科学的なプロセスであることを示していく．

かる．しかし本書の主眼は，読者がより優れた物理の研究をする手助けとなることである．物理の諸問題を正しく解くのに CS と数学を理解することは必要だが，読者を専門のプログラマに育てようという意図はない．

CP の成熟につれ，この分野は物理とコンピュータ科学および数学がただ重なり合っただけのものではないと認識されるようになってきた．CP は，数値計算のツールや手法といった独自要素を核としながら，関連諸分野の橋渡し (図 1.1a の中央部分) にもなっている．CP はツールとしても問題解決の思考スタイルとしても汎用性が高いので，計算科学の諸分野に適用されていくことはあっても，物理で広く見られるような専門分野のさらなる細分化には向かわないように思われる．本書では，計算科学としての焦点を強調するために，可能な限り，出てくるテーマを「解くべき課題」の形で提示する．また，科学的な問題解決のパラダイム (図 1.1b) にしたがい，解を構成する諸要素を切り分けて提示する．このタイプの問題解決のアプローチは第二次大戦後に米国の国立研究機関で開発された研究のテクニックまでさかのぼるものだが，計算科学的思考などと呼ばれ科学教育に適用されるようになってきた．これは，最近になってコンピュータ科学の人たちが計算的思考と呼ぶようになったものと関係していることは明白だが，前者のほうがより広範囲の分野に使われる．本書の計算科学的思考は，実践的で質問形式のプロジェクトというアプローチをとる．そこには，問題の分析，計算可能性の考察と適正なモデリングを配慮する理論的な土台，アルゴリズム的な思考と展開，デバッグ，もともとの問題につながる検討が含まれる．

伝統的に，物理では科学的真理を発見するため実験と理論の両方のアプローチを用いてきた．理論をアルゴリズムに変換するには相当な理論的洞察力，また詳細にわたる物理的理解と数学的理解を必要とし，さらにプログラミングに熟達していなければならな

い，デバッグやテストを実際に行い，科学的な問題のプログラムをまとめ体系化するのは実験に似ている．自然現象の数値的なシミュレーションは仮想的な実験である．いくつもの数値を統合して一般化し，予測し，結論を導くには，実験科学と理論科学の両方に共通する洞察力と直観力が要求される．実際，数値計算とシミュレーションの利用は，いまや広く行きわたり科学に不可欠な部分となっていて，多くの人がシミュレーションをもうひとつの柱に加えるところまで科学的なパラダイムが拡張されたと信じている (図 1.1b)．そうではあるが，自然科学の分野である CP としては，数学の美にもかかわらず，実験を最高位におかなければならない．

1.2　本書が扱うテーマ

　本書は，数値計算の環境として Python の議論から始まり，数値計算に関する基本的な題目をいくつか論じる．コンピュータ・ハードウェアについての簡単な復習は 10 章まで延期するが，講義ではそれをコースの最初にするのも論理的でよいかも知れない．本書の前 1/3 にも物理への応用がいくつか含まれるが，ほとんどの CP は後の 2/3 まで待ってもらう．

　この教科書は学部の高学年の学生でも読めるように書いた．もちろん，これまで CP の勉強をしてこなかった多くの大学院生も，本書から (より初等的なテーマからさえ) 得るものが多いだろう．線形代数だけでなく，常微分方程式 (ordinary differential equation: ODE) と偏微分方程式 (partial differential equation:PDE) の両方を扱うが，そのためには既存のサブルーチンライブラリの利用を推奨する．いくつかの中級レベルの解析ツール，たとえば離散フーリエ変換，ウェーブレット解析，主成分分析も扱うが，これらは物理の学生がよく理解していないことが多い (ので学習を推奨する)．衝撃波とソリトンの物理を含む流体のさまざまなテーマも提供するが，私たちの経験では，これらを物理の学生は他で目にしないことが多い．さらに高度なテーマとして，ファインマンの経路積分に加えて積分方程式を含める．後者は，量子力学の束縛状態と (特異点をもつ) 散乱問題の両方を扱う．

　本書で扱う教材を，授業にどう用いるかという観点で眺めるのが伝統的なやりかたである．筆者の学部の科学計算の授業は，何かしらのコンパイル型言語に慣れてから履修するため，数値計算のツールに主眼をおき本書のほぼ前 1/3 を用いる．この 1 学期間の

表 1.1　1 学期科目，科学計算の題目

週	テーマ	章	週	テーマ	章
1	OS，ツール，限界	1,(10)	6	行列，N 次元探索	6
2	可視化，誤差	1,3	7	データ・フィッティング	7
3	モンテカルロ	4,4	8	ODE (振動)	8
4	積分，可視化	5,(1)	9	ODE (固有値)	9
5	微分，探索	5,7	10	ハードウェアの基礎	10

表 1.2　2 学期 (20 週) 科目，計算物理コースの題目

計算物理 I			計算物理 II		
週	テーマ	章	週	テーマ	章
1	非線形 ODE	8,9	1	イジングモデル，メトロポリス法	17
2	カオス的散乱	9	2	分子動力学	18
3	フーリエ解析，フィルタ	12	3	課題の完成	—
4	ウェーブレット解析	13	4	ラプラス方程式，ポアソン方程式 (PDE)	19
5	非線形写像	14	5	熱伝導 (PDE)	19
6	カオス的 2 重振り子	15	6	波動，懸垂線，摩擦	21
7	課題の完成	15	7	衝撃波とソリトン	24
8	フラクタル，植物・堆積物の成長	16	8	流体力学	25
9	並列計算，MPI	10,11	9	量子力学の積分方程式	26
10	並列計算 (追加)	10,11	10	ファインマンの経路積分	17

コースで扱う典型的な項目を表 1.1 に示すが，もちろん他の項目もある．本書の残り 2/3 は物理を強調した内容となり，典型的には CP の 2 学期 (20 週) コースで用いられる．各学期に扱う典型的な項目を表 1.2 に示した．その多くが研究レベルのものなので，これらの教材は通年のコースや大学院生の研究テーマに利用しやすいものである．

本書では，扱う教材の種類を様々な記号やフォントによってわかりやすく示している：

⊙　　　　　　　　　選択教材
等幅フォント　　　コンピュータの画面に現れる文字
網かけのテキスト　特に章の冒頭で読者に送る謹言

1.3　本書に収録した課題

学習の成功体験に本書が寄与するには，ここでいう**課題**に読者が取り組むことが前提となる．課題はそれぞれの議論の冒頭に置かれ，教科書を学習し，プログラムを書きデバッグして走らせ，結果を可視化し，それらの作業から何を成し遂げたか，何を結論できるかを言葉で表すことを課している．このアプローチの一環として，各課題ごとに次のようなセクションを含むミニ実験報告を書き上げるとよい．

解いた方程式　数値計算の方法　プログラムリスト
可視化　　　　考察　　　　　評価

科学者にとってプログラミングが貴重なスキルであることは承知しているが，一方でそれが信じられないほど骨がおれて時間がかかるものだということも私たちには分かっている．そこで読者の労力を軽くするため「骨子となる」プログラムを本書で提供する．読者には，これを自分のプログラムを書くときのガイドに用いたり，目前の課題を解くためのテストに用いたり拡張して利用することを薦める．いずれの場合も，これらのプログラムは教科書の一部として理解しなければならない．

一番よいのは CP のコースを少なくともひとつ受講することだと考えるが，それが常に可能というわけではないし，担当の先生によっては伝統的な講義の中に CP の例をい

1.3 本書に収録した課題

課題と演習 (計算物理)

テーマ	節	テーマ	節	テーマ	節
MM, CS	1.6	CS	2.2.2	CS	2.2.2
CS	2.4.3	CS	2.4.5	CS	2.5.2
CS	3.1.2	CS	3.2	CS	3.2.2
CS	3.3	CS	3.3.1	CS	4.2.2
MM, CS	6.6	CS	10.13.1	CS	10.14.1
CS	11.3.1	CS	11.1.2	CS	11.2.1

課題と演習 (熱力学と統計力学)

テーマ	節	テーマ	節	テーマ	節
SP, MM	4.3	SP, MM	4.5	QM, SP	4.6
Th, SP	7.4	Th, SP	7.4.1	NL, SP	16.3.3
NL, SP	16.4.1	NL, SP	16.7.1	NL, SP	16.7.1
NL, SP	16.8	NL, SP	16.11	SP, QM	17.4.1
SP, QM	17.4.2	SP, QM	17.6.2	Th, MM	20.2.4
Th, MM	20.3	TH, MM	20.4.2	TH, MM	20.1
TH, MM	17.1	SP	16.2	SP, BI	16.3
SP	16.4	SP, MM	16.5	SP	16.6
SP	16.7				

課題と演習 (電気と磁気)

テーマ	節	テーマ	節	テーマ	節
EM, MM	19.6	EM, MM	19.7	EM, MM	19.8
EM, MM	19.9	EM, MM	23.2	EM, MM	23.5
EM, MM	23.5.1	EM, MM	23.6.6	EM, MM	22.7.2
EM, MM	22.10	EM, MM	19.2		

課題と演習 (量子力学)

テーマ	節	テーマ	節	テーマ	節
QM, SP	4.6	QM, MM	7.1	QM, MM	7.2.1
QM, MM	7.3.2	QM, MM	9.1	QM, MM	9.2
QM, MM	9.2.1	QM, MM	9.3	QM	13.6.3
QM, MM	17.7	QM, MM	26.1	QM, MM	26.3
QM, MM	22.1				

課題と演習 (古典力学と非線形ダイナミクス)

テーマ	節	テーマ	節	テーマ	節
CM, NL	5.16	CM	6.1	CM, NL	8.1
CM, NL	8.7.1	CM, NL	8.8	CM, NL	8.9
CM, NL	8.10	CM, NL	9.4	CM, NL	9.4.3
CM	9.5	CM	9.7	CM	9.7
NL, FD	9.7	CM	9.7	CM, MM	6.6.2
CM, MM	6.6.1	CM, NL	12.1	BI, NL	14.3
CM, MM	6.6.1	BI, NL	14.4	BI, NL	14.5.2
BI, NL	14.5.3	BI, NL	14.10	BI, NL	14.11.1
BI, NL	14.11.4	BI, NL	14.11.5	CM, NL	15.1.3
CM, NL	15.1	NL, BI	14.1	NL, BI	14.9
CM, NL	15.2.2	CM, NL	15.3	CM, NL	15.4
CM, NL	15.5	CM, NL	15.6	CM, NL	15.7
CM, NL	15.7	NL, MM	16.2.1	NL, MM	16.3.3
NL, MM	16.4.1	NL, MM	16.5.3	NL, MM	16.7.1
NL, MM	16.7.1	NL, MM	16.8	NL, MM	16.11
CM, MM	21.2.4	CM, MM	21.3	CM, MM	21.4.3
CM, MM	24.6	CM, MM	21.1	CM, MM	21.5

課題と演習 (流体力学)

テーマ	節	テーマ	節	テーマ	節
NL, FD	9.7	FD, MM	24.3.2	FD, MM	24.5.3
FD, MM	24.5.4	FD, MM	25.1	FD, MM	25.2.3
FD, MM	25.4.4	FD, MM	25.4.5		

課題と演習 (数学的手法と計算ツール)

テーマ	節	テーマ	節	テーマ	節
MM, CS	1.6	MM, SP	4.3	SP, MM	4.3.2
BI, MM	4.4	MM, SP	4.5	MM	5.12.3
MM	5.16	MM	5.17.2	MM	5.5
MM	5.5	QM, MM	7.1	QM, MM	7.2.1
QM, MM	7.3.2	MM, QM	9.1	QM, MM	9.2
QM, MM	9.2.1	QM, MM	9.3	CM, NL	9.4
MM, CS	6.6	CM, MM	6.6.2	CM, MM	6.6.1
MM	7.5.1	MM	7.5.2.1	MM	7.8
MM	7.8.1	MM	7.8.2	MM	12.3
MM	12.5.3	MM	12.7.1	MM	12.11
MM	13.3.1	MM	13.5.2	MM	13.6.3
CM, MM	15.5	NL, MM	16.2.1	NL, MM	16.3.3
NL, MM	16.4.1	NL, MM	16.5.3	NL, MM	16.7.1
NL, MM	16.7.1	NL, MM	16.8	NL, MM	16.11
Th, MM	20.2.4	Th, MM	20.3	TH, MM	20.4.2
EM, MM	19.6	EM, MM	19.7	EM, MM	19.8
EM, MM	19.9	EM, MM	23.5	EM, MM	23.5.1
EM, MM	23.6.6	CM, MM	21.2.4	CM, MM	21.3
CM, MM	21.4.3	QM, MM	22.2.2	QM, MM	22.2.2
QM, MM	22.2.3	EM, MM	22.7.2	EM, MM	22.10
FD, MM	24.3.2	FD, MM	24.5.3	FD, MM	24.5.4
FD, MM	25.2.3	FD, MM	25.4.4	FD, MM	25.4.5
QM, MM	26.2.3	QM, MM	26.2.4	QM, MM	26.4.5
QM, MM	26.4.6	MM, NL	13.1	MM, CM	12.1
MM	12.6	MM	12.8.1	MM	7.5
MM	7.5.2.1	MM	7.6	MM	7.8.2
MM	13.7.2				

課題と演習 (分子動力学, 生物学的応用)

テーマ	節	テーマ	節	テーマ	節
BI, MM	4.4	BI, NL	14.3	BI, NL	14.4
BI, NL	14.5.2	BI, NL	14.5.3	BI, NL	14.10
BI, NL	14.11.1	BI, NL	14.11.4	BI, NL	14.11.5
SP, BI	16.3	BI, NL	14.1	BI, NL	14.9
MD, QM	18.3	MD, QM	18.4	MD	18.4
MM, SP	18				

くつか含めることしかできないかもしれない．後者の場合に学生諸君の努力を後押しする目的で，本書全体に分散した課題の所在と該当分野をリストアップする．もちろん，CP のような学際的な学問にとって，実際には分野の明快な切り分けが出来るわけではなく，重なり合いが出てくる．表の各分野の略号は次のとおりである：QM=量子力学または現代物理，CM=古典力学，NL=非線形ダイナミクス，EM=電気と磁気，SP=統計力学，MM=数学的ツールと方法，FD=流体力学，CS=コンピュータ科学の基本，Th=熱物理学，BI=生物学．また，表から分かるように，課題と演習がたくさんあるが，数値計算は実際にやって学ぶのが一番だという私たちの見解を反映した結果である．また多くの課題が複数のテーマをカバーしていることが分かるはずである．

1.4 本書で用いる言語：Python エコシステム

本書『Python で解く計算物理学』の最新版のコードには **Python** というコンピュータ言語を用いる．以前の版では Java, Fortran と C のプログラム例を示し，シミュレーション後に可視化を実行するツールを用いた．科学計算における最良の言語について計算科学のコミュニティの一般的な合意があるわけではないから，それぞれの言語のユーザのグループが自分たちの使っているのが最良だと宣言しても悪くはない．ここでは CP の教育には Python が一番よいと宣言したい．Python は無料，ロバスト (簡単には壊れない)，ポータブル (様々なデバイスごとに変更を加えることなくプログラムを走らせることができる)，ユニバーサル (ほとんどのコンピュータシステムで利用可能) である．Python は構文規則がすっきりしているので学生が言語を速く学べるし，動的型付けがされ，ハイレベルのデータ型が組み込まれているのでデータや配列の宣言をせずに素早くプログラムを動かすことが出来るし，マッチングする括弧を数えてくれる．また，いろいろな可視化プログラムが使える．Python はインタプリタを使えるので，学生は個々のコマンドをインタラクティブ・シェル内で実行し分析して言語を習得できるが，全体を一挙に走らせることもできる．さらに，Python が科学計算にもたらすものは，数値計算をサポートするたくさんの無料パッケージ，そして (最先端のものもあればシンプルなものもあるが) 可視化のツールや専門分野に特化したパッケージであり，その意味でPython のライバルは Matlab と Mathematica/Maple だが，Python ではすべて無料なのだ．

Python で使えるパッケージは文字通り何千もあるが心配は無用である．私たちが用いるのは数値計算と可視化のための数個だけである．時間をとって自分のコンピュータ上に Python を入れてきちんと機能するようにしておくこと (それから，何をしたのかメモを残すこと) を薦める．これは本書に収録したプログラム例を走らせたり変更するのに不可欠なことである．Python を学ぶには，オンライン・チュートリアル (Ptut,

2014; Pguide, 2014; Plearn, 2014) がよい[訳注 1]．また Langtangen Langtange (2008) と Langtangen (2009) および *Python Essential Reference* (Beazley, 2009) という書籍も推奨する．数値計算法の一般的な本として Press *et al.* (1994)[訳注 2]が標準的だし読んで面白いが，NIST Digital Library of Mathematical Functions (NIST, 2014) はたぶん最も便利である．

　Python は最初に実装された 1989 年 12 月 (History, 2009) 以来，急速に発展してきた．Python により得られる環境は，言語とパッケージの組み合わせだが，この環境が最近の科学的研究の特徴であり，探索的でインタラクティブなコンピュータ利用の標準となっている．Python のこうした急速な発展が新しいバージョンを次々と生み出し不可避的に非交換性をもたらしている．本書のコードのほとんどは 2002 年に発表された Python 2，とくに Python 2.6 と可視化パッケージ ("VPython" としても知られる) を用いて書かれた．しかし，Python の開発プロセスと機能に大きな変更があり，2008 年 12 月に Python 3 が発表された (2017 年現在は Python 3.6.0 と 2.7.13)．不幸なことに，Python 3 の変更のいくつかは Python 2.6 および 2.7 と下位互換性がなかった．そのため，Python 2 と 3，そして付随するパッケージの進展が平行して進んできたのである．(私たちのコードでは，3 でステートメントをプリントするのに使う括弧が主たる違いだが，訂正は難しくない．) さらに，OS とプロセッサの新バージョンが 32 ビットから 64 ビットになり，そのため Python のバージョンと付随するパッケージが多種になってしまった．

　正直なところ，これらの変化とそれによる互換性のなさに少しフラストレーションを感じるが，そのことを皆さんに広めようというのではない．このあと，パッケージとディストリビューションを簡単に説明するが，今ここで言っておきたいのは，現実世界への対処として私たちのコンピュータには互いに独立な Python 2 と 3 の実装が入っているということである．とくに，私たちの可視化パッケージプログラムは Python 3.2 で動くが，他は *Enthought Canopy Distribution Version 1.3.0* を使い，それは *Python 2.7.3* で動く．(Enthought では可視化パッケージが使えない．)

1.4.1　Python のパッケージ (ライブラリ)

　Python とそのパッケージ群は数値計算のための正真正銘のエコシステムすなわち生態系をつくっている．関連するメソッドあるいはメソッドのクラスを集めて 1 個にしたものをパッケージあるいはモジュールというが，これらのメソッドは一緒にアセンブルして

訳注 1　日本語の入門書としては『たのしいプログラミング Python ではじめよう!』(Jason R. Briggs，オーム社，2014)，『みんなの Python 第 3 版』(柴田洋，ソフトバンククリエイティブ，2012)，『入門 Python 3』(Bill Luvanovic，オライリー・ジャパン，2015) など．

訳注 2　日本語訳は，『Numerical Recipes in C 日本語版—C 言語による数値計算のレシピ』(William H. Press, Saul A. Teukolsky, William T. Vetterling, Brian P. Flannery，技術評論社，1993)．

1個のサブルーチン・ライブラリがつくられている[*1)]．適切なパッケージを組み込むと，言語が拡張されて科学技術の様々な分野の特化された要求に合うようになり，最先端の数値計算を無料で行えるようになる．実際，*Computing in Science and Engineering* の 2007 年 5/6 月号と 2011 年 3/4 月号 (Perez et al., 2010) では Python による科学計算に焦点をあてており，読むことを薦める．

PackageName という名前のパッケージを使うには，Python のプログラムの冒頭に import PackageName あるいは from PackageName というステートメントを含める．この import ステートメントは，そのパッケージ全体をロードするので効率的である．だが，たとえば次のように，使いたいメソッドにプレフィックスとしてパッケージ名を前置する必要があるかもしれない：

```
>>> from visual.graph import *        # Import from visual package
>>> y1 = visual.graph.gcurve(color = blue, delta = 3)    # Use of graph
```

ここで >>> は Python のシェル・プロンプトを表す．パッケージ名に記号を割り振るとタイプ入力をある程度は減らせる：

```
>>> import visul.graph as p
>>> y1 = p.gcurve(color = blue, delta = 3)
```

星印がついた from もあり，そのパッケージのすべてのメソッドをコピーする (ここでは Matplotlib が pylab を呼んだ) ので，プレフィックスを省略できる：

```
>>> from pylab import *         # Import all pylab methods
>>> plot(x, y, '-', lw=2)       # A pylab method without prefix
```

1.4.2 本書で用いるパッケージ

Python をこれほど充実した環境にしてくれるパッケージのいくつかについて述べよう．読者がすぐにも始めたいと思っていたり，あるいは Python のパッケージ群に圧倒されることを心配するなら，今のところ VPython をロードして次章に進んでよいだろう．可視化と行列計算には他のものも必要になるが，Python にもっと慣れたと感じたときに自分の知識をアップグレードすることは常に可能である．

しばしば自分が何を知らないか，何を知る必要があるかも知らないことが多いので，ここに Python の基本的パッケージのいくつかを掲載し，何をするものかも記す．本書で使うパッケージは [ ] を付け，後でより詳しく述べる．

Boost.Python C++ と Python のシームレスな相互運用を可能とする C++ ライブラリであり，昔から使っているコードの寿命を延ばし C のスピードを利用できる．

[*1)] Python Package Index (PYPI, 2014) は無料の Python パッケージのリポジトリであり，そこに含まれるパッケージは現在 40,000 個以上ある！

www.boost.org/doc/libs/1_55_0/libs/python/doc/

Cython: C Extensions for Python　Python 言語のスーパーセットで C 関数の呼び出しおよび Python と C の混在をサポートする．昔から使っているコードの活用と高いパフォーマンスを狙う．http://cython.org/

f2py: Fortran to Python Interface Generator　Python 言語と Fortran 言語の結合を提供する；昔から使っているコードの運用ができるので素晴らしい．http://cens.ioc.ee/projects/f2py2e/

[IPython: Interactive Python]　先進的なシェル (コマンドライン・インタプリタ) で，Python の基本的なインタプリタ IDLE を拡張する．IPython は双方向性とインタラクティブな可視化の能力を増強して探索的なコンピューティングを助ける．また IPython には Mathematica のようなブラウザベースのノートブックがあり埋め込みコードの実行ができるし，もちろん並列計算の能力もある．http://ipython.org/

[Matplotlib: Mathematics Plotting Library]　2 次元および 3 次元グラフィクスのライブラリ．NumPy (Numerical Python) を用い，出版できるレベルの良質な図を様々なハードコピーのフォーマットで作成する．インタラクティブなグラフィクスが可能である．MATLAB のプロットと似ている (違いは，Matplotlib のほうが無料で毎年のライセンス更新が不要)．1.5.3 項に例と議論があるので参照．http://matplotlib.sf.net

Mayavi　インタラクティブで簡素化された 3 次元可視化．また TVTK を含む．TVTK は，より基本的な Visualization Toolkit (VTK) の機能を他のシステムからも使えるようにしたソフトウェア，すなわちラッパー．("Mayavi" はサンスクリット語で魔法使いのこと)．1.5.6 項に例と議論があるので参照．http://mayavi.sf.net

MPmath: Multiprecision Floating Point Arithmetic　純 Python ライブラリで，含まれるものは超越関数の多精度浮動小数点演算，無制限の指数部幅，複素数，補間演算，数値的な積分と微分，求根，線形代数，その他たくさん．http://mpmath.org

[NumPy:Numerical Python]　高速で高水準の多次元配列の利用を Python で可能にする．Python ライブラリにおける多くの数値処理の基礎として使われている (NumPy,2013；SciPy,2014)．`Numeric` と `Numarray` の後継である．Visual と Matplotlib が使っている．`SciPy` は NumPy の拡張．NumPy の配列の利用例は 6.5 節および 6.5.1 項，11.2 節を参照．

Pandas: Python Data Analysis Library　ハイパフォーマンスでユーザフレンドリーなデータ構造とデータ解析ツールの集合．http://pandas.pydata.org/

PIL: Python Imaging Library　様々なファイルフォーマットに対応した画像処理とグラフィクスルーチン．http://www.pythonware.com/products/pil/

[Python]　Python の標準ライブラリ．http://python.org

PyVISA　VISA ライブラリのラッパで，Python プログラム中で様々なバスラインを通し測定装置の制御を提供する．http://pyvisa.readthedocs.org/en/latest/

SciKits: SciPy Toolkits　SciPy を拡張するツールキットのコレクション．音響

処理，金融計算，地球科学，時系列分析，コンピュータビジョン，工学，機械学習，医療コンピューティング，バイオインフォマティクスの分野へ特化した拡張である．https://scikits.appspot.com/

SciPy: Scientific Python　数学，科学，工学に関する基本的なライブラリ．(拡張については SciKits を参照．) ユーザフレンドリーで効率的な数値計算ルーチンで，線形代数，最適化，積分，特殊関数，信号およびイメージ処理，統計，遺伝アルゴリズム，ODE 解その他を含む．NumPy の N 次元配列を用いるが NumPy の拡張でもある．SciPy は本質的には他の言語の多数ある既存ライブラリ，たとえば LAPACK (Anderson et al., 2013) と FFT のラッパーを提供する．SciPy のディストリビューションには通常 Python，NumPy，f2py が含まれている．http://scipy.org

Sphinx　Python のドキュメンテーションを各種のフォーマットで生成し出力．http://sphinx-doc.org/

SWIG　C と C++で書かれたコードを Perl, Python, Ruby, TCL のようなスクリプト言語に結合するインターフェースコンパイラ．昔から使っているコードの寿命を延ばしたり C の高速性を生かすときに役立つ．http://swig.org

SyFi: Symbolic Finite Elements　シンボリック数式処理ライブラリ GiNaC の上に作られた SyFi は PDE の有限要素解法に使われる．多角形領域と多項式空間と自由度を操作が簡単なシンボリック表現で生成．https://pypi.python.org/pypi/SyFi/

SymPy: Symbolic Python　純 Python を用いた (外部ライブラリを用いない) シンボリック数式処理用のシステム．単純な代数計算システムを提供するが，微積分や微分方程式なども含む．Maple や Mathematica に似ており，Sage パッケージとの併用でより完全になる．例は 1.7 節．mpmath も参照．http://sympy.org/

VisIt　分散化，並列化された可視化ツール．2 次元と 3 次元の構造化メッシュおよび非構造化メッシュ上のデータの可視化に用いる．https://wci.llnl.gov/codes/visit/

[Visual (VPython)]　Python プログラミング言語と *visual 3D* のグラフィクスモジュールを併せたもの．Python の標準インタラクティブ・シェル IDLE を VIDLE に置き換えている．教育用の 3 次元デモとアニメーションの作成には，初心者でも，とくに役立つ．私たちは数値データの 2 次元プロットとアニメーションに Visual を多用している．Canopy から分離してインストールできる．http://vpython.org/

1.4.3　簡便なやり方：Python ディストリビューション (パッケージコレクション)

ほとんどの Python パッケージは無料だが，互いに連携するよう巧く作られ調整され一発でインストールできるパッケージコレクションをディストリビュートするのは，ユーザとベンダーの双方に真の価値がある．(これは，Red Hat と Debian の Linux における立場と似ている．) これらのディストリビューションは，特化された目的のためにアセンブルされ全部そろった Python エコシステムだと考えられ，大いに推奨される．次

に述べる 4 個のコレクションは私たちが使い慣れているものである．

Anaconda 　無料の Python ディストリビューション．科学，数学，工学，データ解析用に 125 以上のパッケージを含む．Python, NumPy, SciPy, Pandas, IPython, Matplotlib, Numba, Blaze, Bokeh を含んでいる．大規模データ処理，予測分析，科学計算では業務基幹系への投入準備完了と Anaconda 自身が書いている．Python 2.6, 2.7, 3.3 の間の切り替えが容易とも書かれている．Canopy でもそうだが，読者のコンピュータ上で Anaconda は独自のディレクトリにインストールされるので別にインストールされた Python とは別に走る．https://store.continuum.io/cshop/anaconda/

[Enthought Canopy] 　自己完結した完全な Python 解析環境を提供し，インストールとアップデートも簡単である．商用のディストリビューションは 150 以上のパッケージを含むが，学校関係者は無償で利用できる．いずれにしても，誰に対しても無料の 50 以上のパッケージを含む Express version がある．IPython, NumPy, SciPy, Matplotlib, Mayavi, scikit, SymPy, Chaco, Envisage, Pandas が含まれる．https://www.enthought.com/products/canopy/

Python XY 　無料の科学技術の開発用パッケージコレクション．数値計算，データ解析，データ可視化を含み，GUI 開発に Qt グラフィカル・ライブラリとインタラクティブな科学的開発環境の Spyder を使用している．https://code.google.com/p/pythonxy/

Sage 　オープンソースパッケージのコレクションで驚くほど完全なもの．IPython インターフェースとノートブックを用いた数値計算と数式処理両方の数学的コンピューテーション用である．Sage が書いているミッションは，Magma, Maple, Mathematica, Matlab に代わる現実的かつ無料のオープンソースの構築である．http://www.sagemath.org/

1.5　Python の可視化ツール

> 絵に描けないなら自分には理解できない．　　　　　　　　　　　　　　　　Albert Einstein

以下の節では，シミュレーションや測定で得られたデータを可視化するツールについて論じる．他書ならばこの議論を付録に格下げするか，まったく取り上げないという選択もありうるが，私たちは可視化が CP の構成要素として不可欠であり本書の残りの部分で読者の作業に有益と信じるので，相応なこの場所，一番前に置くことにする．Matplotlib, Visual (VPython), Mayavi の使い方を述べる．VPython は 2 次元プロット，立体図形，アニメーションを簡単に描ける．Matplotlib は 3 次元 (表面) プロットがすばらしい．一方，Mayavi は最先端の可視化を生成できる．

一般的な事 　コンピューティングの有用性という観点では，その最たるものとして，計算結果の可視化がある．以前には 2 次元プロットだったのが，今では 3 次元 (表面) プ

ロット，ボリュームレンダリング (サイコロに切ったりスライスしたり)，アニメーション，仮想現実 (ゲーミング) ツールを使うのが普通のやりかたである．このタイプの可視化は息をのむほど美しいことが多いし，用いる数学関数を眺めたり「操作」できるので問題に対する深い洞察が得られることもあるだろう．また可視化はデバッグのプロセスで助けになるし，物理的あるいは数学的な直観を発展させ，多方面にわたって仕事に楽しみを与えてくれる．

自分が得た結果を眺める手段として可視化の方法を考えるとき，そこにある科学を明快に表現することと，自分の仕事を他者に伝達することがポイントとなることを念頭におくべきである．そうすると，すべての図を出来るだけ明快にし，情報に富んだものにし，図自身が語るようにすべきだということになる．とくに，図をプレゼンテーションに使いキャプションがないときに，そうすべきである．グラフの線とデータ点のラベル，タイトル，軸のラベルは重要である[*2]．そのあとで，自分が行った可視化をよく見て，メッセージを伝えてより良い洞察を与えるために，単位の選び方や座標値の範囲，色，スタイルなどに，もっとよい選択があるかを自問すべきである．自分のモニタで見たとき素晴らしい色だったのが，印刷では全部が情報不足の灰色になるかもしれないことを覚えておくのがよい．人間の感覚と認知の複雑さを考えると，ある特定のデータセットの可視化に唯一最良の方法はないだろうから，一番うまくいくのが何かを試行錯誤して「見る」ことも必要だろう．

リスト 1.1 EasyVisual.py は 2 個の異なる 2 次元プロットを作成する．Visual パッケージを使用．

```
# EasyVisual.py:        Simple  graph  object  using  Visual
from visual.graph import *                  # Import Visual

Plot1 = gcurve(color = color.white)         # gcurve method

for x in arange(0., 8.1, 0.1):              # x range
    Plot1.plot( pos = (x, 5.*cos(2.*x)*exp(-0.4*x)))  # Plot pts

graph1 = gdisplay(width =600, height =450,\
    title='Visual 2D Plot', xtitle='x', ytitle='f(x)',\
    foreground = color.black, background = color.white)

Plot2 = gdots(color = color.black)          # Dots

for x in arange( -5., +5, 0.1):
    Plot2.plot(pos = (x, cos(x)))
```

1.5.1 Visual (VPython) の 2 次元プロット

パッケージの説明のところで触れたが，VPython (Python + Visual パッケージ) は

[*2] 言う必要は無いだろうが，独立変数 x を横軸 (水平) に，従属変数 $y = f(x)$ を縦軸に沿って配置する．

Pythonと可視化を始める簡便な方法である[*3)]．Visualパッケージは3次元立体，2次元プロット，アニメーションの生成に使える．たとえば，図1.2に，リスト1.1のEasyVisual.pyで作成した2個のプロットを示す．プロットのテクニックは，まずプロット・オブジェクトを生成し，次にそのオブジェクトに点を1個ずつ加えるものである．（これに対し，Matplotlibでは点から成るベクトルを生成し，つぎにそのベクトル全体をプロットする．）

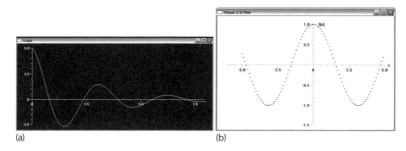

図 **1.2** Visualパッケージを用いてEasyVisual.pyで作成した2個のx–yプロットの画面コピー．プロット(a)はデフォルトのパラメータを使用．プロット(b)はユーザが与えたオプションを使用．

EasyVisual.pyが2個のプロット・オブジェクトPlot1とPlot2を生成し，各オブジェクトをプロットするのにプロット用のメソッドが使われることが分かる．Plot1はメソッドgcurveを用い，グラフの線の色(white)以外にはオプション指定がない．デフォルトでつながったグラフの線(図1.2a)を得るがラベルはない．これに対し，Plot2はgdisplayメソッドを用いてプロットの表示特性を設定したあと，gdotsでデータを点として描く(図1.2b)．プロット・オブジェクトを生成するより前に，グラフウィンドウのサイズ，位置，タイトルを設定するため，さらにxおよびy軸のタイトルを決めるためにプロット・メソッドgdisplayを用いる．gdisplayの引数は直ちにわかる．幅と高さがピクセルで与えられている．Plot2=gdots()とセットしたので点だけがプロットされる．

リスト **1.2** 3GraphVisual.pyは2次元のx–yプロットを作成する．MatplotlibとNumPyパッケージを使用．

```
# 3GraphVisual.py: 3 plots in the same figure, with bars, dots and curve

from visual import *
from visual.graph import*
```

[*3)] VisualはCanopyパッケージには含まれないので，Visualプログラムを実行するには，Canopyがインストールされていても，Visualパッケージとそれに適合したPythonのバージョンをインストールする必要がある．VPythonとCanopyは異なるフォルダ/ディレクトリに入るので問題はない．

1.5 Python の可視化ツール

```
string = "blue: sin^2(x), white: cos^2(x), red: sin(x)*cos(x)"
graph1 = gdisplay(title=string, xtitle='x', ytitle='y')

y1 = gcurve(color=color.yellow, delta =3)          # curve
y2 = gvbars(color=color.white)                     # vertical bars
y3 = gdots(color=color.red, delta =3)              # dots

for x in arange(-5, 5, 0.1):                       # arange for floats
    y1.plot( pos=(x, sin(x)*sin(x)))
    y2.plot( pos=(x, cos(x)*cos(x)/3.))
    y3.plot( pos=(x, sin(x)*cos(x)))
```

本書で示す Python のプログラムは，読みやすくするためにある程度フォーマットしていることに注意．例としてリスト 1.2 を参照．プログラムを構造化して，関数のような主要素の前に空行を入れ，Python の構造を示すようにインデントをかけている (Java や C ならば括弧を使う)．

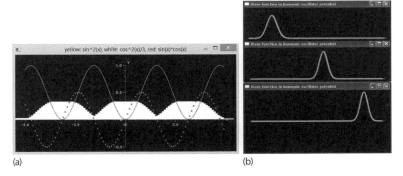

図 **1.3** (a) プログラム 3GraphVisual.py からの出力．3 個の異なるタイプの 2 次元プロットを 1 つのグラフ上に配置している．Visual を使用．(b) Visual のアニメーションの 3 フレーム．HarmosAnimate.py で作成した量子力学の波束のアニメーションである．

1 つの図に複数のプロットを配置する例として，リスト 1.2 の 3GraphVisual.py を実行すると，図 1.3a のグラフが作成される．gvbars により生成された白い縦棒，gdots により生成された赤い点，gcurve により生成された黄色のグラフの線 (印刷した教科書ではどの色も灰色に見える) がある．また 3GraphVisual.py では，プログラムを import visual.graph as vg で始めることで「コマンドにパッケージ名をプレフィックスでインクルードしなければならない」という決まりを回避していることにも注目する．これは Visual のグラフパッケージをインポートするのと，シンボル vg を visual.graph に割り当てることの両方を行う．

1.5.1.1　VPython の 3 次元オブジェクト

リスト **1.3** 3Dshapes.py は VPython の 3 次元図形のサンプルを作成する.

```
# 3Dshapes.py: Some 3D Shapes of VPython

from visual import *

graph1 = display(width=500, height=500, title='VPython 3D Shapes',
    range=10)
sphere(pos=(0,0,0), radius=1, color=color.green)
sphere(pos= (0,1,-3), radius=1.5, color=color.red)
arrow(pos=(3,2,2), axis=(3,1,1), color=color.cyan)
cylinder(pos=(-3,-2,3), axis=(6,-1,5), color=color.yellow)
cone(pos=(-6,-6,0), axis=(-2,1,-0.5), radius=2, color=color.magenta)
helix(pos=(-5,5,-2), axis=(5,0,0), radius=2, thickness=0.4,
    color=color.orange)
ring(pos=(-6,1,0), axis=(1,1,1), radius=2, thickness=0.3,
    color=(0.3,0.4,0.6))
box(pos=(5,-2,2), lengt=5, width=5, height=0.4, color=(0.4,0.8,0.2))
pyramid(pos=(2,5,2), size=(4,3,2), color=(0.7,0.7,0.2))
ellipsoid(pos=(-1,-7,1), axis=(2,1,3), length=4, height=2, width=5,
    color=(0.1,0.9,0.8))
```

シミュレーションをさらに現実的に見えるようにする方法としては 3 次元立体図形を用いるやり方がある．たとえば，弾むボールは単なる点ではなく球で表す．リスト 1.3 のプログラムで作成されるように，VPython は 1 行のコマンドで図 1.4 のような様々な 3 次元図形を作りだせる．ボールを弾ませるには何らかの運動学的な式に従って position 変数を変化させる必要があるだろう．

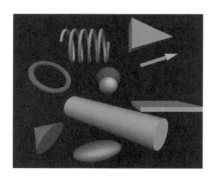

図 **1.4**　VPython の単一のコマンドで生成される 3 次元図形をいくつか示す．

1.5.2　VPython のアニメーション

Visual でアニメーションを生成するのは，本質的には単に同じ 2 次元プロットを次々につくるだけである．それぞれわずかに違う時刻のものをつくり，次のプロットを前のものに重ねていくので，適切に見せれば動いている感じを出せる．私たちのプログラム例，たとえば HarmosAnimate.py と 3Danimate.py で，アニメーションを作成してい

る．図 1.3b には HarmosAnimate.py で作成した 3 個のフレームを示す．これらのプログラムの大半の部分は PDE の解を扱っているが，そのところを気にする必要はまだない．アニメーションをつくる部分は単純である：

```
PlotObj= curve(x=xs, color=color.yellow, radius =0.1)
...
while True:                                          # Runs forever
    rate(500)
    psr[1:-1] = ...
    psi[1:-1] = ...
    PlotObj.y = 4*(psr**2 + psi**2)
```

ここで PlotObj は while ループ内で継続的に作られるグラフの線なので，動いているように見える．すべての時刻に対する点を 1 個の配列に格納せず，個別に点のプロットができるので，プログラムのメモリ・デマンドがかなり小さく抑えられて速いプログラムとなることに注目する．

リスト 1.4 EasyMatPlot.py 2 次元の x–y プロットを作成する．Matplotlib パッケージ (NumPy パッケージを含んでいる) を用いている．

```
# EasyMatPlot.py: Simple use of matplotlib's plot command              1

from pylab import *                                 # Load Matplotlib  3

Xmin = -5.;   Xmax = +5.;   Npoints= 500             5
DelX = (Xmax - Xmin) / Npoints \\
x = arange(Xmin, Xmax, DelX)                         7
y = sin(x) * sin(x*x)                               # function of x array
                                                                        9
print ('arange => x[0], x[1],x[499]=%8.2f %8.2f %8.2f'
    %(x[0],x[1],x[499]))                                               11
print ('arange => y[0], y[1],y[499]=%8.2f %8.2f %8.2f'
    %(y[0],y[1],y[499]))                                               13
print ("\n Now doing the plotting thing, look for Figure 1 on desktop" )
xlabel('x');      ylabel('f(x)');      title(' f(x) vs x')             15
text(-1.75, 0.75, 'MatPlotLib \n Example')           # Text on plot
plot(x, y, '-', lw=2)                                                  17
grid(True)                                           # Form grid
show()                                                                 19
```

1.5.3 Matplotlib の 2 次元プロット

Matplotlib はプロットの強力なツールであり，これにより Python プログラムの中から直接に，2 次元および 3 次元のグラフ，ヒストグラム，パワー・スペクトル，棒グラフ，エラーバー付きのグラフ，散布図，その他たくさんのものが描ける．Matplotlib は無料であり，洗練された NumPy と LAPACK (Anderson et al., 2013) の数値計算法を用いている．しかも，驚くべきことに，使いやすい．とくに，Matplotlib はプロットするデータを格納するのに NumPy の array (ベクトル) オブジェクトを用いる．6 章で NumPy の配列の議論をいろいろとするので，じきに配列の理解を深められるだろう．

Matplotlib のコマンドは意図的に MATLAB のプロットコマンドに似せてある．MAT-

LABは市販品だが工学系でとくに人気がある問題解決の環境である．MATLABでもそうだが，Matplotlibではプロットしたいxとyの値が1次元配列（ベクトル）に格納されていることを前提にし，これらのベクトルを一気にプロットする．これはVisualと異なる．Visualでは，最初にプロット・オブジェクトを生成し，その後このオブジェクトに点を次々と加えていく．Matplotlibは標準のPythonの一部ではないので，Matplotlibパッケージ全体または用いる個々のメソッドをプログラムにインポートしなければならない．たとえば，リスト1.4のEasyMatPlot.pyの3行目ではMatplotlibをpylabライブラリとしてインポートする：

```
from pylab import *                    # Load Matplotlib
```

それから7，8行目でxとyの値の配列を次のように計算し入力する．

```
x = arange(Xmin, Xmax, DelX)    # Form x array in range with increment
y = -sin(x)*cos(x)              # Form y array as function of x array
```

見てわかるとおり，NumPyのメソッドarangeが，XmaxからXminの間をステップDelXで刻んだ「領域(arange)」をカバーする配列をつくる．区間の端が浮動小数点数だから，x_iもそうなる．そしてxが配列なので，$y = -\sin(x) * \cos(x)$も自動的に配列になる！実際のプロットは15行目で，直線を示すために用いられるダッシュ「-」とその幅の設定$lw = 2$があり実行される．結果を図1.5aに示すが，望んだラベルとタイトルが表示されている．コマンドshow()はデスクトップにグラフを作成する．他のコマンドを表1.3に示す．プロットのオプションや形式をいくつか自分で試すことを勧める．

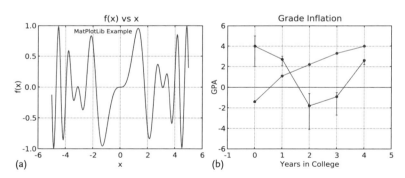

図1.5 Matplotlibのプロット．(a) EasyMatPlot.pyの単純なx–yプロットを示す出力．(b) GradeMatPlot.pyの出力．2組のデータ点，2個の折れ線，上下で大きさが異なるエラーバーが全部1つのプロット上に出力される．

リスト1.5 GradesMatPlot.pyはMatplotlibパッケージを用いて2次元x–yプロットを作成する．

```
# Grade.py: Using Matplotlib's plot command with multi data sets & curves
```

1.5 Python の可視化ツール

表 1.3　Matplotlib で用いられるコマンドの例

コマンド	作用	コマンド	作用
plot(x, y, '-', lw=2)	幅 2 の直線で結んだ x–y 曲線	pyplot.polar	極座標表示
show()	グラフ出力を表示	pyplot.semilogx	片対数の x プロット
xlabel('x')	x 軸ラベル	pyplot.semilogy	片対数の y プロット
ylabel('f(x)')	y 軸ラベル	grid(True)	格子を描く
title('f vs x')	タイトルを加える	pyplot.contour	等高線図
text(x, y, 's')	(x,y) にテキスト s を加える	pyplot.bar	棒グラフ
pyplot.errorbar	データ点とエラーバー	pyplot.gca	現在の座標軸の取得
pyplot.clf()	現在の図を消去	pyplot.acorr	自己相関
pyplot.scatter	散布図		

```
import pylab as p                              # Matplotlib
from numpy import*

p.title('Grade Inflation')                    # Title and labels
p.xlabel('Years in College')
p.ylabel('GPA')

xa = array([-1, 5])                           # For horizontal line
ya = array([0, 0])                            #  "              "
p.plot(xa, ya)                                # Draw horizontal line

x0 = array([0, 1, 2, 3, 4])                   # Data set 0 points
y0 = array([-1.4, +1.1, 2.2, 3.3, 4.0])
p.plot(x0, y0, 'bo')                          # Data set 0 = blue circles
p.plot(x0, y0, 'g')                           # Data set 0 = line

x1 = arange(0, 5, 1)                          # Data set 1 points
y1 = array([4.0, 2.7, -1.8, -0.9, 2.6])
p.plot(x1, y1, 'r')

errTop = array([1.0, 0.3, 1.2, 0.4, 0.1])     # Asymmetric error bars
errBot = array([2.0, 0.6, 2.3, 1.8, 0.4])
p.errorbar(x1, y1, [errBot, errTop], fmt = 'o')   # Plot error bars

p.grid(True)                                  # Grid line
p.show()                                      # Create plot on screen
```

リスト 1.5 にプログラム GradesMatplot.py を，図 1.5b にその出力を示すが，これは単純なプロットではない．ここでは，1 個のグラフの上に複数のデータセットをプロットし，データ点とそれらを結ぶ線を表すためにプロットコマンドを数回繰り返す．3 行目で Matplotlib (pylab) をインポートし 4 行目で NumPy をインポートするが，これらは配列コマンドのために必要となる．これら 2 個のパッケージをインポートしたので，pylab プレフィックスをプロットコマンドにつけてどちらのパッケージを使うかを Python に知らせる．

$y = 0$ にそって水平な線を描くため，x の値が $-1 \leq x \leq 5$ の配列と，これに対応する y の値すなわち $y_i = 0$ の配列をデータセットとして 10, 11 行目で生成する．それから

12 行目でこの水平線をプロットする．次にさらに 4 個のグラフの線を図中に描く．最初に 14～15 行目で添え字 0 のデータセットを生成し，その点を青 ('bo') の丸でプロットし，それから点を緑 ('g') の線で結ぶ (コンピュータのスクリーン上では色が見えるが，印刷では灰色にしか見えない)．19～21 行目では，もうひとつのデータセットを生成して赤 ('r') の線をプロットする．最後に，23～25 行目では，上下の長さが異なるエラーバーを定義しプロットに描く．仕上げとしてグリッド線を加え (27 行目)，スクリーン上のプロットとして show で見せる．

リスト 1.6 MatPlot2figs.py は図 1.6 に示す 2 セットの図を作成する．各図は Matplotlib の figure という同一のコマンドで出力され，それぞれ 2 個のプロットを含む．

```
# MatPlot2figs.py: plot of 2 subplots on 1 fig & 2 separate figs

from pylab import *                                    # Load matplotlib

Xmin = -5.0;       Xmax = 5.0;        Npoints= 500
DelX= (Xmax-Xmin)/Npoints                              # Delta x
x1 = arange(Xmin, Xmax, DelX)                          # x1 range
x2 = arange(Xmin, Xmax, DelX/20)                       # Different x2 range
y1 = -sin(x1)*cos(x1*x1)                               # Function 1
y2 =  exp(-x2/4.)*sin(x2)                              # Function 2
print("\n Now plotting, look for Figures 1 & 2 on desktop")
#       Figure 1
figure(1)
subplot(2,1,1)                              # 1 st subplot in first figure
plot(x1, y1, 'r', lw=2)
xlabel('x');        ylabel( 'f(x)' );      title( '-sin(x)*cos(x^2)' )
grid(True)                                             # Form grid
subplot(2,1,2)                              # 2nd subplot in first figure
plot(x2, y2, '-', lw=2)
xlabel('x')                                            # Axes labels
ylabel( 'f(x)' )
title( 'exp(-x/4)*sin(x)' )

#       Figure 2
figure(2)
subplot(2,1,1)                              # 1 st subplot in 2nd figure
plot(x1, y1*y1, 'r', lw=2)
xlabel('x');        ylabel( 'f(x)' );      title( 'sin^2(x)*cos^2(x^2)' )
    # form grid
subplot(2,1,2)                              # 2nd subplot in 2nd figure
plot(x2, y2*y2, '-', lw=2)
xlabel('x');        ylabel( 'f(x)' );      title( 'exp (-x/2)*sin^2(x)' )
grid(True)

show()                                                 # Show graphs
```

同じプロットにグラフの線を何本か重ねて描いたり，同じ図にいくつかのプロットを載せると，言おうとしている科学的内容が明らかになることが多い．Matplotlib は plot および subplot コマンドによりこれを実現する．たとえば，リスト 1.6 の MatPlot2figs.py と図 1.6 では，2 つのウィンドウを生成し，それぞれ上下に 2 つのグラフをプロットし

1.5 Python の可視化ツール

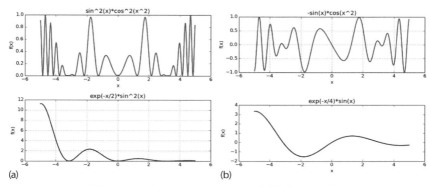

図 1.6 (a) と (b) MatPlot2fig.py で作成した 2 つの図.

ている.次のような subplot コマンドの繰り返しが鍵である.

```
figure(1)                    # The 1st figure
subplot(2,1,1)               # 2 rows, 1 column, 1st subplot
subplot(2,1,2)               # 2 rows, 1 column, 2nd subplot
```

これは,直ちにわかるように,プロットの範囲を設定するセクション,図を生成するセクションおよびグリッドを生成するセクションからなる.

リスト 1.7 PondMatPlot.py は 5 章の図 5.5 に示すように散布図のプロットとグラフの線を作る.

```
# PondMatPlot.py: Monte-Carlo integration via vonNeumann rejection

import numpy as np
import matplotlib.pyplot as plt

N = 100
x1 = np.arange(0, 2*np.pi+2*np.pi/N,2*np.pi/N)
fig,ax = plt.subplots()
y1 = x1 * np.sin(x1)**2                          # Integrand
ax.plot(x1, y1, 'c', linewidth=4)
ax.set_xlim((0, 2*np.pi))
ax.set_ylim((0, 5))
ax.set_xticks([0, np.pi, 2*np.pi])
ax.set_xticklabels(['0', '$\uppi$','2$\uppi$'])
ax.set_ylabel('$f(x) = x\,\sin^2 x$', fontsize=20)
ax.set_xlabel('x',fontsize=20)
fig.patch.set_visible(False)
xi=[]; yi=[]; xo=[]; yo=[]

def fx (x):                                      # Integrand
    return x*np.sin(x)**2

j = 0                          # Inside curve counter
Npts = 3000
analyt = np.pi**2
xx = 2.* np.pi * np.random.rand(Npts)        # 0 =< x <= 2pi
yy = 5*np.random.rand(Npts)                  # 0 =< y <= 5
for i in range(1,Npts):
    if (yy[i] <= fx(xx[i])):                 # Below curve
```

```
        if (i <=100): xi.append(xx[i])
        if (i <=100): yi.append(yy[i])
        j +=1
    else:
        if (i <=100): yo.append(yy[i])
        if (i <=100): xo.append(xx[i])

    boxarea = 2. * np.pi *5.              # Box area
    area = boxarea*j/(Npts−1)             # Area under curve
    ax.plot(xo,yo,'bo',markersize=3)
    ax.plot(xi,yi,'ro',markersize=3)
    ax.set_title('Answers:   Analytic = %5.3f, MC = %5.3f'%(analyt,area))
plt.show()
```

散布図のプロット データ点の散布図的なプロットが必要なときもあり，さらにその中にグラフの線を描き込むようなこともある．5 章の図 5.5 に，リスト 1.7 のプログラム PondMapPlot.py が生成するそのようなプロットを示す．ここで鍵となるいくつかのステートメントは ax.plot(xo, yo, 'bo', markersize=3) の形であり，この場合にはサイズ 3 の青い点を (スクリーン上に) 加える．

1.5.4　Matplotlib の 3 次元サーフェスプロット

原点に置かれた 1 個の点電荷のまわりのポテンシャルの場ならば，それが原点からの距離に依存する様子を可視化するのに，ポテンシャル $V(r) = 1/r$ の r に対する 2 次元プロットは悪くない．だが，双極子ポテンシャルのような関数，たとえば $V(x,y) = (B + C(x^2+y^2))^{-3/2})x$ を絵にしたいとなると 3 次元の可視化が必要になる．ポテンシャルの値 (山の高さ) を z 軸にとり x 軸と y 軸が山の下の平面を定義するような世界を生成すれば，これが可能になる．生成されるサーフェス (曲面) は 3 次元オブジェクトなので，平らなスクリーン上に描くのは，本当は不可能である．だから私たちの脳に 3 次元だという感じを与える様々なテクニックを用いる．たとえば，オブジェクトを (マウスでつかんで) 回転させたり，シェーディングや視差その他のトリックを利用して実行する．

リスト **1.8** Simple3Dplot.py は図 1.7 の Matplotlib3D の 3 次元サーフェスプロットをつくる．

```
# Simple3Dplot.py: matplotlib 3D plot you can rotate and scale via mouse

import matplotlib.pylab as p
from mpl_toolkits.mplot3d import Axes3D

print "Please be patient, I have packages to import & points to plot"
delta = 0.1
x = p.arange(−3., 3., delta )
y = p.arange(−3., 3., delta )
X, Y = p.meshgrid(x, y)
Z = p.sin(X) * p.cos(Y)                       # Surface height

fig = p.figure()                              # Create figure
ax = Axes3D(fig)                              # Plots axes
```

```
ax.plot_surface(X, Y, Z)                          # Surface
ax.plot_wireframe(X, Y, Z, color = 'r')           # Add wireframe
ax.set_xlabel('X')
ax.set_ylabel('Y')
ax.set_zlabel('Z')

p.show()                                          # Output figure
```

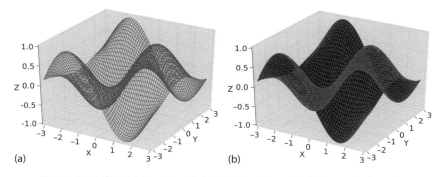

図 **1.7** (a) 3 次元ワイヤーフレーム (b) ワイヤーフレーム付のサーフェスプロット．両方ともプログラム Simple3dplot.py により Matplotlib を用いて作成．

図 1.7a にワイヤーフレームのプロットを，図 1.7b にサーフェス＋ワイヤーフレームのプロットを示す．これらはリスト 1.8 のプログラム Simple3Dplot.py から得られる．Matplotlib のツールキットから 3 次元プロットに必要な Axes3D をさらにインポートしていることに注目する．8, 9 行目は arange を用いて実数の x と y の配列を通常どおり生成する．10 行目はメソッド meshgrid を用いて x と y の座標ベクトルから座標平面全体を覆う四角形のグリッドをセットアップする．ついで 11 行目では，もうひとつのベクトル操作で z サーフェス全体を構成する．残りのプログラムは見れば直ちにわかるが，fig はプロット・オブジェクト，ax は 3 次元座標軸オブジェクト，plot_wireframe と plot_surface はそれぞれフレームとサーフェスプロットを生成する．

(x_i, y_i, z_i) の形のデータを観察するときは別のタイプの 3 次元プロットが特に役立つ．それは 3 次元 (x, y, z) ボリュームへの散布プロットである．リスト 1.9 のプログラム Scatter3dPlot.py は図 1.8 のプロットを生成する．このプログラムは，Matplotlib のドキュメンテーションからの転用だが，NumPy の乱数発生を用い，$1 \times 1 \times 1$ グリッドを示す MATLAB 伝来の 111 という表記がある．

リスト **1.9** Scatter3dPlot.py は Matplotlib の 3 次元ツールを用いて 3 次元散布プロットを作成する．

```
" Scatter3dPlot.py     from matplotlib examples"

import numpy as np
from mpl_toolkits.mplot3d import Axes3D
```

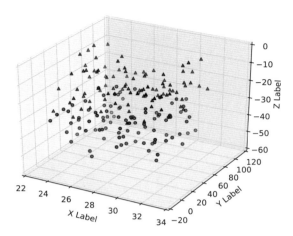

図 1.8 Matplotlib を使いプログラム Scatter3dPlot.py で作成した 3 次元散布プロット．

```
import matplotlib.pyplot as plt

def randrange(n, vmin, vmax):
    return (vmax-vmin)*np.random.rand(n) + vmin

fig = plt.figure()
ax = fig.add_subplot(111, projection='3d')
n = 100
for c, m, zl, zh in [('r', 'o', -50, -25), ('b', '^', -30, -5)]:
    xs = randrange(n, 23, 32)
    ys = randrange(n, 0, 100)
    zs = randrange(n, zl, zh)
    ax.scatter(xs, ys, zs, c=c, marker=m)
ax.set_xlabel('X Label')
ax.set_ylabel('Y Label')
ax.set_zlabel('Z Label')

plt.show()
```

最後に，Oscar Restrepo が書いたプログラム FourierMatplot.py は，図 1.9 に示すように，のこぎり波のフーリエ成分を再構築するものである．（フーリエ変換の数学は 12 章で論じる．）取り込む波の数は，次のようにスライダーバーで見ながら制御する．

```
from matplotlib.widgets import Slider
...
snumwaves = Slider(axnumwaves, '# Waves', 1, 20, valinit=T)
...
snumwaves.on_changed(update)
```

1.5 Python の可視化ツール

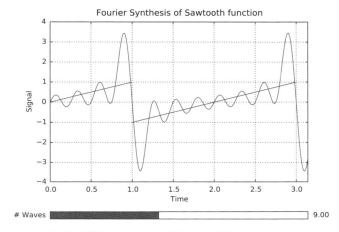

図 1.9 のこぎり波の関数とそのフーリエ成分の和を比較する．Matplotlib のスライダーにより，取り込む波の数はインタラクティブに変えられる．この出力を生成するプログラム FourierMatplot.py は，Oscar Restrepo による．

1.5.5 Matplotlib のアニメーション

VPython ほど簡単ではないが Matplotlib はアニメーションもできる．Matplotlib の例題のページにいくつも出ている．私たちは PythonCodes/Visualizations というディレクトリに Matplotlib のアニメーションプログラムのいくつかを入れており，リスト 1.10 に熱伝導方程式のサンプル・プログラムを示す．ここでもプログラムのほとんどの部分は PDE を解くためのものだが，それは今のところ興味の対象ではない．アニメーションはプログラムの一番最後で実行される．

リスト 1.10 EqHeatAnimateMatPlot.py は棒が冷えていく様子のアニメーションを作成する．Matplotlib を使用．

```
# EqHeat.py Animated heat equation soltn via fine differences

from numpy import *
import numpy as np
import matplotlib.pyplot as plt
import matplotlib.animation as animation


Nx = 101
Dx = 0.01414
Dt = 0.6
KAPPA = 210.                            # Thermal conductivity
SPH = 900.                              # Specific heat
RHO = 2700.                             # Density
cons = KAPPA/(SPH*RHO)*Dt/(Dx*Dx);
T = np.zeros( (Nx, 2), float)           # Temp @ first 2 times
def init():
    for ix in range(1, Nx - 1):        # Initial temperature
        T[ix, 0] = 100.0;
```

```
    T[0, 0] = 0.0                                    # Bar ends T = 0
    T[0, 1] = 0.
    T[Nx − 1, 0] = 0.
    T[Nx − 1, 1] = 0.0
init ()
k= range (0 , Nx)
fig=plt.figure ()                                    # Figure to plot
# selectaxis ; 111: only one plot , x, y, scalesgiven
ax = fig.add_subplot(111, autoscale_on =False , xlim =(−5, 105) , ylim=(−5,
     110.0))
ax.grid ()                                           # Plot grid
plt.ylabel ("Temperature")
plt.title ("Cooling of a bar")
line , = ax.plot (k, T[k,0], "r", lw=2)
plt.plot ([1 ,99] ,[0 ,0] ,"r",lw=10)
plt.text (45 ,5 , 'bar' ,fontsize =20)

def animate (dum) :
    for ix in range (1 , Nx − 1):
        T[ix , 1] = T[ix , 0] + cons∗(T[ix + 1, 0] + T[ix − 1, 0] −
            2.0∗T[ix , 0])
    line.set_data (k,T[k,1] )
    for ix in range (1 , Nx − 1):
        T[ix , 0] = T[ix , 1]                        # Row of 100 positions at t = m
    return line ,

ani = animation.FuncAnimation(fig , animate ,1)        # Animation
plt.show ()
```

1.5.6 プロットを超える Mayavi の可視化⊙

この項は Mayavi について記すが，自由選択の記号がついている．その理由は，私たちのサンプル・プログラムにはこれを用いていないからである．だが，読者は (ざっとでもよいから) 本項に目を通し，Python の次段階の可視化について何かしらのアイデアを得ておくように勧める．

1 変数あるいは 2 変数関数をプロットすることに関して Matplotlib は素晴らしいが，3 変数以上の関数の，彫刻のような 3 次元の可視化 (スーパーコンピュータ・センターによく飾られている) をするようにはデザインされていない．このような次段階の可視化のためにデザインされているのが Mayavi (サンスクリット語で「魔法使い」) である．Mayavi はオープンソースであり，Python と緊密に統合され Canopy の配布に含まれている．

Mayavi は 2 個の異なるパッケージと，各パッケージ用に 2 個の異なるインターフェースからなる．ここで概説するパッケージは，Matlab や Mathematica に出てくるようなコマンド群のセットであり，かなり高いレベルで抽象化されていて自然な形で NumPy 配列とともに動作する．もうひとつのパッケージは VTK (Visual Tool Kit) のプリミティブのセットで，研究用に特化した自分専用の可視化モジュールの開発をする目的にはより適しているだろう．ハイレベルのパッケージではあるが，自分の Python プログ

1.5 Python の可視化ツール

ラム (筆者が実演しているもの) 中のスクリプトを通して Mayavi とやりとりするか, プログラムとは別に実行するスタンドアロン・アプリケーションを介して Mayavi とやりとりするかを選べる.

Enthought のチュートリアルから得たいくつかの例を示そう. Mayavi が生成する $z(x,y) = x^4 + y^4$ を標準のサーフェスプロットとして始める.

```
import numpy; import Matplotlib; import matplotlib.pyplot
import mayavi; import mayavi.mlab

X, Y = numpy.mgrid[-2:2: 0.1, -2:2: 0.1];           Z = X**4 + Y**4

mayavi.mlab.surf(Z);                    mayavi.mlab.axes()
mayavi.mlab.outline();                  mlab.show()
```

配列 X と Y のセットアップのために NumPy の `numpy.mgrid` メソッドを用いる. それから, 配列 Z を $X^4 + Y^4$ のベクトル評価でセットアップする. 次に, Mayavi を使用して z サーフェスを作成し, 軸を描画し, サーフェスをボックスでアウトライン化する. 最後に, 図 1.10a のような表示ボックスに可視化の結果を表示する重要なコールである `mlab.show()` を呼び出す. この表示ボックスには, さまざまなビューとサイズを作成したり, 方向矢印を挿入したり, さまざまな形式のファイルをディスクに保存したり, 可視化のプロパティを編集したり, パイプライン・ウィンドウを開いたりするための多数の (小さすぎる) ボタンが含まれていることが (もし大きくすれば) 見られる. パイプライン・ウィンドウが表示され, ユーザが可視化のさまざまな段階を制御できるようになる: データソース・オブジェクトにデータをロードし, フィルタを使用してデータを変換し, モジュールを使用して可視化などができる.

$z = f(x,y)$ を z サーフェスとして可視化するのと同様に, 3 次元極座標を用いて $r = f(\theta, \phi)$ を r サーフェスとして可視化することもできる. ここでは球面調和関数 $Y_l^m(\theta, \phi)$ を可視化する (図 1.10b):

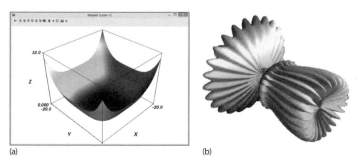

図 **1.10** (a) Mayavi のスクリーンビューアでの関数 $z = x^4 + y^4$ のサーフェスのプロット. (b) 球面調和関数 $Y_l^m(\theta, \phi)$ の回転可能な可視化. 動径方向の距離により関数値を表すが, $Y_l^m(\theta, \phi)$ は球の表面上で定義される関数であることに注意.

```
from numpy import pi, sin, cos, mgrid
from mayavi import mlab
dphi, dtheta = pi/250.0, pi/250.0
[phi,theta] = mgrid[0:pi+dphi*1.5:dphi,0:2*pi+dtheta*1.5:dtheta]
m0 = 4; m1 = 3; m2 = 2; m3 = 3; m4 = 6; m5 = 2; m6 = 6; m7 = 4;
r = sin(m0*phi)**m1 + cos(m2*phi)**m3 + sin(m4*theta)**m5 +
    cos(m6*theta)**m7
x = r*sin(phi)*cos(theta); y = r*cos(phi)          # Function
z = r*sin(phi)*sin(theta)                          # Projections
 # View data
s = mlab.mesh(x, y, z)
mlab.show()
```

$Y_l^m(\theta, \phi)$ の値は θ と ϕ で決まるから,その方向に向かう動径の距離として関数値をプロットする.すなわち,θ と ϕ の格子点における関数値を動径成分として3次元極座標を求め,これらの点を3次元のメッシュとしてプロットする.ここで出てきた新しい要素 s = mlab.mesh(x, y, z) は,x, y, z (いずれも 2 次元配列) を用いて 1 つのサーフェスをプロットする.

次の例では,(x_i, y_j, z_k) の形式で点のセットを作成し,各点をさまざまな色のチューブで接続して描画している:

```
import numpy; import mayavi
from mayavi.mlab import *

n_mer, n_long = 6, 11 ; pi =numpy.pi
dphi = pi / 1000.0
phi = numpy.arange(0.0, 2 * pi + 0.5 * dphi, dphi)
mu = phi * n_mer
x = numpy.cos(mu) * (1 + numpy.cos(n_long * mu / n_mer) * 0.5)
y = numpy.sin(mu) * (1 + numpy.cos(n_long * mu / n_mer) * 0.5)
z = numpy.sin(n_long * mu / n_mer) * 0.5

plot3d(x, y, z, numpy.sin(mu), tube_radius=0.025, colormap='Spectral')
mayavi.mlab.show()
```

ここでの新しいコマンドは plot3d である.図 1.11a に示す,点データを結ぶ虹色の ('Spectral') チューブを生成する.arange コマンドにより phi の値を配列にセットし,それをもとに mu, x, y, z, および sin(mu) 値の配列が生成される.

ベクトル場の一般的な可視化のスタイルは,空間の様々な点で矢印 (グリフ) が描画され,矢印の方向が場の方向を示し,矢印の長さが強さを示すものである.ここでも,そのような可視化を行い,その出力を図 1.11b に示す.

```
import numpy
from mayavi.mlab import *

x, y, z = numpy.mgrid[-2:3, -2:3, -2:3]
r = numpy.sqrt(x ** 2 + y ** 2 + z ** 4)
u = y * numpy.sin(r) / (r + 0.001)
v = -x * numpy.sin(r) / (r + 0.001)
w = 4*numpy.zeros_like(z)
```

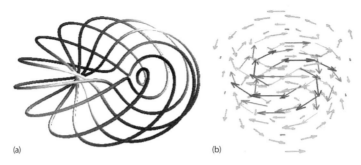

図 1.11 Mayavi による可視化. (a) 一連の点をつなげるためにチューブを使用. (b) ベクトル場を表すために矢印 (グリフ) を使用.

```
quiver3d(x, y, z, u, v, w, line_width=3, scale_factor=1.5)
show()
```

前と同じように，NumPy を使って (x,y,z) グリッドを設定する．次に，(x,y,z) の中間関数として r 値の配列を設定し，最後にベクトル場の (u,v,w) 成分の配列を他の配列の関数として設定する．新しいコマンドは quiver3d であり (かわいい名前)，矢印のコレクションを提供する．

可視化したいスカラー場が $\phi(x,y,z) = \sin(xyz)/xyz$ のような場合には，適切な視覚化は 3 次元空間全体にわたる等高面 (等しい値の 3 次元等高線プロット) になるだろう．contour3d コマンドでこれを行う：

```
import numpy as np
from mayavi import mlab
x, y, z = np.ogrid[-10:10:20j, -10:10:20j, -10:10:20j]
scalar = np.sin(x*y*z)/(x*y*z)
mlab.contour3d(scalar)
mlab.show()
```

図 1.12a はその出力である．周期性はあるが明らかに三角関数ではない．

つぎに，他の Mayavi メソッドが同じスカラー場の可視化をどのように変えるかを示す．最初は，図 1.12b に示すように，不透明なビューを生成するボリュームレンダリングである．そのため mlab.contour3d(s) コマンドを pipeline コマンドに置き換える：

```
import numpy as np
from mayavi import mlab
x, y, z = np.ogrid[-10:10:20j, -10:10:20j, -10:10:20j]
s = np.sin(x*y*z)/(x*y*z)
mlab.pipeline.volume(mlab.pipeline.scalar_field(s))
mlab.show()
```

また，スカラー場の切断面をいくつか用いて，図 1.13a の可視化を生成する：

```
import numpy as np
from mayavi import mlab
```

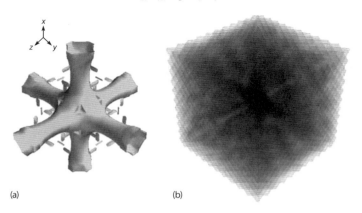

図 1.12　スカラー場 $\phi(x,y,z) = \sin(xyz)/xyz$ の可視化．(a) 等高面のプロット，(b) ボリュームレンダリング．

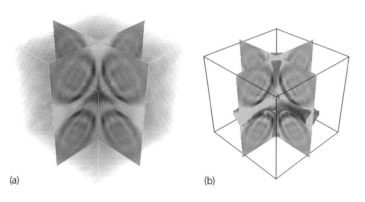

図 1.13　Mayavi による同じスカラー場 $\phi(x,y,z) = \sin(xyz)/xyz$ の可視化．(a) 2 枚の切断面．(b) 切断面と等高面の結合．

```
x, y, z = np.ogrid[-10:10:20j, -10:10:20j, -10:10:20j]
scalar = np.sin(x*y*z)/(x*y*z)
mlab.pipeline.image_plane_widget(mlab.pipeline.scalar_field(scalar),
    plane_orientation='x_axes', slice_index=10,)
mlab.pipeline.image_plane_widget(mlab.pipeline.scalar_field(scalar),
    plane_orientation='y_axes', slice_index=10,)
mlab.outline()
mlab.show()
```

ここでは表示できないが，ユーザは切断面を移動したり図を回転させることによってインタラクティブに可視化することができる．仕上げとして，等高面と切断面を同じプロットに配置して，図 1.13b に示すような面白い可視化を作成する．

1.6 演習 (プロット)

他のコマンドを試したり，コマンドにオプションを追加したりして，独自のプロットを作成して自分の好みに合ったものにすることを勧める．Matplotlib のドキュメントは大量にあり Web 上で入手できる．演習は以下を調べることである:

1. プロットのセクションをズームイン/アウトする方法は？
2. プロットを様々なフォーマットでファイルに書き出す方法は？
3. グラフを印刷する方法は？
4. プルダウンメニューから選べるオプションは？
5. サブプロット間の間隔を増やす方法は？
6. 図形を回転させたり縮尺を変える方法は？

1.7 Python の数式処理ツール

本書は Python を数値シミュレーションに使用することに重点を置いているが，これは数式処理すなわち計算上の記号操作の重要性をないがしろにするものではない (私たちの感じかたが仮にそうだったとしても)．Python には実際に数式処理に使用できる (少なくとも) 2 個のパッケージ，すなわち Sage と SymPy があるが，それらはかなり異なっている．

Sage パッケージは，1.4.3 項で述べたように Maple や Mathematica とほぼ同格のものであり，グラフィカル・インターフェースを持つノートブックを備えているので，出版できる品質のテキストを作成しその中で Python プログラムを実行できる．そして数式処理もできるのである．Sage は大きくて強力なパッケージであり，可視化のツールだけでなく代数演算のシステムを複数備えるなど，これを組み込むと単体の Python をはるかに超えるものとなる．このような Sage の多様な特徴を使うとすると，かなり複雑な状況になりうるので，Sage の使い方に関連する書籍もあるしセミナーも開催されている．興味のある読者のために，Sage のオンライン・ドキュメントを参照としてあげておく．www.sagemath.org/help.html

数式処理のための SymPy パッケージは，他の Python パッケージと同じように，通常の Python シェル内で動作する．ダウンロードは https://github.com/sympy/sympy/releases から実行するか，SymPy を含む Canopy ディストリビューションを利用できる．SymPy の使い方の簡単な例を紹介するが，SymPy を使用する場合は，SymPy チュートリアル http://docs.sympy.org/latest/tutorial/ から始める必要がある．(注意すべきことは，Python シェル内で作業しているにもかかわらず，SymPy は自動的に LaTeX を見つけ出力をそれで整形してしまう．) まず初めに，SymPy が解析学を知っていることを示

すために微分係数の計算を実行する：

```
>>> from sympy import *
>>> x, y = symbols('x y')
>>> y = diff(tan(x),x); y                    tan²(x)+1
>>> y = diff(5*x**4 + 7**2, x, 1); y          # dy/dx with optional 1
    20x³ + 14x
>>> y = diff(5*x**4+7**2, x, 2); y            # d²y/dx²
    2(30x² + 7)
```

最初に SymPy からメソッドをインポートし，次に symbols コマンドを使用して変数 x と y がシンボルであると宣言する必要があることがわかる．残りはかなり明白である．diff は微分演算子であり，diff の引数 x は，x について微分することを示す．つぎに，式の展開を試みる：

```
>>> from sympy import *
>>> x, y = symbols('x y')
>>> z = (x + y)**8; z
    (x+y)⁸
>>> expand(z)  x⁸ + 8x⁷y + 28x⁶y² + 56x⁵y³ + 70x⁴y⁴ + 56x³y⁵ + 28x²y⁶ + 8xy⁷ + y⁸
```

SymPy はテーラー展開を異なる値の近傍で行える：

```
>>> sin(x).series(x, 0)                       # Usual sin x series about 0
    x − x³/6 + x⁵/120 + 𝒪(x⁶)
>>> sin(x).series(x,10)                       # sin x about x= 10
    sin(10) + x cos(10) − x² sin(10)/2 − x³ cos(10)/6 + x⁴ sin(10)/24 + x⁵ cos(10)/120 + 𝒪(x⁶)
>>> z = 1/cos(x); z                           # A division, not an inverse
    1/cos(x)
>>> z.series(x, 0)                            # Expand 1/cos x about x = 0
    1 + x²/2 + 5x⁴/24 + 𝒪(x⁶)
```

数式処理システムのよく知られた難しさの 1 つは，出てくる答えが正しくても簡単な式でないときには，おそらく役に立たないことである．そのため，SymPy には，simplify 関数と factor 関数がある (説明はしないが，collect 関数，cancel 関数，apart 関数もある)：

```
>>> factor(x**2 −1)
    (x − 1)(x+1)                              # A nice answer
>>> factor(x**3 − x**2 + x − 1)
    (x − 1)(x²+1)
>>> simplify((x**3 + x**2 − x − 1)/(x**2 + 2*x + 1))
    x − 1                                     # Much            better
                !
>>> simplify(x**3+3*x**2*y+3*x*y**2+y**3)
    x³ + 3x²y + 3xy² + y³                     # No help!
>>> factor(x**3+3*x**2*y+3*x*y**2+y**3)
    (x+y)³                                    # Much better!
>>> simplify(1 + tan(x)**2)
    cos(x)⁽⁻²⁾
>>> simplify(2*tan(x)/(1+ tan(x)**2))
    sin(2x)
```

2 計算機ソフトウェアの基礎

この章では，計算機言語から開始して，数の表現，プログラミングツールについて論じる．また，浮動小数点数を利用するときの限界と結果について調べる．関連するテーマとしてハードウェアの基礎を扱うものが 10 章にある．

2.1 コンピュータを意のままに操る

> 最良のプログラムは，コンピュータによる処理が高速で，人間がはっきりと理解できるように書いたものである．理想的に言うならプログラマは随筆家である．その意味は，数学概念だけでなく美学的かつ文学的な表現形式で作業して，アルゴリズムがきちんと動きプログラムを読む人に計算結果は正しいはずだと確信させるようにするのである． *Donald E. Knuth*

コンピュータを擬人化してイメージしている人には，ぜひ覚えておいてほしいことがある．それは，コンピュータはいつも言われたとおりにしか実行しないということである．裏を返すと，コンピュータに何かさせようと思えば，やるべきことをひとつ残らず正確に教えこまなければならない．もちろん，プログラムが複雑で論理の分岐がたくさんあるときは，内部で何がどう行われているかを逐一追いかけるのは，とても根気が続かないこともあるだろう．だがこれは，原理的には常に可能なことである．そこで最初の課題は，コンピュータを制御しているという感じを (それが幻想だとしても) 持つために，コンピュータが何をしているか推量できる程度には理解をすることである．

コンピュータに何か命令する前に私たちが理解しておくべきことは，コンピュータにとってものごとは単純なものではないということである．コンピュータが理解する指示は**機械語で書いてある**[*1)]．それは，ハードウェアに対してメモリのある場所に記憶されている数字を別の場所に移動させるとか，単純な 2 進の演算をさせるといったものである．だが，このような言語を使ってコンピュータに直接に語りかける計算科学の研究者はまずいない．プログラムを書いてそれを実行させるときには，普通はシェルや**高級言語** (Python, Java, Fortran, C) や問題解決のための環境 (Maple, Mathematica, Matlab)

[*1)] 初期の PC で使ったプログラミング言語 BASIC (Beginners All-Purpose Symbolic Instruction) と機械語 (basic machine language) を混同しないように．

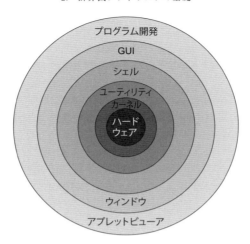

図 2.1 コンピュータのカーネルとシェルを図式的に示す．ハードウェアが中心にあり，外側に行くほど水準の高いソフトウェアに囲まれている．

を通してコンピュータと意思疎通する．そして最終的には，そのコマンドあるいはプログラムはハードウェアが理解できる機械語に翻訳される．

シェルはコマンドライン・インタープリタである．それは，人間が入力したコマンド(基本作業をさせるプログラムを呼び出す)に反応する小規模なプログラムの集まりで，コンピュータにより実行される．通常はユーザが特別なウィンドウを開いてシェルにアクセスするが，このウィンドウも一種のシェルである．コンピュータのオペレーティングシステム (**OS**) をとりまく外側の層をシェルと考えるとわかりやすい (図 2.1)．その内側に基本的なオペレーションのカーネルがある．(ユーザが直接にカーネルとやりとりすることはほとんどない．例外はプログラムのインストールや OS を最初から構築するときである．) シェルの仕事はプログラムやコンパイラ，それにファイルのコピーのような作業をするユーティリティを稼働させることである．同一のコンピュータに異なるタイプのシェルがいくつか搭載されていたり，同一のシェルのコピーが同時に稼動するような場合もある．

たとえば **Unix, Linux, DOS, MacOS, MS Windows** などが OS である．**OS** は一群のプログラムで，コンピュータがデータの読出し・書込み，あるいはプログラムを実行するときに，ユーザや周辺装置と情報のやりとりをするために使われる．OS はコンピュータに対して何をなすべきか逐一指示する．OS から見れば，ユーザや周辺装置やプログラムは，自分が処理すべき入力データである．つまり，いろいろな意味で，欠く事のできない事務管理者である．このように説明すると，複雑な話だと思うかもしれないが，OS の目的は，コンピュータに汚れ仕事をさせユーザが高いレベルの思考をできるようにし，またユーザが普通の日常言語に近いやりかたでコンピュータと情報交換

できるようにすることである.

　高級言語のプログラムを投入すると,コンピュータはコンパイラを使ってこれを処理する.コンパイラは,あたかも外国語を翻訳するように,投入されたプログラムを内蔵の辞書と文法規則を使って機械語に翻訳するプログラムである.私たちが作るプログラムが長い詳細な指示となることはよくあるが,投入されたプログラム中の複雑にからみあった論理をコンパイラが判読して,いくつかの筋道をひとつにすっきりまとめて高速なコードにしてくれることもある.このようにしてコンパイルされたステートメントの集まりがオブジェクトコード (コンパイルされたコード) である.必要となる他のサブプログラムとこれがリンクされてロードモジュールになる.ロードモジュールは,プログラムの実行に必要なすべての指令を機械語で書いたもので,コンピュータのメモリ上にロードされ,これをコンピュータが読み取り解釈して次々と実行してゆくことになる.

　Fortran や **C** のような言語はコンパイラを用いてプログラム全体を読んでからそれを機械語の指示に翻訳する.**BASIC** や **Maple** のような言語は投入されたプログラムを1行ずつ翻訳していく.コンパイラを用いる言語は,全体を読むので一般的にはより効率的なプログラムになり,膨大なサブプログラムを蓄積したライブラリを使える.1行ずつ翻訳する言語はユーザに直ちに反応してくれるので「より友好的」に見える.Python と Java 言語はこれらの性質を両方持っている.ユーザが最初にプログラムをコンパイルすると,Python はそれを中間的かつ共通性のあるバイトコードに翻訳し拡張子が PYC (あるいは PYO) のファイルとしてメモリに蓄える.このファイルは他のコンピュータに移行しても使うことができるが,Python のバージョンが違うときは不可である.そしてプログラムを走らせるとき,Python はこのバイトコードを各コンピュータの機械に特化したコードにコンパイルしなおす.このコンパイルされたコードはソースコードを1行ずつ翻訳するより速い.

2.2　プログラミングの準備

　重要な仕事にとりかかる前に,各自のコンピュータが正しく働いているかを確認したいと思う.さて,円の面積を求めたいが電卓がまだ発明されていなかったとしよう.そして特定の言語を用いるよりも,後で自分の好きな言語に変換できる擬似コードでそのプログラムを書くことにしよう.最初のプログラムはコンピュータに向かって次のように言う[*2)]:

[*2)] Python で # の右側に記すコメントは,プログラムを読み書きする人間のためにあり,それに対してコンピュータは動作しない.

```
Calculate area of circle                              # Do this computer!
```

このプログラムはどうにも働きようがない．理由は，コンピュータにどんな円について考慮すべきか，さらに面積について何をどうするか教えていないからである．もうすこし改良すると次のようになるだろう：

```
read radius                                           # Input
calculate area of circle                              # Numerics
print area                                            # Output
```

ほとんどのコンピュータ言語では，この指示 calculate area of circle でも意味を持たないので，アルゴリズムすなわちコンピュータがそれに従って動く規則のセットを次のように特定する必要がある：

```
read radius                                           # Input
PI = 3.141593                                         # Set constant
area = PI * r * r                                     # Algorithm
print area                                            # Output
```

このプログラムはさらに改善されているので，Python にどのように実装するかを見ることにしよう (他言語バージョンはオンラインで入手できる)．この面積のプログラムのPython バージョンをリスト 2.1 に示す．この簡単なプログラムでは，入力がプログラム中に組み込まれ，スクリーンに結果が出力される．

リスト 2.1 Aera.py では，入力がプログラムに組み込まれていて，結果がスクリーンに出力される．

```
# Area.py: Area of a circle, simple program
from math import pi

N = 1
r = 1.
C = 2.* pi* r
A = pi * r**2

print ('Program number =', N, '\n r, C, A = ', r, C, A)

""" Expected OUTPUT
Program number = 1
r, C, A = 1.0 6.283185307179586 3.141592653589793 """
```

2.2.1 構造化された再現可能なプログラムのデザイン

プログラムは，科学的な要素と数学とコンピュータ科学をブレンドして一連の指示にまとめ，望みの仕事をコンピュータにやり遂げさせる文書の芸術作品である．現在では，公表される科学的な成果を見ると，その本質的な要素として数値計算にますます依存するようになっている．そのため，自分の研究結果を他者が再現し拡張できるように，書いたソースプログラムそのものを他人が入手できることの重要性が増している．

2.2 プログラミングの準備

再現可能性は新発見のように興奮するものではないだろうが，科学の要素として不可欠である (Hinsen, 2013)．科学のためのプログラムには，コンピュータ言語の文法が正しいことに加え，その有効性と有用性を保証するために不可欠な数々の要素が抜け落ちていてはならない．他の諸分野の活動でもそうだが，よく知らないうちは単純な規則に従うべきである．よいプログラムは次の要素を含む：

- 正しい答えを与える
- 簡潔で読みやすく，各部分が何をやっているかが明確で解析しやすい
- あとで読む人とプログラマ自身のために注釈を書き込んである
- 使いやすい
- 独立に検証できる小さなプログラムを集めて構成されている
- 変更を加えたあとでも正しい答えを与えデバッグも簡単なように，変更しやすくロバストである．
- 使うデータフォーマットを注釈する
- 信頼できるライブラリを使う
- さらに使われ発展するように公表または他者に渡す

オブジェクト指向プログラミングの魅力のひとつは，これらの規則を自動的に強制することにある．どんなプログラムでも，構造を明瞭にする初歩的なやりかたとして，インデントと空白行挿入および括弧を戦略的に使って構造化する方法がある．これを実践

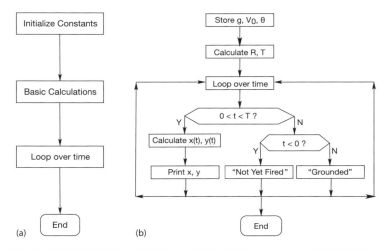

図 2.2 放物運動を計算するプログラムを図解したフローチャート．(a) はプログラムの基本的な構成要素を，(b) はその一部を詳細にしたものを示す．プログラムを書くとき，最初に基本の構成要素を図上に配置し，それから構造を決め，最後に詳細を埋め込んでいく．これをトップダウン・プログラミングという．

する理由は，プログラムの異なる部分 (構造化プログラミングの「構造」) の機能を視覚的に分かりやすくするためである．実際，Python ではインデントを明瞭化のためだけでなく構造要素として用いている．この本では紙幅に制限があるため好きなだけ空白行を入れることはできないが，私たちがやっているようにではなく，言っているとおりに実行するように勧める！

図 2.2 には，放物運動を計算するプログラムの例を，細部まで記した**基本的な**フローチャートで図示した．フローチャートでプログラムの詳細を記述するつもりはないが，そのかわりに論理の流れを視覚的に捉える図表としての補助になる．そういう性格のものなので，特定のコンピュータ言語からは独立しており，プログラムの基本構造を理解し展開するために有用である．プログラムを書く前にフローチャートを描くこと，または (次善の策として) 擬似コードを書くことを進める．擬似コードはフローチャートを言葉で書いたようなもので，詳細を省くかわりに論理と構造に焦点をあてる：

```
Store g, Vo, and theta
Calculate R and T
Begin time loop
  Print out "not yet fired" if t < 0
  Print out "grounded" if t > T
  Calculate, print x(t) and y(t)
  Print out error message if x > R, y > H
End time loop    End program
```

2.2.2 シェル，エディター，実行

1. 自分が使うコンピュータシステムについてある程度の経験を積むために，エディターを使って円の面積を計算するプログラム Area.py を入力する．(読者の皆さんがコピー・ペーストできるのは知っているが，まずは手で入力してみよう．) つぎに，出来たファイルをディスクに書き込んで (自分の) ホームディレクトリにセーブする (各章ごとにサブディレクトリを別にする)．注意：すでに Python に親しんでいる読者は，かわりにプログラム AreaFormatted.py を入力するとよい．こちらはフォーマット付の出力をつくりだす．

2. Area.py の適切なバージョンをコンパイルし実行する．

3. 自分で打ち込んだプログラムを変更して実験する．たとえば，r に値を割り当てるステートメントで小数点を除去したらどうなるか．r に割り当てるのが空白あるいは文字のときはどうなるか試す．ユーザのプログラムの間違えでコンピュータのどこかを「壊す」ことは，まずあり得ないことを覚えておこう．無理難題でコンピュータがどう反応するかを観察するのはよいことである．

4. 球の体積 $\frac{4}{3}\pi r^3$ を計算し結果を適切な名前とともにプリントアウトするようにプログラムを変更する．そのプログラムを自分のディレクトリにファイルとして保存し Vol.py という名前をつける．

2.2 プログラミングの準備

5. Vol.py を開いて実行し変更が正しく行われたか何回か試して確認する．テスト用の入力データとしては $r=1, r=10$ がよい．
6. Area.py を書き換えて，自分が決めた名前のファイルからデータを取り込み，作っておいた別のファイルにフォーマットを変えて書き込み，さらに後者のファイルから読み込むようにする．
7. 出力に用いたデータの型がファイルに入っているデータの型と違うとき (たとえば浮動小数点数を整数として読み込もうとすると) 何が起きるかを見る．
8. AreaMod を書き換えて，(入出力を行う) メインメソッドと，それとは分離した計算のための関数あるいはメソッドを用いるようにする．前と同じ結果になるかをチェックする．

リスト 2.2 AreaFormatted.py は I/O をファイルから行うだけでなく，キーボードからも行う．このプログラムは raw input と input を切り替えることで Python 2 と Python 3 のいずれでも動作する．Canopy を使いファイルを読むときは Python が走るウィンドウで右クリックして Change to Editor Directory を選択する (ファイルのディレクトリを絶対位置で指定しておいてもよい)．

```
# AreaFormatted: Python 2 or 3 formated output, keyboard input, file input
from numpy import *
from sys import version
if int(version[0])>2:                    # Python 3 uses input, not raw_input
    raw_input=input
name = raw_input( 'Key in your name: ')          # raw_input strings
print("Hi ",name)
radius = eval(raw_input('Enter a radius: '))  # For numerical values
print('you entered radius= %8.5f'%radius)         # formatted output
print('Enter new name and r in file Name.dat')   # raw_input strings
inpfile = open('Name.dat','r')           # Read from file Name.dat
for line in inpfile:
    line = line.split()                  # Splits components of line
    name = line[0]                       # First entry in the list
    print( "Hi %10s" %(name))            # print Hi + first entry
    r = float(line[1])                   # convert string to float
    print(" r = %13.5f" %(r))            # convert to float & print
inpfile.close()
A = math.pi*r**2
print("Done, look in A.dat\n")
outfile = open('A.dat','w')
outfile.write('r= %13.5f\n' %(r))
outfile.write('A = %13.5f\n' %(A))
outfile.close( )
print('r = %13.5f'%(r), ', A = %13.5f'%(A))      # Screen output
print('\n Now example of int eger input ')
age=int(eval(raw_input ('Now key in your age as an integer: ')))
print("age: %4d years old, you don't look it!\n"%(age))
prin}("Enter and return a character to finish")
s = raw_input()
```

2.3 PythonのI/O

Pythonでもっとも簡単なI/Oはコマンドprintでスクリーンに出力する(リスト2.1のArea.py参照)ものと，コマンドinputでキーボードから入力する(リスト2.2のAreaFormatted.py参照)ものである．またAreaFormatted.pyでは，引用符(1点あるいは2点)で囲ったストリング(リテラルの数字と文字)を入力，またraw_input (Python2)もしくはinput (Python3)を使い引用符無しで入力している．printでストリングをプリントアウトするには，そのストリングに引用符をつける．さらにAreaFormatted.pyではファイルからストリングと数値を入力する仕方を示した．(Canopyを使っているときは注意が必要である．Pythonが走るウィンドウで右クリックし *Change to Editor Directory* を選択するなどしてCanopyのPythonのシェルのディレクトリから自分の作業中のディレクトリに移行する必要がある．)このもっとも単純な出力は，単に名前を記述するだけでその実数値をプリントアウトする：

```
print 'eps = ', eps                # Output float in default format
```

これはPythonのデフォルトのフォーマットを用いており，プリントアウトしようとする数の精度に依存して変わってくる．そのかわりに自分が思うようにフォーマットを制御することもできる．実数値に対しては特定すべきことが2つある．まず，小数点以下に何桁必要か．次に，その数に対して全部でどれだけのカラム幅が必要かである：

```
print("x=%6.3f,  Pi =%9.6f,  Age=%d \n") % (x, math.pi, age)
print "x=%6.3f, %(x), "Pi =\%9.6f," %(math.pi), "Age=%d "%(age)," \n")
x = 12.345, Pi = 3.141593, Age=39             # Output from either
```

ここで%6.3fは，プリントアウトする実数値(Pythonでは倍精度)を小数点以下3桁かつ全体が6カラム(小数点に1カラム，符号に1カラム，小数点の前が1カラム，小数部が3カラム)という固定小数点(f)のフォーマットにする．%9.6fというディレクティブは小数点以下6桁，全体で9カラムの表示を作成する．

整数のプリントアウトには(小数部が無いから)全桁数だけを特定すればよく，%d (dはdigitsの略)というフォーマットで実行する．出力フォーマットの%記号は，コンピュータの内部的なフォーマットから出力用への変換を示す．リスト2.2に記したファイルおよびキーボードからの読み込み，スクリーンおよびファイルへの出力の仕方に注意すること．ファイルName.datをあらかじめ生成していないと，このプログラムは次のようなエラーメッセージを発する(「投げてくる」)ことに気をつけること：

```
        IOError: [Errno 2] No such file or directory: 'Name.dat'
```

改行を示す\nというディレクティブも使っていることに注目すること．リスト2.3の

Directives.py で他のいくつかの指示を見せる (\f や \t などのようなディレクティブはまだ正しく動かないかもしれない):

\"	2 重引用符	\nnn	ASCII コードが 8 進数 nnn の文字	\\	バックスラッシュ
\a	警報 (ベル)	\b	バックスペース	\r	改行 (キャリッジリターン)
\f	改ページ	\n	改行 (ラインフィード)	%%	ストリングとしての%
\t	水平タブ	\v	垂直タブ		

リスト 2.3 Directives.py はディレクティブとエスケープ文字を通して行うフォーマットを示す.

```
# Directives.py illustrates escape and formatting characters
import sys
print("hello \n")
print("\t it's me")                              # tabulator
b = 73
print("decimal 73 as integer b = %d "%(b))       # for integer
print("as octal b = %o"%(b))                     # octal
print("as hexadecimal b = %x "%(b))              # works hexadecimal
print("learn \"Python\" ")                       # use of double quote symbol
print("shows a backslash \\")                    # use of
print('use of single \' quotes \' ')             # print single quotes
```

2.4　コンピュータにおける数の表現 (理論)

　コンピュータは強力かもしれないが,有限のものである.コンピュータを設計するときの問題点のひとつは,有限のメモリスペース内に任意の数字をどう表現するかである.さらにこの表現に起因する限界とどう折り合いをつけるかが問題になる.コンピュータのメモリは磁気的なものと電気的なものがあるが,いずれについても 2 個の状態しかとらないと約束して誤認をさけるようにしている.その 2 個の状態を 0 と 1 に対応させてメモリのもっとも基本の単位 (ビット) とする.こうして,すべての数は **2 進数**の形で,すなわち 0 と 1 をたくさん並べたものとしてメモリに格納する.結局,N ビットは 2^N 個の整数を格納できるのだが,符号を第 1 ビットで表すとき (正の数は第 1 ビットを 0 とする), N ビットの整数の実際の範囲は $[-2^{N-1}, 2^{N-1}-1]$ になってしまう.

　0 と 1 がたくさん並んだ列はコンピュータにとっては何でもないが,人間はぎこちなく感じる.すなわち,人間と情報のやり取りをする前に,2 進数で表されたストリングすなわち文字や数字の列は **8 進**,**10 進**あるいは **16 進**の数字に変換される.2 進数から 8 進数や 16 進数へは精度を損なうことなく変換できるので良いが,10 進数の算術の規則は使えないのであまりうれしくない.一方,10 進数へ変換した場合は人間にとって取り扱いやすくなるが,もとの数が 2 のべき乗でないかぎり精度を損なう事態が生じうる.

　あるコンピュータシステムや言語についての記述では**ワード長**を言うのが常だが,これは 1 個の数を格納するために用いるビットの数のことである.この長さはバイト (byte)

を単位として表現することがよくある：

$$1\,\text{byte} \equiv 1\text{B} \stackrel{\text{def}}{=} 8\,\text{bits}.$$

メモリ容量もバイトあるいはキロバイト，メガバイト，ギガバイト，テラバイト，ペタバイト (10^{15}) の単位で測る．コンピュータの規模を詳細に比較して選ぶ人は少しだけ注意する必要がある．それは，キロといっても実際には正確に 1000 というわけではないからである：

$$1\,\text{K} \stackrel{\text{def}}{=} 1\,\text{kB} = 2^{10}\,\text{bytes} = 1024\,\text{bytes} \tag{2.1}$$

メモリ容量を K (キロ) で表すときには，これにもとづいて補正がよくおこなわれる (そして混乱がおきる)：．

$$512\,\text{K} = 2^9\,\text{bytes} = 524\,288\,\text{bytes} \times \frac{1\,\text{K}}{1024\,\text{bytes}}.$$

たとえば "a" のような英文字を 1 個格納するのに必要なメモリの量が 1 バイトであることも便利である．これを加算していくと，英文で印刷された 1 ページを記憶するためには典型的に $\sim$3kB が必要となる．

古い機種のパソコンではメモリチップに 8 ビット長のワードを使っていたが，最近の PC は 64 ビットを使っている．昔の機械では使える整数の最大値が $2^7 = 128$ (符号に 1 ビット使うから 7) であった．64 ビットなら $2^{63} \simeq 10^{19}$ までの整数を使える．最初はこれが大きな範囲のようにみえるかもしれないが，現実世界で出会う大きさの範囲に比べると，実はそうではない．例として，陽子の大きさに比べて宇宙の大きさは 10^{41} 倍ものスケールになる．ハードウェアあるいはソフトウェアのデザインより大きな数を格納しようとすること (オーバーフロー) が古い機種ではよくあったが，今では少なくなった．オーバーフローするとエラーメッセージが出ることもあれば出ないこともある．

2.4.1　IEEE 方式の浮動小数点数

コンピュータで実数を表現するには固定小数点と浮動小数点のふたつの方法がある．固定小数点方式は，小数点より上の数字の個数 (桁数) あるいは整数部が決まっているときに利用できる．2 の補数による計算ができることと，整数を正確に格納できることが利点である[*3]．2 の補数フォーマットで N ビットの固定小数点による表現では，数が次のように表される：

$$N_{\text{fix}} = \text{sign} \times \left(\alpha_n 2^n + \alpha_{n-1} 2^{n-1} + \cdots + \alpha_0 2^0 + \cdots + \alpha_{-m} 2^{-m}\right) \tag{2.2}$$

ここで，$n + m = N - 2$ である．sign すなわち符号を格納するのに 1 ビット，残りの

[*3] N ビットの 2 進数に対する **2 の補数**とは，2^N からその数を引いたものである (全ビットを反転し最下位に 1 を加える)．このシステムでは，負の数を表すのにもとの正数の 2 の補数を用い最上位ビットを符号ビット (1 が負) とするので，符号の取り扱いに労力をかけずに加減を実行できる．

$(N-1)$ ビットが α_i $(i = -m, \ldots, -1, 0, 1, \ldots, n)$ の値を格納するのに使われる．この方式は，整数型におけるビットパターンの途中の位置に 2 進小数点があることを仮定するから，表現できる数の範囲は整数型のそれと同じになる．すなわち，たとえば $N = 32$ のとき次のとおりである:

$$-2\,147\,483\,648 \leq \text{4-B 整数} \leq 2\,147\,483\,647 \tag{2.3}$$

(2.2) の表現の利点は，すべての固定小数点の数が絶対誤差として同じ値，2^{-m-1} を持つ ((2.2) で右端から落ちこぼれた項) ことである．これの裏返しで不利な点は，小さな数 (上の方の位が 0 の数) の**相対誤差が大きくなる**ことである．現実世界では絶対誤差より相対誤差がより重要となる傾向がある．整数を使うのは個数の勘定と特殊な (銀行のような) 目的が主である．

ほとんどの科学計算は倍精度の浮動小数点数を用い 64 ビット=8 バイトである．コンピュータで行う数の**浮動小数点表現**では，科学的記数法あるいは**工学的記数法**として知られていることを 2 進法でやっている．たとえば，科学的記数法では光の速さは $c = +2.997\,924\,58 \times 10^8$ m/s と書き，工学的記数法では $+0.299\,792\,458 \times 10^9$ あるいは $+0.299\,792\,458\,\text{E}09$ m/s と書く．どの場合も，前のほうの数を**仮数**と呼びここでは**有効数字 9 桁**である．10 の肩にあるのが**指数**である．一番先頭に正の符号を付けているのは，もしかすると数が負になるかもしれないからである．

浮動小数点数は，符号部 1 ビットと指数部と仮数部を連結した (並べた) ものとしてコンピュータに格納される．コンピュータが値をそのまま格納できる浮動小数点数の集合 (図 2.3 の刻み) は，格納に有限個のビットしか使えないので，実数全体をカバーできず最大値と最小値がある (図 2.3 の影付きの部分)．最大値を超えるとオーバーフロー，また最小値以下になるとアンダーフローとして知られるエラー状態が生じる．後者では，何の通告も無しにアンダーフローを 0 にするよう，ソフトウェアとハードウェアを仕組んであるかもしれない．それに対して，オーバーフローはプログラムの実行を停止するのが普通である．

メモリに格納されたものと浮動小数点数の値の実際の関係には少し直接的でないところがある．それは，長年の間に用いられてきた関係や特別な場合がいくつもあるためである．事実，過去にはコンピュータの各 OS と各言語が浮動小数点数について独自の規格をもっていた．規格が異なるということは，同じプログラムが正しく走ってもコンピュータが違うと結果に差が出る可能性のあることを意味する．多くの場合，結果の差異は微々たるものだったが，自分のテストケースが他の人の結果を再現しない理由が，使っているコンピュータにあるのかプログラムの実装に誤りがあるのか，まるで判然としなかったという経験がある．

1987 年に IEEE と米国国家規格協会 (ANSI) は IEEE754 という浮動小数点の計算に関する規格を採用した．この規格に従っていれば，基本のデータ型の精度と範囲は表 2.1 に与えるものとなる．さらに，コンピュータとソフトウェアがこの規格に準拠していれ

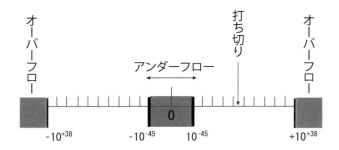

図 2.3 単精度の浮動小数点数の限界と，その限界を超えたとき起きる現象．縮尺は不定．刻みは格納することができる数の値を表す．隣りあう刻みの間の数を格納すると打ち切り誤差が生じる．影付きの部分はオーバーフローとアンダーフローに対応する．

表 2.1 基本データ型の規格 IEEE754.

データ型	種類	ビット数	バイト数	範囲
boolean	真偽値	1	$\frac{1}{8}$	true, false
char	ストリング (文字列)	16	2	'\u0000' ↔ '\uFFFF' (ISO Unicode)
byte	整数	8	1	$-128 \leftrightarrow +127$
short	整数	16	2	$-32\,768 \leftrightarrow +32\,767$
int	整数	32	4	$-2\,147\,483\,648 \leftrightarrow +2\,147\,483\,647$
long	整数	64	8	$-9\,223\,372\,036\,854\,775\,808 \leftrightarrow$ $9\,223\,372\,036\,854\,775\,807$
float	浮動小数点数	32	4	$\pm 1.401\,298 \times 10^{-45} \leftrightarrow \pm 3.402\,923 \times 10^{38}$
double	浮動小数点数	64	8	$\pm 4.940\,656\,458\,412\,465\,44 \times 10^{-324} \leftrightarrow$ $\pm 1.797\,693\,134\,862\,315\,7 \times 10^{308}$

ば (現在ではほとんどがそうなっているが) 自分のプログラムが他のコンピュータでも全く同じ結果を与えることが保証される．IEEE の規格のために，特定のコンピュータで最高の効率や最高の精度が得られないかもしれないということがあるかもしれない．だが，テストケースでは IEEE 規格が厳密に守られるようにコンパイラ・オプションを発動すべきである．そのコードが大丈夫と分かった後で，最高スピードなり最高精度なりを実現するやり方で走らせればよい．

実は，この IEEE 規格にはたくさんの構成部分があり，コンピュータあるいはチップのメーカはそのすべてに準拠していないかもしれない．さらに，Python は現在も発展途上にあり全部の規格に従ってはいないようだが，そのうちに多分そうなるだろう．標準的には浮動小数点数 x を

$$x_{\text{float}} = (-1)^s \times 1.f \times 2^{e-\text{bias}} \tag{2.4}$$

と表し，符号 s，仮数の小数部 f，指数 e を別物として格納する．単精度のとき 1 個の 32 ビット長ワード，倍精度のとき隣り合う 2 個の 32 ビット長ワードをセグメントに分け，2

2.4 コンピュータにおける数の表現 (理論)

表 2.2　IEEE 方式による正規および非正規単精度の表現

種類	s, e, f の値	単精度値
正規化数	$0 < e < 255$	$(-1)^s \times 2^{e-127} \times 1.f$
非正規化数	$e = 0, f \neq 0$	$(-1)^s \times 2^{-126} \times 0.f$
符号付ゼロ (± 0)	$e = 0, f = 0$	$(-1)^s \times 0.0$
$+\infty$	$s = 0, e = 255, f = 0$	+INF
$-\infty$	$s = 1, e = 255, f = 0$	−INF
非数	$s = u, e = 255, f \neq 0$	NaN

進法の形にした s, f, e を並べて格納する．符号 s は 1 個のビットに格納し，正を $s = 0$, 負を $s = 1$ で表す．指数 e を格納するのに 8 ビットを使用するので，$0 \leq e \leq 255$ の範囲をとりうる．両端の $e = 0, 255$ は特殊な場合である (表 2.2)．**正規化数**は $0 < e < 255$ となるものだが，このとき仮数の第 1 ビットを 1 と約束するので，**2 進小数点**から先すなわち小数部の f だけを格納する．特殊な場合である**非正規化数**の表現は表 2.2 に与える．

±INF と NaN は数学的な意味では数値ではない，すなわち極限などの操作や計算に使われるものであることに注目してほしい．というより，それらは「何か変なことが起きてしまったので，まともな状態になおしてくれないかぎり計算がストップするに違いない」というコンピュータとユーザへの信号である．これに対して，−0 という値は，計算に用いて何ら害はない．言語によっては，値が割りあてられていない変数を −0 にセットして，割りあてなければいけないというヒントにすることもあるが，それを頼りにするのは止めた方がよい！

不確定性 (誤差) は仮数にだけあって指数にはないので，IEEE 表現では全ての正規浮動小数点数が同じ相対精度を持つ．浮動小数点数の第 1 ビットは 1 と仮定しているので，それを格納する必要はなく，精度を上げるためにおまけの「幽霊ビット (1 ビット節約できるので日本語ではケチビットと呼ぶ)」1 があることをコンピュータの設計者は思い出す必要がある．計算で数の処理をしている間に，中間結果の第 1 ビットがゼロになるかもしれないが，最終的な数を格納する前にこれは変更される．繰り返しになるが，正規化数のとき，実際の仮数 (2 進表現で $1.f$) には小数点の前に 1 のあることが暗黙の了解である．

最後に，格納された指数 e は常に正となるようにバイアスがかかっている．バイアスはある決まった数で，実際の指数 p にこれを加えてから，バイアス付指数 e として格納する．実際の指数は次のように表され負のこともある：

$$p = e - \text{bias} \tag{2.5}$$

2.4.1.1　IEEE 方式による表現の例

IEEE 方式には，**単精度**と**倍精度**という 2 個の基本的な浮動小数点の形式がある．単精度は単精度浮動小数点数の略，倍精度は倍精度浮動小数点数の略である．前者を単に float ということもある (だが Python で float はすべて倍精度である)．単精度の数は全

部で 32 ビットを占有し，符号に 1 ビット，指数に 8 ビット，仮数の小数部に 23 ビットをあてる (ケチビットを含めると 24 ビットの精度)．倍精度では全体で 64 ビットを占有し，符号に 1 ビット，指数に 10 ビット，仮数の小数部に 53 ビットをあてる (精度としては 54 ビット)．したがって，倍精度の指数と仮数は単純に単精度の倍にはならない．これは表 2.1 を見ればわかる．(さらに，IEEE 規格では倍精度を超える**拡張精度形式**も許されるが，いまここで立ち入って論じるには複雑すぎる．) 実践的な立場でこの方式を見るために，32 ビット表現 (2.4) を考える：

$$\text{ビット位置} \begin{array}{|ccc|cc|} s & e & & f & \\ 31 & 30 & 23 & 22 & 0 \end{array}$$

符号ビット s はビット位置 31 に，バイアス付の指数 e はビット 30〜23 に，仮数 f の小数部はビット 22〜0 にある．指数 e を格納するのに 8 ビット使っており $2^8 = 256$ だから，e の範囲は次のようになる：

$$0 \leq e \leq 255 \tag{2.6}$$

$e = 0$ と 255 は特別な場合である．バイアス 127_{10} により本当の指数は

$$p = e - 127_{10} \tag{2.7}$$

となり表 2.1 のとおり単精度の範囲は次のようになる：

$$-126 \leq p \leq 127 \tag{2.8}$$

単精度の仮数 f は位置 22〜0 に 23 ビット占有して格納する．**正規化数**すなわち $0 < e < 255$ のとき，f は仮数の小数部である．したがって，この 32 ビットが表現する本当の数は

$$\text{正規の浮動小数点数} = (-1)^s \times 1.f \times 2^{e-127} \tag{2.9}$$

また，**非正規化数**では $e = 0, f \neq 0$ となっていて，f が仮数の全体を表す約束だから，このときの 32 ビットは

$$\text{非正規化数} = (-1)^s \times 0.f \times 2^{0-126} \tag{2.10}$$

となる．正規化数の仮数に用いられる 23 ビット，$m_{22} \sim m_0$ は

$$\text{仮数} = 1.f = 1 + m_{22} \times 2^{-1} + m_{21} \times 2^{-2} + \cdots + m_0 \times 2^{-23} \tag{2.11}$$

に対応する．一方，非正規化数では仮数が $0.f$ となる．特別の場合の $e = 0, 255$ は ± 0，$\pm \infty$ を表現するのに用いられることは表 2.2 に示すとおりである．

これが実際にどのようになるのかを見ると，32 ビットのコンピュータの単精度浮動小数点数として可能な最も大きな数 $X_{\max}$ では，指数が $e = 254$ (255 は先約済) で仮数の小数部 f も最大である：

$$X_{\max} = 01111\ 1110\ 1111\ 1111\ 1111\ 1111\ 1111\ 111 \tag{2.12}$$

2.4 コンピュータにおける数の表現 (理論)

$$= (0)(1111\ 1110)(1111\ 1111\ 1111\ 1111\ 1111\ 111)$$

ここでは見やすいように，並んでいるビットをグループに分けた．全部のパーツを集めると，表 2.1 に出てくる値を得る：

$$s = 0, \quad e = 1111\ 1110 = 254, \quad p = e - 127 = 127,$$
$$1.f = 1.1111\ 1111\ 1111\ 1111\ 1111\ 111 = 1 + 0.5 + 0.25 + \cdots \simeq 2$$
$$\Rightarrow (-1)^s \times 1.f \times 2^{p=e-127} \simeq 2 \times 2^{127} \simeq 3.4 \times 10^{38} \qquad (2.13)$$

同様に，浮動小数点数として可能な最小の正の数は，非正規化数 ($e = 0$) で仮数部の最下位に 1 ビット立っている：

$$0\ 0000\ 0000\ 0000\ 0000\ 0000\ 0000\ 0000\ 001 \qquad (2.14)$$

これは

$$s = 0, \quad e = 0, \quad = e - 126 = -126$$
$$0.f = 0.0000\ 0000\ 0000\ 0000\ 0000\ 001 = 2^{-23} \qquad (2.15)$$
$$\Rightarrow (-1)^s \times 0.f \times 2^{p=e-126} = 2^{-149} \simeq 1.4 \times 10^{-45}$$

に対応する．要約すると，単精度 (32 ビットあるいは 4 バイト) の数は 10 進で有効桁数が 6〜7 ($2^{-23} \simeq 1 \times 10^{-7}$)，大きさの範囲は次のようになる：

$$1.4 \times 10^{-45} \leq 単精度数 \leq 3.4 \times 10^{38} \qquad (2.16)$$

倍精度は 32 ビット長ワード 2 個に格納され，あわせて 64 ビット (8 バイト) である．符号 s が 1 ビット，指数 e が 11 ビット，仮数の小数部 f が 52 ビットとなる：

ビット位置	s	e		f		f (続き)	
	63	62	52	51	32	31	0

ここで分かるように，仮数 f が分断されて別々の 32 ビット長ワードに格納され，それらが隣接している．どちらのワードが f の最上位あるいは最下位を含むかは装置に依存している．単精度にくらべると倍精度のバイアスはずいぶん大きく

$$バイアス = 1111111111_2 = 1023_{10} \qquad (2.17)$$

であり，本当の指数は $p = e - 1023$ となる．

倍精度のビットパターンを表 2.3 に示すので，表 2.1 の単精度の範囲と比較するとよい．繰り返すが，倍精度でプログラムを書くと，1 個の浮動小数点数を格納するのに 64 ビット (8 バイト) 使うことになる．倍精度の精度は 10 進でおおよそ 16 桁 ($1/2^{52}$) であり，大きさの範囲は次のようになる：

$$4.9 \times 10^{-324} \leq 倍精度数 \leq 1.8 \times 10^{308} \qquad (2.18)$$

表 2.3 IEEE 方式による倍精度の表現

種類	s, e, f の値	倍精度値
正規化数	$0 < e < 2047$	$(-1)^s \times 2^{e-1023} \times 1.f$
非正規化数	$e = 0, f \neq 0$	$(-1)^s \times 2^{-1022} \times 0.f$
符号付ゼロ	$e = 0, f = 0$	$(-1)^s \times 0.0$
$+\infty$	$s = 0, e = 2047, f = 0$	+INF
$-\infty$	$s = 1, e = 2047, f = 0$	−INF
非数	$s = u, e = 2047, f \neq 0$	NaN

単精度で数 x が 2^{128} を超えるとオーバーフローと称する誤りが発生する (図 2.3)．x が 2^{-128} より小さいとアンダーフローが起きる．オーバーフローのとき，結果として与えられる数 x_c は，装置に依存したパターンあるいは非数 (NaN) になるか，または予測不能の値である．アンダーフローのとき，結果として与えられる数 x_c は，普通は 0 にセットされるが，通常はコンパイラ・オプションを通じて変更可能となっている．(アンダーフローを自動的に 0 にするようコンピュータを強制するやりかたは通常はそれでよい．だが，オーバーフローを 0 にするのは破滅への道だろう．) コンピュータで扱う数の正負の表現は，負の符号ビットが 1 となるところだけが違うのだから，上で考察したことは負数にも成り立つ．

私たちの経験では，ほとんどいつでも重要な科学計算は少なくとも **64 ビット** (倍精度) 浮動小数点を必要とする．もし計算の一部で倍精度が必要なら，多分いたるところで必要になる．それは，ライブラリで提供される関数やメソッドの倍精度ルーチンを必要とすることを意味する．

2.4.2 Python と IEEE 754 規格

Python は比較的最近の言語で，利用者が拡大し内容が充実してくるにつれて変更と拡張が起きている．それを考えると，Python が現段階で IEEE 754 規格の全てには対応せず，ことに特別な場合に準拠していなくても驚くにあたらない．たぶん，当面の問題にもっとも関係がある差異は，**Python が単精度 (32 ビット) 浮動小数点数をサポートしていないことである．すなわち，Python で float というデータ型を扱うとき，それは IEEE 規格の倍精度と同じものである．ほとんどの科学計算に単精度は不十分なので，このことは損失にはならない．しかし，用心すべきなのは，Java や C に変えるとき変数を float ではなく double として宣言しなければならないことである．Python では単精度浮動小数点数が削除されたが，複素数のために新しいデータ型 complex が追加された．複素数は倍精度のペアとして格納され，科学では非常に役立つ．

Python が IEEE 754 規格にどの程度まで準拠しているかの詳細は，Python のインタプリタを書くときの C や Java 言語の使いかたの詳細に依存する．とくに，最近の CPU の 64 ビットアーキテクチャについては，IEEE 規格より範囲が広いかもしれないし，非正規化数 (および ±INF, NaN) が異なっているかもしれない．同様に，オーバーフロー

とアンダーフローの条件も正確には違うかもしれない．そうした事情のため，以下の予行演習では，読者の皆さんがどんな結果を出すか，こちらで前もって知っているわけではないので，ずっと面白い！

2.4.3 オーバーフローとアンダーフローの演習

1. 32 ビット単精度浮動小数点数 A を考える：

	s	e	f
ビット位置	31	30 23	22 0
数値	0	0000 1110	1010 0000 0000 0000 0000 000

   a) 符号 s，指数 e および仮数の小数部分 f の値 (2 進法) は何か？ (ヒント：10 進法では $e = 14_{10}$)
   b) 指数のバイアス付きの値 e と本当の値 p を 10 進で求める．
   c) A の仮数が $1.625\,000$ であることを示す．
   d) A の値を求める．

2. 自分のコンピュータの Python でアンダーフローとオーバーフローが起きる限界 (2 の倍数) を求めるプログラムを書く．サンプルの擬似コードを次に示す：

   ```
   under = 1.
   over  = 1.
   begin do N times
        under = under/2.
        over  = over * 2.
        write out: loop number, under, over
   end do
   ```

   最初に選んだ N に対してアンダーフローとオーバーフローにならないときは，N を増してみよう．(自分のコンピュータについてこの限界をもっと詳細に知りたいときは，2 より小さな数で掛けたり割ったりしてみよう．)

   a) 倍精度浮動小数点数 (float) に対してアンダーフローとオーバーフローがどこで起きるかを確かめる．答えを 10 進で表す．
   b) 整数型 (int) に対してアンダーフローとオーバーフローがどこで起きるかを確かめる．**注意**：整数型では指数を用いないので最小の数は負数の絶対値が最大のものとなる．最大および最小の整数を求めるには，ちょうど限界を通過するときのプログラムの出力を見なければならない．これを成し遂げるには，1 を加えるまたは引く操作を連続して行う．(整数の演算には **2 の補数**を使うので，驚くことがあるかもしれない．)

   なお，Python3 の整数型は int のみであり，これが Python2 の long に相当する．

2.4.4 計算機イプシロン (モデル)

数を格納するときに用いる浮動小数点表現の精度に限界があることは，計算科学者の

大きな心配事になる．32 ビット長ワードを使うコンピュータについて既に見てきたように，単精度では 10 進で 6〜7 桁，倍精度では 15〜16 桁しか有効ではないので，計算の精度には限界がある．これが計算にどう影響するかを見るため，コンピュータで 2 個の単精度数の単純な和を行うことを考える：

$$15 + 1.0 \times 10^{-7} = ? \tag{2.19}$$

コンピュータはこれらの数をメモリから呼び出してビットパターン

$$15 = 0\ 1000\ 0010\ 1110\ 0000\ 0000\ 0000\ 0000\ 000 \tag{2.20}$$

$$10^{-7} = 0\ 0110\ 0111\ 1010\ 1101\ 0111\ 1111\ 0011\ 000 \tag{2.21}$$

を作業レジスタ (高速の応答をするメモリ) に格納する．両者の指数が異なるので，仮数をそのまま加えることは誤りである．すなわち，小さいほうの数の指数を大きくすると同時に仮数を右にビットシフト (0 を挿入) して，両者の仮数を同じにする：

$$10^{-7} = 0\ 0110\ 0111\ 0101\ 0110\ 1011\ 1111\ 1001\ 100\ (0) \tag{2.22}$$

$$= 0\ 0110\ 1000\ 0010\ 1011\ 0101\ 1111\ 1100\ 110\ (00)$$

$$\cdots$$

$$= 0\ 1000\ 0010\ 0000\ 0000\ 0000\ 0000\ 0000\ 000\ (0000\ 101\ldots 0)$$

$$\Rightarrow 15 + 1.0 \times 10^{-7} = 15 \tag{2.23}$$

末尾のほうの桁を格納するスペースは残っていないので，それらは失われて，この大仕事をしたあげくに加算の結果が単に 15 となる (情報落ちまたは桁落ちという)．言い換えると，32 ビットのコンピュータは小数点以下 6〜7 桁しか格納できないので，6 桁目より先のどんな変化も実効的には無視される．

上に述べた精度の損失は，次のように定義された**計算機イプシロン** ϵ_m で特徴づけられる．ϵ_m は，この数を「1 として格納された数」に加えても格納された 1 が変わらないような最大の正の数とも言える：

$$1_\mathrm{c} + \epsilon_\mathrm{m} \stackrel{\mathrm{def}}{=} 1_\mathrm{c} \tag{2.24}$$

ここで添え字 c は，これがコンピュータ内部の表現であることを忘れないためである．その結果，任意の数 x とその浮動小数点表現 x_c は

$$x_\mathrm{c} = x(1 \pm \epsilon), \quad |\epsilon| \leq \epsilon_\mathrm{m} \tag{2.25}$$

によって関係付けられる．ただし，ϵ の実際の値は分からない．言い換えると，厳密に表される 2 のべき乗は除き，すべての単精度数は 6 桁目の誤差を含み，すべての倍精度数は 15 桁目の誤差を含む．これは誤差について常に成り立つことだが，誤差の値は本当に分からないと仮定すべきである．もし正確な値が分かれば誤差ではなくなるのだから！ 結果として，こで誤差について論じる議論は近似的なものと考える必要があり，そのことは不明の誤差に対しては当然のことなのである．

2.4.5 実験：計算機イプシロン ϵ_m を求める

自分のコンピュータシステムの ϵ_m を求めるプログラムを書く．サンプルの擬似コードを次に示す：

```
eps = 1.
begin do N times
   eps = eps/2.                              # Make smaller
   one = 1. + eps                   # Write loop number, one, eps
end do
```

Python による実装はリスト 2.4 に与えるが，より精密な Byte-Limit.py は先生用のサイトに掲載してある．

リスト **2.4** Limits.py は装置の ϵ_m を与える．2 倍だけ違う可能性がある．

```
# Limits.py: determines approximate machine precision

N = 10
eps = 1.0

for i in range(N):
    eps = eps/2
    one_Plus_eps = 1.0 + eps
    print('eps =', eps, ', one + eps = ', one_Plus_eps)
```

1. 実験的に倍精度浮動小数点数の精度を求める．
2. 実験的に複素数の精度を求める．

数を 10 進でプリントアウトするために，コンピュータは内部の 2 進表現からの変換をする必要がある．これは時間を要するだけでなく，その数が正確に 2 のべき乗でないかぎりは精度が落ちることになる．したがって，格納された数を本当に精度よく知りたいなら，10 進数に変換するのをやめて 8 進や 16 進 (\0xNN) の形式でプリントアウトすべきである．

2.5 課題：級数の計算

関数の値を求めるのに数列の和を計算することは伝統的な数値計算の問題である．例として，$\sin x$ を表す無限級数を考える：

$$\sin x = x - \frac{x^3}{3!} + \frac{x^5}{5!} - \frac{x^7}{7!} + \cdots \quad (厳密) \tag{2.26}$$

課題は，この級数を使って $\sin x$ の値を計算することである．ただし，$x < 2\pi$ と $x > 2\pi$ のいずれの場合も絶対誤差を $1/10^8$ 以下とすること．無限級数は数学的に厳密な式だが，項を加えていくほど誤差が増えてくるし，どこかで和を止めなければいけないのだから，これは使えるアルゴリズムではない．アルゴリズムとしては有限項の和とせざるをえない：

$$\sin x \simeq \sum_{n=1}^{N} \frac{(-1)^{n-1} x^{2n-1}}{(2n-1)!} \quad (アルゴリズム) \tag{2.27}$$

だが，どこまで和をとるかをどうのように決めるのだろう？（「表の値と答えが合ったら」とか「組み込み関数の値と合ったら」などとは絶対に思ってほしくない．）ひとつは，次の項が必要とする精度を下回ったら終わりにするというアプローチがある（この級数が単調減少する交代数列の和なので，これは数学的に正しい）．そうすると，x が大きいときに N も大きくする必要があるだろう．実際，x がかなり大きいとき，項の値が減少し始めるにはずっと先まで行かなければならないだろう．

2.5.1 数値的に総和を計算する (手法)

(2.27) のアルゴリズムは，$(-1)^{n-1} x^{2n-1}$ を計算してから $(2n-1)!$ で割れといっているなどと考えてはならない．計算に適した方法ではないのだ．x^{2n-1} を $(2n-1)!$ で割った商が大きくなくても，それぞれは非常に大きくなってオーバーフローを起こす可能性がある．一方，べき乗と階乗はコンピュータで値を求めるのは非常に高価である（時間がかかる）．結果として，級数の前項と次項をたった 1 回の掛け算で関係付けるのが，より優れたアプローチとなる：

$$\begin{aligned}\frac{(-1)^{n-1} x^{2n-1}}{(2n-1)!} &= \frac{-x^2}{(2n-1)(2n-2)} \frac{(-1)^{n-2} x^{2n-3}}{(2n-3)!} \\ \Rightarrow 第\, n\, 項 &= \frac{-x^2}{(2n-1)(2n-2)} \times 第\, n-1\, 項\end{aligned} \tag{2.28}$$

$\sin x$ に対する絶対精度をきちんと求めたいのだが，それほど簡単なことではない．一方，(これが単調減少する交代数列の和なので) 有限項の和で打ち切ったための誤差の概略の値が最後に加算された項であるとするのは簡単である (ここで，3 章で論じる丸め誤差は仮定していない)．相対誤差として $1/10^8$ を得るには，

$$\left| \frac{第\, n\, 項}{総和} \right| < 10^{-s} \tag{2.29}$$

となったとき計算をストップすればよい．ここで左辺の分子は (2.28) の最後の項，分母は全項の和である (次のプログラム中の term と sum)．一般的に，許容限度はどのように設定してもよいが，それが計算機イプシロンに近過ぎる値，あるいはそれ以下だと計算が完了しなくなるかもしれない．和を計算する擬似コードを示す：

```
term = x, sum = x, eps = 10^(-8)          # Initialize do
  do term = -term*x*x/(2n+1)/(2*n-2);      # New wrt old
  sum = sum + term                         # Add term
  while abs(term/sum) > eps                # Break iteration
end do
```

2.5.2 実装と評価

1. いろいろな x の値で計算するようにこの擬似コードを実装するプログラムを書く．結果を表にして示す．見出しは x imax sum |sum − sin(x)|/sin(x) とする．ここで分母の sin(x) は組み込み関数から得た値である．この最後の列は計算の相対誤差である．
2. 級数を計算するコードを (階乗なしの)「良い方法」から (そのまま計算の)「悪い方法」に変えてみる．上のように表をつくる．
3. (2.29) にあるように許容限度を 10^{-8} から開始する．
4. 十分に小さい x の値に対して自分のアルゴリズムが収束する (和の値の変化が自分の決めた許容限度よりも小さくなる) ことを確認する．また，真の値に収束することを確認する．
5. 得られた結果の精度すなわち有効桁数と (2.29) から期待されるそれを比較する．
6. 恒等式 $\sin(x + 2n\pi) = \sin(x)$ を用いずに計算すると，ある程度大きな x でもこのアルゴリズムで収束するが，不正な答になることを示す．
7. x が大きくなるにつれ，このアルゴリズムが収束しなくなることを示す．
8. つぎに，恒等式 $\sin(x + 2n\pi) = \sin(x)$ を用い，そうしないと発散してしまうような大きな x の $\sin x$ を計算する．
9. 「悪い」アルゴリズム (階乗の計算をする) で同じ計算を実行し，結果を比較する．
10. 許容限度を計算機イプシロンよりも小さくすると，結論にどんな影響が生じるか見る．

3 数値計算の誤差と不確実さ

> 過ちは人の常，許すのは神の業．
>
> Alexander Pope

　好むと好まざるとによらず，誤りと不確実さは計算という行為の一部として不可避のものである．人は誤りを犯すものなのでこれに由来するものもあるが，計算機が作り出す誤差もある．コンピュータによる誤りは数を記憶するときの精度に限界があるために生じる場合と，アルゴリズムやモデルが誤っているために生じる場合がある．計算をしようとするときに，誤り (誤差) が生じる可能性をいつも考えねばならないのは，人間の創造性を奪う要因ではある．だが，誤差により生じた無意味な「ごみ」を結果だと思って研究したりすれば，それは間違いなく時間の無駄であるし有害でさえある．本章では，コンピュータに起因する誤差と不確実さについて学ぶことにする．誤差を監視するためのマントラを唱え続けることはしないが，本章で学ぶことは他のすべての章にも適用される．

3.1　誤差の種類 (理論)

　まず，開発中のプログラムがかなり複雑なものだったとしよう．なぜそんなに誤差を問題にしなければならないかを理解するため，このプログラムの論理の流れがつぎのようになっているとしよう：

$$\text{start} \to \mathcal{U}_1 \to \mathcal{U}_2 \to \cdots \to \mathcal{U}_n \to \text{end} \tag{3.1}$$

ここで，各ユニット $\mathcal{U}$ は 1 個のステートメントあるいはステップである．各ユニットが正しい確率が p ならば，全プログラムが正しい結合確率は $P = p^n$ になる．たとえば，プログラムの規模が中程度で $n = 1000$ ステップのときを考えよう．その各ステップが正しい確率がほぼ 1, 正確には $p = 0.9993$ としても，結局 $P \simeq 1/2$ となってしまい，最終的な答えが半々で正しいか誤りかである (どちらとも言えないのだ)．問題は，科学者として，コードが 100 万ステップになろうとも結果の不確実さが小さく，その誤差の程度が分かっているようにしたいのである．

　計算に災いをもたらす誤差には一般的に 4 つのパターンがある：

1. **不注意による誤りや正しくない理論**：プログラムやデータに入力ミスがあったり，誤ったプログラムを走らせたり，考えかた (理論) が誤っていたり，本来のものではないデータファイルを使ったり，といったもの．(こういう不注意による誤りが増え始めたら，家に帰るかひと休みするのがよい．)
2. **偶然に発生する誤り**：電子回路のノイズや宇宙線のための誤動作，あるいは誰かが電源ケーブルを引きぬいたりすれば，不正確な結果がでる．それは，めったに起きることはないかもしれないが，制御できないことなので，コンピュータを走らせている時間が長くなるほどこういう現象に出会う確率は増えるだろう．20秒で終わる計算なら自信が持ててし，1週間かかる計算ならば再現性を見るために数回繰り返さなければならないかもしれない．
3. **近似誤差**：コンピュータで問題が解けるように数式を簡単化したために生じる誤りである．無限級数を有限の和に置き換えたり，無限小の間隔を有限のステップに置き換えたり，変化する関数を定数と置いたりすることがこれに含まれる．たとえば，

$$\sin(x) = \sum_{n=1}^{\infty} \frac{(-1)^{n-1} x^{2n-1}}{(2n-1)!} \qquad \text{(厳密)}$$

$$= \sum_{n=1}^{N} \frac{(-1)^{n-1} x^{2n-1}}{(2n-1)!} + \mathcal{E}(x, N) \qquad \text{(アルゴリズム)} \quad (3.2)$$

がその例である．ここで，$\mathcal{E}(x, N)$ は $N+1$ 番目から先の和を実行しなかったために生じる近似誤差である．近似誤差は，近似的な数式の使用により発生する誤差なので，アルゴリズムによる誤差といってもよいだろう．正当な近似であれば，N が大きくなると必ず近似誤差は小さくなり，$N \to \infty$ で 0 にならなければいけない．とくに (3.2) では，N が同じでも x の値により $\mathcal{E}$ が異なり，近似誤差を小さくするには $N \gg x$ が要求される．これを打ち切り誤差と呼んでいる．

4. **丸め誤差**：浮動小数点数を格納するとき使う桁数が有限のために，不正確な演算結果となることはすでに学んだ．この場合を含めて，ある桁以下の数字を切り捨て，あるいは切り上げ，四捨五入などして，本来必要な桁数より少ない桁数で表現するときに生じる誤差を丸め誤差という．初歩の実験コースで物理量の測定装置の読みの値が不正確になることを経験したと思うが，これに似ている．一連の計算の過程でステップが増えるとコンピュータが演算する回数が増え，丸め誤差が蓄積する．このとき，ある種のアルゴリズムでは誤差が急速に大きくなり，**不安定**になってしまうことがある．場合によっては，コンピュータの専門家が言うごみ (garbage) になってしまう (答えがほとんど丸め誤差の値)．たとえば，コンピュータに小数点以下 4 桁のスペースを確保し，1/3 を 0.3333 として格納するとしよう．2/3 に対して，コンピュータは最後の桁を「丸め」て 0.6667 とする．そこで，単純な計算 $2(1/3) - 2/3$ を命じると，コンピュータは

$$2\left(\frac{1}{3}\right) - \frac{2}{3} = 0.6666 - 0.6667 = -0.0001 \neq 0 \tag{3.3}$$

という,小さいながらも 0 でない答えを出す.この種類の計算を 100 万回も繰り返したら,最終の答えは小さくさえないだろう (ちりも積もれば山となる).

計算の精度について考えるとき,有効数字に関する 2 章の議論と,数字の指数を使う表現も思い出すとよい.後者は物理や工学の入門コースで出てきたはずである.ここでコンピュータの動作を理解するために,次の浮動小数点数

$$a = 11\,223\,344\,556\,677\,889\,900 = 1.122\,334\,455\,667\,788\,99 \times 10^{19} \tag{3.4}$$

をコンピュータがどのように格納するかを考える (本当は 2 進数にして格納するがここでは比喩的に「1 個の記憶素子が 10 進数を蓄え,それらが 8 個集まって 1 ワードとなっている」かのように書く).指数部は別個に格納され,しかも小さな数なので完全に格納されると仮定してよい.これに対して,仮数部は末尾の何桁かが切り捨てられる可能性がある.倍精度では 2 ワードに格納され,上位桁のワードが 1.122 33,下位桁のワードが 44 556 677 である.7 より先の桁は失われる.すぐあとで見るように,固定長のワードで計算すると,(少なくとも) 下位桁のワードに誤差が入ってくるのは防げない.

3.1.1 災難のモデルケース:引き算で起きる桁落ち

コンピュータに格納されている近似的な値を使って計算すると,近似的な答えしか出てこないのは納得できる.この種類の不確定性を実際に見るために,厳密な数値 x のコンピュータによる表現 x_c を

$$x_c = x(1 + \epsilon_x) \tag{3.5}$$

とモデル化する.ここで ϵ_x は x_c に含まれる相対誤差であり,計算機イプシロンとほぼ同じ程度の大きさを想定する.この書き方を用いると,単純な引き算 $a = b - c$ は

$$a = b - c \Rightarrow a_c = b_c - c_c = b(1 + \epsilon_b) - c(1 + \epsilon_c)$$
$$\Rightarrow \frac{a_c}{a} = 1 + \epsilon_b \frac{b}{a} - \frac{c}{a}\epsilon_c \tag{3.6}$$

となる.(3.6) から,結果として現れる a の誤差は,b と c の誤差の重みつき平均となる.右辺の後の 2 項は打ち消しあう保証がない.ここで,ほとんど同じ大きさの数どうし ($b \simeq c$) の引き算では,a_c に含まれる相対誤差が増大することは特に重要である.a_c の上位桁のほとんどは差し引きゼロとなり,間違えの発生源となる下位桁だけが残るので b/a は非常に大きくなる:

$$\frac{a_c}{a} \stackrel{\text{def}}{=} 1 + \epsilon_a \simeq 1 + \frac{b}{a}(\epsilon_b - \epsilon_c) \simeq 1 + \frac{b}{a}\max(|\epsilon_b|, |\epsilon_c|) \tag{3.7}$$

これにより,もし b と c の誤差がある程度打ち消しあったとしても,大きな数 b/a を乗じるため誤差が非常に拡大されてしまうことがわかる.誤差の符号がどうなるかは予測

できないから，最悪 ((3.7) の max) を想定すべきである．

法則 大きな数どうしの引き算で小さな数になったら，その小さな数はもとの大きな数より有効桁数が少ない．

同程度の大きさの数の引き算で相殺が起きる例は，x が大きな値に対するべき級数 $\sin x \simeq x - x^3/3! + \cdots$ の計算を実行したときに観察している．同様の効果は，大きな x について $e^{-x} \simeq 1 - x + x^2/2! - x^3/3! + \cdots$ を計算するときも起きる．このときも項の符号が交代し最初の数項は大きな数だから，ほとんど打ち消しあい最終的に小さな値を得ている．(恒等式 $e^{-x} \equiv 1/e^x$ を使うと相殺を避けることができるが，丸め誤差はまだ残る．)

3.1.2 桁落ち，演習

1. 中学のときに習った 2 次方程式の解を思い出そう．
$$ax^2 + bx + c = 0 \tag{3.8}$$
は次のように書かれる代数的な解をもつ：
$$x_{1,2} = \frac{-b \pm \sqrt{b^2 - 4ac}}{2a} \quad \text{or} \quad x'_{1,2} = \frac{-2c}{b \pm \sqrt{b^2 - 4ac}} \tag{3.9}$$
(3.9) をよく見ると，$b^2 \gg 4ac$ のとき平方根とその前の項がほとんど同じ大きさになり，引き算で相殺が起きる (その結果として誤差が増大する) 場合がある．この現象を桁落ちと呼ぶ．
   a) 任意の a, b, c に対して 4 本の式をみな計算するプログラムを書く．
   b) 桁落ちが顕著になるにつれて計算結果に含まれる誤差が大きくなる様子を詳しく観察し，すでに知っている計算機イプシロンの値との関係を調べる．(ヒント：テストケースとして $a = 1, b = 1, c = 10^{-n}, n = 1, 2, 3, \ldots$ を利用するのがよい．)
   c) プログラムを拡張し最も高い精度の値を示す．
2. 符号が交代する級数の計算で桁落ちが発生することはすでに見た．もうひとつの例として次の部分和
$$S_N^{(1)} = \sum_{n=1}^{2N} (-1)^n \frac{n}{n+1} \tag{3.10}$$
を考える．n が奇数のときと偶数のときで分けて和をとると 2 項の差になる：
$$S_N^{(2)} = -\sum_{n=1}^{N} \frac{2n-1}{2n} + \sum_{n=1}^{N} \frac{2n}{2n+1} \tag{3.11}$$
このときは，(正の) 2 項を計算してから最後に 1 回だけ引き算をする．だが，式を変形して次のようにすれば，この 1 回の桁落ちもなくすことが出来る：

$$S_N^{(3)} = \sum_{n=1}^{N} \frac{1}{2n(2n+1)} \tag{3.12}$$

3種類の和,$S^{(1)}, S^{(2)}, S^{(3)}$ は数式としては同じだが,数値計算の結果は異なる可能性がある.

- a) $S^{(1)}, S^{(2)}, S^{(3)}$ を倍精度で計算するプログラムを書く.
- b) $S^{(3)}$ が正確な答として,相対誤差と項数の関係を両対数グラフに表す.すなわち $\log_{10}\left|(S_N^{(1)} - S_N^{(3)})/S_N^{(3)}\right|$ vs. $\log_{10}(N)$ をプロットする.$N=1$ から始めて $N=1000000$ まで計算する.($\log_{10} x = \ln x / \ln 10$ を思い出すこと.) このプロットの縦軸は有効桁数の概略値を示す.
- c) グラフが直線的になる領域があるだろうか.そのときは誤差が N のべき乗に比例することを意味している.

3. コンピュータには高い計算能力があると思っているかも知れないが,単純な級数の計算にさえ,使いこなすには多少の思考力と用心が必要だといえる.では,次の2個の数列を考えよう:

$$S^{(\mathrm{up})} = \sum_{n=1}^{N} \frac{1}{n}, \quad S^{(\mathrm{down})} = \sum_{n=N}^{1} \frac{1}{n} \tag{3.13}$$

N が有限のときは両方とも有限項の級数であり,数式として和をとれば両方とも同じになる.だが,数値的に計算すると $S^{(\mathrm{up})}$ と $S^{(\mathrm{down})}$ は丸め誤差のために値がわずかに異なるだろう.

- a) $S^{(\mathrm{up})}$ と $S^{(\mathrm{down})}$ を N の関数として計算するプログラムを書く.
- b) $\left(S^{(\mathrm{up})} - S^{(\mathrm{down})}\right) / \left(\left|S^{(\mathrm{up})}\right| + \left|S^{(\mathrm{down})}\right|\right)$ vs. N を両対数でプロットする.
- c) グラフが直線的になる領域があるかを観察する.down の方がより一般的に高精度である理由を説明する.

3.1.3 丸 め 誤 差

2つの数値をコンピュータで表現して割り算を1回するとき,どのように誤差が生じるかを見るところから始めよう:

$$\begin{aligned}
a = \frac{b}{c} &\Rightarrow a_c = \frac{b_c}{c_c} = \frac{b(1+\epsilon_b)}{c(1+\epsilon_c)} \\
&\Rightarrow \frac{a_c}{a} = \frac{1+\epsilon_b}{1+\epsilon_c} \simeq (1+\epsilon_b)(1-\epsilon_c) \simeq 1 + \epsilon_b - \epsilon_c \\
&\Rightarrow \frac{a_c}{a} \simeq 1 + |\epsilon_b| + |\epsilon_c|
\end{aligned} \tag{3.14}$$

ここでは非常に小さい高次の誤差 ϵ^2 は無視している.また誤差の絶対値を加えているのは,それらが未知であり幸運にも相殺するとは仮定できないからである.掛け算でも同じく誤差の絶対値の和の形になる.式 (3.14) は,誤差の伝播法則に他ならず,入門コースの実験で出てきたことだが,それぞれの量の測定結果に含まれる不確定さを加えると

全体の不確定さになる．

このモデルを一般化して，変数の誤差が関数値の誤差に伝播する様子を調べよう．すなわち，変数が x のときと x_c のときで $f(x)$ の値に変化が生じるが，その相対的変化分は次のようになる：

$$\mathcal{E} = \frac{f(x) - f(x_c)}{f(x)} \simeq \frac{\mathrm{d}f(x)/\mathrm{d}x}{f(x)}(x - x_c) \tag{3.15}$$

具体例を次に示す：

$$f(x) = \sqrt{1+x}, \quad \frac{\mathrm{d}f}{\mathrm{d}x} = \frac{1}{2\sqrt{1+x}} = \frac{1}{2f(x)} \tag{3.16}$$

$$\Rightarrow \mathcal{E} \simeq \frac{1}{2f(x) \times f(x)}(x - x_c) = \frac{x - x_c}{2(1+x)} \tag{3.17}$$

たとえば，$x = 1/4$ としその小数点以下 4 桁目に誤差があるとすると，$\sqrt{1+x}$ の相対誤差は 4×10^{-5} 程度になる．

3.1.4 丸め誤差の蓄積

ステップ数が多い計算では丸め誤差が蓄積されていくが，その状況のモデルとして有用なものがある．図 3.1 で示すように，計算の各ステップで生じる丸め誤差が切り捨てではなく「四捨五入 (0 捨 1 入)」のとき，これをランダムウォークにおける文字通りの「ステップ」とみなす．すなわち各ステップの向きがランダムな歩行である．4 章で導きシミュレーションを実行するが，1 ステップが距離 r のランダムウォークにおいて，N ステップがカバーする距離 R は，平均として

$$R \simeq \sqrt{N} r \tag{3.18}$$

となる．これの類比として，計算機イプシロンが ϵ_m のとき計算ステップ N 回の後に生じる最終的な相対誤差 ϵ_ro は，平均として次式で表される：

$$\epsilon_\mathrm{ro} \simeq \sqrt{N} \epsilon_\mathrm{m} \tag{3.19}$$

一方，ある特定のアルゴリズムで丸め誤差の蓄積がランダムに起きないとき，誤差が計

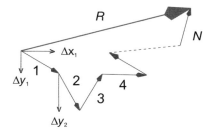

図 3.1 ランダムウォークのシミュレーションで N ステップ後に原点からの距離が $R = \sqrt{N} r$ となる様子．各ステップがベクトル的に加算されることに注目せよ．

算ステップ数 N にどう依存するかを予測するには詳細な分析が必要となる．誤差が相殺せず $N\epsilon_m$ のように増加していく場合もあるだろう．また，ある種の漸化式を用いたアルゴリズムのなかには，N 番目のステップで生じる誤差が前段の誤差の N 倍となり，結局 $N!\epsilon_m$ のように増大してさらにひどい状況を生じることもある．たとえば，次節で扱う球ベッセル関数に対する上昇漸化式はその例である．

3.2　球ベッセル関数における誤差 (課題)

丸め誤差の蓄積が限界となり，プログラムでそれ以上の正確な計算ができなくなってしまうことがよくある．この節の課題は球ベッセル関数および球ノイマン関数，$j_l(x)$ と $n_l(x)$ を計算することである．これらは次の微分方程式の解だが，それぞれ原点で正則/非正則 (特異点なし/あり) の場合である：

$$x^2 f''(x) + 2x f'(x) + [x^2 - l(l+1)]f(x) = 0 \tag{3.20}$$

第1種ベッセル関数 $J_\alpha(x)$ と球ベッセル関数は $j_l(x) = \sqrt{\frac{\pi}{2x}} J_{l+1/2}(x)$ により関係する．これらの関数はいろいろな物理の問題に顔を出す．たとえば，平面波を部分波に展開する (平面波をルジャンドル関数 P_l の重ねあわせで表す，軌道角運動量の固有状態で展開する) とき次の形で j_l が現れる：

$$e^{i\mathbf{k}\cdot\mathbf{r}} = \sum_{l=0}^{\infty} i^l (2l+1) j_l(kr) P_l(\cos\theta) \tag{3.21}$$

j_l の最初のいくつかについて，そのグラフを図 3.2 に，また表 3.1 に数値の例を示す．

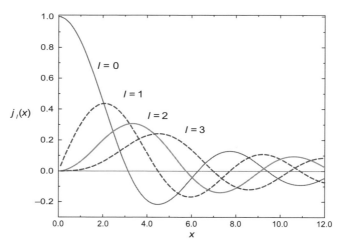

図 **3.2**　球ベッセル関数 j_l ($l = 0, 1, 2, 3$) のグラフ．x が小さいとき関数値は l の増加とともに小さくなることに注目せよ．

3.2 球ベッセル関数における誤差 (課題)

表 3.1 球ベッセル関数の近似的な値 (maple を使用).

x	$j_3(x)$	$j_5(x)$	$j_8(x)$
0.1	$+9.518\ 519\ 719 \times 10^{-6}$	$+9.616\ 310\ 231 \times 10^{-10}$	$+2.901\ 200\ 102 \times 10^{-16}$
1	$+9.006\ 581\ 118 \times 10^{-3}$	$+9.256\ 115\ 862 \times 10^{-5}$	$+2.826\ 498\ 802 \times 10^{-8}$
10	$-3.949\ 584\ 498 \times 10^{-2}$	$-5.553\ 451\ 162 \times 10^{-2}$	$+1.255\ 780\ 236 \times 10^{-1}$

$l = 0, 1$ の関数形を陽に書いておく：

$$j_0(x) = +\frac{\sin x}{x}, \quad j_1(x) = +\frac{\sin x}{x^2} - \frac{\cos x}{x} \tag{3.22}$$

$$n_0(x) = -\frac{\cos x}{x}, \quad n_1(x) = -\frac{\cos x}{x^2} - \frac{\sin x}{x} \tag{3.23}$$

3.2.1 数値計算に適した漸化式 (手法)

j_l を計算する古典的な方法は，x/l の値が小さいときはべき級数解を用い，x/l の値が大きいときは漸近展開を用いるものだろう．ここでは次の漸化式に基づくアプローチを採用する：

$$j_{l+1}(x) = \frac{2l+1}{x} j_l(x) - j_{l-1}(x), \quad (\text{前進}) \tag{3.24}$$

$$j_{l-1}(x) = \frac{2l+1}{x} j_l(x) - j_{l+1}(x), \quad (\text{後退}) \tag{3.25}$$

式 (3.24) と (3.25) は同じ関係式だが，一方は前進 (l の値が小から大へ)，他方は後退 (l の値が大から小へ) の漸化式である．x を固定すると，ほんの少し足し算と掛け算をするだけで，この漸化式から簡単かつ素早く全部の l について j_l の値を算出できる．

前進漸化式では，まず x を決め，よく知られている j_0 と j_1 の形すなわち (3.22) と (3.23) を用いる．これを自分でやってみると分かるのだが，初めのうちはうまく行っているが，そのうち変になってくる．x を変数として $j_l(x)$ と $n_l(x)$ をプロットするとその理由が分かる (図 3.2)．(3.24) を用い $l = 0$ で $x \simeq 2$ から開始し，l を大きくする方向に j_l の漸化式を進めるとき，本質的には 2 個の「大きな」関数値の差をとって「小さな」j_l の値を求めている．この桁落ちは常に精度が失われるプロセスである．さらにこの漸化式をたどっていくと，2 個の「小さな」数の差からさらに小さな数を算出するが，それぞれの数に大きな誤差があるので，小さな関数値がより大きな誤差とともに作られる．そのうちに，出てくるものは丸め誤差 (ごみ) だけになってしまう．

$j_l(x)$ の近似としての数値的な値を $j_l^{(c)}$ と書いて議論をより明確にしよう．コンピュータの精度が不足のため，純粋な値 j_l から出発しても，少し計算を続けると実効的に $n_l(x)$ がかなり混ざってくる：

$$j_l^{(c)} = j_l(x) + \epsilon n_l(x) \tag{3.26}$$

このことは，j_l と n_l が同じ微分方程式を満たす関数で，そのために漸化式も同じになることからして不可避である．n_l の値が j_l よりずっと大きくなると，n_l の混入は問題と

なる．なぜなら，もとの数が非常に大きければ，小さな数を掛けていても，まだ大きいかもしれないからである．

この問題に対する単純な答えは，(3.25) の後退漸化式を用い，j_l の計算を大きな $l = L$ から始めるものである (ミラーの後退漸化式法)．この方法では，小さい値の $j_l(x)$ と $j_{l+1}(x)$ を使うことで桁落ちを避けながら，より大きな j_{l-1} をつくる．球ノイマン関数のように振る舞う誤差がまだあるとしても，l を小さくする向きに漸化式をたどれば，誤差の事実上の大きさは急速に減少する．実際，$j_{L+1}^{(c)}$ と $j_L^{(c)}$ を適当に決めた値 (たとえば計算機イプシロン) にして後退の繰り返し計算を開始すると，その x における関数値の正しい l 依存性に到達する．こうして得られた $j_0^{(c)}$ の数値の詳細は，初めに適当に設定した $j_{L+1}^{(c)}$ と $j_L^{(c)}$ の値により変化するので正しくないが，相対的な値は正確である．絶対的な値は既知の値 (3.22) すなわち $j_0(x) = \sin x / x$ の値から補正すればよい．すなわち，この漸化式による関係は j_l について線形だから，次の式を使って計算した全ての値を規格化するだけである．

$$j_l^{\text{数値的}}(x) = j_l^{(c)}(x) \times \frac{j_0(x)}{j_0^{(c)}(x)} \tag{3.27}$$

結局，後退漸化式を解き終わったら全ての $j_l^{(c)}$ の値を既知の j_0 の値で規格化すると最終の答えになる．

3.2.2 プログラミングと検討：漸化式

漸化式をプログラムにするには添え字を使って書くのが非常に簡単である．添え字を使うスキルを向上させる必要があるなら，自分で書く前にリスト 3.1 のプログラム Bessel.py を勉強するとよいだろう．

1. 前進と後退の両方の漸化式を用いて $j_l(x)$ を計算するプログラムを書く．最初の 25 個の l に対して $x = 0.1, 1, 10$ で値を求める．
2. プログラムのチューニングを行って，少なくともひとつの方法では「良い」値 (相対誤差が 10^{-10} という意味) になるようにする．サンプルとして表 3.1 の値を参照．
3. 自分の計算の安定性と収束性を示す．
4. 前進および後退漸化式の方法を比較するため，$l, j_l^{(\text{up})}, j_l^{(\text{down})}$ および相対的な差 $\left| j_l^{(\text{up})} - j_l^{(\text{down})} \right| / \left(\left| j_l^{(\text{up})} \right| + \left| j_l^{(\text{down})} \right| \right)$ をプリントアウトする．
5. 前進漸化式の誤差は x に依存し，ある特定の x では前進も後退も似た答えが出る．この理由を説明する．

リスト 3.1 Bessel.py は後退漸化式により球ベッセル関数の値を求める．(プログラムを変更し前進漸化式でも動くようにすること．)

```
# Bessel.py
from visual import *
from visual.graph import *

Xmax = 40.
```

```
Xmin = 0.25
step = 0.1
order = 10; start = 50          # Plot j_order       # Global class variables
graph1 = gdisplay(width = 500, height = 500, title = 'Sperical Bessel, \
        L = 1 (red), 10', xtitle = 'x', ytitle = 'j(x)',\
        xmin=Xmin, xmax=Xmax, ymin=-0.2,ymax =0.5)
funct1 = gcurve(color=color.red)
funct2 = gcurve(color=color.green)
def down (x, n, m):                              # Method down, recurs downward
    j = zeros( (start + 2), float)
    j[m + 1] = j[m] = 1.                         # Start with anything
    for k in range(m, 0, - 1):
        j[k - 1] = ( (2.*k + 1.)/x)*j[k] - j[k + 1]
    scale = (sin(x)/x)/j[0]                      # Scale solution to known j[0]
    return j[n] * scale

for x in arange (Xmin, Xmax, step):
    funct1.plot(pos = (x, down(x, order, start)))

for x in arange(Xmin, Xmax, step):
    funct2.plot(pos = (x, down(x,1,start)))
```

3.3 誤差を実験的に調べる

数値計算は計算物理で非常に重要な役割を担う．課題は，何か一般的なアルゴリズムを選んだときに次の疑問に明快に答えられるか，という問いである．

1. 収束するだろうか？
2. 収束するなら，結果はどれほど精度が高いだろうか？
3. 実際に走らせたら，どれくらい高価か (時間がかかるか)？

「なんと馬鹿げた課題だろう！ どんなアルゴリズムも項の数を十分にとれば収束するし，もっと精度がほしければ，もっと項を増やせばいい」と，はじめは考えるかもしれない．さて，アルゴリズムには「ある関数をパラメータ空間の一部で漸近展開した近似でしかなく，ある点までしか収束しない」というものもある．仮に一様収束するべき級数をアルゴリズムに用いているとしても，項の数を増やすとアルゴリズムによる誤差すなわち打切り誤差は減るだろうが，丸め誤差は増えるだろう．やがては丸め誤差が無限大に発散するので，適度な精度の近似値を手早く求められるというのが頼みの綱である．良いアルゴリズムとは，単に早いからだけでなく，必要なステップ数が少ないから丸め誤差が小さいものである．

納得できる答えを見つけるまでに，あるアルゴリズムが N ステップを要するとしよう．経験則として，打ち切り誤差 (添え字 app) は，用いる近似式に取り込んだ項数のべき乗に反比例して急速に減っていく場合が多い：

$$\epsilon_{\text{app}} \simeq \frac{\alpha}{N^\beta} \tag{3.28}$$

ここで α と β は経験的に得られる定数で,アルゴリズムによって異なる値となる.ただし,近似的にしか定数と言えないときや,$N \to \infty$ ではじめて一定値になる場合もあるだろう.N を大きくするとこの誤差がなくなるというのは,そのアルゴリズムが収束することを言い換えたにすぎない.

打ち切り誤差とは対照的に,丸め誤差は N とともに緩やかに大きくなるが,その増え方は幾分ランダムである.丸め誤差がアルゴリズムの各ステップ間で無相関なら,誤差の蓄積を,ステップサイズが計算機イプシロン ϵ_m に等しいランダムウォークでモデル化できることは先に論じたとおりである:

$$\epsilon_\mathrm{ro} \simeq \sqrt{N}\epsilon_\mathrm{m} \tag{3.29}$$

これは N に対して緩やかに増え,丸め誤差 (添え字 ro) についての予測に合致する.計算における総合的な誤差 (添え字 tot) はこの 2 種類の誤差の和である:

$$\epsilon_\mathrm{tot} = \epsilon_\mathrm{app} + \epsilon_\mathrm{ro} \tag{3.30}$$

$$\epsilon_\mathrm{tot} \simeq \frac{\alpha}{N^\beta} + \sqrt{N}\epsilon_\mathrm{m} \tag{3.31}$$

N が小さいときは第 1 項のほうが大きいと思われる.だが,N が大きくなるにつれて丸め誤差が支配的になる.

例として,図 3.3 にシンプソン則を用いた数値積分 (5 章) における相対誤差の両対数プロットを示した.相対誤差の $\log_{10}$ を表示したのは,この値の符号を反転すると,得た精度の小数点以下の桁数になるからである[*1).厳密な答えを $\mathcal{A}$,計算結果を $A(N)$ としよう.そうすると

$$\frac{\mathcal{A} - A(N)}{\mathcal{A}} \simeq 10^{-9} \quad \Rightarrow \quad \log_{10}\left|\frac{\mathcal{A} - A(N)}{\mathcal{A}}\right| \simeq -9 \tag{3.32}$$

図 3.3 で示したように,N が小さいうちは誤差が急速に減少し (3.28) の法則と合致する.この領域でアルゴリズムは収束に向かっている.N がさらに大きくなると,一貫した振る舞いはしないが平均としては緩やかに増加する.この領域で丸め誤差 ϵ_ro が打ち切り誤差 ϵ_app を越え,N の増加とともに大きくなり続ける様子は,(3.30) と矛盾しない.そうすると,10^{-14} 付近の最小のところ,すなわち $\epsilon_\mathrm{app} \simeq \epsilon_\mathrm{ro}$ となるときに計算を停止できれば,総合的な誤差が最も小さな値になるのは明らかである.

現実の計算では厳密な答えを知らないはずである.もし知っているなら,なぜ計算に煩わされることなどあるのか?しかし,厳密な答えが分かっている「似た計算」を知っていることはあるかもしれない.そのときは似た計算を使って数値解法を完成させられるだろう.それはさておき,計算による総合的な誤差がどのように振る舞うかを理解したので,表にしたものを見て (あるいはさらに良いのは図 3.3 のようなグラフを見て) 使用するアルゴリズムの収束の様子を推定できるはずである.具体的には,答えの仮数を

[*1) ほとんどの計算機言語では $\ln x = \log_e x$ を用いる.$x = a^{\log_a x}$ より,$\log_{10} x = \ln x / \ln 10$.

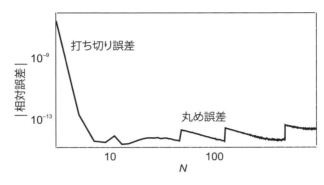

図 3.3 数値積分の相対誤差を分割数に対して両対数でプロットした．縦軸の最小値 $\sim 10^{-14}$ は，丸め誤差が積もりだす前の精度で，その値が小数点以下 ~ 14 桁であることを示す．丸め誤差が不規則に変動するのは誤差の蓄積が統計的性格を持つことを示し，その平均が緩やかに (打ち切り誤差の減少する速さよりずっと遅く) 増えていくことに注目してほしい．

観察すると，ある時点で低位の桁だけ変化するようになり，さらにステップを重ねると変化する部分が小数点以下の右のほうの桁に移っていくのが分かるはずである．だがステップ数がさらに増えると，ついには丸め誤差のために低位の桁が不規則に変動しだし，その変動する部分が平均として左のほうにだんだんと移動する．これが起きる前に計算を停止するのがよい．

以上のように理解すると，最良の近似を得るためのアプローチは，計算結果が (3.28) のように振る舞うステップ数 N の領域を推定することである．そこで，先と同様に $\mathcal{A}$ を厳密な値とし $A(N)$ を N ステップ後の計算結果としよう．N が十分に大きく近似値が

$$A(N) \simeq \mathcal{A} + \frac{\alpha}{N^\beta} \tag{3.33}$$

に従って収束していく，言い換えると (3.30) の丸め誤差はまだ小さい領域にあると仮定する．さらに $2N$ ステップまでプログラムを走らせてもこの領域にあるなら，答えは厳密な値に近づく．これら 2 個の結果から未知の $\mathcal{A}$ を消去すると次のようになる：

$$A(N) - A(2N) = \frac{\alpha}{N^\beta} - \frac{\alpha}{(2N)^\beta} \simeq \frac{\alpha}{N^\beta} \tag{3.34}$$

そこで，N の値が実際にこの領域にあるかを見るには，図 3.3 のときと同様に $\log_{10} |[A(N) - A(2N)]/A(2N)|$ vs. $\log_{10} N$ をプロットする．もしグラフが直線的に急に減少するなら収束する領域にあることがわかる．そして N の値が最適ならばどの程度の精度を得るかを知ることができる．さらに直線の傾きから β の値を推定できる．この領域を超えて N を大きくすると，グラフは直線的な減少から緩やかな増加に転じるはずであるが，これは丸め誤差が支配的になってきたためである．計算を止める適切なところは，増加が起きる前である．いずれにしても，こうして自分の計算に含まれる誤差が理解できたので，それを制御するチャンスを手にしたことになる．

種類の異なる誤差がひとつの計算に入って来る例を見るために，打ち切り誤差と丸め誤差の N 依存性が以下の数式で表されると仮定する：

$$\epsilon_{\text{app}} \simeq \frac{1}{N^2} \tag{3.35}$$

$$\epsilon_{\text{ro}} \simeq \sqrt{N}\epsilon_{\text{m}} \tag{3.36}$$

$$\Rightarrow \epsilon_{\text{tot}} = \epsilon_{\text{app}} + \epsilon_{\text{ro}} \tag{3.37}$$

$$\simeq \frac{1}{N^2} + \sqrt{N}\epsilon_{\text{m}} \tag{3.38}$$

総合的な誤差が最小となるところは

$$\frac{d\epsilon_{\text{tot}}}{dN} = \frac{-2}{N^3} + \frac{1}{2}\frac{\epsilon_{\text{m}}}{\sqrt{N}} = 0 \tag{3.39}$$

$$\Rightarrow N^{5/2} = \frac{4}{\epsilon_{\text{m}}} \tag{3.40}$$

のときである．単精度の計算では ($\epsilon_{\text{m}} \sim 10^{-7}$)

$$N^{5/2} \simeq \frac{4}{10^{-7}} \Rightarrow N \simeq 1099, \Rightarrow \epsilon_{\text{tot}} \simeq 4 \times 10^{-6} \tag{3.41}$$

である．この例では誤差の大半は，打ち切り誤差ではなく，丸め誤差の結果である．

この総合的な誤差の主成分は丸め誤差 $\propto \sqrt{N}$ となることが分かったので，それを減らすにはもっと小さなステップ数 N にするのが当然の方策である．そのため，N に対してもっと速く収束する別のアルゴリズムを見つけ，これを用いたとする．たとえば，新しいアルゴリズムの打切り誤差が次のように振る舞うとしよう．

$$\epsilon_{\text{app}} \simeq \frac{2}{N^4} \tag{3.42}$$

このとき総合的な誤差は次式となる：

$$\epsilon_{\text{tot}} = \epsilon_{\text{ro}} + \epsilon_{\text{app}} \simeq \frac{2}{N^4} + \sqrt{N}\epsilon_{\text{m}} \tag{3.43}$$

先ほどの計算と同様に，誤差を最小にする N，すなわち図 3.3 の例でいうと数値積分の分割数が，次のように求まる：

$$\frac{d\epsilon_{\text{tot}}}{dN} = 0 \Rightarrow N \simeq 67 \Rightarrow \epsilon_{\text{tot}} \simeq 9 \times 10^{-7} \tag{3.44}$$

1/16 のステップ数で誤差が 1/4 となったのだ．コンピュータの使い方とは微妙なものだ．よいアルゴリズムは少ないステップ数で丸め誤差の少ない答えを速く出してくれる．

演習 倍精度の計算で上の誤差はどのようになるか推定する．

3.3.1 誤差を評価する

すでに 2.5 節で $\sin x$ のテーラー展開を論じた：

3.3 誤差を実験的に調べる

$$\sin(x) = x - \frac{x^3}{3!} + \frac{x^5}{5!} - \frac{x^7}{7!} + \cdots = \sum_{n=1}^{\infty} \frac{(-1)^{n-1} x^{2n-1}}{(2n-1)!} \qquad (3.45)$$

ここでは，誤差のことを考えて議論を拡張する．数学的な意味では，(3.45) はすべての x に対して収束する．そうすると，$\sin(x)$ を計算するアルゴリズムとして次式を採用するのは合理的と考えてよいだろう：

$$\sin(x) \simeq \sum_{n=1}^{N} \frac{(-1)^{n-1} x^{2n-1}}{(2n-1)!} \qquad (3.46)$$

1. 部分和 (3.46) を計算するプログラムを書く．(すでに 2 章で書いていたら，そのプログラムと計算結果を再利用してもよい．だが忘れてほしくないのは，そのアルゴリズムに階乗の計算を使ってはいけないことである．)
2. $x \leq 1$ に対して自分が計算した級数と組み込み関数 Math.sin(x) の値を比較する (この組み込み関数が厳密な値を与えると仮定してよい)．N 項の総和の値に対して次に足す項の大きさがその 10^{-7} 倍より大きくなかったら，すなわち，次が成立したら計算を停止する：

$$\frac{\left| (-1)^N x^{2N+1} \right|}{(2N+1)!} \leq 10^{-7} \left| \sum_{n=1}^{N} \frac{(-1)^{n-1} x^{2n-1}}{(2n-1)!} \right| \qquad (3.47)$$

3. $x \simeq 3\pi$ について級数の各項の値を調べ，異符号の大きな項の和で小さな値が生じるときの桁落ちを観察する．(恒等式 $\sin(x + 2\pi) = \sin x$ を使って級数の中の x を小さな値に還元しないこと．) とくに，隣り合う項のほぼ完全な相殺が起きる $n \simeq x/2$ のあたりをプリントアウトする．
4. 三角関数の恒等式を用いて $0 \leq x \leq \pi$ に保つとより高い精度が得られるか調べる．
5. 自分のプログラムを用い，いつから級数の値が不正確になるか，また収束しなくなるかを，x を 1 から 10 まで，さらに 10 から 100 まで徐々に大きくしていき実験的に求める．
6. N の関数として誤差をグラフに表す．いろいろな x の値について一連のグラフをつくること．

この級数の計算はとても簡単でステップ間に相関のある過程だったから，もっと複雑な計算とは違って，丸め誤差の蓄積がランダムではなく，(3.31) のような誤差の振る舞いにはならない．予測された誤差の振る舞いは 5 章で数値積分を調べるときに現れる．

4 モンテカルロ法：乱数，ランダムウォーク，減衰

　この章の議論は，ランダムに見えるが実はそうではない数をコンピュータがどのように発生するか，それをどのようにテストするかというところから出発する．コンピュータによる擬似乱数の発生を論じたあと，シミュレーションに確率的な要素を組み込むときこれらの数をどう用いるかを調べ，最初にランダムウォーク，次に原子核の自発的に起きる崩壊に適用する．また，積分の値を計算するときにさえも乱数を使うのだが，その方法を 5 章で示す．17 章では熱的過程および量子系のゆらぎに乱数をどう使うかを学ぶ．

4.1　コンピュータで生成する擬似的な乱数

　いつもきちんと決まった答が出るからコンピュータが好き，という人たちがいる．生きていく上で，きちんと将来が決まっているというのは，確かにすばらしい．コンピュータによる丸め誤差があるとか，未定の変数があるとかを除けば，コンピュータに入力するプログラムが同じなら，出てくる結果はいつでも同じはずである．ところが，世界中のコンピュータのかなりの計算時間は，確率の計算をその核心にすえたモンテカルロ法に費やされているという現実がある．その計算では，コンピュータが生成する乱数のように見える数を使って，自然界で起きるランダムな現象，たとえば熱的な揺らぎによる運動や放射性崩壊などのシミュレーションを行う．あるいは，このような乱数もどきを使って方程式を解くことも行われる．実際，計算物理が独自の専門分野として認知されるに至った理由の大半は，コンピュータの能力をもってすれば以前には手に負えなかった問題を，モンテカルロ法で解けるようになった，ということに起因している．

4.2　乱数列 (理論)

　一連の数 $r_1, r_2, \ldots$ が乱数列であるとは，この数列に現れる数の間に相関が無いことと定義される．それは，数列中の全ての数の現れ方が同じという意味ではない．全ての数が同じ頻度で現れるときは，一様であるという (ランダムか否かを問わない)．たとえば，数列 $1, 2, 3, 4, \ldots$ は一様だが，ランダムではない．さらに，何らかの意味でランダ

ムだが非常に近いところでは相関があるような場合もあるだろう．たとえば

$$r_1, (1-r_1), r_2, (1-r_2), r_3, (1-r_3), \ldots \tag{4.1}$$

は短い相関があるが長い相関はない．

　数学的には，確率的に値が決まる変数を確率変数という．確率変数が離散的な値をとるとき離散分布といい，連続的に変化する場合を連続分布という．連続分布のときは，確率変数の定義域全体で積分すると1となるような確率密度関数によって変数が現れる頻度を表す．すなわち，確率密度関数 $P(r)$ とは，確率変数 r が区間 $[r, r+\mathrm{d}r]$ に見出される確率が $P(r)\mathrm{d}r$ となるように定義する．たとえば，一様な分布では $P(r) = $ 定数．コンピュータにおける標準的な乱数発生は，0から1までの一様な分布を与える．言い方を変えると，標準的な乱数発生による出力は，0から1までのいろいろな数を同じ確率で含み，かつ隣接して発生する数は互いに独立である．

　コンピュータというものは決定論的な道具として運命づけられていて，本物の乱数をつくることはできない．計算によって作り出された数列は当然のこととして相関があるので，真の乱数とはなりえない．計算で作った乱数 r_m と，その前に生成された何個かの r_{m-1} 項がわかれば，かなり大変な作業になるかもしれないが，次の r_{m+1} を常に予測できる．このため，コンピュータが作るのは**擬似乱数**と呼ばれる（とはいえ，怠けぐせがこびりついている我々には，始終「擬似」と言うのが面倒なので単に乱数と呼ぶことが多い）．より精緻な乱数発生法を使えば，それだけうまく相関を隠すことができるのだが，経験によれば，十分厳密に調べるなり十分使い込むなりすると相関があることに気づいてしまう．これを避けなければならない場合は，真の乱数が載っている表から数値を読み込むという単純素朴なやりかたがある．乱数表は，たとえば放射性崩壊のように本質的にランダムな過程を使って決定された乱数を載せている．あるいは，ランダムな自然現象を測定する実験装置にコンピュータをつなぐやりかたもある．

4.2.1 　乱数発生 (アルゴリズム)

　線形合同法は擬似乱数列を発生する方法としてもっとも広く用いられており，区間 $[0, M-1]$ で整数の乱数列を発生する．この方法は，ある数 r_i が与えられたとき，まずこれに定数 a を乗じてから他の定数 c を加え，それを M で割ったときの**剰余**[*1)] を取出して次の数 r_{i+1} とするものである：

$$r_{i+1} \stackrel{\text{def}}{=} (ar_i + c) \bmod M \tag{4.2}$$

$$= \left(\frac{ar_i + c}{M}\right) \text{の剰余} \tag{4.3}$$

この式を実装するとき，先頭の r_1 の値を種あるいはシードといい，ユーザが決めることが多い．式の中で **mod** は剰余を求める演算子で，Python の組込関数としては％記号

[*1)] 「M を何回も引いていき，それ以上引くと負になる手前で止めた残り」を剰余という．

で示される．これは本質的には入力した数の最下位の桁を求めるビットシフト演算であり，丸め誤差のランダム性に依存した乱数列の生成となる．

たとえば，乱数の種を $r_1 = 3$ とし，$c = 1, a = 4, M = 9$ に設定すると次の数列を得る．

$$r_1 = 3 \tag{4.4}$$

$$r_2 = (4 \times 3 + 1) \bmod 9 = 13 \bmod 9 = \mathrm{rem}\frac{13}{9} = 4 \tag{4.5}$$

$$r_3 = (4 \times 4 + 1) \bmod 9 = 17 \bmod 9 = \mathrm{rem}\frac{17}{9} = 8 \tag{4.6}$$

$$r_4 = (4 \times 8 + 1) \bmod 9 = 33 \bmod 9 = \mathrm{rem}\frac{33}{9} = 6 \tag{4.7}$$

$$r_{5-10} = 7, 2, 0, 1, 5, 3 \tag{4.8}$$

こうして長さが $M = 9$ の数列を得たが，以後は同じ数列が繰り返される．もし区間 $[0, 1]$ の乱数列が必要なら (4.8) の r を $M = 9$ で割り

$$0.333, \ 0.444, \ 0.889, \ 0.667, \ 0.778, \ 0.222, \ 0.000, \ 0.111, \ 0.556, \ 0.333 \tag{4.9}$$

とすればよい．これはまだ長さ 9 の数列だが整数の数列ではなくなっている．区間 $[A, B]$ の乱数列が必要なら縮尺を変えるだけでよい：

$$x_i = A + (B - A)r_i, \quad 0 \le r_i \le 1 \quad \Rightarrow \quad A \le x_i \le B \tag{4.10}$$

経験則としては，自分のプログラムの中で乱数発生器を使う前に，その発生区間と発生する数がランダムに「見えるか」チェックすべきである．

数学的な証明にはならないが，用いる乱数の視覚的な表示を常にすべきである．脳の視覚野はパターン認識に大変優れているので，その乱数に含まれる規則性が直ちにわかるだろう．たとえば，図 4.1 に「良い」発生器と「悪い」発生器がつくる乱数列を示すが，どちらが乱数でないか一目瞭然である．（乱数に見えるほうも，じっくりと観察する

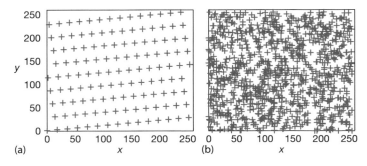

図 **4.1** 引き続いて発生される乱数を $(x, y) = (r_i, r_{i+1})$ の形でプロットしたもの．(a) わざと「悪い」乱数発生器を使ったとき．(b) 組み込み関数の乱数発生器を使ったとき．(b) のプロットによって分布がランダムであることの証明とはならないが，(a) は分布がランダムでないことを十分に証明している．

とやはりパターンが見えるかもしれない.)

　線形合同法 (4.2) は区間 $[0, M-1]$ の整数を発生するので，同じ整数が 2 度目に現れると (同じ数列が繰り返されるので) 完全に相関するようになる. 周期の長い乱数列を得るには a と M を大きな数にすべきだが，ar_{i-1} がオーバーフローするほど大きくはできない. 48 ビットの整数演算をするコンピュータでは，組み込みの乱数発生器は，M として $2^{48} \simeq 3 \times 10^{14}$ までの数が使える. また 32 ビットの発生器では $M = 2^{31} \simeq 2 \times 10^9$ まで使える. しかし，もしプログラムの中で使う乱数がこの程度の個数になるときには，計算の途中のステップで乱数の種を更新して (初期値を変えて乱数列を発生しなおして) 周期的な繰り返しを避けるのがよいだろう.

　使っているコンピュータには乱数発生器があるだろうし，それを使ったほうが自分で線形合同法の計算をするよりもよいはずである. Python にはメルセンヌ・ツィスターの手法による `random.random()` があるので，私たちはこれを用いる. 自分で書かずに見つけられる最良の発生器を使うことを推奨する. 乱数列を開始するには種を植える必要がある. Python ではステートメント `random.seed(None)` は種としてシステムの時刻を発生器に渡す (リスト 4.1 の `Walk.py` を参照). 昔から標準的に使われている `drand48` では次のものを用いている:

$$M = 2^{48}, \quad c = B(\text{base}\,16) = 13(\text{base}\,8) \tag{4.11}$$

$$a = 5\text{DEECE66D}(\text{base}\,16) = 273673163155(\text{base}\,8) \tag{4.12}$$

4.2.2　実装：乱数列

　科学的な計算に使うのなら，きちんと性能が保証されている乱数発生器を使うことを推奨する. 線形合同法を不注意なやり方で使ったりするとどんな酷い結果になるか，ここで検討すればその理由が分かるだろう.

1. 線形合同法 (4.2) を用いて乱数を発生する簡単なプログラムを書く.
2. $(a, c, M, r_1) = (57, 1, 256, 10)$ としよう. この数字は教育的な配慮からわざと賢い選択にはなっていない. この数列で，同じ数字が現れるまでに何個の数字が発生したのか，すなわち数列の周期を求める.
3. 上で求めた乱数列について，$(x_i, y_i) = (r_{2i-1}, r_{2i})$, $i = 1, 2, \ldots$ すなわち続いて発生する 2 個を組みにしてプロットしたとき現れる塊を観察し相関を見つける. (2 点間を線で結ばないように.) 相関が「見える」(図 4.1) なら，この乱数列を本当の計算に使うわけには行かない.
4. i を横軸にして r_i をプロットし図 4.2 と同様の図を作る.
5. 自分の環境に組み込まれた乱数発生器を用い，同様にプロットする. (こちらのほうは，真剣勝負で使えるはずである.)
6. (4.11) と (4.12) のような合理的な定数を使って線形合同法を試してみよう. その結果をプロットして，組み込み関数の乱数発生器と比較する. (これも真剣勝負で

4.2.3 ランダム性と一様性の評価

コンピュータで発生する乱数は，はっきりと定まった規則で作られるのだから，数列の要素には互いに関係がなければおかしい．この事実は，本当にランダムな分布に従って起きる現象のシミュレーションをしようとするときに影響を及ぼす．だから，自分が使った乱数発生器の性質をきちんと調べずに結果を公表して，科学者としての生命を危険にさらすようなことは，控えるのが賢いというものだろう．実際，乱数発生器のテストには簡単なものもあるので，シミュレーションをするときに並行して実行するのを習慣にしておいた方がよいだろう．次の例は，ランダム性と一様性を調べるテストである．

1. ランダム性と一様性をテストするには数列を眺めるとたぶん一目瞭然なのだが，ほとんど実行されない．たとえば，表 4.1 は Python のメソッド random からの出力の一部である．これらの数を見るだけで，どれも 0 と 1 の間にあることが直ちにわかるし，互いに異なっているように見える．すぐに分かるような (0.3333 のような) パターンもない．

表 4.1 Python のメソッド random で発生した一様擬似乱数列 r_i.

0.046 895 024 385 081 75	0.204 587 796 750 397 95	0.557 190 747 079 725 5	0.056 343 366 735 930 88
0.936 066 864 589 746 7	0.739 939 913 919 486 7	0.650 415 302 989 955 3	0.809 633 370 418 305 7
0.325 121 746 254 331 9	0.494 470 371 018 847 17	0.143 077 126 131 411 28	0.328 581 276 441 882 06
0.535 100 168 558 861 6	0.988 035 439 569 102 3	0.951 809 795 307 395 3	0.368 100 779 256 594 23
0.657 244 381 503 891 1	0.709 076 851 545 567 1	0.563 678 747 459 288 4	0.358 627 737 800 664 9
0.383 369 106 540 338 07	0.740 022 375 602 264 9	0.416 208 338 118 453 5	0.365 803 155 303 808 7
0.748 479 890 046 811 1	0.522 694 331 447 043	0.148 656 282 926 639 13	0.174 188 153 952 713 6
0.418 726 310 120 201 23	0.941 002 689 012 048 8	0.116 704 492 627 128 9	0.875 900 901 278 647 2
0.596 253 540 903 370 3	0.438 238 541 497 494 1	0.166 837 081 276 193	0.275 729 402 460 343 05
0.832 243 0482 367 76	0.457 572 427 917 908 75	0.752 028 149 254 081 5	0.886 188 103 177 451 3
0.040 408 674 172 845 55	0.146 901 492 948 813 34	0.286 962 760 984 402 3	0.279 150 544 915 s889 53
0.785 441 984 838 243 6	0.502 978 394 047 627	0.688 866 810 791 863	0.085 104 148 559 493 22
0.484 376 438 252 853 26	0.194 793 600 337 003 66	0.379 123 023 471 464 2	0.986 737 138 946 582 1

2. 同じリストを，縦軸に r_i，横軸に i をとって示したのが図 4.2 である．0 と 1 の間の一様分布となっているか，点と点の間にはとくに相関がないように見えるかを観察する (ただし，長く見つめすぎると，眼と脳は何かしらのパターンを捉えたがる).

3. 一様性の簡単なテストとしては分布の k 次のモーメント

$$\langle x^k \rangle = \frac{1}{N} \sum_{i=1}^{N} x_i^k \tag{4.13}$$

を評価する方法がある．もし数の分布が**一様**なら，(4.13) は一様な確率密度関数

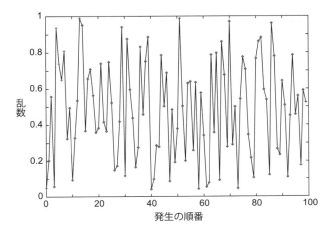

図 4.2　一様擬似乱数列 r_i を i に対してプロットした．発生の順番がわかるように線でつなげてある．このプロットで分布がランダムであることの証明にはならないが，少なくとも発生した値の範囲を確認できるし，揺らぎがあることも見られる．

$P(x)$ のモーメントに近似的に等しくなる：

$$\frac{1}{N}\sum_{i=1}^{N} x_i^k \simeq \int_0^1 dx\, x^k P(x) = \frac{1}{k+1} \Rightarrow \frac{1}{N}\sum_{i=1}^{N} x_i^k \simeq \frac{1}{k+1} + \mathcal{O}\left(\frac{1}{\sqrt{N}}\right) \quad (4.14)$$

使用する乱数発生器で (4.14) の前半が成り立てば一様分布であることがわかる．(4.14) の後半の $1/\sqrt{N}$ はランダム性を仮定して導いたので，このような $\frac{1}{k+1}$ からのずれが生じたら，分布がランダムであることもわかる．

4. 乱数列の近距離相関を求めるため，k (小さな値) だけ離れた 2 項の積の総和を求めるテストもある：

$$C(k) = \frac{1}{N}\sum_{i=1}^{N} x_i x_{i+k}, \quad (k=1,2,\ldots) \quad (4.15)$$

乱数 x_i と x_{i+k} が独立でそれぞれ [0,1] において一様なら，結合確率は $P(x_i, x_{i+k}) = P(x_i)P(x_{i+k}) = 1$ となり，(4.15) は次の積分で近似的に表される：

$$\frac{1}{N}\sum_{i=1}^{N} x_i x_{i+k} \simeq \int_0^1 dx \int_0^1 dy\, xy P(x,y) = \frac{1}{2} \times \frac{1}{2} = \frac{1}{4} \quad (4.16)$$

もし，(4.16) が成り立てばその乱数列は一様で独立であることがわかる．(4.16) からのずれが $1/\sqrt{N}$ のように変化するなら，その分布がランダムであることもわかる．

5. すでに見たとおり，ランダム性の効果的なテストは，たくさんの i の値に対して $(x_i = r_{2i}, y_i = r_{2i+1})$ の散布図を作ることである．もし一見してわかる規則性があ

れば，その数列はランダムではない．点がランダムなら正方形の領域を一様に覆い，(図 4.1b のように) 識別できるパターン (雲のように見えるもの) はないはずである．

6. 使用する乱数発生器が生成する数列について (4.14) を実行する．$k = 1, 3, 7$ として $N = 100, 10\,000, 100\,000$ について計算すること．それぞれの場合に

$$\sqrt{N} \left| \frac{1}{N} \sum_{i=1}^{N} x_i^k - \frac{1}{k+1} \right| \tag{4.17}$$

をプリントアウトして 1 のオーダーであることを確認する．

4.3 ランダムウォーク (課題)

教室の一番前で空気中に飛び出した香水の分子を考えよう．この分子は，空気中の他の原子や分子とランダムに衝突し，最後尾の列で隠れるように座っていた人の鼻に最後に到達する．そこで課題は，香水の分子が出発点から直線距離 R を移動する間に平均で何回衝突するか求めることである．ただし，衝突と衝突の間に分子が飛行する距離は平均 (2 乗平均平方根，2 乗平均と略す) で r_{rms} とする．

リスト 4.1 Walk.py は random パッケージから乱数発生器を呼び出す．別な数列を得るには種の値を変える必要があることに注目せよ．

```
# Walk.py Random walk with graph
from visual import *
from visual.graph import *
import random

random.seed(None)                    # Seed generator, None => system clock
jmax = 20
x    = 0.;           y=0.            # Start at origin

graph1 = gdisplay(width=500, height=500, title='Random Walk', xtitle='x',
           ytitle='y')

pts = gcurve(color = color.yellow)

for i in range(0, jmax + 1):
    pts.plot(pos = (x, y))
    x += (random.random() - 0.5)*2.   # Plot points
    y += (random.random() - 0.5)*2.   # -1 =< x =< 1
    pts.plot(pos = (x, y))            # -1 =< y =< 1
    rate(100)
```

4.3.1 ランダムウォークのシミュレーション

ランダムウォークのシミュレーションにはたくさんのやり方があり，それらは (驚くべきことに) 異なる仮定に基づき異なる物理的内容をもつ．ここでは 2 次元のランダムウォークへの最も単純なアプローチを見せよう．これは理論として非常に簡単であり，

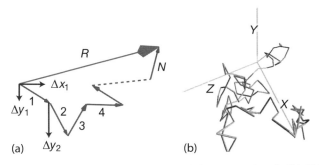

図 4.3 (a) ランダムウォークのシミュレーションにおいて N ステップの後に原点から距離 R の位置に到達する様子を模式的に表した. (b) 3 次元ランダムウォークのシミュレーション

普通にある拡散現象のモデルとなる. この問題のいろいろなバージョンについては研究論文がたくさんある. たとえば, ブラウン運動は, 各ステップの長さが 0 に近づく極限に対応し, そのステップ間に有限の遅れがない連続時間のモデルである. 流れのある媒質中での衝突や粒子の速度ベクトルを考慮したり, ステップの途中でトラップされることまで取り入れた改良モデルもある. こうしたモデルは 16 章で論じ, 対応するアプレットによるデモをオンラインで見られるようになっている.

私たちのランダムウォークのシミュレーションでは (図 4.3), 仮想的な酔っ払いが 1 ステップずつ移動するが, 各ステップの方向は直前のステップと独立になっている. このモデルでは原点から出発し xy 平面上で N ステップだけ進む. 各ステップ

$$(\Delta x_1, \Delta y_1), (\Delta x_2, \Delta y_2), (\Delta x_3, \Delta y_3), \ldots, (\Delta x_N, \Delta y_N) \tag{4.18}$$

は (座標成分ではなく) 変位である. 各ステップの方向は異なるが, それぞれの直交座標軸方向の移動距離は単純に和をとれば求まる. したがって, N ステップ後の原点からの距離 R は

$$\begin{aligned} R^2 =& (\Delta x_1 + \Delta x_2 + \cdots + \Delta x_N)^2 + (\Delta y_1 + \Delta y_2 + \cdots + \Delta y_N)^2 \\ =& \Delta x_1^2 + \Delta x_2^2 + \cdots + \Delta x_N^2 + 2\Delta x_1 \Delta x_2 + 2\Delta x_1 \Delta x_3 + 2\Delta x_2 \Delta x_1 + \cdots \\ & + (x \to y) \end{aligned} \tag{4.19}$$

である. この酔っ払いがランダムにステップを踏むなら, 各ステップはどちらの方向にも同じ確率で生じる. このようなランダムなステップを非常にたくさん重ねると (4.19) の交差項が打ち消しあい

$$\begin{aligned} R_{\text{rms}}^2 \simeq & \langle \Delta x_1^2 + \Delta x_2^2 + \cdots + \Delta x_N^2 + \Delta y_1^2 + \Delta y_2^2 + \cdots + \Delta y_N^2 \rangle \\ =& \langle \Delta x_1^2 + \Delta y_1^2 \rangle + \langle \Delta x_2^2 + \Delta y_2^2 \rangle + \cdots \\ =& N \langle r^2 \rangle = N r_{\text{rms}}^2 \\ \Rightarrow & \boxed{R_{\text{rms}} \simeq \sqrt{N} r_{\text{rms}}} \end{aligned} \tag{4.20}$$

が残る.ここで $r_{\text{rms}} = \sqrt{\langle r^2 \rangle}$ は2乗平均したステップの大きさである.

要約すると,ランダムウォークでは,多数回のステップのあとで原点からの距離をベクトル的に平均するとゼロになると期待できる:

$$\langle \boldsymbol{R} \rangle = \langle x \rangle \boldsymbol{i} + \langle y \rangle \boldsymbol{j} \simeq 0 \tag{4.21}$$

だが,$R_{\text{rms}} = \sqrt{\langle R^2 \rangle}$ は消えない.各ステップの大きさの平均が r_{rms} のとき,原点からの到達距離をスカラー的に平均すると $\sqrt{N} r_{\text{rms}}$ であることを式 (4.20) は示す.言い換えると,ベクトル的な終点は全部の象限に一様に分布するので変位ベクトルの平均はゼロだが,そのベクトルの大きさの平均はゼロではない.N の値が大きいときは $\sqrt{N} r_{\text{rms}} \ll N r_{\text{rms}}$ (右辺は全ステップが1直線上にあり同じ方向を向いたとき)だが,ゼロにはならない.実際のシミュレーションは(私たちの経験では)理論と合うとはいえ完全ではない.平均のとりかたと各ステップに組み込むランダム性次第で合いかたの程度が変わってくる.

4.3.2 実装:ランダムウォーク

リスト 4.1 のプログラム walk.py はランダムウォークのシミュレーションのサンプルである.その重要な要素が各ステップの x および y 成分に対する乱数の値

```
x += (random.random() - 0.5)*2.    # -1 =< x =< 1
y += (random.random() - 0.5)*2.    # -1 =< y =< 1
```

であるが,各ステップの大きさを1に規格化するための縮尺因子を省略している.ステップをランダムに選ぶとしても様々なやりかたがあり,それによって結果が異なってくるだろう(図 4.4b).また,実際にコンピュータを使ってランダムウォークのシミュレーションを行い (4.20) の関係を得ることができるのは,多数回の試行に対する平均としての移動距離だけであり,各回の試行の各々に対して必ずしもこの関係は期待できない.

原点から出発する2次元ランダムウォークを自分のコンピュータで実行する.

1. $[-1, 1]$ の範囲で独立に発生した乱数 $\Delta x'$ と $\Delta y'$ を用い,次のようにして各ステップの大きさを1に規格化する:
$$\Delta x = \frac{1}{L} \Delta x', \quad \Delta y = \frac{1}{L} \Delta y', \quad L = \sqrt{\Delta x'^2 + \Delta y'^2} \tag{4.22}$$
2. 1000 ステップのランダムウォークを何回か独立に実行し,プロット用のプログラムを用いてそれらの移動の跡を描く.シミュレーションの結果をもとに,それらがランダムウォークとして期待していたものと似ているか,コメントする.
3. 読者が作った酔っ払いが1回の試行で N ステップだけ進むとしたときは,$K \simeq \sqrt{N}$ 回の試行をする.各試行は別々の種を用いて開始し N ステップまで計算すること.
4. 各試行に対して $R^2_{(k)}$ すなわち到達距離の2乗を計算し,K 回の試行に対するその平均を求める.
$$\langle R^2(N) \rangle = \frac{1}{K} \sum_{k=1}^{K} R^2_{(k)}(N) \tag{4.23}$$

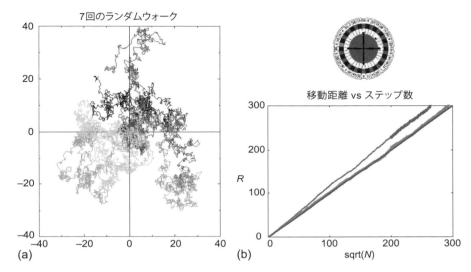

図 4.4 (a) 2 次元ランダムウォークのシミュレーションのステップの記録．7 回分を重ねて示した．(b) N ステップ後の移動距離を N の関数として表したグラフ．取り入れたランダム性が異なる 2 回のシミュレーションの結果を重ねて示した．このグラフでは，理論的な予測 (4.20) が直線になる．

5. 次の関係がどの程度よく成立しているかをチェックし，理論的な結果 (4.20) を導いたときの仮定の妥当性を調べる：

$$\frac{\langle \Delta x_i \Delta x_{j \neq i} \rangle}{R^2} \simeq \frac{\langle \Delta x_i \Delta y_j \rangle}{R^2} \simeq 0 \tag{4.24}$$

1 回の試行 (総ステップ数は大きい必要がある) と，何回もの試行の平均の両方について調べること．

6. 2 乗平均距離 $R_{\text{rms}} = \sqrt{\langle R^2(N) \rangle}$ を $\sqrt{N}$ の関数としてプロットする．N は小さな値から開始して最後は非常に大きな値まで変える．

7. 3 次元ランダムウォークについても，ここまでの解析と次節の解析を行う．

4.4 拡張：タンパク質のフォールディングと自己回避ランダムウォーク

タンパク質は小さな分子が鎖のようにつながった大きな生体分子である．この分子鎖はたくさんのモノマー (アミノ酸残基) が結合したポリマーである．もっと詳しくいうと，非極性の疎水性モノマー (H) と，極性の親水性モノマー (P) からなり，前者は水と反発し後者は水と引き合う．あるタンパク質の立体的な構造はフォールディングと呼ばれる過程の結果として生じる．そこでは分子鎖のランダムコイルが自ら形を変えて最小エネルギーの立体的な配置をとる．この過程をコンピュータでモデル化したい．

タンパク質のフォールディングは分子動力学 (18 章) によるシミュレーションが可能だろうが，ここで学ぶモンテカルロ法に比べるとずっと遅いし，時間をかけたとしても最低エネルギー状態を見つけるのは困難である．そこで，簡単なモンテカルロ法のシミュレーションのプログラムをつくり，2 次元長方形格子でのランダムウォーク (Yue et al., 2004) を実行する．各ステップの終わりにモノマー H あるいは P をランダムに選択して格子点に置くが，たとえば P より H のほうを選択する確率を大きくするというように重み付けができる．次のステップで行ける位置はすぐ隣の 3 個の格子点だが，すでに占有されている点は除外される (この手法が自己回避ランダムウォークと呼ばれる所以である)．

このシミュレーションの目的は，様々な長さの鎖について H と P がある並びかたをした状態の最低エネルギーを見出すことであり，結果を天然の分子鎖と比較したい．そのような状態の上手な見つけ方は，現在活発に研究されているトピックである (Yue et al., 2004)．ある分子鎖のエネルギーの定義は

$$E = -\epsilon f \tag{4.25}$$

である．ただし，ϵ を正の定数とし，f を H 同士が隣あっている箇所の数 (直接結合している箇所は除く) とする (P–P および H–P 結合はエネルギーを下げることに寄与しない)．鎖が曲がったために H の隣の格子点に別の H が来るときエネルギーが下がるが，P であれば下がらない．図 4.5 に典型的なシミュレーションの結果を示す．格子点の中間に打った黒丸は，直接に結合せず隣の格子点に来た 2 個の H (灰色) の中間に置かれており，その個数が f に等しい．H と P から成る一定の長さの鎖で f が最大となるものが自然界に存在する状態だと期待し，これを求めたい．

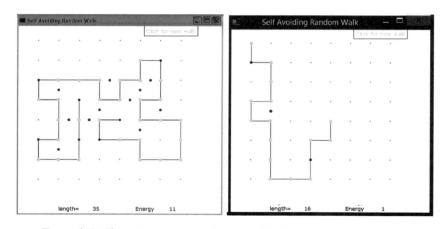

図 4.5 自己回避ランダムウォークによりタンパク質の鎖のシミュレーションを行う．非極性の疎水性モノマー (H) を灰色，極性の親水性モノマー (P) を黒色の点で表している．(格子点の中間に打った点の個数が f を与える．)

1. すでに作成したランダムウォークのプログラムを修正して自己回避ランダムウォークのシミュレーションができるようにする．ここで鍵となるのは，ランダムウォークは領域の端に到達すると，あるいは次に行ける格子点がないと，止まることである．
2. モノマー H あるいは P をランダムに選択できるようにする．ただし，P より H のほうが多くなるように重みを付けること．
3. モノマーが占有した格子点を可視化する．H と P を違う色の点で表示すること．(図 4.5 はプログラム `ProteinFold.py` によって作成した．このプログラムは先生用のサイトから入手可能である．)
4. ランダムウォークが終了したら，エネルギーと鎖の長さを記録する．
5. フォールディングのシミュレーションを多数回行ってその結果を保存し，鎖の長さとエネルギーによって分類する．
6. さまざまな長さについて最低エネルギー状態 (複数ありうる) を調べ，分子動力学シミュレーションの結果および実際のタンパク質の構造 (Web で調べられる) と比較する．
7. この単純なモデルに何らかの意義があるかを考える．
8. ⊙ フォールディングを 3 次元に拡張する．

4.5　放射性崩壊 (課題)

本節の課題は，放射性原子核の数 N が小さいときの崩壊の様子をシミュレーションすることである[*2)]．特に，どんなときに放射性崩壊が指数関数的な減衰に見えるか，どんなときに確率的に (でたらめに) 変化するように見えるかをはっきりさせることである．指数関数的な減衰という法則は粒子数が多いときの近似だが，もとの自然現象は残っている放射性原子核が少数になったときも常に成り立つものだから，シミュレーションは指数関数的減衰の法則よりも自然現象に近いものでなければいけない (図 4.6)．実際，放射性崩壊のシミュレーションコードの出力を「音にして聞く」と分かるが，ガイガー・カウンターの出力とそっくりで，このシミュレーションの迫真のデモに素直に納得できるだろう．

原子核が外部からの影響無しに崩壊して他の種類の原子核に変わる物理的な過程が放射性崩壊である．1 個の原子核がある時間内に崩壊する確率は一定だが，いつ崩壊するかというのはランダムな事象である．自発的に起きる崩壊 (自然崩壊ともいう) では，どの原子核についてもそれが崩壊する時刻は常にランダムであるし他の原子核から影響を受けないから，その原子核がどれほど長く崩壊せずにいようと，他の原子核が崩壊していようと，崩壊する確率は同じである．言い換えるなら，どの原子核についても単位時

[*2)] 自発的に起きる崩壊は 7 章でも扱い，粒子数の変化を指数関数に合わせて解析する．

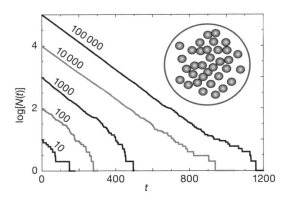

図 4.6 円内には N 個の原子核からなるサンプルを示した．単位時間内の崩壊確率はどの原子核も同じである．グラフは時間とともに粒子数が変化する様子を片対数で表す．崩壊前の粒子数が異なる 5 つの場合を示している．$N = 100\,000$ のグラフの直線部分が指数関数的減衰を表す．指数関数的減衰から外れると直線ではなくなる．

間内に崩壊する確率は一定であり，いったん崩壊すればもとに戻ることはない．もちろん，全粒子数 N が崩壊のために時間的に減少し，それにつれて単位時間当たりの崩壊数も減る．しかし，1 個の原子核が単位時間内に崩壊する確率は，それが存在している限り常に一定である．

4.5.1 離散的な崩壊 (モデル)

サンプル (図 4.6 の円内) に含まれる放射性原子核の個数が時刻 t に $N(t)$ であったとする．そのなかの ΔN が短い時間 Δt の間に崩壊したとする．「どの原子核も単位時間内に崩壊する確率が一定値 $\mathcal{P}$ である」ことを式で表すと

$$\mathcal{P} = \frac{\Delta N(t)/N(t)}{\Delta t} = -\lambda \tag{4.26}$$

$$\Rightarrow \quad \frac{\Delta N(t)}{\Delta t} = -\lambda N(t) \tag{4.27}$$

となる．λ は**崩壊定数**といい，負号は粒子数の減少を表す．$N(t)$ が時間的に減少するので，**放射能** (崩壊の速さ) $\Delta N/\Delta t$ も時間的に減っていく．放射能の値の時間的変化は，その時刻にまだ崩壊していない全粒子数に比例するから指数関数的な減衰に似てはいるが，これも確率的に変化する．(実際，崩壊する粒子数 ΔN は乱数の差に比例するので $N(t)$ よりも大きな統計変動を見せる傾向がある．)

(4.27) は $N(t), \Delta N(t), \Delta t$ という実験的に得られる量を関係づけた差分方程式である．差分方程式は，積分で解けないところが微分方程式とは異なるが，数値的なシミュレーションならできる．対象とするプロセスがランダムなので，N 個の放射性原子核からなる等価な系をたくさん用意して観測すれば崩壊する個数の平均は予測できるが，$\Delta N(t)$ の値を一意的に予測することはできない．

4.5.2 連続的な崩壊 (モデル)

粒子数が $N \to \infty$ となり観測の時間間隔が $\Delta t \to 0$ となると差分方程式が微分方程式になる:

$$\frac{\Delta N(t)}{\Delta t} \to \frac{\mathrm{d}N(t)}{\mathrm{d}t} = -\lambda N(t) \tag{4.28}$$

この式は積分できて,全粒子数および放射能の時間依存性が次のようになる:

$$N(t) = N(0)e^{-\lambda t} = N(0)e^{-t/\tau} \tag{4.29}$$

$$\frac{\mathrm{d}N(t)}{\mathrm{d}t} = -\lambda N(0)e^{-\lambda t} = \frac{\mathrm{d}N}{\mathrm{d}t}(0)e^{-\lambda t} \tag{4.30}$$

この極限において,崩壊定数 λ が寿命 τ の逆数であることがわかる:

$$\lambda = \frac{1}{\tau} \tag{4.31}$$

以上の導出から,粒子数が多くて $\Delta N/N \simeq 0$ のときに,指数関数的な減衰が自然現象をよく記述することがわかる.しかし,自然界では $N(t)$ が小さな値にもなりうる.その場合は不連続で確率的な過程が現れる.自然界の根本的な法則 (4.26) は常に有効だが,シミュレーションでも見られるとおり,粒子の総数が小さくなるほど指数関数的な減衰 (4.30) は不正確になる.

4.5.3 ガイガー・カウンターの音が出る崩壊のシミュレーション

放射性崩壊のシミュレーションを行うプログラムは驚くほど単純だが,微妙なところが無いわけではない.各時間ステップ Δt 内に崩壊する原子核の数をカウントし,この離散的なステップ Δt を積み重ねて時間を進める.崩壊する原子核が無くなったところでシミュレーションを終了する.時間ステップを増やしていく外側のループと,各ステップ内で残っている原子核についての内側のループをつくって,この状況をプログラムにしている.擬似コードは (実際のコードも) 単純である:

```
input N, lambda
t = 0
while N > 0
 DeltaN = 0
 for i = 1..N
  if (r_i < lambda) DeltaN = DeltaN + 1
 end for
 t = t + 1
 N = N - DeltaN
 Output t, DeltaN, N
end while
```

このシミュレーションで用いる崩壊定数 $\lambda = 1/\tau$ の数値は時間のスケールと関係する.真の崩壊定数が $\lambda = 0.3 \times 10^6 \, \mathrm{s}^{-1}$ であり,シミュレーションの時間の単位を $10^{-6}\,\mathrm{s}$ とすると,シミュレーション上の崩壊定数 (たとえば $\lambda \simeq 0.3$) が区間 $[0, 1]$ の間に入るので乱数も $0 \leq r_i \leq 1$ で発生するように選ぶことになる.一方,シミュレーションの中でも崩壊定数の数値を $\lambda = 0.3 \times 10^6 \, \mathrm{s}^{-1}$ とすることができるが,このときは乱数を $0 \leq r_i \leq 10^6$

の範囲に拡大する.しかし,シミュレーションの数値と実験データを(単位の変更なしに)比較するのでなければ,時間スケールについて心配せず,グラフの傾きや相対的な大きさに注目して物理的な意味に考えを集中すべきである.

リスト 4.2 DecaySound.py は放射性崩壊のシミュレーションである.崩壊定数に対応するパラメータと比較して乱数が小さければ崩壊が起きるとしている.パッケージ winsound により崩壊が起きるたびにブザーが鳴り,ガイガー・カウンターの音がする.

```
# DecaySound.py spontaneous decay simulation

from visual import *
from visual.graph import *
import random
import winsound

lambda1 = 0.005                                    # Decay constant
max = 80.; time_max = 500; seed = 68111
number = nloop = max                               # Initial value
graph1 = gdisplay(title = 'Spontaneous Decay',xtitle='Time',\
                  ytitle = 'Number')
decayfunc = gcurve(color = color.green)

for time in arange(0, time_max + 1):               # Time loop
    for atom in arange(1, number + 1):             # Decay loop
        decay = random.random()
        if (decay < lambda1):
            nloop = nloop - 1                      # A decay
            winsound.Beep(600, 100)                # Sound beep
    number = nloop
    decayfunc.plot(pos = (time, number) )
    rate(30)
```

リスト 4.2 の DecaySound.py は,放射性崩壊のシミュレーションのプログラム Decay.py を,崩壊が起きるたびにブザーが鳴る(残念ながら Windows だけで動く)ように拡張したものである.シミュレーションの結果を音で聴くと,ランダムで時間とともに間延びしてくるなど,ガイガー・カウンターの出力のように聞こえる.シミュレーションのリアリズムをかなり納得できる例である.

4.6 崩壊のシミュレーションの実装と可視化

放射性崩壊のシミュレーションを行うプログラムを書く.ガイドとして,リスト 4.2 の単純なプログラムが使える.図 4.6 のような結果を得るはずである.

1. 残っている粒子数の対数 $\ln N(t)$ と崩壊の速さの対数 $\ln \Delta N(t)/\Delta t$ の対数を時間に対してプロットする ($\Delta t = 1$).シミュレーションでは,時間を Δt のステップ数(世代数)で測っていることに注意すること.
2. $N(0)$ が大きな値で開始したとき指数関数的な減衰に見えるような結果を得るか,$N(0)$ が小さな値で開始したとき確率的な性質をもつ減衰に見えるか,確認する.

($N(0)$ が大きくても確率的に振る舞っているが，そう見えないだけである．)
3. つぎのようにプロットを 2 つ生成する．ひとつは，$N(t)$ の t に対するプロットの傾きが $N(0)$ に依存しないことを示すもの，他は傾きが選んだ λ の値に比例することを示すもの．
4. $\ln N(t)$ および $\ln \Delta N(t)$ が，が (予測できる統計的なゆらぎのなかで) 比例することを示すプロットをつくる．
5. その本性として自発的 (すなわち他の粒子の崩壊とは無関係) かつランダムな過程が指数関数的な減衰を示すメカニズムを自分自身の言葉で説明する．
6. シミュレーションの結果が指数関数的な変化であり $N = \beta t^{-\alpha}$ のようなべき乗ではないことを示すにはどうすればよいか？

5 微分と積分

本章は，数値的に行う微分についての短い議論から始める．これは比較的単純な話題だが重要である．数値的な微分を目的として，前進差分，中心差分，高精度な中心差分を導出し，本書全体を通して用いる．本章の大半は定積分の値を求める方法について論じる．これは数値積分あるいは求積法といわれるもので科学計算の基本的なツールであり，シンプソン則，台形則，ガウス求積法を導出する．ガウス求積法 (これは働き者である) の様々な形を論じ，標準的な積分点を各種の積分区間に写像する方法を示す．最後にモンテカルロ法による積分について論じるが，これは他のどの積分法とも根本的に異なる方法である．

5.1 微分

図 5.1 には，空気抵抗を受けながら運動する放物体が描く軌跡を示す．実験的に得た各測定時刻 t における位置を表にし，それをもとに黒丸を描いた．**課題**は，速度 dy/dt を時間の関数として求めることである．現実には空気抵抗があり，時間微分をしたくても解析的な関数は分かっていないとする．グラフから離散的に読み取る数値だけを使うのである．

読者はきっと微分積分などの初等解析がかなりよくできて，微分係数を求めるのが得意かもしれない．しかし，表形式で並んでいる数字から微分係数を出さなくてはならな

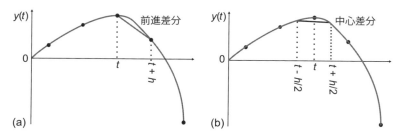

図 **5.1** 空気抵抗を受けながら運動する放物体の描く軌跡．時間 t の 1 次微分係数を (a) 前進差分あるいは (b) 中心差分で近似する．(t における軌道の接線が正しい微分係数を与える．) 中心差分のほうがより正確に見える．

いというときに，極限操作を含む基本の定義式

$$\frac{\mathrm{d}y(t)}{\mathrm{d}t} \stackrel{\text{def}}{=} \lim_{h\to 0} \frac{y(t+h) - y(t)}{h} \tag{5.1}$$

をどう使えばよいか考えたことがあるだろうか．コンピュータで計算するときに，このような極限操作をそのまま実行しようとすれば，桁落ちで誤差が発生し誤った結果になってしまう．つまり，コンピュータ内部の数字の表現にはきまった長さのワードが与えられているから，h が小さくなるにつれ分子が 0 と計算機イプシロン ϵ_{m} の間で揺らぎ，分母が 0 に近づくとオーバーフローが起きる．

5.2 前進差分 (アルゴリズム)

関数の数値微分で最も直接的なやり方は，関数をテーラー級数により展開し小さなステップ h だけ離れた関数値を求めるところから始まる．その目的は，変数の値を小さなステップだけ増やしたときの関数値を表すことにある：

$$y(t+h) = y(t) + h\frac{\mathrm{d}y(t)}{\mathrm{d}t} + \frac{h^2}{2!}\frac{\mathrm{d}^2 y(t)}{\mathrm{d}t^2} + \frac{h^3}{3!}\frac{\mathrm{d}y^3(t)}{\mathrm{d}t^3} + \cdots \tag{5.2}$$

$$\Rightarrow \frac{y(t+h) - y(t)}{h} = \frac{\mathrm{d}y(t)}{\mathrm{d}t} + \frac{h}{2!}\frac{\mathrm{d}^2 y(t)}{\mathrm{d}t^2} + \frac{h^2}{3!}\frac{\mathrm{d}y^3(t)}{\mathrm{d}t^3} + \cdots \tag{5.3}$$

さて微分係数の近似値を次の前進差分 (添え字 fd)

$$\left.\frac{\mathrm{d}y(t)}{\mathrm{d}t}\right|_{\mathrm{fd}} \stackrel{\text{def}}{=} \frac{y(t+h) - y(t)}{h} \tag{5.4}$$

により計算しよう．この式の右辺に (5.3) を代入すると近似による誤差を推定できる：

$$\left.\frac{\mathrm{d}y(t)}{\mathrm{d}t}\right|_{\mathrm{fd}} = \frac{\mathrm{d}y(t)}{\mathrm{d}t} + \frac{h}{2}\frac{\mathrm{d}y^2(t)}{\mathrm{d}t^2} + \cdots \tag{5.5}$$

すなわち真の値 (右辺第 1 項) との差は最低次が $\frac{h\,\mathrm{d}^2 y}{2\,\mathrm{d}t^2}$ から始まる．これは，t から $t+h$ の区間における関数を両端の 2 点を結ぶ直線で近似したものと考えてよい (図 5.1a)．近似 (5.4) による誤差は (天の恵みで y'' が消えない限り) h に比例する．h を小さくすると近似による誤差は小さくなるが，h が小さすぎると (5.4) の右辺の桁落ちにより精度が落ちる．

前進差分の動作を見るために，$y(t) = a + bt^2$ を用いよう．厳密な微分係数は $y' = 2bt$ だが，このアルゴリズムによる微分係数は

$$\left.\frac{\mathrm{d}y(t)}{\mathrm{d}t}\right|_{\mathrm{fd}} \simeq \frac{y(t+h) - y(t)}{h} = 2bt + bh \tag{5.6}$$

となる．h が小さいときだけ，これがよい近似となることは明白である．

5.3 中心差分 (アルゴリズム)

さらに良い近似で微分係数を表す方法がある．基本的な定義は同じく (5.1) であるが，

図 5.1b に示した方法から出発する．これは**中心差分** (式の添え字 cd) と呼ばれ (**中央差分**ともいう)．1 ステップ h だけ前進する代わりに，$h/2$ だけ前進して $h/2$ だけ後退する：

$$\left.\frac{\mathrm{d}y(t)}{\mathrm{d}t}\right|_{\mathrm{cd}} \equiv D_{\mathrm{cd}}\, y(t) \stackrel{\mathrm{def}}{=} \frac{y(t+h/2) - y(t-h/2)}{h} \tag{5.7}$$

中心差分の誤差を推定するため，$y(t+h/2)$ と $y(t-h/2)$ をテーラー級数で表しそれを (5.7) に代入する：

$$\begin{aligned}
y\left(t+\frac{h}{2}\right) - y\left(t-\frac{h}{2}\right) &= \left[y(t) + \frac{h}{2}y'(t) + \frac{h^2}{8}y''(t) + \frac{h^3}{48}y'''(t) + \mathcal{O}(h^4)\right] \\
&\quad - \left[y(t) - \frac{h}{2}y'(t) + \frac{h^2}{8}y''(t) - \frac{h^3}{48}y'''(t) + \mathcal{O}(h^4)\right] \\
&= hy'(t) + \frac{h^3}{24}y'''(t) + \mathcal{O}(h^5) \\
\Rightarrow \left.\frac{\mathrm{d}y(t)}{\mathrm{d}t}\right|_{\mathrm{cd}} &= y'(t) + \frac{1}{24}h^2 y'''(t) + \mathcal{O}(h^4)
\end{aligned} \tag{5.8}$$

この中心差分が前進差分のときと異なるのは，$y(t+h/2)$ から $y(t-h/2)$ を引くとき 2 つのテーラー級数のなかの h の偶数べきを含む項がすべて打ち消しあうことであり，このことが重要である．その結果として，中心差分の精度が h^2 のオーダーとなる (h で割る前には h^3) のに対して，前進差分の精度は h のオーダーにしかならない．もし $y(t)$ が滑らかなら，いいかえると，もし $y'''h^2/24 \ll y''h/2$ ならば，中心差分の誤差は前進差分による誤差よりも小さいと期待できる．

ここで放物線の例 (5.6) に戻ると，中心差分は h に依らず厳密な微分係数を与えることがわかる：

$$\left.\frac{\mathrm{d}y(t)}{\mathrm{d}t}\right|_{\mathrm{cd}} = \frac{y(t+h/2) - y(t-h/2)}{h} = 2bt \tag{5.9}$$

より高次の微分係数が 2 次多項式ではゼロになるのでこれは当然である．

5.4 高精度の中心差分 (アルゴリズム)

数値微分はテーラー級数の始めの何項かを残す方法を用いるので，その誤差 (取り込まなかった項) の式も与えられる．そこで，いくつかの近似式を組み合わせて誤差の和を 0 に近づけて理論的誤差をさらに減らせる可能性がある．前節で学んだ中心差分 (5.7) は，そのようなアルゴリズムのひとつであり，1/2 ステップ前進し 1/2 ステップ後退した．もうひとつのアルゴリズムとして，1/4 ステップを用いて中心差分の考え方を拡張するものがある：

$$\begin{aligned}
\left.\frac{\mathrm{d}y(t,h/2)}{\mathrm{d}t}\right|_{\mathrm{cd}} &\stackrel{\mathrm{def}}{=} \frac{y(t+h/4) - y(t-h/4)}{h/2} \\
&= y'(t) + \frac{h^2}{96}\frac{\mathrm{d}^3 y(t)}{\mathrm{d}t^3} + \cdots
\end{aligned} \tag{5.10}$$

この 1/4 ステップの中心差分と 1/2 ステップの中心差分を組み合わせると，h の 1 次だけでなく 2 次の項も消える：

$$\left.\frac{dy(t)}{dt}\right|_{\mathrm{ed}} \stackrel{\mathrm{def}}{=} \frac{4D_{\mathrm{cd}}y(t,h/2) - D_{\mathrm{cd}}y(t,h)}{3} \tag{5.11}$$

$$= \frac{dy(t)}{dt} - \frac{h^4 y^{(5)}(t)}{4 \times 16 \times 120} + \cdots \tag{5.12}$$

ここで $D_{\mathrm{cd}}(t, h/2)$ は (5.10) で定義された中心差分である．近似 (5.11) のアルゴリズムは 5 点に拡張した高精度の中心差分法 (式の添え字 ed) となっていて，その誤差は (5.12) で与えられる．単精度の計算で，$y^{(5)} \simeq 1$ のとき $h = 0.4$ とすると，テーラー級数の切り捨てによる誤差が丸め誤差と同程度になり，ほぼ計算機イプシロン ϵ_{m} の程度であって，これが求めうる最良のものとなる．

これらの高次の手法を使うときに覚えておくべきことは，緩やかな振る舞いをする関数では想定通りに動くかもしれないが，測定や計算結果のデータなどノイズを含む関数では惨めな結果になるかもしれないことである．もしノイズが顕著なら，データを平滑化するか，何らかの解析的な関数にフィットしてから微分するのがよいだろう．フィッティングの手法は 7 章で学ぶ．

5.5 誤差の評価

数値的な微分における近似誤差はステップサイズ h を小さくすると減るが，そのかわりにステップ数が多くなり丸め誤差が増える．3 章の議論を思い出すと，総合的な誤差 $\epsilon_{\mathrm{app}} + \epsilon_{\mathrm{ro}}$ が最小となるような h のときに最良の近似が得られる．概略だが，それは $\epsilon_{\mathrm{ro}} \simeq \epsilon_{\mathrm{app}}$ のときである．

すでに数値的な微分の近似誤差は $y(t+h)$ のテーラー展開から見積もった．前進差分 (5.4) の近似誤差は $\mathcal{O}(h)$ だが，中心差分 (5.8) では $\mathcal{O}(h^2)$ である：

$$\epsilon_{\mathrm{app}}^{\mathrm{fd}} \simeq \frac{y''h}{2}, \quad \epsilon_{\mathrm{app}}^{\mathrm{cd}} \simeq \frac{y'''h^2}{24} \tag{5.13}$$

丸め誤差の概略値を推定するために，微分の定義に注目する．すなわち，変数 t における関数値を $t+h$ における同じ関数値から引いた後に h で割る：$y' = [y(t+h) - y(t)]/h$. h をどんどん小さくしていくと，ついには $y(t+h)$ と $y(t)$ が計算機イプシロン ϵ_{m} しか違わない丸め誤差の極限に到達する：

$$\epsilon_{\mathrm{ro}} \simeq \frac{\epsilon_{\mathrm{m}}}{h} \tag{5.14}$$

結果として，丸め誤差と近似誤差が等しくなるのは次の場合である：

$$\epsilon_{\mathrm{ro}} \simeq \epsilon_{\mathrm{app}}, \tag{5.15}$$

$$\frac{\epsilon_{\mathrm{m}}}{h} \simeq \epsilon_{\mathrm{app}}^{\mathrm{fd}} = \frac{y^{(2)}h}{2}, \quad \frac{\epsilon_{\mathrm{m}}}{h} \simeq \epsilon_{\mathrm{app}}^{\mathrm{cd}} = \frac{y^{(3)}h^2}{24} \tag{5.16}$$

$$\Rightarrow \quad h_{\rm fd}^2 = \frac{2\epsilon_{\rm m}}{y^{(2)}} \quad \Rightarrow \quad h_{\rm cd}^3 = \frac{24\epsilon_{\rm m}}{y^{(3)}} \tag{5.17}$$

ここで $y' \simeq y^{(2)} \simeq y^{(3)}$ とし (一般的には雑すぎるだろうが, e^t や $\cos t$ ならば悪くない), 倍精度で計算機イプシロンを $\epsilon_{\rm m} \simeq 10^{-15}$ とすると, 次の概略値を得る:

$$h_{\rm fd} \simeq 4 \times 10^{-8}, \qquad\qquad h_{\rm cd} \simeq 3 \times 10^{-5} \tag{5.18}$$

$$\Rightarrow \quad \epsilon_{\rm fd} \simeq \frac{\epsilon_{\rm m}}{h_{\rm fd}} \simeq 3 \times 10^{-8}, \qquad \Rightarrow \quad \epsilon_{\rm cd} \simeq \frac{\epsilon_{\rm m}}{h_{\rm cd}} \simeq 3 \times 10^{-11} \tag{5.19}$$

これを見ると, よいアルゴリズムのほうが大きな h となっているので逆の気がするかもしれないが, そうではない. 大きな h が使えるということは, 中心差分の誤差が前進差分より約 1000 倍も小さいことを意味している.

数値的な微分のプログラミングは単純である:

```
FD = (y(t+h) − y(t)) /h;                              // forward diff
CD = (y(t+h/2) − y(t−h/2)) /h ;                       // central diff
ED = (8*(y(t+h/4)−y(t−h/4)) − (y(t+h/2)−y(t−h/2)))/3/h; // extrap
```

1. 前進差分, 中心差分, 高精度の中心差分を用い, $\cos t$ と e^t の微分係数を $t = 0.1, 1, 100$ の各点で求める.
    a) 微分係数とその相対的な誤差 ϵ を h の関数としてプリントアウトする. このステップサイズ h を計算機イプシロンと同じになるまで小さくしていく ($h \simeq \epsilon_{\rm m}$).
    b) 横軸に $\log_{10} h$, 縦軸に $\log_{10} |\epsilon|$ をプロットし, 本文中で推定したものと小数点以下の桁数が合うか確かめる.
    c) 級数の打切り誤差が支配的となる大きな h の領域と, 丸め誤差が支配的となる小さな h の領域がどこになるかを, このプロットから特定できるか考える. 上で学んだモデルによる予測とプロットの傾斜は合致しているだろうか?

5.6　2次微分係数 (課題)

時間の関数として粒子の位置 $y(t)$ を測定したとしよう (図 5.1). ここで課題はこの粒子に加わる力を求めることである. ニュートンの第 2 法則によると, 力と加速度は比例する:

$$F = ma = m\frac{{\rm d}^2 y}{{\rm d}t^2} \tag{5.20}$$

ここで, F は力, m は粒子の質量, a は加速度である. $y(t)$ の値から微分係数 ${\rm d}^2 y/{\rm d}^2 t$ を求めれば, 力が求まる.

1 次微分係数の誤差についての気がかりを既に述べたが, 2 次微分係数では引き算の回数が増えて相殺が余計に起きる可能性があり, それがもっと深刻になる. もう一度,

中心差分法を見よう：

$$\left.\frac{\mathrm{d}y(t)}{\mathrm{d}t}\right|_{\mathrm{cd}} \simeq \frac{y(t+h/2) - y(t-h/2)}{h} \tag{5.21}$$

このアルゴリズムは，t から前方と後方に $h/2$ だけ移動することで微分を行うものである．ここで1次微分係数に中心差分を適用し2次微分係数 $\mathrm{d}^2 y/\mathrm{d}^2 t$ を求めよう：

$$\left.\frac{\mathrm{d}^2 y(t)}{\mathrm{d}t^2}\right|_{\mathrm{cd}} \simeq \frac{y'(t+h/2) - y'(t-h/2)}{h}$$

$$\simeq \frac{[y(t+h) - y(t)] - [y(t) - y(t-h)]}{h^2} \tag{5.22}$$

$$= \frac{y(t+h) + y(t-h) - 2y(t)}{h^2} \tag{5.23}$$

1次微分係数のときと同様に，t における2次微分係数を求めるには t を取り囲む領域の関数値を用いる．近似 (5.23) の形は (5.22) よりステップ数が少ないしコンパクトだが，桁落ちが増えるかもしれない．実際，まず「大きな」数値 $y(t+h) + y(t-h)$ を格納してから，もうひとつの大きな数値 $2y(t)$ を差し引くからである．この差について調べるのを演習としよう．

5.6.1 2次微分係数の評価

中心差分 (5.22) と (5.23) を用いて $\cos t$ の2次微分係数を計算するプログラムを書く．いくつかの t の値でテストすること．$h \simeq \pi/10$ から始めて，h が計算機イプシロンに達するまで小さくする．近似 (5.22) と (5.23) で顕著な差が現れるだろうか？

5.7 積　　分

課題：変化する量を寄せ集める　ガイガーカウンターに飛び込む粒子の単位時間あたりの個数 $\mathrm{d}N/\mathrm{d}t$ を測定した．課題は，最初の1秒間にカウンターに入った粒子の数を求めることである：

$$N(1) = \int_0^1 \frac{\mathrm{d}N(t)}{\mathrm{d}t}\,\mathrm{d}t \tag{5.24}$$

5.8 長方形の個数を数えて数値積分を行う (数学)

　ある関数の解析的な定積分は多少とも賢くないとできないだろうが，コンピュータで実行するのは比較的に単刀直入なことである．数値積分を手作業で実行する伝統的な方法は，グラフ用紙に被積分関数の曲線を描き，その下側のマス目の数あるいは細長い長方形の面積を求めるやりかたである．面積を求める方法を昔は求積法と呼んでいたため数値積分を数値求積ということがあるが，現代では単なるマス目の勘定よりもずっと洗

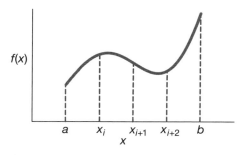

図 5.2 定積分 $\int_a^b f(x)\,\mathrm{d}x$ は $f(x)$ のグラフの下側, a から b までの面積である. ここでは面積を 4 個の等幅 h の領域に分割していて 5 個積分点がある.

練された方法を使う.

リーマンの定積分は, グラフの下側を等幅の長方形の面積の総和で表しその長方形の幅 h を 0 に近づけた極限により定義する (図 5.2):

$$\int_a^b f(x)\,\mathrm{d}x = \lim_{h \to 0} \left[h \sum_{i=1}^{(b-a)/h} f(x_i) \right] \tag{5.25}$$

関数 $f(x)$ の数値積分は, 高さ $f(x_i)$, 幅 w_i の有限個の長方形の面積の和で近似できる:

$$\int_a^b f(x)\mathrm{d}x \simeq \sum_{i=1}^{N} f(x_i) w_i \tag{5.26}$$

すなわち, この式とリーマンの定義 (5.25) は, 長方形の幅に対する極限操作が無いことを除いて同じである. (5.26) はどの数値積分のアルゴリズムでも標準の形となっている. すなわち積分区間 $[a,b]$ の N 個の点で関数 $f(x)$ の値を求め, これらの値 $f_i \equiv f(x_i)$ にそれぞれ重み w_i を乗じて和をとる. 近似 (5.26) の和が定積分の正確な値を与えるのは, 一般には $N \to \infty$ のときだけだが, 被積分関数が多項式のときは有限の N で正確な値となりうる. 点 x_i と重み w_i のとり方は数値積分のアルゴリズムにより異なる. 一般的には N が大きくなると精度が増すが, いつかは丸め誤差で制限されるようになる. $f(x)$ がどんな振る舞いをするかにより「最適」な積分法が異なるから, 万能の最適近似というものはない. 実際, サブルーチン・ライブラリに見られる自動化された積分スキームの中にはアルゴリズムを切り替えるものや, 異なる積分区間でうまく動作する方法を見つけるまでそれを変えるものもある.

一般に, 被積分関数が特異点を含むとき, 手作業でそれを取り除くまでは数値積分を試みるべきではない[*1]. 特異点の除去は大変に簡単で, 積分区間をいくつかに分割して特異点がその小区間の端に来るようにし, その点を積分点に含めないようにするか, 変数を変えればよい:

[*1] 26 章では, 被積分関数が未知の場合にもこのような特異点を除去する方法を示す.

$$\int_{-1}^{1} \frac{|x|}{x} f(x)\,\mathrm{d}x = -\int_{-1}^{0} f(x)\,\mathrm{d}x + \int_{0}^{1} f(x)\,\mathrm{d}x \tag{5.27}$$

$$\int_{0}^{1} x^{1/3}\,\mathrm{d}x = \int_{0}^{1} 3y^{3}\mathrm{d}y, \quad (y \stackrel{\mathrm{def}}{=} x^{1/3}) \tag{5.28}$$

$$\int_{0}^{1} \frac{f(x)\mathrm{d}x}{\sqrt{1-x^{2}}} = 2\int_{0}^{1} \frac{f(1-y^{2})\mathrm{d}y}{\sqrt{2-y^{2}}}, \quad (y^{2} \stackrel{\mathrm{def}}{=} 1-x) \tag{5.29}$$

同様に，ある領域で被積分関数が非常にゆっくりと変化するときは，変数変換を行ってその領域を圧縮し積分点の数を減らすか区間を分割していくつかの積分に分けて実行し，計算スピードを上げることができる．逆に，被積分関数が急激に変化するときは，その領域を拡大するように変数を変換して関数値の振動を見逃さないようにするのがよい．

リスト 5.1 TrapMethod.py は関数 $f(x)$ を台形則で積分する．ステップサイズ h が積分区間に依存していること，重みが積分区間の両端と中側では異なることに注目せよ．

```
# TrapMethods.py: trapezoid integration, a < x < b, N pts, N-1 intervals
from numpy import *

def func(x):
    return 5*(sin(8*x))**2*exp(-x*x)-13*cos(3*x)

def trapezoid(A,B,N):
    h = (B - A)/(N - 1)                         # step size
    sum = (func(A)+func(B))/2                   # (1st + last)/2
    for i in range(1, N-1):
        sum += func(A+i*h)
    return h*sum
A = 0.5
B = 2.3
N = 1200
print(trapezoid(A,B,N-1))
```

5.9 アルゴリズム：台形則

数値積分の台形則とシンプソン則は，いずれも等間隔に並んだ x の値を用いる (図 5.3)．すなわち，積分区間 $[a,b]$ の全域にわたり等間隔 h で両端を含む N 個の点 x_i ($i = 1, \ldots, N$) をとるので，長さ h の小区間が $(N-1)$ 個できる：

$$h = \frac{b-a}{N-1}, \quad x_i = a + (i-1)h, \quad i = 1, \ldots, N \tag{5.30}$$

添え字は $i = 1$ から開始する．台形則 (図 5.3a) では，どの小区間にも幅 h の台形をつくる．言い換えると，各小区間 i で $f(x)$ の曲線を直線で近似し，関数値 f の近似値として平均の高さ $(f_i + f_{i+1})/2$ を用いる．小区間の積分の近似である台形の面積は

$$\int_{x_i}^{x_i+h} f(x)\mathrm{d}x \simeq \frac{h(f_i + f_{i+1})}{2} = \frac{1}{2}hf_i + \frac{1}{2}hf_{i+1} \tag{5.31}$$

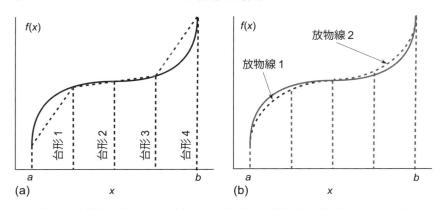

図 5.3 曲線の下側の面積を近似する 2 種類の形状. 4 個の小区間を表すのに (a) 台形則では 4 個の折れ線を用いるが (b) シンプソン則では 2 個の放物線を用いる.

である. (5.26) の標準的な数値積分の表式になおすと (表 5.1), (5.31) の「規則」は重みが $w_i \equiv \frac{h}{2}$ で $N = 2$ 点の場合である.

表 5.1 等幅ステップの数値積分の小区間に対する基本の重み

名称	次数	基本の重み
台形則	1	$(1, 1) \frac{h}{2}$
シンプソン則	2	$(1, 4, 1) \frac{h}{3}$
シンプソン 3/8 則	3	$(1, 3, 3, 1) \frac{3}{8} h$
ブールの公式	4	$(7, 32, 12, 32, 7) \frac{h}{90}$

台形則を積分区間の全体 $[a, b]$ に適用するには, 各小区間の寄与を加え合わせる:

$$\int_a^b f(x) \mathrm{d}x \simeq \frac{h}{2} f_1 + h f_2 + h f_3 + \cdots + h f_{N-1} + \frac{h}{2} f_N \tag{5.32}$$

積分区間の内部の点は 2 度取り込まれて (左側の小区間の終点と右側の小区間の始点) 重みが $h/2 + h/2 = h$ となるが, 端では 1 度しか用いられないため重みは単に $h/2$ である. 標準的な表式 (5.26) では重みが

$$w_i = \left\{ \frac{h}{2}, h, \ldots, h, \frac{h}{2} \right\} \quad (台形則) \tag{5.33}$$

となる. 表 5.1 の台形則は小区間の重みだけを簡単に記してある.

5.10 アルゴリズム:シンプソン則

シンプソン則は, 2 個の隣り合う小区間に対して被積分関数 $f(x)$ を放物線で近似する (図 5.3b):

5.10 アルゴリズム：シンプソン則

$$f(x) \simeq \alpha x^2 + \beta x + \gamma \tag{5.34}$$

ここでも小区間は等幅である．1個の小区間で放物線の下側の面積は

$$\int_{x_i}^{x_i+h} (\alpha x^2 + \beta x + \gamma) \mathrm{d}x = \left. \frac{\alpha x^3}{3} + \frac{\beta x^2}{2} + \gamma x \right|_{x_i}^{x_i+h} \tag{5.35}$$

である．しかしパラメータ α, β, γ を関数値で表すには，放物線が通過する3点を必要とする．たとえば，この放物線が $f(-1), f(0), f(1)$ を通過するなら

$$\int_{-1}^{1} (\alpha x^2 + \beta x + \gamma) \mathrm{d}x = \frac{2\alpha}{3} + 2\gamma \tag{5.36}$$

および

$$f(-1) = \alpha - \beta + \gamma, \quad f(0) = \gamma, \quad f(1) = \alpha + \beta + \gamma \tag{5.37}$$

$$\Rightarrow \alpha = \frac{f(1) + f(-1)}{2} - f(0), \quad \beta = \frac{f(1) - f(-1)}{2}, \quad \gamma = f(0) \tag{5.38}$$

であるから，(5.36) の積分は3点の関数値の重み付きの和として次のように表される：

$$\int_{-1}^{1} (\alpha x^2 + \beta x + \gamma) \mathrm{d}x = \frac{f(-1)}{3} + \frac{4f(0)}{3} + \frac{f(1)}{3} \tag{5.39}$$

これを私たちの問題に即して一般的に言うと，2個の隣接小区間での積分の近似値を，それらの端点の関数値で表すことになる (表 5.1)：

$$\begin{aligned}
\int_{x_i-h}^{x_i+h} f(x) \mathrm{d}x &= \int_{x_i-h}^{x_i} f(x) \mathrm{d}x + \int_{x_i}^{x_i+h} f(x) \mathrm{d}x \\
&\simeq \frac{h}{3} f_{i-1} + \frac{4h}{3} f_i + \frac{h}{3} f_{i+1}
\end{aligned} \tag{5.40}$$

シンプソン則は小区間のペアに対する積分が基本なので，小区間の数が偶数あるいは積分点の数 N が奇数となる必要がある．積分区間全体にシンプソン則を適用するために小区間の各ペアからの寄与を加え合わせ，ペアどうしの接点では2回，積分区間の両端では1回だけ関数値を取り込む：

$$\int_a^b f(x) \mathrm{d}x \simeq \frac{h}{3} f_1 + \frac{4h}{3} f_2 + \frac{2h}{3} f_3 + \frac{4h}{3} f_4 + \cdots + \frac{4h}{3} f_{N-1} + \frac{h}{3} f_N \tag{5.41}$$

標準的な表式 (5.26) では，重みが

$$w_i = \left\{ \frac{h}{3}, \frac{4h}{3}, \frac{2h}{3}, \frac{4h}{3}, \ldots, \frac{4h}{3}, \frac{h}{3} \right\} \quad (\text{シンプソン則}) \tag{5.42}$$

となる．数値積分を実行するとき重みの総和が正しいかを確認すべきである：

$$\sum_{i=1}^{N} w_i = (N-1)h \tag{5.43}$$

シンプソン則では N が奇数であることを忘れないように．

5.11 数値積分の誤差 (評価)

　一般的には，積分点の個数が一番少なくて正確な答えが出る積分公式を選ぶ必要がある．ここでは，等幅の小区間を用いる公式について，その近似誤差 ϵ の相対値を概略で推定する．まず小区間の中央で $f(x)$ をテーラー級数に展開する．つぎに，その誤差を小区間の総数 $(\sim N)$ 倍して全積分区間 $[a,b]$ に対する誤差を推定する．こうして，台形則 (添え字 T) とシンプソン則 (添え字 S) では

$$\mathcal{E}_\mathrm{T} = \mathcal{O}\left(\frac{[b-a]^3}{N^2}\right) f^{(2)}, \quad \mathcal{E}_\mathrm{S} = \mathcal{O}\left(\frac{[b-a]^5}{N^4}\right) f^{(4)}, \quad \epsilon_\mathrm{T,S} = \frac{\mathcal{E}_\mathrm{t,s}}{f} \tag{5.44}$$

となる．ここで最後の式の ϵ が相対誤差の目安である．式 (5.44) は，N の逆べき乗で誤差が減っていくし，f の高次の微分係数の値，$f^{(2)}$ あるいは $f^{(4)}$ にも比例することを示している．結果として，高次の微分係数までおとなしい関数では，小区間を小さくとると，台形則よりシンプソン則のほうが早く収束するはずである．

　積分における相対的な丸め誤差はランダムで，N ステップ後に

$$\epsilon_\mathrm{ro} \simeq \sqrt{N}\epsilon_\mathrm{m} \tag{5.45}$$

の形になるというモデルを用いる．ここで計算機イプシロン ϵ_m は単精度のとき $\sim 10^{-7}$，倍精度のとき $\sim 10^{-15}$ である．科学計算ではほとんどの場合に倍精度を用いるから，ここでもそのように仮定する．求めたいものは，総合的な誤差すなわち近似誤差と丸め誤差の和

$$\epsilon_\mathrm{tot} \simeq \epsilon_\mathrm{ro} + \epsilon_\mathrm{app} \tag{5.46}$$

を最小にする N である．概略として，これが起きるのは両者が同程度の大きさとなるときだが，ここでは両者が等しいとする:

$$\epsilon_\mathrm{ro} = \epsilon_\mathrm{app} = \frac{\mathcal{E}_\mathrm{T,S}}{f} \tag{5.47}$$

　最適な N の探索を続けるため，関数の大きさのスケールと積分区間に次の条件を設ける:

$$\frac{f^{(n)}}{f} \simeq 1, \quad b-a = 1 \quad \Rightarrow \quad h = \frac{1}{N} \tag{5.48}$$

このとき，(5.47) の推定を台形則に適用すると

$$\sqrt{N}\epsilon_\mathrm{m} \simeq \frac{f^{(2)}(b-a)^3}{fN^2} = \frac{1}{N^2} \tag{5.49}$$

$$\Rightarrow N \simeq \frac{1}{(\epsilon_\mathrm{m})^{2/5}} = \left(\frac{1}{10^{-15}}\right)^{2/5} = 10^6 \tag{5.50}$$

$$\Rightarrow \epsilon_\mathrm{ro} \simeq \sqrt{N}\epsilon_\mathrm{m} = 10^{-12} \tag{5.51}$$

また，シンプソン則に対しては

$$\sqrt{N}\epsilon_{\mathrm{m}} = \frac{f^{(4)}(b-a)^5}{fN^4} = \frac{1}{N^4} \tag{5.52}$$

$$\Rightarrow N = \frac{1}{(\epsilon_{\mathrm{m}})^{2/9}} = \left(\frac{1}{10^{-15}}\right)^{2/9} = 2154 \tag{5.53}$$

$$\Rightarrow \epsilon_{\mathrm{ro}} \simeq \sqrt{N}\epsilon_{\mathrm{m}} = 5 \times 10^{-14} \tag{5.54}$$

となる．これらの結果からわかることを要約しよう．

- 台形則に比べるとシンプソン則はより少数の積分点を用い誤差がより小さい．
- シンプソン則は(さらに高次の積分アルゴリズムも)誤差を計算機イプシロンに近づけることができる．
- 積分の数値計算は，$N \to \infty$ としても最良の近似にはならず，比較的小さな値 $N \leq 1000$ で実現する．それより大きな N では丸め誤差が大きくなるだけである．

5.12 アルゴリズム：ガウス求積法

基本の積分公式 (5.26) を書き直して，被積分関数から重み関数をくくり出した形にすることがしばしば有用となる：

$$\int_a^b f(x)\mathrm{d}x \equiv \int_a^b W(x)g(x)\mathrm{d}x \simeq \sum_{i=1}^N w_i g(x_i) \tag{5.55}$$

ガウス求積法は，$g(x)$ が $(2N-1)$ 次の多項式の場合に (5.55) の N 個の積分点と重みを適切に選んで積分が厳密な値となるようにするアプローチである．この信じ難いような最適化は，$[a,b]$ 上に独特のやりかたで積分点 x_i を分布させて実現する．一般的な場合は，$g(x)$ が滑らか(あるいは何かの $W(x)$ をくくり出して滑らかにできる)なら(表 5.2)，ガウス求積法は同じ数の積分点を使う台形則やシンプソン則よりも高い精度を実現できる．被積分関数が異なる領域で異なる振る舞いをして滑らかでないときは，その領域ごとで別々に積分したあと合算するのが理にかなっている．実際，積分区間をいくつかの領域にわけて各々にどの積分公式を用いるかを自動的に判断する「スマートな」積分のサブルーチンもある．

表 5.2 に示した方法はすべてガウス求積法であり (5.55) のような一般的な形になっている．重み関数が指数関数やガウス関数あるいは積分可能な特異点を持っているなど，

表 5.2 各種のガウス求積法

積分	名称	積分	名称
$\int_{-1}^{1} f(y)\mathrm{d}y$	ガウス (ガウス−ルジャンドル)	$\int_{-1}^{1} \frac{F(y)}{\sqrt{1-y^2}}\mathrm{d}y$	ガウス−チェビシェフ
$\int_{-\infty}^{\infty} \mathrm{e}^{-y^2} F(y)\mathrm{d}y$	ガウス−エルミート	$\int_{0}^{\infty} \mathrm{e}^{-y} F(y)\mathrm{d}y$	ガウス−ラゲール
$\int_{0}^{\infty} y^\alpha \mathrm{e}^{-y} F(y)\mathrm{d}y$	一般化ガウス−ラゲール		

表 5.3　4 点ガウス求積法の積分点と重み (計算チェックのため)

y_i	w_i
$\pm\sqrt{\frac{1}{35}(15-2\sqrt{30})} \simeq \pm 0.339\,981\,043\,584\,856,$	$\frac{18+\sqrt{30}}{36} \simeq 0.652\,145\,154\,862\,546$
$\pm\sqrt{\frac{1}{35}(15+2\sqrt{30})} \simeq \pm 0.861\,136\,311\,594\,053,$	$\frac{18-\sqrt{30}}{36} \simeq 0.347\,854\,845\,137\,454$

様々な場合が見られる．台形則やシンプソン則などと異なり，積分点は全区間の両端となることはなく，また積分点の個数 N に応じて位置と重みが変わり，点の分布は等間隔ではない．

ガウス求積法の積分点のとり方の概略を以下に示す．通常のガウス (ガウス–ルジャンドル) 求積法の積分点 y_i はルジャンドル多項式の N 個のゼロ点であり，重みはルジャンドル多項式の微分係数 P' と次のように関係する：

$$P_N(y_i) = 0, \quad w_i = \frac{2}{(1-y_i^2)[P'_N(y_i)]^2} \tag{5.56}$$

これらの積分点と重みを発生するプログラムは数学関数ライブラリの中に標準的に準備されており，表として見ることもできるが (Abramowitz and Stegun, 1972)，自分で算出することもできる．プログラム中の積分点が正しいかを確認するのに，表 5.3 に与えた 4 点の数値のセットと比較するとよいだろう．

5.12.1　変数変換により積分点の位置を変える

一般的な積分区間 $[a,b]$ に対する標準的な数値積分の式は (5.26) すなわち

$$\int_a^b f(x)\mathrm{d}x \simeq \sum_{i=1}^N f(x_i)w_i \tag{5.57}$$

であった．ガウス求積法の積分点と重みは y の区間 $-1 \leq y_i \leq 1$ となっているから，これを一般の積分区間に変換する必要がある．私たちの経験から役立つと思う変換をいくつか紹介しよう．すべての場合について，(y_i, w'_i) はガウス–ルジャンドル法の区間 $[-1,1]$ の積分点と重みであり，これを x のいろいろな積分区間に変換したい．

1. $[-1,1] \to [a,b]$ 一様．中央積分点 $=(a+b)/2$

$$x_i = \frac{b+a}{2} + \frac{b-a}{2}y_i, \quad w_i = \frac{b-a}{2}w'_i \tag{5.58}$$

$$\Rightarrow \int_a^b f(x)\mathrm{d}x = \frac{b-a}{2}\int_{-1}^1 f[x(y)]\mathrm{d}y \tag{5.59}$$

2. $\to [0,\infty]$．中央積分点 $= a$

$$x_i = a\frac{1+y_i}{1-y_i}, \quad w_i = \frac{2a}{(1-y_i)^2}w'_i \tag{5.60}$$

3. $\to [-\infty,\infty]$．縮尺を a で定める

$$x_i = a\frac{y_i}{1-y_i^2}, \quad w_i = \frac{a(1+y_i^2)}{(1-y_i^2)^2}w'_i \tag{5.61}$$

4. → $[b, \infty]$, 中央積分点 $= a + 2b$
$$x_i = \frac{a + 2b + ay_i}{1 - y_i}, \quad w_i = \frac{2(a+b)}{(1-y_i)^2} w'_i \tag{5.62}$$

5. → $[0, b]$, 中央積分点 $= ab/(a+b)$
$$x_i = \frac{ab(1 + y_i)}{(a+b) + (a-b)y_i}, \quad w_i = \frac{2ab^2}{((a+b) + (a-b)y_i)^2} w'_i \tag{5.63}$$

これから分かるように,積分区間が無限大にまで拡大されたとき,積分点の位置は大きくなることがあっても無限大の x になることはない.積分点の個数 N を増やすと,一番外側の積分点はさらに外側へと移動するが無限大にはならない.

5.12.2 ガウス求積法の積分点の決め方

N 個の積分点を用いて $2N-1$ 次以下の多項式 $f(x)$ の数値積分を実行したい:
$$\int_{-1}^{+1} f(x)\mathrm{d}x = \sum_{i=1}^{N} w_i f(x_i) \tag{5.64}$$

ガウス求積法の際立った特色は,丸め誤差が無いとすると,(5.64) が厳密な等号となることである.この方法に用いる x_i と w_i を求めるには特殊関数について多少の知識と頭脳を必要とする (Hildebrand, 1956).必要な知識とは,N 次ルジャンドル多項式 $P_N(x)$ の次の 2 つの性質である:

1. $P_N(x)$ は次数が N より低いどの多項式とも直交する.
2. $P_N(x)$ は区間 $-1 \leq x \leq 1$ に N 個の実根をもつ.

$f(x)$ をルジャンドル多項式 $P_N(x)$ で割ると,次数が N 以下の多項式 $q(x)$ を得る:
$$q(x) \stackrel{\text{def}}{=} \frac{f(x)}{P_N(x)} \tag{5.65}$$
$$\Rightarrow f(x) = q(x)P_N(x) + r(x) \tag{5.66}$$

ここで,余り $r(x)$ は N 次以下の (未知の) 多項式だが,ガウス求積の積分点においては $f(x)$ と同じ値となるように工夫するので,未知のままでよい.(5.66) を (5.64) に代入し P_N が N 次以下のどんな多項式 (ルジャンドル多項式の線形結合で表される) とも直交することを用いると,第 2 項の積分だけが残り
$$\int_{-1}^{+1} f(x)\mathrm{d}x = \int_{-1}^{+1} q(x)P_N(x)\mathrm{d}x + \int_{-1}^{+1} r(x)\mathrm{d}x = \int_{-1}^{+1} r(x)\mathrm{d}x \tag{5.67}$$

となる.$r(x)$ は N 次以下の多項式なので,(シンプソン則で 2 次関数の積分を厳密に求められるのと同様に) 標準的な N 点法を用いれば積分は厳密に求まる.

$(2N-1)$ 次以下の多項式を N 点で積分できるようになったので,これらの積分点をどこに置くべきかを賢いやりかたで決める.それには,(5.66) を (5.64) に代入し

$$\int_{-1}^{+1} f(x)\mathrm{d}x = \sum_{i=1}^{N} w_i q(x_i) P_N(x_i) + \sum_{i=1}^{N} w_i r(x_i) \tag{5.68}$$

に注目する．ルジャンドル多項式 $P_N(x)$ の N 個のゼロ点を積分点に選ぶと，各点で $P_N(x_i) = 0$ なので (5.68) の右辺の第 1 項が消えて，次式を得る：

$$\int_{-1}^{+1} f(x)\mathrm{d}x = \sum_{i=1}^{N} w_i r(x_i) \tag{5.69}$$

(5.66) で $x = x_i$ とおき $f(x_i) = r(x_i)$ にも注目しよう．以上が，区間 $(-1, 1)$ の N 個の積分点 x_i を $P_N(x_i) = 0$ すなわちルジャンドル多項式の N 個のゼロ点とする経緯である．$\sum w_i r(x_i) = \int_{-1}^{1} r(x) dx$ の $r(x)$ として $P_0, P_1, \ldots, P_{N-1}$ を選び連立方程式を解いて求めるが，これについては他書たとえば Hildebrand (1956) に譲る．

5.12.3　数値積分の誤差の評価

1. 任意の関数の数値積分を倍精度で実行するプログラムを書く．ただし，積分の方法は台形則，シンプソン則，ガウス求積法とする．こちらで用意した課題には厳密解があり，数値解と比較できる：

$$\frac{\mathrm{d}N(t)}{\mathrm{d}t} = \mathrm{e}^{-t} \Rightarrow N(1) = \int_0^1 \mathrm{e}^{-t}\mathrm{d}t = 1 - \mathrm{e}^{-1} \tag{5.70}$$

2. 相対誤差 $\epsilon = \left|\frac{\text{数値解}-\text{厳密な値}}{\text{厳密な値}}\right|$ を台形則，シンプソン則，ガウス求積法 (添え字 T, S, G) の場合について計算し，結果を次のような表にする．

N	ϵ_T	ϵ_S	ϵ_G
2	…	…	…
10	…	…	…

ここで，各項目はスペースかタブで分離すること．N の値を $2, 10, 40, 80, 160, \ldots$ で試す．（ヒント：計算法により偶数が使えないかもしれない．）

3. 相対誤差の N 依存性を両対数グラフにする (図 5.4)．次の関係

$$\epsilon \simeq CN^\alpha \Rightarrow \log \epsilon = \alpha \log N + \text{constant} \tag{5.71}$$

が現れるはずである．すなわち，両対数グラフではべき乗の関係が直線となる．また，常用対数 $\log_{10}$ を使っているとすると，縦軸の目盛りは，計算精度を小数点以下の桁数で表したものとなる．

4. 得られたプロットあるいは表を用いて相対誤差 ϵ が N の何乗に比例するかを推定する．また自分が行った計算精度が小数点以下何桁までかを求める．台形則とシンプソン則の両方について，打ち切り誤差が主となる領域と丸め誤差が主となる領域を見つける．（台形則では打ち切り誤差が大きいので丸め誤差が主となるまで N を大きくするのが難しいかもしれないことに注意する．）

5.12 アルゴリズム：ガウス求積法

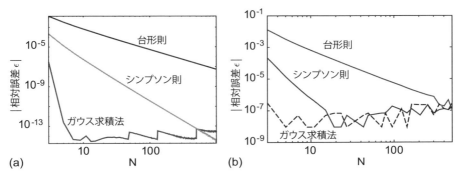

図 5.4 指数関数的に減衰する関数を台形則，シンプソン則，ガウス求積法で数値積分し，積分点の数 N による相対誤差の変化を両対数グラフで表した．(a) 倍精度なら約 15 桁，(b) 単精度なら約 7 桁の精度が得られる．丸め誤差が主となる領域 (グラフの底の方で変動が現れる) に入るとアルゴリズムが収束しなくなる様子が見える．

リスト 5.2 はガウス求積法を実行するサンプル・プログラムである．積分点と重みを発生する gauss メソッドは他の応用でも役立つだろう．

リスト 5.2 IntegGauss.py は関数 $f(x)$ をガウス求積法で積分する．積分点と重みはメソッド gauss が発生し，他の応用にもそのまま利用できる．必要とする精度はパラメータ eps でユーザが設定し，job の値で場合分けをするが，任意の積分区間で積分点の分布のさせ方を制御している (もとの積分点は区間 $(-1, 1)$ で発生)．

```
# IntegGauss.py: Gaussian quadrature generator of pts & wts

from numpy import *
from sys import version

max_in = 11                          # Numb intervals
vmin = 0.; vmax = 1.                 # Int ranges
ME = 2.7182818284590452354E0         # Euler's const
w = zeros( (2001), float)
x = zeros( (2001), float)

def f(x):                            # The integrand
    return (exp(- x) )

def gauss(npts, job, a, b, x, w):
    m = i = j = t = t1 = pp = p1 = p2 = p3 = 0.
    eps = 3.E-14           # Accuracy: ******ADJUST THIS*******!
    m = int((npts + 1)/2 )
    for i in range(1, m + 1):
        t = cos(math.pi*(float(i) - 0.25)/(float(npts) + 0.5) )
        t1 = 1
        while( (abs(t - t1)) >= eps):
            p1 = 1. ; p2 = 0.
            for j in range(1, npts + 1):
                p3 = p2; p2 = p1
                p1 = ((2.*float(j)-1)*t*p2 - (float(j) -1.)*p3)/(float(j))
            pp = npts*(t*p1 - p2)/(t*t - 1.)
```

```
                t1 = t;  t = t1 - p1/pp
            x[i - 1] = -t;    x[npts - i] = t
            w[i - 1] = 2./( (1. - t*t)*pp*pp)
            w[npts - i] = w[i - 1]
    if (job == 0):
        for i in range(0, npts):
            x[i] = x[i]*(b - a)/2. + (b + a)/2.
            w[i] = w[i]*(b - a)/2.
    if (job == 1):
        for i in range(0, npts):
            xi = x[i]
            x[i] = a*b*(1. + xi) / (b + a - (b - a)*xi)
            w[i] = w[i]*2.*a*b*b/( (b + a - (b-a)*xi)*(b + a - (b-a)*xi) )
    if (job == 2):
        for i in range(0, npts):
            xi = x[i]
            x[i] = (b*xi + b + a) / (1. - xi)
            w[i] = w[i]*2.*(a + b)/( (1. - xi)*(1. - xi) )
def gaussint(no, min, max):
    quadra = 0.
    gauss (no, 0, min, max, x, w)         # Returns pts & wts
    for n in range(0, no):
        quadra += f(x[n]) * w[n]          # Calculate integral
    return (quadra)
for i in range(3, max_in + 1, 2):
    result = gaussint(i, vmin, vmax)
    print (" i ", i, "err", abs(result - 1 + 1/ME))
print ("Enter and return any character to quit")
```

5.13 高次式を用いる数値積分 (アルゴリズム)

数値微分のときと同じことだが，小区間の幅 h が誤差に与える影響を表す関数が分かれば積分誤差を減らすのに使える．台形則やシンプソン則のような単純な積分法には，(5.47) のあたりで行ったように解析的な推定ができるが，他の場合には h 依存性を実験的に求めることになるだろう．次に示すように，誤差の主要部分を刻み幅 h の高次項で表す工夫がある．まず，滑らかな関数の台形則による数値積分の値を，幅 h のとき $A(h)$，$h/2$ のとき $A(h/2)$ とすると，オイラー–マクローリンの公式から厳密な値との関係はそれぞれ次のような展開で与えられ，誤差の主要部分は h^2 に比例することが知られている：

$$A(h) = \int_a^b f(x)\mathrm{d}x + \alpha h^2 + \beta h^4 + \cdots \tag{5.72}$$

$$A\left(\frac{h}{2}\right) = \int_a^b f(x)\mathrm{d}x + \frac{\alpha h^2}{4} + \frac{\beta h^4}{16} + \cdots \tag{5.73}$$

そうすると両式を連立して h^2 の項を消去することができる：

$$\frac{4}{3}A\left(\frac{h}{2}\right) - \frac{1}{3}A(h) = \int_a^b f(x)\mathrm{d}x - \frac{\beta h^4}{4} + \cdots \tag{5.74}$$

このトリック (ロンバーグの外挿) が成立するのは誤差の主要な項が h^2 で，さらに関数の微分係数の振る舞いがおとなしいときに限られるのは明らかである．だが，他のアルゴリズムについても同様の外挿を適用することができる．

ここで要点を再確認しよう．表 5.1 に等幅の小区間に対する重みを与えた．シンプソン則では 2 個，3/8 則では 3 個，ブールの公式では 4 個の連続した小区間を基本の積分区間とする．(全区間に対しては基本区間をつないで拡張する必要がある．これは隣り合う基本区間の接点で重みが 2 倍となることを意味する．) どの計算法でも，小区間の全数と重みを適正に記述したかは，重みを加えると簡単に確認できる．すなわち $f(x) = 1$ の積分が重みの和，および小区間の数の h 倍に等しい ($b - a$ となる)：

$$\sum_{i=1}^{N} w_i = h \times N_{\text{intervals}} = b - a \tag{5.75}$$

5.14 石を投げて面積を測るモンテカルロ法 (課題)

農地のずっと端にある池に藻が生えすぎてしまい，農夫はそこに藻を食べてくれる魚を放ちたい．必要な魚の数は池の面積から割り出さなければならないことが分かった．そこで課題は，この変な形をした池の面積を手持ちの道具だけで測ることである (Gould et al., 2006)．

モンテカルロ法という名前ではあるが，積分の値に賭けをしようというのではない！この方法は，ランダムに投げた石のうち池に落ちた個数を数えるのだが，このような方法で積分の値が求まるとは信じられないかもしれない．積分の多重度が 1 や 2 のときは他の方法が適切なのだが，多重度が大きくなると様々なモンテカルロ法が適することが分かる．課題の池の面積に対して サンプリング法を用いることにしよう (図 5.5)：

1. 池を完全に囲む長方形の領域を決め，その中の小石を全部ひろって何も残らないようにする．
2. その長方形の 2 辺の長さが何メートルかを測ると広さ A_{box} が求まる．
3. 小石をたくさん手にもって，その数を勘定してから，ランダムな方向に投げ上げる．
4. 池に落ちた水音を勘定し N_{pond} とする．一方，長方形の内部の地面に落ちた小石の数を勘定して N_{box} とする．
5. 小石を一様かつランダムに投げたと仮定すると，池に落ちた小石の数は池の面積に比例するはずである．したがって，その面積は単純な比例計算で求めることができる：

$$\frac{N_{\text{pond}}}{N_{\text{pond}} + N_{\text{box}}} = \frac{A_{\text{pond}}}{A_{\text{box}}} \Rightarrow A_{\text{pond}} = \frac{N_{\text{pond}}}{N_{\text{pond}} + N_{\text{box}}} A_{\text{box}} \tag{5.76}$$

5.14.1 「石投げ」の実装

サンプリング (図 5.5) を用いて 2 次元積分を行い，π を求める：

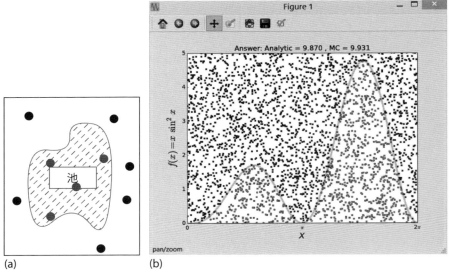

図 5.5 (a) 池の面積を求める方法として石を投げこむ．投げた石の総数に対する「当たり」の比は，周囲の箱に対する池の面積の比に等しい．(b) 面積の比をモンテカルロ法 (石投げ) で求めて積分の値を求める．

1. 1 辺が 2 の正方形で囲まれた円形の池 ($r = 1$) を考える．
2. 池の面積の厳密な値は $\iint dA = \pi$ という既知の値である．
3. $-1 \leq r_i \leq +1$ の乱数列を発生する．
4. $i = 1$ から N について $(x_i, y_i) = (r_{2i-1}, r_{2i})$ とする．
5. $x_i^2 + y_i^2 < 1$ なら $N_{\text{pond}} = N_{\text{pond}} + 1$，その他は $N_{\text{box}} = N_{\text{box}} + 1$ とする．
6. (5.76) を用いて面積を計算し，そこから π を求める．
7. 有効数字 3 桁で π が求まるまで N を増やす (これは計算尺の精度であり，大したことを要求してはいない)．

5.15 平均値の定理を用いた積分 (理論と数学)

標準的なモンテカルロ法は平均値の定理 (微積分の入門で学んだと思う) に基づく方法である：

$$I = \int_a^b dx f(x) = (b-a)\langle f \rangle \tag{5.77}$$

積分を面積と考えるとこの定理の意味は明らかである．関数 $f(x)$ の a から b までの積分は，この区間の関数の平均値 $\langle f \rangle$ と区間の長さ $(b-a)$ の積に等しいと読める (図 5.6)．モンテカルロ法は，(5.77) の平均値を乱数によって求めるものである．$a \leq x_i \leq b$ の一

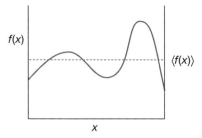

図 5.6 曲線 $f(x)$ の下側の面積と高さ $y = \langle f \rangle$ の下側の面積は等しい.

様ランダムな N 点でサンプリングした関数値 $f(x_i)$ のサンプル平均

$$\langle f \rangle \simeq \frac{1}{N} \sum_{i=1}^{N} f(x_i) \tag{5.78}$$

の値を求めたい．この式から数値積分の大変に簡単な規則が得られる：

$$\int_a^b \mathrm{d}x f(x) \simeq (b-a) \frac{1}{N} \sum_{i=1}^{N} f(x_i) = (b-a)\langle f \rangle \tag{5.79}$$

(5.79) は，私たちの標準的な積分のアルゴリズム (5.26) によく似ており，積分点 x_i をランダムに選び重みを $w_i = (b-a)/N$ と均一にしている．与えられた N における最適解を得る努力をしていないから，積分の値を求める効率的な方法ではないように見えるが，単純であることは認めざるをえない．$N \to \infty$ すなわち $f(x)$ のサンプル数を非常に大きくするか，同じことだが 1 回の試行のサンプル数は有限で回数を非常に大きくして平均をとると，丸め誤差がないとして，大数の法則から (5.79) が正しい解に近づくことが少なくとも保証されている．

統計学に親しんでいる読者は次のことを思い出すとよい．N 個のサンプル $f(x_i)$ に不確定性がありその偏差がいずれも σ_f のとき，$f(x_i)$ の総和の偏差は $\sqrt{N}\sigma_f$ であるから，積分 (5.78) の偏差は

$$\sigma_I \simeq \frac{1}{\sqrt{N}} \sigma_f \tag{5.80}$$

となる．こうして N が大きいとき，この数値積分で得られる値の誤差は $1/\sqrt{N}$ で減る．

5.16 数値積分の演習

1. 次の積分を求めるのは難しいかもしれない：

$$F_1 = \int_0^{2\pi} \sin(100x)\mathrm{d}x, \quad F_2 = \int_0^{2\pi} \sin^2(100x)\mathrm{d}x \tag{5.81}$$

a) ふたつの異なる数値積分法でこれらの値を求め，得られた数値解を厳密解と比較する．

b) これらの積分をコンピュータで行うとトラブルが生じるかもしれない．その理由を説明する．

2. 物理で現実的な系を扱う問題に**楕円積分**が現れる例を以下の 4～6 に示そう．どんな積分も，この章の手法で数値的に計算することに何の障害もないが，得られた解が正しいかを知るのが難しいかもしれない．積分の値を求めるスキルを磨くひとつの方法は，被積分関数をべき級数に展開したり，精度が分かっている多項式近似と自分の数値解を比較することである．この観点から楕円積分の多項式近似を記しておくので補助として使えるだろう (Abramowitz and Stegun, 1972)：

$$K(m) = \int_0^{\pi/2} (1 - m\sin^2\theta)^{-1/2} d\theta$$
$$= a_0 + a_1 m_1 + a_2 m_1^2 - [b_0 + b_1 m_1 + b_2 m_1^2] \ln m_1 + \epsilon(m),$$
$$m_1 = 1 - m, \quad 0 \leq m \leq 1, \quad |\epsilon(m)| \leq 3 \times 10^{-5},$$
$$a_0 = 1.386\ 294\ 4, \quad a_1 = 0.111\ 972\ 3, \quad a_2 = 0.072\ 529\ 6,$$
$$b_0 = 0.5, \quad b_1 = 0.121\ 347\ 8, \quad b_2 = 0.028\ 872\ 9 \quad (5.82)$$

3. (5.82) を用いて $K(m)$ の近似値を計算する．次に，この多項式近似と $\leq 3 \times 10^{-5}$ 程度まで一致するようになるまで自分の数値積分をチューニングする．

4. 15.1.2 項で物理振り子の周期 T の表現を導くが，そこでは最大の振れ角 θ_m が小さいという条件はつけない：

$$T = \frac{T_0}{\pi} \int_0^{\theta_m} \frac{d\theta}{[\sin^2(\theta_m/2) - \sin^2(\theta/2)]^{1/2}} \quad (5.83)$$

$$= T_0 \left[1 + \left(\frac{1}{2}\right)^2 \sin^2\frac{\theta_m}{2} + \left(\frac{1\cdot 3}{2\cdot 4}\right)^2 \sin^4\frac{\theta_m}{2} + \cdots \right] \quad (5.84)$$

ここで T_0 は小角振動の周期である．(5.83) は第 1 種の完全楕円積分で表される．楕円積分は極限で逆三角関数を与え「三角関数の三角比に依らない定義」となる．三角関数の一般化と考えられる楕円積分は，積分により定義された関数である；関数値は積分を数値的に計算しなければ求まらない．

    a) 0 と π の間の 5 個の θ_m について，数値積分により T/T_0 を求める．得られる解の精度が 5 桁目より先でしか変わらなくなるまで積分点を徐々に増やし，少なくとも 4 桁の精度を確保したことを示す．

    b) (5.84) のべき級数を用いて T/T_0 を求める．級数の項を増やし 5 桁目より先でしか変わらなくなるまで和をとる．

    c) 数値積分と級数計算の両方について，求めた比 T/T_0 の θ_m への依存性をプロットする．この比が 1 からずれていれば，小振幅の振り子でよく知られた関係の破れを表していることに注目する．

5. 古典電磁気の教科書 (Jackson, 1988) に次のような問題が出ている．接地された無

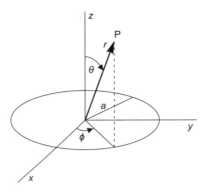

図 5.7 半径 a の円形コイルに電流 I が流れるとき点 P におけるベクトル・ポテンシャルを求める.

限に広くて薄い平面導体を水平に置き半径 a の孔を開ける. この孔に, ほんの少し小さい薄い円板の導体をはめ込み周囲と絶縁して電位を V に保つとき, 円板の縁の真上で板から距離 z の点の電位を楕円積分で表すと, 答えは次式になる:

$$\Phi(z) = \frac{V}{2}\left(1 - \frac{kz}{\pi a}\int_0^{\pi/2}\frac{\mathrm{d}\phi}{\sqrt{1-k^2\sin^2\phi}}\right) \tag{5.85}$$

ここで $k = 2a/(z^2+4a^2)^{1/2}$ である. $V=1, a=1$ とおき, z の区間 $(0.05, 10)$ で電位を数値積分で求めてプロットする. $1/r$ 型の減衰と比較する.

6. 図 5.7 は電流 I が流れる半径 a の円形コイルである. 円の中心から距離 r の点 P の位置が極座標 (r, θ, ϕ) であるという. P におけるベクトル・ポテンシャルの ϕ 成分は, Jackson (1988) によると楕円積分を用いて次のように表される:

$$A_\phi(r,\theta) = \frac{\mu_0}{4\pi}\frac{4Ia}{\sqrt{a^2+r^2+2ar\sin\theta}}\left[\frac{(2-k^2)K(k) - 2E(k)}{k^2}\right] \tag{5.86}$$

$$K(k) = \int_0^{\pi/2}\frac{\mathrm{d}\phi}{\sqrt{1-k^2\sin^2\phi}}, \quad E(k) = \int_0^{\pi/2}\sqrt{1-k^2\sin^2\phi}\,\mathrm{d}\phi \tag{5.87}$$

$$k^2 = \frac{4ar\sin\theta}{a^2+r^2+2ar\sin\theta} \tag{5.88}$$

ここで $K(k)$ と $E(k)$ はそれぞれ第 1 種と第 2 種の完全楕円積分である. $a=1, I=3, \mu_0/4\pi=1$ として次の計算および結果のプロットをする:

a) $A_\phi(r=1.1, \theta)$ vs. θ
b) $A_\phi(r, \theta=\pi/3)$ vs. r

5.17 多次元モンテカルロ積分 (課題)

マグネシウム (12 個の電子を持つ) のような小さな原子の電子的な性質を計算したい

としよう．そのためには 12 個の電子の各 3 個の座標について波動関数を積分する必要があり，$3 \times 12 = 36$ 次元積分となる．もし各次元に 64 個の点をとると積分計算に概算で $64^{36} \simeq 10^{65}$ 回の被積分関数の値を取り込む必要がある．コンピュータが高速で，被積分関数を 1 秒に 100 万回計算できても 10^{59} 秒を要し太陽の寿命（$\sim 10^{17}$ 秒）よりずっと長くなってしまう．

課題は，多次元積分の結果を生きている間に楽しめるような計算方法を見つけることである．具体的には次の 10 次元積分の値を求める：

$$I = \int_0^1 dx_1 \int_0^1 dx_2 \cdots \int_0^1 dx_{10}(x_1 + x_2 + \cdots + x_{10})^2 \qquad (5.89)$$

得られた数値的な解を厳密解 155/6 と照合する．

平均値の定理を基礎とする積分を多次元に拡張するのは，多次元空間でランダムな点を選ぶだけだから容易である．例えば 2 次元では次のようになる：

$$\int_a^b dx \int_c^d dy f(x,y) \simeq (b-a)(d-c) \frac{1}{N} \sum_{i,j} f(x_i, y_j) = (b-a)(d-c)\langle f \rangle \qquad (5.90)$$

5.17.1　多次元積分の誤差の評価

多次元積分を実行するとき，モンテカルロ法の相対誤差は，それが統計的なものだとすれば，$1/\sqrt{N}$ で減少する．これは N 個の積分点が D 次元全体に分布していても成立する．それとは対照的に，D 次元積分を D 個の 1 次元積分に分け，それぞれにシンプソン則のような計算法を適用すると，積分点の総数が N 個なら各積分は N/D 点となる．N を一定にすると，次元の数 D が増すにしたがって各積分に用いる点の数が減り，各積分の誤差が D とともに増加する．それだけでなく全体の誤差は概略で各積分の D 倍となる．こうした傾向を念頭において通常の積分法とモンテカルロ積分の誤差を比べると，$D \simeq 3 \sim 4$ で両者が等しくなり，それ以上の D ではモンテカルロ法がいつでも正確になる！

5.17.2　実装：10 次元モンテカルロ積分

組み込みの乱数発生器を用いて (5.89) の 10 次元モンテカルロ積分を実行する．

1. 試行を 16 回にしてその平均値を解とする．
2. サンプルの大きさを $N = 2, 4, 8, \ldots, 8192$ として試行する．
3. 相対誤差を $1/\sqrt{N}$ に対するプロットに直線関係が見られるだろうか．
4. 積分の精度はどれくらいと推定できるだろうか．
5. $D \simeq 3 \sim 4$ の次元では，多次元モンテカルロ積分法と通常の積分法で誤差が概略等しくなること，また次元 D がもっと大きくなるとモンテカルロ法がより正確になることを示す．

5.18　急激に変化する関数の積分 (課題)

たくさんの物理の応用で, x 依存性がガウス関数 (e^{-x^2}) のように振る舞う関数の積分がよく出てくる. この被積分関数はあるところから先で急速に小さくなるので, モンテカルロ法の積分では, 関数値が大きな領域の点を十分な数だけ確保しようとすると全体では膨大な数が必要になる. 課題は被積分関数が急速に変化するときモンテカルロ法をより効率的にすることである.

5.19　分散低減法1(手法)

被積分関数がその平均値から大きく離れることが絶対になく, 点の数が (許容できる範囲で) 大きければ, (5.79) の平均値の定理を基礎とする標準的なモンテカルロ法の動作は良好である. だが分散が大きい (様々な値をとり「平滑」でない) 関数では, 関数値が非常に小さな多数の x で計算が行われるが積分にはあまり寄与しないので, 基本的には時間の無駄であり誤差が大きくなる. 被積分関数 f を積分区間内で分散がより小さな別の関数に変換する改良法を分散低減法という. ここには2通りの手法を示し, より詳細については文献 (Press *et al.*, 1994；Koonin, 1986) を参照してほしい.

第1の方法は制御変量法といい, 次の方法で平滑な関数を作り出す工夫をする. 区間 $[a,b]$ で以下の性質をもつ ($f(x)$ と似た) 関数 $g(x)$ を作れたとしよう：

$$|f(x)-g(x)| \leq \epsilon, \quad \int_a^b dx\, g(x) = J \tag{5.91}$$

もちろん, $f(x)-g(x)$ の積分を求めて J を加えると求める積分となる：

$$\int_a^b dx\, f(x) = \int_a^b dx[f(x)-g(x)] + J \tag{5.92}$$

そこで, $f(x)$ より $f(x)-g(x)$ の分散が少なく, しかも簡単な関数で解析的に積分できる $g(x)$ を見出せるなら, より正確な解が短時間で求まる.

5.20　分散低減法2(手法)

第2の方法は加重サンプリング法といい, その名が示すように被積分関数をその最も重要な部分で高密度のサンプリングをする. 基礎となるのは次の恒等式である：

$$I = \int_a^b dx\, f(x) = \int_a^b dx\, w(x)\frac{f(x)}{w(x)} \tag{5.93}$$

この積分は, 確率密度 $w(x)$ に従ってランダムに発生したサンプリング点を使うと, 次のように近似できる：

$$I = \left\langle \frac{f}{w} \right\rangle \simeq \frac{1}{N} \sum_{i=1}^{N} \frac{f(x_i)}{w(x_i)} \tag{5.94}$$

ここで重みを $w(x) \propto f(x)$ となるように選択するのが賢明である．そうすると $f(x)/w(x)$ は定数に近づくから，分散が減り積分の精度を容易に高めることできるというのが，(5.94) による改良である．

5.21 フォン・ノイマンの棄却法 (手法)

フォン・ノイマンは，確率密度 $w(x)$ に従ってランダムに点を発生するための単純かつ天才的な方法を導いた．リスト 5.3 にこれを示したが，この方法はすでに学んだ池の面積の推定と本質的には同じで，池を重み関数 $w(x)$ の下側の領域に，また池を囲む長方形領域を $w(x)$ の最大値 W_0 の下側の領域に置き換えただけである．$w(x)$ のグラフ (図 5.8) を考えよう．水平線 $y = W_0$ を引き，その下側を箱として「石を投げ」，$w(x)$ の池に落ちた個数を勘定する．全体の長方形，すなわち x 方向には積分区間の幅，$w (\equiv y)$ 方向には箱の高さ W_0 の領域で一様な乱数を発生する：

$$(x_i, W_i) = ((b-a)r_{2i-1}, W_0 r_{2i}) \tag{5.95}$$

ここで，池に落ちなかった点 x_i はすべて棄却する：

$$\text{もし } W_i < w(x_i) \text{ ならば受容，} \quad \text{もし } W_i > w(x_i) \text{ ならば棄却} \tag{5.96}$$

こうして受容された x_i は重み $w(x)$ に比例して分布することになる (図 5.8)．$w(x)$ が大きなところ (この図の例では右側の山のところ) では受容される点が多くなる．17 章で

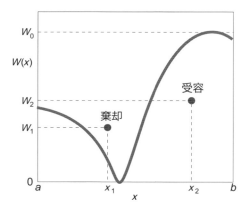

図 5.8 フォン・ノイマンの棄却法．確率密度 (重み)$w(x)$ に比例した乱数を発生する．発生した点が曲線 $w(x)$ より小さければ受容し，大きければ棄却する．こうすると $w(x)$ のグラフがどんなであってもそれに比例した確率でランダムな点を発生できる．

5.21 フォン・ノイマンの棄却法 (手法)

は，このフォン・ノイマンの棄却法の変形でメトロポリス法として知られる方法を応用する．現在，メトロポリスのアルゴリズムは熱力学のコンピュータ・シミュレーションの基本となっている．

リスト **5.3** vonNeuman.py は棄却法を用いて与えられた重みを確率密度とする乱数を発生する．

```python
# vonNeuman: Monte-Carlo integration via stone throwing

import random
from visual.graph import *

N       = 100       # points to plot the function
graph   = display(width=500,height=500,title ='vonNeumann Rejection Int')
xsinx   = curve(x=list(range(0,N)), color=color.yellow, radius=0.5)
pts     = label(pos=(-60, -60), text='points=', box=0)      # Labels
pts2    = label(pos=(-30, -60), box=0)
inside  = label(pos=(30,-60), text='accepted=', box=0)
inside2 = label(pos=(60,-60), box=0)
arealbl = label(pos=(-65,60), text='area=', box=0)
arealbl2= label(pos=(-35,60), box=0)
areanal = label(pos=(30,60), text='analytical=', box=0)
zero    = label(pos=(-85,-48), text='0', box=0)
five    = label(pos=(-85,50), text='5', box=0)
twopi   = label(pos=(90,-48), text='2pi', box=0)

def fx(x): return x*sin(x)*sin(x)                           # Integrand

def plotfunc():                                             # Plot function
    incr = 2.0*pi/N
    for i in range(0,N):
        xx          = i*incr
        xsinx.x[i]  = ((80.0/pi)*xx-80)
        xsinx.y[i]  = 20*fx(xx)-50
    box             = curve(pos=[(-80,-50), (-80,50), (80,50)
                     ,(80,-50), (-80,-50)], color=color.white)    # box

plotfunc()                                  # Box area = h x w =5*2pi
j       =0
Npts    = 3001                              # Pts inside box
analyt  = (pi)**2                           # Analytical integral
areanal.text = 'analytical=%8.5f '%analyt
genpts  = points(size=2)
for i in range(1,Npts):                                     # points inside box
    rate(500)                                               # slow process
    x = 2.0*pi*random.random()
    y = 5*random.random()
    xp = x*80.0/pi-80
    yp = 20.0*y-50
    pts2.text ='%4s '%i
    if y <= fx(x):                                          # Below curve
        j += 1
        genpts.append(pos=(xp,yp), color=color.cyan)
        inside2.text='%4s '%j
    else: genpts.append(pos=(xp,yp), color=color.green)
    boxarea = 2.0*pi*5.0
    area = boxarea*j/(Npts -1)}
    arealbl2.text = '%8.5f '%area
```

5.21.1 正規分布に従う乱数の簡単な発生法

正規分布に従う乱数は棄却法を用いなくても簡単につくれる．実際，中心極限定理により単純な和から正規分布を作り出せる．かなり広く成り立つゆるい条件なのだが，$\{r_i\}$ を互いに独立な乱数の列とするとその和

$$x = \sum_{i=1}^{N} r_i \tag{5.97}$$

は N を大きくするとき正規分布に従うようになる，というのが中心極限定理の主張である．すなわち，新しい変数 x の値は次の正規分布に従う（これをガウス分布ともいう）：

$$P_N(x) = \frac{\exp\left[-\frac{(x-\mu)^2}{2\sigma^2}\right]}{\sqrt{2\pi\sigma^2}}, \quad \mu = N\langle r \rangle, \quad \sigma^2 = N(\langle r^2 \rangle - \langle r \rangle^2) \tag{5.98}$$

5.21.2 非一様分布の評価 ⊙

フォン・ノイマンの棄却法を用いて標準偏差 1 の正規分布を発生し，上に述べた中心極限定理に基づく方法と比較する．

5.22 実　装　⊙

区間 $[0,1]$ の一様な乱数列 $\{r_i\}$ をもとにして，与えられた確率密度 $w(x)$ に従う乱数列 $\{x_i\}$ を生成することが課題である．まず，$w(x)$ は区間 $[a,b]$ における重み，したがって乱数が発生する確率密度だから

$$\int_a^b dx\, w(x) = 1,\ w(x) \geq 0,\ dW(x \to x+dx) = w(x)dx \tag{5.99}$$

という制約条件がある．ここで dW は x が $x \to x+dx$ の間の値をとる確率である．たとえば $\{x_i\}$ が区間 $[a,b]$ 上の一様乱数なら $w(x) = 1/(b-a)$ であり，$x_i = a + (b-a)r_i$ とすべきことは自明である．

逆変換と変数変換法 ⊙　もとの積分 I (5.93) を変数変換により次のように書き直す：

$$I = \int_a^b f(x)dx = \int_a^b \frac{f(x)}{w(x)} w(x)dx = \int_0^1 dW \frac{f[x(W)]}{w[x(W)]} \tag{5.100}$$

右辺に現れる関数形 $x(W)$ を求める方法を知るのが目的である．最初に発生する $[0,1]$ の一様乱数 r が従う確率密度を $u(r)$ としよう：

$$u(r) = \begin{cases} 1 & \cdots\ 0 \leq r \leq 1 \\ 0 & \cdots\ \text{その他} \end{cases} \tag{5.101}$$

$r \sim r+dr$ に発生した乱数を $x \sim x+dx$ の値に変換するのだから，両者で発生確率は等しく dW である：

5.22 実装 ☉

$$dW = w(x)dx = u(r)dr \Rightarrow w(x) = \left|\frac{dr}{dx}\right|u(r) \tag{5.102}$$

x と r が仮に複雑な (かもしれない) 変換の式で結ばれているとしても，x は r に応じて決まるランダムな変数である．また，$w(x)$ が大きければ dx はそれに反比例し，x は高い密度で分布する．

x と r の変換関係を見出そう (ここが難しい)．$dW = w(x)dx$ だから x の関数としての $W(x)$ は

$$W(x) = \int_{-\infty}^{x} dx'\, w(x') \tag{5.103}$$

と書ける．すなわち，$W(x)$ は確率密度 $w(x)$ をある x まで積分したものだから，変数の値が x 以下となる確率を与え，**累積分布関数**と呼ばれる．積分の下限はどのような確率密度にも対応できるように負の無限大とする．(5.103) から分かる $W(x)$ の性質をまとめておこう：

$$W(-\infty) = 0; \quad W(\infty) = 1 \tag{5.104}$$

$$\frac{dW(x)}{dx} = w(x), \quad dW(x) = w(x)dx = u(r)dr \tag{5.105}$$

最後の等式 $dW = u(r)dr$ と $u(r) = 1$ から $dW = dr$．よって $W(x) = r$ となるので，これを逆に解けば求める関数形 $x(W)$ を得て $x_i = W^{-1}(r_i)$ を計算することができる．

この手法の核心部分は，(5.103) で与えられる $W(x)$ を逆に解いて $x = W^{-1}(r)$ を求めるところにある．以下に解析的に扱える例をいくつか示し，段取りの感覚をつかんでもらう．(実用的には，逆に解く作業を数値的に行えるし，そうすることが多い．)

一様な重み w　おなじみの一様分布から始める：

$$w(x) = \begin{cases} \dfrac{1}{b-a} & \cdots\ a \leq x \leq b \\ 0 & \cdots\text{その他} \end{cases} \tag{5.106}$$

上で学んだ手順に従うと

$$W(x) = \int_a^x dx' \frac{1}{b-a} = \frac{x-a}{b-a} \tag{5.107}$$

$$\Rightarrow x = a + (b-a)W \equiv a + (b-a)r \tag{5.108}$$

のようになる．ここで $W(x)$ はどこでも一様とする．こうして $0 \leq r \leq 1$ の乱数を作り，それから $a \leq x \leq b$ の乱数を作る．

指数関数的な重み　指数関数的に減衰する重みに従う乱数が必要なとき：

$$w(x) = \begin{cases} \dfrac{1}{\lambda}e^{-x/\lambda} & \cdots\ x > 0 \\ 0 & \cdots\ x < 0 \end{cases}$$

$$W(x) = \int_0^x dx' \frac{1}{\lambda}e^{-x'/\lambda} = 1 - e^{-x/\lambda} \tag{5.109}$$

$$\Rightarrow x = -\lambda \ln(1-W) \equiv -\lambda \ln(1-r) \tag{5.110}$$

こうして，$[0,1]$ の一様乱数 r を発生し，得られた $x = -\lambda \ln(1-r)$ を用いて $x \geq 0$ の指数関数的な確率分布を作る．

(5.93) と (5.94) で与えた処方を振り返ろう．被積分関数 $f(x)$ の指数関数的な振る舞いを取り除くため，$f(x)$ を $w(x) = \mathrm{e}^{-x/\lambda}/\lambda$ で割り，そのうえで $w(x)$ を確率密度とする乱数 $(0 \leq x_i < \infty)$ によりサンプリングする．新しい被積分関数は変動が小さいので多項式で近似しやすいはずである：

$$\int_0^\infty \mathrm{d}x\, \mathrm{e}^{-x/\lambda} \frac{f(x)}{\mathrm{e}^{-x/\lambda}} \simeq \frac{1}{N} \sum_{i=1}^N \frac{f(x_i)}{\mathrm{e}^{-x_i/\lambda}}, \quad x_i = -\lambda \ln(1-r_i) \tag{5.111}$$

正規 (ガウス) 分布 次の正規分布に従う乱数を発生したい：

$$w(x') = \frac{1}{\sqrt{2\pi}\sigma} \mathrm{e}^{-(x'-\bar{x})^2/2\sigma^2} \tag{5.112}$$

変換式の導出を正面から扱おうとすると，(5.103) は初等関数で表せないので難しい．だが 2 次元で考えると少し簡単になる．

以下にその処方を示すが，まず (5.112) で平均値 $\bar{x}$ を 0，標準偏差 σ を 1 とおいて単純にした $w(x)$ を用いて計算を簡単にする (座標軸の縮尺変更と平行移動だけでもとに戻せるので一般性は失われない)：

$$w(x) = \frac{1}{\sqrt{2\pi}} \mathrm{e}^{-x^2/2}, \quad x' = \sigma x + \bar{x} \tag{5.113}$$

確率変数の変換に際して確率が保存されることを示す関係式 (5.102) を 2 次元に一般化しておく (Press *et al.*, 1994)：

$$w(x,y)\mathrm{d}x\mathrm{d}y = u(r_1, r_2)\mathrm{d}r_1\mathrm{d}r_2 \tag{5.114}$$

$$\Rightarrow w(x,y) = u(r_1, r_2) \left| \frac{\partial(r_1, r_2)}{\partial(x,y)} \right| \tag{5.115}$$

この式の縦棒ではさまれた部分はヤコビ行列式である：

$$J = \left| \frac{\partial(r_1, r_2)}{\partial(x,y)} \right| \stackrel{\text{def}}{=} \frac{\partial r_1}{\partial x} \frac{\partial r_2}{\partial y} - \frac{\partial r_2}{\partial x} \frac{\partial r_1}{\partial y} \tag{5.116}$$

さて，正規分布に従う 2 個の確率変数が独立なとき，変数の値をそれぞれ x, y とすると，同時確率密度は $\left(\frac{1}{2\pi}\right)\mathrm{e}^{-\frac{(x^2+y^2)}{2}}$ である．この値が (5.115) のヤコビ行列式となるように，極座標の偏角を r_1，動径を r_2 として次の変換を導入する：

$$x = \sqrt{-2\ln r_2} \cos 2\pi r_1, \; y = \sqrt{-2\ln r_2} \sin 2\pi r_1 \tag{5.117}$$

逆変換を書きヤコビ行列式を計算すると正規分布の重みとなることが分かる：

$$r_1 = \frac{1}{2\pi} \tan^{-1} \frac{y}{x}, \; r_2 = \mathrm{e}^{-(x^2+y^2)/2}, \; J = \frac{1}{2\pi} \mathrm{e}^{-(x^2+y^2)/2} \tag{5.118}$$

以上をまとめると，$[0,1]$ の一様乱数 r_1 と r_2 を (5.117) で変換して得る x と y は，それぞれ中心 0，標準偏差 1 の 1 次元正規分布に従う乱数となる．

6 行列の数値計算

　この章では行列の数値計算をさまざまな視点から調べ，とくに Python のパッケージの応用に注目する．これらのパッケージは最適化されておりまたロバストにつくられているから，小さなプログラムを自分で書くときにも使用することを強く推奨する（小さなプログラムが大きくなっていくのは，よくあることである）．最初の題材は糸でつながれた 2 個のおもりのつり合いであり，これを行列の問題として定式化し，7 章で論じるニュートン–ラフソンの探索手法へと発展させる．本章を 7 章の後にもっていくという考え方もあったが，ここで可視化に必要な行列演算のツールを導入することにした（これが最初に課題 3 が出てくる理由である）．

6.1　課題 3: N 次元ニュートン–ラフソン；糸で結ばれた 2 個の物体

課題　長さ $L = 8$ の水平な棒の両端から糸で結んだ 2 個の物体を吊るす (図 6.1)．物体の重さは $(W_1, W_2) = (10, 20)$，糸が $(L_1, L_2, L_3) = (3, 4, 4)$ に分割される位置に固定されている．糸が水平となす角および糸の張力を求める．

　式を書くだけならこの課題は簡単で 1 年の物理を知っていれば十分なのだが，出てくる式は連立の超越方程式であり紙と鉛筆で解こうとすると非人間的な苦痛を味わわされ

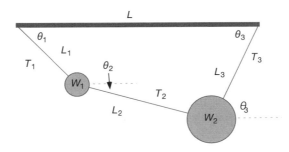

図 6.1　長さ L の水平な棒の両端から 2 個の物体が糸で吊るされている．3 分割された糸の長さをすべて既知として，糸の角度と張力を求める．

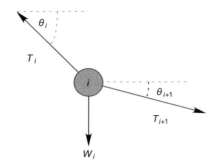

図 6.2 平衡状態にある 1 個の物体の (力の) つり合いの図. すべての物体について x および y 方向の力のつり合いを書くと,静的平衡状態の方程式が導かれる.

る[*1]. だがここではコンピュータにどう解かせるかを見せるのだから安心してほしい. それでも試行錯誤でしか解けず,解けるという保証もない. **課題**は,物体の重さや糸の長さをいろいろに変えてこの解法を吟味し,次にこれを物体が 3 個の場合に拡張することである (見た目ほどやさしくはない). いずれの場合についても,得られた解が物理的に適切かを調べる;求めた張力は正で物体の重さと同程度の大きさでなければならないし,角度は幾何学的に実現できる形状と対応しなければならない. これらを図 6.2 のようなスケッチで確認する. 初期値の与え方によってはコンピュータが物理的な解を見つけられないことがあるが,そのような場合も経験しておく必要がある.

6.1.1 理論:静力学

糸の両端が同じ高さに固定され,その間隔の水平距離が L である (図 6.1) という幾何学的な制約条件から出発しよう:

$$L_1 \cos\theta_1 + L_2 \cos\theta_2 + L_3 \cos\theta_3 = L \tag{6.1}$$

$$L_1 \sin\theta_1 + L_2 \sin\theta_2 - L_3 \sin\theta_3 = 0 \tag{6.2}$$

$$\sin^2\theta_1 + \cos^2\theta_1 = 1 \tag{6.3}$$

$$\sin^2\theta_2 + \cos^2\theta_2 = 1 \tag{6.4}$$

$$\sin^2\theta_3 + \cos^2\theta_3 = 1 \tag{6.5}$$

後半の 3 本の式は三角関数の恒等式だが,ここでは $\sin\theta$ と $\cos\theta$ を独立な変数として扱うために,独立な式として加えてある;こうすると探索プロセスの実装が少し易しくなる. 基礎の物理から,加速度がゼロなので力の総和が水平と鉛直方向ともにゼロとなることが言える (図 6.2):

$$T_1 \sin\theta_1 - T_2 \sin\theta_2 - W_1 = 0 \tag{6.6}$$

[*1)] L. Molnar が厳密な解を提供してくれたが,いずれにしてもほぼ不可能である.

$$T_1 \cos\theta_1 - T_2 \cos\theta_2 = 0 \tag{6.7}$$

$$T_2 \sin\theta_2 + T_3 \sin\theta_3 - W_2 = 0 \tag{6.8}$$

$$T_2 \cos\theta_2 - T_3 \cos\theta_3 = 0 \tag{6.9}$$

ここで W_i は i 番目の物体の重さ，T_i は i 番目の糸の張力である．この系は剛体ではないから，トルクのつり合いは仮定できないことに注意する．

6.1.2 アルゴリズム：多次元の探索

式 (6.1)〜(6.9) は 9 本の連立非線形方程式である．連立 1 次方程式は直接的に解けるが非線形方程式はそれができない (Press *et al.*, 1994)．コンピュータを使えば推定した初期値から解を探索できるが，解に到達する保証はない．

残念ながら，物事すべて論理的というわけに行かず，次の 7 章で初めて出てくる探索法をここで使う必要がある．以下で行うことは自明だと思うが，探索法に全くなじみのない読者はここで 7 章を見るのが良いかもしれない．

この方程式の組にニュートン–ラフソン法を適用するが，それは 1 本の 1 変数の方程式を解くのに用いたのと同じアルゴリズムである．全部で 9 個の変数すなわち未知の角度と張力を添え字付きの変数 x_i で表し，これらをまとめて 1 個のベクトルとする：

$$\boldsymbol{x} = \begin{pmatrix} x_1 \\ x_2 \\ x_3 \\ x_4 \\ x_5 \\ x_6 \\ x_7 \\ x_8 \\ x_9 \end{pmatrix} = \begin{pmatrix} \sin\theta_1 \\ \sin\theta_2 \\ \sin\theta_3 \\ \cos\theta_1 \\ \cos\theta_2 \\ \cos\theta_3 \\ T_1 \\ T_2 \\ T_3 \end{pmatrix} \tag{6.10}$$

解くべき 9 本の式は右辺を 0 とする一般的な形に書いて，これも 1 個のベクトルにまとめる：

$$f_i(x_1, x_1, \ldots, x_N) = 0, \quad i = 1, \ldots, N \tag{6.11}$$

$$\boldsymbol{f}(\boldsymbol{x}) = \begin{pmatrix} f_1(\boldsymbol{x}) \\ f_2(\boldsymbol{x}) \\ f_3(\boldsymbol{x}) \\ f_4(\boldsymbol{x}) \\ f_5(\boldsymbol{x}) \\ f_6(\boldsymbol{x}) \\ f_7(\boldsymbol{x}) \\ f_8(\boldsymbol{x}) \\ f_9(\boldsymbol{x}) \end{pmatrix} = \begin{pmatrix} 3x_4 + 4x_5 + 4x_6 - 8 \\ 3x_1 + 4x_2 - 4x_3 \\ x_7 x_1 - x_8 x_2 - 10 \\ x_7 x_4 - x_8 x_5 \\ x_8 x_2 + x_9 x_3 - 20 \\ x_8 x_5 - x_9 x_6 \\ x_1^2 + x_4^2 - 1 \\ x_2^2 + x_5^2 - 1 \\ x_3^2 + x_6^2 - 1 \end{pmatrix} = \boldsymbol{0} \qquad (6.12)$$

これらの方程式の解は 9 個の x_i の組で,9 個の f_i を同時に 0 にする.これらの式は非常に複雑というほどでもないが (物理としては結局のところ基礎的),x の 2 次の項が式を非線形にしており,そのことが解を見つけるのを難しくし,ときには不可能にする.探索のアルゴリズムではまず解を推定し,そのまわりで非線形方程式を線形な式に展開して解き,$\boldsymbol{f} = \boldsymbol{0}$ にどれほど近いかを判定基準にして推定値を改良する.(この方式を用いる探索アルゴリズムは 7 章で論じる.)

具体的には,まず,あるステージの近似解の組を x_j とし,それに対する補正量 (未知) の組を Δx_j とする:

$$f_i(x_1 + \Delta x_1, x_2 + \Delta x_2, \ldots, x_9 + \Delta x_9) = 0, \quad i = 1, \ldots, 9 \qquad (6.13)$$

つぎに,この x_j が真の解に十分に近いと仮定し,テーラー展開の第 2 項までで十分に正確だとして,Δx_j を近似的に求める:

$$f_i(x_1 + \Delta x_1, \ldots, x_9 + \Delta x_9) \simeq f_i(x_1, \ldots, x_9) + \sum_{j=1}^{9} \frac{\partial f_i}{\partial x_j} \Delta x_j = 0, \quad i = 1, \ldots, 9 \quad (6.14)$$

こうすると 9 個の未知数 Δx_i についての 9 本の 1 次方程式の組ができ,1 個の行列による式で表せる:

$$\begin{aligned} & f_1 + (\partial f_1/\partial x_1)\Delta x_1 + (\partial f_1/\partial x_2)\Delta x_2 + \cdots + (\partial f_1/\partial x_9)\Delta x_9 = 0, \\ & f_2 + (\partial f_2/\partial x_1)\Delta x_1 + (\partial f_2/\partial x_2)\Delta x_2 + \cdots + (\partial f_2/\partial x_9)\Delta x_9 = 0, \\ & \qquad\qquad\qquad\qquad\qquad\qquad \vdots \\ & f_9 + (\partial f_9/\partial x_1)\Delta x_1 + (\partial f_9/\partial x_2)\Delta x_2 + \cdots + (\partial f_9/\partial x_9)\Delta x_9 = 0, \\ & \begin{pmatrix} f_1 \\ f_2 \\ \vdots \\ f_9 \end{pmatrix} + \begin{pmatrix} \partial f_1/\partial x_1 & \partial f_1/\partial x_2 & \cdots & \partial f_1/\partial x_9 \\ \partial f_2/\partial x_1 & \partial f_2/\partial x_2 & \cdots & \partial f_2/\partial x_9 \\ & & \ddots & \\ \partial f_9/\partial x_1 & \partial f_9/\partial x_2 & \cdots & \partial f_9/\partial x_9 \end{pmatrix} \begin{pmatrix} \Delta x_1 \\ \Delta x_2 \\ \vdots \\ \Delta x_9 \end{pmatrix} = \boldsymbol{0} \end{aligned} \qquad (6.15)$$

f_i の微分係数と関数値はすべて既知の x_j における値を用いるので,Δx_j の値をまとめ

たベクトルだけが未知であることに注意しよう．この式を行列の記法で書き直す：

$$f + \mathbf{F}'\Delta x = 0, \quad \Rightarrow \quad \mathbf{F}'\Delta x = -f,$$

$$\Delta x = \begin{pmatrix} \Delta x_1 \\ \Delta x_2 \\ \vdots \\ \Delta x_9 \end{pmatrix}, \quad f = \begin{pmatrix} f_1 \\ f_2 \\ \vdots \\ f_9 \end{pmatrix}, \quad \mathbf{F}' = \begin{pmatrix} \partial f_1/\partial x_1 & \cdots & \partial f_1/\partial x_9 \\ \partial f_2/\partial x_1 & \cdots & \partial f_2/\partial x_9 \\ & \ddots & \\ \partial f_9/\partial x_1 & \cdots & \partial f_9/\partial x_9 \end{pmatrix} \quad (6.16)$$

f_i と Δx_j の列がベクトルであることを強調するため太文字の斜体にしてある．また微分係数の行列を $\mathbf{F}'$ で表した (この行列はヤコビ行列なので $\mathbf{J}$ と書かれることもある)．

1次方程式を解くときに $\mathbf{A}x = b$ と書くことが多いが，$\mathbf{F}'\Delta x = -f$ もこの標準的な形になっていて，Δx が未知のベクトル，$b = -f$ である．行列で書いた方程式は線形代数の手法を用いて解くことができ，以下の節でそのやりかたを示す．形式的には，(6.16) の解はこの式の両辺に $\mathbf{F}'$ の逆行列をかければよい：

$$\Delta x = -\mathbf{F}'^{-1} f \quad (6.17)$$

ここで，解が一意的に決まるためには逆行列が存在しなければならない．行列を扱ってはいるが，その解は1次元問題の $\Delta x = -(1/f')f$ と形式的に同等である．形式的あるいは抽象的な行列記法を用いるのは，そうすることにより背後にある概念の単純さを明白にできるのが理由のひとつである．

方程式が1本のときのニュートン–ラフソン法について 7.3 節で指摘することだが，ここのように微分係数 $\partial f_i/\partial x_j$ の厳密な式を導くことができる場合でも，その全部を手計算するには時間がかかり間違いが起きやすいだろう．この (小さな) 問題ですら，こうした微分係数が $9 \times 9 = 81$ 個もあるのだ．それとは対照的に，もっと複雑な問題ではとくに，微分を前進差分で近似するプログラムは単純明快である：

$$\frac{\partial f_i}{\partial x_j} \simeq \frac{f_i(x_j + \delta x_j) - f_i(x_j)}{\delta x_j} \quad (6.18)$$

これらは偏微分係数だから各 x_j は互いに独立に変化させる．また任意の変化分 δx_j の値はユーザが決める．微分係数は中心差分で近似するほうが正確だが，そうすると f の値を計算する回数が増えるし，最終的な解が得られてしまえば微分係数を計算するアルゴリズムの正確には関係がない．

これも1次元のニュートン–ラフソン法で論じることだが (7.3.1 項)，f を線形に近似するため最初の推定値が $f = 0$ の解 (今は N 本の式の全部の解) に十分近くないと破綻する可能性がある．ここでもバックトラッキングが使えるだろう．この手法は，目下の問題には，$|f|^2 = |f_1|^2 + |f_2|^2 + \cdots + |f_N|^2$ が減少するまで補正 Δx_j を徐々に小さくしていくものである．

6.2 なぜ行列計算ライブラリを使うか？

物理的な系は連立方程式でモデル化され行列の形で書かれることが多い．モデルが現実的なものになるにつれて行列は大きくなり，線形代数の優れたライブラリを利用することが重要になってくる．コンピュータは行列計算と異常なほど相性がよい．その理由は，行列計算では少数の単純な命令のくりかえしが続くが，それをかなり効率的に実行するアルゴリズムがあるからである．11 章で論じるように，コンピュータのアーキテクチャにあわせてコードをチューニングすると，計算をさらに高速化することができる．

定評のある科学計算ライブラリには行列計算のサブルーチンで強力で信頼性のあるものがある．これらのサブルーチンは，線形代数の教科書[*2)]に書いてある初歩的な計算法に比べると 1 桁以上も高速で，丸め誤差が最小になるように設計されているのが普通である．多くの場合にはさらにロバスト，すなわち広範囲の問題に対して正しく動作する可能性が高い．これらの理由から，行列計算のプログラムを自分では書かず，ライブラリから持ってきて使うように勧める．ライブラリ・ルーチンを使うと，行列計算のルーチンがローカル・アーキテクチャに自動的に適合してくれるようになっていて，同じプログラムをデスクトップ PC でも使えるし並列のスーパーコンピュータでも使えるという付加価値があることが多い．思慮深い読者は，行列がどれぐらい「大きい」ときにライブラリ・ルーチンの利用が必要となるか迷うかもしれない．大まかな原則は「答えが出るのを待っていなければならない」とき，もうひとつは「計算しようとする行列がコンピュータの RAM (ランダム・アクセス・メモリ) の相当部分を占有する」ときである．

6.3 行列問題のパターン (数学)

最強のコンピュータでも数学の規則からは逃げられないことを思い出すとよい．たとえば，方程式の本数より未知変数の個数が多いとき，あるいは式が線形独立でないときは解けない．だが心配することはない．方程式の数が不足して一意的な解が得られなくても，解として可能な範囲を示すことはできる．逆の極端な場合として，未知変数より方程式の本数が多いとき (過剰方程式問題あるいは過剰決定問題) にも，一意的な解がないだろう．この場合はまず必要十分な本数の式について求めた解を，利用しなかった式に代入して検討し，必要なら改良する．これはデータに対する「フィッティング」に相当するので，最小 2 乗法 (7 章) でも同じことをしているのは驚くにあたらない．すなわち，たとえばデータに直線をフィットするとき，直線の傾きと定数項を未知変数として

[*2)] Press et al. (1994) による Numerical Recipes が成し遂げたことは実に素晴らしいが，そこからサブルーチンをもってくるのは勧められない．最適化されてないし簡便なスタンドアロン用にしては解説がなされていない．本章で推奨するサブルーチン・ライブラリは，その点で推奨できる．

この直線と観測データの不一致を表す式をつくると，データの個数だけ式ができるが，不一致を全体として最小となるように未知数を決めて直線の「フィッティング」を行うのが最小2乗法である．ともかく，もっとも基本的な行列の問題は連立1次方程式の解法である：

$$\mathbf{A}\boldsymbol{x} = \boldsymbol{b} \tag{6.19}$$

ここで $\mathbf{A}$ は既知の $N \times N$ 行列であり，$\boldsymbol{x}$ は未知の N 次元ベクトル，$\boldsymbol{b}$ は既知の N 次元ベクトルである．当然，この式を解くには，$\mathbf{A}$ の逆行列 $\mathbf{A}^{-1}$ を求めて (6.19) の両辺にかける：

$$\boldsymbol{x} = \mathbf{A}^{-1}\boldsymbol{b} \tag{6.20}$$

(6.20) から直接に解を求めることも，逆行列を求めることも，行列のサブルーチン・ライブラリでは標準的なものである．しかし (6.19) を解くためのより効率的な方法はガウス消去法あるいは上・下三角 (LU) 分解である．これは $\mathbf{A}^{-1}$ を計算せずにベクトル $\boldsymbol{x}$ を計算するものだが，他の目的で逆行列を必要とするときは (6.20) が好まれる．

行列で書いた次の式

$$\mathbf{A}\boldsymbol{x} = \lambda\boldsymbol{x} \tag{6.21}$$

を解かなければならないとしよう．ここで $\boldsymbol{x}$ は未知のベクトル，λ は未知のパラメータであり，(6.20) の右辺が $\boldsymbol{b} = \lambda\boldsymbol{x}$ と未知の量になり直接に解を求めるには役立たない．(6.21) は固有値問題であり，解が存在するのは特定の値の λ のときだけなので，(6.19) を解くより難しい (実数範囲だと解が存在しないこともある)．解を求めるため単位行列 $\mathbf{I}$ を用いて (6.21) を書き直す：

$$[\mathbf{A} - \lambda\mathbf{I}]\boldsymbol{x} = \mathbf{0} \tag{6.22}$$

(6.22) に $[\mathbf{A} - \lambda\mathbf{I}]^{-1}$ をかけると次の自明な解となる：

$$\boldsymbol{x} = \mathbf{0} \quad (\text{自明な解}) \tag{6.23}$$

自明な解も正しい解ではあるが，いかんせん自明である．興味のある解を得るには，(6.22) に $[\mathbf{A} - \lambda\mathbf{I}]^{-1}$ をかけてはならないという条件を必要とする．すなわち逆行列が存在しなければよい．逆行列を求めるときに $\det[\mathbf{A} - \lambda\mathbf{I}]$ で割るというクラメルの公式を思い出すと，行列式がゼロとなることが条件なのは明らかである (この式が固有値の存在する条件にもなる)：

$$\det[\mathbf{A} - \lambda\mathbf{I}] = 0 \tag{6.24}$$

この永年方程式を満たす全ての λ が (6.21) の固有値である．(6.21) の固有値にだけ興味があるなら，(6.24) を解く行列ルーチンを探すべきである．その計算を実行するには，行列から行列式を計算するサブルーチンと，その先に (6.24) のゼロ点を探索するサブルーチンが必要だが，それらもライブラリから見つけることができる．

(6.21) の固有値問題を解いて固有値と固有ベクトルの両方を求めるときの伝統的な方

法は対角化である．これは，固有値を変えずに $\mathbf{A}$ の非対角要素の値を小さくするよう基底ベクトルを順次変えていく作業と同等である．変換の手続きは，変換行列を $\mathbf{U}$ として $\mathbf{UAU}^{-1}$ が対角になるような $\mathbf{U}$ が見つかるまでもとの式を操作し続けるのと同等である：

$$\mathbf{UA}(\mathbf{U}^{-1}\mathbf{U})\boldsymbol{x} = \lambda \mathbf{U}\boldsymbol{x} \tag{6.25}$$

$$(\mathbf{UAU}^{-1})(\mathbf{U}\boldsymbol{x}) = \lambda \mathbf{U}\boldsymbol{x} \tag{6.26}$$

$$\mathbf{UAU}^{-1} = \begin{pmatrix} \lambda'_1 & & & 0 \\ & \lambda'_2 & & \\ & & \ddots & \\ 0 & & & \lambda'_N \end{pmatrix} \tag{6.27}$$

$\mathbf{UAU}^{-1}$ の対角要素が固有値となり，これに対応する i 番目の固有ベクトルが

$$\boldsymbol{x}_i = \mathbf{U}^{-1}\hat{e}_i \tag{6.28}$$

と与えられる．すなわち，固有ベクトルが行列 $\mathbf{U}^{-1}$ の列となる．この種のルーチンはサブルーチン・ライブラリにたくさん入っている．

6.3.1 現実的な行列計算

科学計算のプログラムのバグは多くの場合に配列の不適切な使い方から発生する[*3]．それは，この分野で行列を多用する結果かもしれないし，さらに添え字と次元をきちんと継承していく作業が複雑だからかもしれない．いずれにせよ，注目すべきいくつかの原則を記そう．

メモリは有限である　注意を怠ると，使っている行列がメモリを消費して計算が目に見えるほど遅くなるかもしれない．とくに，仮想メモリを使い始めるとそうである．具体例として，各添え字に対して宣言された**物理次元**が 100 の 4 次元配列 (A[100][100][100][100]) にデータを格納したとしようこの配列は 64 ビット長の $(100)^4$ ワード，したがって $\simeq 1\,\mathrm{GB}$ のメモリを占有する．

処理時間　逆行列をつくるなどの行列演算は $N \times N$ 正方行列に対して N^3 のオーダーのステップ数を必要とする．したがって，2×2 の正方行列では (多くの場合，時間積分のステップ数も 2 倍にする必要があるので) 処理時間が 8 倍になる．

ページング　多くの OS では仮想メモリが使われている．これはプログラムが RAM の容量を超えて走るとき，ハードディスクのメモリを使うようにするものである (コンピュータがメモリを操作する仕組みについては 10 章を参照)．このプロセスは 1 ページ全体のワードをディスクに書き出す遅いプロセスである．プログラムが，ページングを起こすメモリの限界近くで走っているなら，行列の次元を少し増加させるだけでも，計算時間が 1 桁も増加することになる．

[*3)] ベクトル $V(N)$ は 1 次元の配列なのだ．

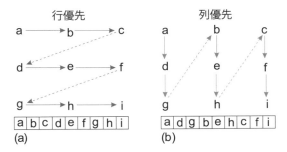

図 6.3 (a) Python, C, Java の行列の保存に使われる行優先順. (b) Fortran の行列の保存に使われる列優先順. 下側に示したのは，行列要素がメモリ上に 1 列になって保存される様子である.

行列の格納方式 人間は行列のことを多次元のブロックに数を格納したものと考えるが，コンピュータは数が 1 列に数珠つなぎになったものとして格納する．たとえば，Python で行列 a[3,3] は**行優先順**で格納される (図 6.3a)：

$$a_{0,0} \quad a_{0,1} \quad a_{0,2} \quad a_{1,0} \quad a_{1,1} \quad a_{1,2} \quad a_{2,0} \quad a_{2,1} \quad a_{2,2} \tag{6.29}$$

だが Fortran では**列優先順**で格納され，添え字が 0 から始まるとして書くと次のようになる (図 6.3b)：

$$a_{0,0} \quad a_{1,0} \quad a_{2,0} \quad a_{0,1} \quad a_{1,1} \quad a_{2,1} \quad a_{0,2} \quad a_{1,2} \quad a_{2,2} \tag{6.30}$$

この 1 列に並んだ格納の仕方を覚えておくことが，適切なコードを書き，Python と Fortran のプログラムを混在させるために重要である．

　行列を扱うときは，その演算の内容を明解に示すプログラムを書くことと，コンピュータの演算効率をあげることをうまくバランスさせなければならない．例えば，V[L,Nre,Nspin,k,kp,Z,A] のように，ひとつの行列に多くの引き数を持たせるとコンパクトでよいかもしれないが，たとえば k, kp, Nre の値を変えコンピュータが必要な値を取りに行くときには，メモリの大きなブロックを飛び越えなければならない可能性がある．このことをストライドが大きいといい，望ましくない．V1[Nre,Nspin,k,kp,Z,A], V2[Nre,Nspin,k,kp,Z,A], V3[Nre,Nspin,k,kp,Z,A] のようにいくつかの行列を作るのが解決策となろう．

添え字 0 Python, C, Java では，配列の添え字が 0 から始まるのが標準的である．現在では Fortran でもこのやりかたが可能だが，Fortran の標準は 1 から始まるし数学の式でもほとんどがそうである．このことと，行優先順と列優先順の結果としてメモリの位置が異なることがあって，言語が違うと同じ行列要素が異なる仕方で呼び出される：

格納の順	Python/C の行列要素	Fortran の行列要素
始	a [0,0]	a (1,1)
	a [0,1]	a (2,1)
	a [1,0]	a (3,1)
	a [1,1]	a (1,2)
	a [2,0]	a (2,2)
終	a [2,1]	a (3,2)

テスト 答えがわかっている (6.6 節の演習のような) 小さな問題で常にライブラリ・ルーチンをテストすべきである．そうすればルーチンに正しい引数を渡しているか，すべてのリンクが正しく働いているかを知ることができる．

6.4 Python における配列としてのリスト

Python に組み込まれているリストとは，数値あるいはオブジェクトの列のことである．「リスト」とは言うが，他の言語でいう「配列」と同じようなものである．Python のリストを，たくさんのアイテムを決まった順序で保持するコンテナと考えると分かりやすいかもしれない．(すぐあとで，NumPy パッケージで利用可能な高水準のデータ型 array について述べる．) Python ネイティブなリストの性質のいくつかを本節で概観する．Python は順序つきのアイテムの並び $L = l_0, l_1, \ldots, l_{N-1}$ をリストと解釈し 1 個のシンボル L で表す:

```
>>> L = [1, 2, 3]              # Create list
>>> L[0]                       # Print element 0 (first)
1                              # Python output
>>> L                          # Print entire list
[1, 2, 3]                      # Output
>>> L[0]= 5                    # Change element 0
>>> L
[5, 2, 3]
>>> len(L)                     # Length of list
3
>>> for items in L: print (items)  # for loop over items
5
2
3
```

ここで見られるように，コンマがセパレータとして入った大カッコ [1,2,3] はリストとして使われている．また 2 行目 (L[0]) のように大カッコはリスト・アイテムの添え字を示すのにも使われている．リストは任意のオブジェクトの並びの入れ物でありその中の要素を交換できる．7 行目のコマンド L によりリスト全体を 1 個のオブジェクトとして参照できる．この例ではすべての要素をスクリーンに出力している．

また Python はタプルとして知られているリストの型を組み込みで用意しており，その要素は交換できない．タプルは $(\cdots, \cdots, \cdots)$ のように小カッコで表し，各要素を参

照するには大カッコを使う：

```
>>> T = (1, 2, 3, 4)           # Create tuple
>>> T[3]                        # Print element 3
4
>>> T
(1, 2, 3, 4)                    # Print entire tuple
>>> T[0] = 5                    # Attemp to change element 0
Traceback (most recent call last):
 T[0] = 5
TypeError: 'tuple' object does not support item assignment
```

タプルの要素を交換しようとするとエラーメッセージが出ることに注意しよう．

ほとんどの言語では，オブジェクトを配列に書き込み始める前に，配列のサイズを指定する必要がある．これとは対照的に，Python のリストはダイナミックである．すなわち必要に応じてサイズが変わる．さらに，リストはアイテムの並びだから本質的に 1 次元であるが，Python では要素自身がリストとなる複合リストを作ることができる：

```
>>> L = [[1, 2], [3, 4], [5, 6]]     # A list of lists
>>> L
[[1, 2], [3, 4], [5, 6]]
>>> L[0]                              # The first element
[1, 2]
```

Python はリストに対して実に様々な操作をすることができる．以下はその例である：

命令	操作	命令	操作
L=[1,2,3,4]	リスト作成	L1+L2	リストの結合
L[i]	i 番目の要素	len(L)	リストの長さ
i in L	i が L に含まれるとき真	L[i:j]	i から j をスライス
for i in L	繰り返しのインデックス	L.append(x)	L の最後に x を追加
L.count(x)	L 内の x の数	L.index(x)	L 内の最初の x の位置
L.remove(x)	L 内の最初の x を除去	L.reverse()	L の要素を逆に並べ替える
L.sort()	L の要素を昇べきに並べ替え		

6.5 NumPy (Numerical Python) の配列

標準の Python にも配列データ型はもちろんあるが，かなり制限があるので NumPy の配列を使うことを推奨する．こちらは，Python のリストを配列に変換するものである．本書でもベクトルや行列に対するコンピュータ上の表現をつくるのに NumPy のコマンド array を多用するので，例題を実行するには NumPy をインポートしておく必要がある (NumPy を含む Visual でもよい)．たとえば，ここで標準 Python の shell からプログラム Matrix.py を走らせた結果を示す：

```
>>> from visual import *                    # Load Visual package
>>> vector1 = array([1, 2, 3, 4, 5])        # Fill 1D array
>>> print('vector1 =',vector1)              # Print array (parens if Python 3)
vector1 = [1 2 3 4 5]                       # Output
>>> vector2 = vector1 + vector1             # Add 2 vectors
>>> print('vector2=',vector2)               # Print vector2
vector2= [ 2 4 6 8 10]                      # Output
>>> vector2 = 3 * vector1                   # Mult array by scalar
>>> print ('3 * vector1 =', vector2)        # Print vector
3 * vector1 = [ 3 6 9 12 15]                # Output
>>> matrix1 = array(([0,1],[1,3]))          # An array of arrays
>>> print(matrix1)                          # Print matrix1
[[0 1]
 [1 3]]
>>> print ('vector1.shape= ',vector1.shape)
vector1.shape = (5)
>>> print (matrix1 * matrix1)               # Matrix multiply
 [[0 1]
  [1 9]]
```

この例では，まず配列オブジェクトの初期化を行い，2個の1次元の配列オブジェクトを加えあわせ，その結果をプリントアウトしている．同様に，配列の定数倍が実際に各要素の定数倍であることがわかる (8行目)．そのあと2個の1次元配列を並べて作った1次元配列として「行列」を構成し，それをプリントアウトするとまさに行列らしく見えることに注意する．だが，この行列とそれ自身との積を作ると，結果は通常の行列の積から期待する $\begin{bmatrix} 1 & 3 \\ 3 & 10 \end{bmatrix}$ とは異なっている．こういうわけで，もし実際の数学的な行列が必要なら NumPy を使うことになる．

ここで NumPy の使用例をいくつか示すが，より多くの情報を得るために，ぜひ読者は NumPy チュートリアル (NumPyTut, 2012) および *Computing in Science and Engineering* (Perez et al., 2010) に記載されている事項を参照してほしい．最初に，NumPy の配列の次元の数は 32 個 (添え字が 32 個) まで許しているが，各要素はすべて同じ型 (uniform 配列) であることに注意する．要素は浮動小数点型の数値だけに限られるわけでなく，すべてが同じ型であるかぎりどんなものでもよい．(たとえばデータセットの一部を記憶するなど，複合的なオブジェクトが使えて便利かもしれない．) 配列を生成する方法はたくさんあるが，すべての場合に添え字に使うのは大カッコ [···] である．まず，Python のリスト (タプルでも同様に動く) により配列を生成するところから開始する：

```
>>> from numpy import *
>>> a = array([1, 2, 3, 4])                 # Array from a list
>>> a                                       # Check with print
array([1, 2, 3, 4])
```

小カッコの中に大カッコが来るのが必須であることに注意せよ．なぜなら，大カッコはリスト・オブジェクトをつくるが，小カッコは関数の引数を示すからである．また，この例ではもとのリストに含まれるデータがすべて整数なので，生成される配列は 32 ビット整数型となることにも注意せよ．これは，メソッド dtype を書き加えれば確認できる：

6.5 NumPy (Numerical Python) の配列

```
>>> a.dtype
dtype('int32')
```

もし浮動小数点数や，浮動小数点数と整数の混合したものがリストの中身なら，配列の型は浮動小数点型になる：

```
>>> b = array([1.2, 2.3, 3.4])
>>> b
array([ 1.2, 2.3, 3.4])
>>> b.dtype
dtype('float64')
```

NumPy の配列の属性について記そう．ndim は「次元」の数すなわち添え字の数を意味し，既に述べたように最大が 32 である．また，数学で言うところの行列の次元あるいはサイズのことを NumPy 配列の形状と呼ぶ．さらに，NumPy にはメソッド size があり，要素の総数を返す．Python のリストとタプルはすべて 1 次元だから，特定の形状の配列を必要とするときはメソッド reshape を後に付けてその形状の配列にする．Python には関数 range があり数の並びを発生するが，NumPy には関数 arange があり (リストではなく) 配列を発生する．これらを用いて 1 次元配列を reshape して 3×4 の配列にしよう：

```
>>> import numpy as np
>>> np.arange(12)                     # List of 12 ints in 1D array
array([ 0, 1, 2, 3, 4, 5, 6, 7, 8, 9, 10, 11])
>>> np.arange(12).reshape((3,4))      # Create, shape to 3x4 array
array([[ 0, 1, 2, 3],
       [ 4, 5, 6, 7],
       [ 8, 9, 10, 11]])
>>> a = np.arange(12).reshape((3,4))  # Give array a name
>>> a
array([[ 0, 1, 2, 3],
       [ 4, 5, 6, 7],
       [ 8, 9, 10, 11]])
>>> a.shape                           # Shape = ?
(3L, 4L)
>>> a.ndim                            # Dimension?
2
>>> a.size                            # Size of a (number of elements) ?
12
```

ここでは NumPy をオブジェクト np としてインポートし，メソッド arange とメソッド reshape をこのオブジェクトの後に付けることに注意せよ．そのあとで a の形状を確認すると，行が 3 個で列が 4 個の long の整数型 (Python 3 では単に ints と返す) であることが分かる．また，14 行目にあるように，NumPy はカッコ ( ) を使って配列の形状を示すので，(3L,4L) は 3 行 4 列の long 整数を示すことに注意せよ．

配列の形状が分かったところで，NumPy にはこれを変更する方法がたくさんあることに注意しなければならない．たとえば，配列を転置するにはメソッド T があるし，ベクトルにするには reshape がある．

```
>>> from numpy import *
>>> a = arange(12).reshape((3,4))      # Give array a name
>>> a
array([[ 0,  1,  2,  3],
       [ 4,  5,  6,  7],
       [ 8,  9, 10, 11]])
>>> a.T                                 # Transpose
array([[ 0,  4,  8],
       [ 1,  5,  9],
       [ 2,  6, 10],
       [ 3,  7, 11]])
>>> b = a.reshape((1,12))               # Form vector length 12
>>> b
array([[ 0,  1,  2,  3,  4,  5,  6,  7,  8,  9, 10, 11]])
```

ここでも (1,12) は配列が 1 行 12 列であることを示している．だが，行列から必要なものだけを抜き出す手軽な方法もあり，Python のスライス演算子 start:stop:step: (デフォルトで start が 0, stop が最後，step が 1) を用いて配列から切り取りを実行することができる：

```
>>> a
array([[ 0,  1,  2,  3],
       [ 4,  5,  6,  7],
       [ 8,  9, 10, 11]])
>>> a[:2, :]                            # First 2 rows
array([[0, 1, 2, 3],
       [4, 5, 6, 7]])
>>> a[:,1:3]                            # Columns 1-3
array([[ 1,  2],
       [ 5,  6],
       [ 9, 10]])
```

Python の添え字は 0 から始まるので 1:3 は添え字が 0, 1, 2 (3 は無い) であることに注意しよう．11 章で示すように，スライスはプログラムの高速化に非常に有効に利用される．それは，大きなデータセットから処理を必要とする部分だけを取り出して作業メモリ上に設定する．これによりディスクから余計にデータを読み込む時間を節約するだけでなく，メモリ内で大きなジャンプをするという時間の浪費を避けられる．

最後に，NumPy では 1 個の配列の要素はどれも同じデータ型となる必要があるが，そのデータ型は複合的，たとえば配列を要素とする配列でもかまわないことに注意する：

```
>>> from numpy import *
>>> M = array([ (10, 20), (30, 40), (50, 60) ])    # Array of 3 arrays
>>> M
array([[10, 20],
       [30, 40],
       [50, 60]])
>>> M.shape
(3, 2)
>>> M.size
6
>>> M.dtype
dtype('int32')
```

6.5 NumPy (Numerical Python) の配列

さらに，コマンド array のオプションとして複素型を指定すれば，複素数の配列も可能となる．このとき，虚数単位 i の記号が NumPy では j となる：

```
>>> c = array([ [1,complex(2,2)], [complex(3,2),4] ], dtype=complex)
>>> c
array([[ 1.+0.j, 2.+2.j],
       [ 3.+2.j, 4.+0.j]])
```

次節では，配列オブジェクトの利用法のひとつとして，NumPy における真に数学的な行列の取り扱いを論じる．2 個の配列から通常の行列の積を作りたいなら関数 dot が使えるが，(標準 Python のとおり) * は対応する要素の積をつくることに注意したい：

```
>>> matrix1= array([[0,1], [1,3]])
>>> matrix1
array([[0, 1],
       [1, 3]])
>>> print (dot(matrix1,matrix1))        # Matrix product
[[ 1  3]
 [ 3 10]]
>>> print (matrix1 * matrix1)           # Element-by-element product
[[0 1]
 [1 9]]
```

実際のところ NumPy は配列の操作が最適化されている．その理由の一つは配列が単純なスカラー乗数のように処理されるからである[4]．たとえば，次はスライスの別の例で，標準 Python でもリストとタプルで使われる手法でもあるが，コロンで分離された 2 個の添え字が範囲を表している：

```
from visual import *
stuff = zeros(10, float)
t = arange(4)
stuff[3:7] = sqrt(t+1)
```

ここでは，NumPy の浮動小数点型の配列 stuff の作成から始まり，その 10 個の要素の全てを初期化して 0 とする．つぎに 4 個の要素 [0, 1, 2, 3] をもつ配列 t をつくる．このために 0〜3 の範囲で変数を一様に割り当てている (range は整数を割り当てるが，arange は「a」があるので浮動小数点数を割り当てる)．つぎにスライスを用いて [sqrt(0+1), sqrt(1+1), sqrt(2+1), sqrt(3+1)]=[1, 1.414, 1.732, 2] を配列 stuff の中央の要素に割り当てる．NumPy 版の関数 sqrt はユニバーサル関数のひとつで，引数 (この場合は配列 t) の長さと同じ長さの配列を自動的に生成するという驚くべき性質をもっている (NumPy ではこのようなユニバーサル関数[5] が多数サポートされている)．一般に，NumPy における強力な機能はブロードキャスティングという操作から来ている

---

[4] これらの点について Bruce Sherwood のコメントに感謝する．
[5] ユニバーサル関数は N 次元配列の各要素に作用し，その結果を同じ形の配列として返す．ブロードキャスト (サイズ/形状の異なる配列同士の演算)，型変換，その他の一般的な特性をもっている．言い換えると，ある関数をベクトル的にラップして，ある決まった個数のスカラー入力と決まった個数のスカラー出力を持つようにしたものである．

が，それは 1 個の割り当てステートメントで複数の要素に値を割り当てるものである．ブロードキャスティングにより Python では配列演算のベクトル化が可能となる．これは，複数の異なる配列要素に同じ演算を (かなりの程度) 並列に実行できるという意味である．またブロードキャスティングは，Python でなく C で配列演算を行い，配列のコピーを最小限に抑えるので，高速化につながる．ブロードキャスティングの簡単な例を示そう：

```
w = zeros(100, float)
w = 23.7+W
```

1 行目で NumPy の配列 w を生成し，2 行目でこの配列の全要素に値 23.7 を「ブロードキャスト」する．NumPy では様々な配列演算が可能であり適用される規則がたくさんある：本気で利用する場合は NumPy の解説文書が大量にあるのでそれを調べて追加情報を得るよう勧める．

6.5.1 NumPy のパッケージ linalg

NumPy と Visual の配列オブジェクトは数学的な行列を表すのに使えるが，それと完全に同じものではない．幸いにも 2 次元配列 (1 次元配列の 1 次元配列) を数学的な行列として扱うパッケージ LinearAlgebra があり，線形代数のライブラリとして強力な LAPACK (Anderson *et al.*, 2013) への単純なインターフェースを提供している．何度も言うことだが，自分で行列演算のルーチンを書くよりも，これらのライブラリを利用するのがスピードと信頼性の面で得るものがずっと多い．

線形代数の最初の例は，行列を使った方程式で標準的なものである：

$$\mathbf{A}\boldsymbol{x} = \boldsymbol{b} \tag{6.31}$$

ここで，行列を表すのに大文字で太字の立体フォント，1 次元行列 (ベクトル) を表すのに小文字で太字の斜体フォントを使った．(6.31) は連立 1 次方程式を表しており，$\mathbf{A}$ は既知の行列，$\boldsymbol{x}$ は未知のベクトルである．では，$\mathbf{A}$ を 3×3，$\boldsymbol{b}$ を 3×1 として，プログラムに 3×1 のベクトル $\boldsymbol{x}$ を見つけさせる[*6]．すべてのパッケージをインポートし，行列 $\mathbf{A}$ とベクトル $\boldsymbol{b}$ を入力してプリントアウトする：

```
>>> from numpy import *
>>> from numpy.linalg import*
>>> A = array([ [1,2,3], [22,32,42], [55,66,100] ])   # Array of arrays
>>> print ('A =', A)
A = [[  1   2   3]
     [ 22  32  42]
     [ 55  66 100]]
>>> b = array([1,2,3])
>>> print ('b =', b)
b = [1 2 3]
```

[*6] これらを 3×1 のベクトルと考えているのに 1×3 の形にプリントアウトされることがあるとしても気にしないように．

行列 **A** とベクトル **b** が決まったので，NumPy のコマンド solve を使って $\mathbf{A}x = b$ を解き，$\mathbf{A}x - b$ が 0 ベクトルにどの程度近いかをテストする段階に進む：

```
>>> from numpy.linalg import solve
>>> x = solve(A, b)                         # Finds solution
>>> print ('x =', x)
x = [ -1.4057971  -0.1884058  0.92753623]   # The solution
>>> print ('Residual =', dot(A, x) - b)     # LHS-RHS

Residual = [4.44089210e-16  0.00000000e+00  -3.55271368e-15]
```

これは実に感銘深いものがある．1 次方程式のすべての組を solve という単一のコマンドで (消去法により) 解き，行列の積を dot という単一のコマンドで実行し，普通の演算子で行列の引き算をし，誤差として残ったのが本質的には計算機イプシロンに等しいのである．

数値計算法として

$$\mathbf{A}x = b \tag{6.32}$$

を解く効果的な方法ではないが，逆行列 $\mathbf{A}^{-1}$ を計算してこの式の両辺にかけて

$$x = \mathbf{A}^{-1} b \tag{6.33}$$

```
>>> from numpy.linalg import inv
>>> dot(inv(A), A)                          # Test inverse

array([[ 1.00000000e+00, -1.33226763e-15, -1.77635684e-15],
       [ 8.88178420e-16,  1.00000000e+00,  0.00000000e+00],
       [-4.44089210e-16,  4.44089210e-16,  1.00000000e+00]])
>>> print ('x =', np.dot(inv(A), b))
x = [-1.4057971  -0.1884058  0.92753623]    # Solution
>>> print ('Residual =', dot(A, x) - b)

Residual = [ 4.44089210e-16  0.00000000e+00  -3.55271368e-15]
```

を求めるものである．ここでは，最初に inv(A) が **A** の逆行列になっているか，両者の積が単位行列になるかを見てテストしている．つぎに，その逆行列を用いて問題の方程式を解き，前に得た答えと同じになった (計算機イプシロンの程度の誤差が残っているのは全く支障ない)．

つぎの例は，剛体の慣性主軸に関する問題であり，慣性テンソルが対角になる座標系を求める問題である．これには固有値問題

$$\mathbf{I}\omega = \lambda \omega \tag{6.34}$$

を解くことが必須となる．ここで **I** は慣性テンソルの行列 (単位行列ではない)，ω は未知の固有ベクトル，λ は未知の固有値である．プログラム Eigen.py は固有値および固有ベクトルの問題を解き，行列の取り扱いがいかに簡単かを見せてくれる．つぎに示すのは，省略した形で示しているがインタプリタモードでの解法である：

```
>>> from numpy import*                                                          1
>>> from numpy.linalg import eig
>>> I = array ([[2./3, -1./4], [ -1./4, 2./3]])                                 3
>>> print('I =\n', I)
I =                                                                             5
[[ 0.66666667 -0.25 ]
 [ -0.25 0.66666667 ]]                                                          7
>>> Es, evectors = eig(I)                    # Solves eigenvalue problem
>>> print('Eigenvalues =', Es, '\n Eigenvector Matrix =\n ', evectors)          9
Eigenvalues = [ 0.91666667 0.41666667 ]
 Eigenvector Matrix =                                                          11
[[ 0.70710678 0.70710678 ]
 [ -0.70710678 0.70710678 ]]                                                   13
>>> Vec = array([ evectors[0, 0], evectors[1, 0] ])
>>> LHS = dot(I, Vec)                        # Matrix x vector                 15
>>> RHS = Es[0]*Vec                          # Scalar mult
>>> print('LHS - RHS =', LHS-RHS)            # Test for zero                   17
LHS - RHS = [ 1.11022302e-16 -1.11022302e-16]
```

3行目で配列 I を与えたあと，8 行目にある単一のステートメント Es, evectors=eig(I) で固有値と固有ベクトルをすべて求めている．つぎに 14 行目で第 1 の固有ベクトルを抜き出し，第 1 の固有値とともに用い，実際に計算機イプシロンの程度まで (6.34) が満たされることを見ている．

ここまでの学習で NumPy の使い方について何らかの感触を得たと思う．表 6.1 には，その他の利用できる関数をいくつか示した．

表 6.1　NumPy の関数とその動作

関数	動作	関数	動作
dot(a,b[,out])	配列間のドット積	vdot(a,b)	ベクトルとしての内積 (a の複素共役)
inner(a,b)	配列間の内積		
tensordot(a,b)	テンソル積	outer(a,b)	ベクトルの外積
linalg.matrix_power(M,n)	行列の n 乗	einsum()	アインシュタインの縮約
linalg.cholesky(a)	コレスキー分解	kron(a,b)	配列間のクロネッカー積
linalg.svd(a)	特異値分解	linalg.qr(a)	QR 分解
linalg.eigh(a)	エルミート行列の固有値と固有ベクトル	linalg.eig(a)	固有値と固有ベクトル
		linalg.eigvals(a)	固有値
linalg.eigvalsh(a)	エルミート行列の固有値	linalg.norm(x)	ベクトルまたは行列のノルム
linalg.cond(x)	条件数		
linalg.slogdet(a)	行列式の符号と対数	linalg.det(a)	行列式
linalg.solve(a,b)	連立方程式の解	trace(a)	対角成分の和
linalg.lstsq(a,b)	最小 2 乗解	linalg.tensorsolve(a,b)	テンソル方程式 $ax=b$ の解
linalg.pinv(a)	ムーア–ペンローズの擬似逆行列	linalg.inv(a)	逆行列
		linalg.tensorinv(a)	N 次元配列の「逆」

6.6 演習：行列のプログラムをテストする

　何百万もの要素をもつ行列の演算をコンピュータに命令する前に，やらせたいことがうまくいくか，小さな行列でテストするのが良い．特に，正しい答えが前もって分かっている問題が良い．そうすれば，サブルーチンを呼び出すプロセスを完全に実行するのがどんなに大変か，すぐに分かるであろう．ここに練習問題がいくつかある．

1. 次の行列の逆行列を求める：
$$\mathbf{A} = \begin{pmatrix} +4 & -2 & +1 \\ +3 & +6 & -4 \\ +2 & +1 & +8 \end{pmatrix}$$

   a) 一般的な確認法として，逆行列の厳密な答えを知っていなくても使える方法がある．もとの行列と逆行列の積をとればよい．$\mathbf{A}\mathbf{A}^{-1} = \mathbf{A}^{-1}\mathbf{A} = \mathbf{I}$ のように左側と右側の両側から積をとり，最右辺の単位行列 $\mathbf{I}$ が小数点以下何桁まで正確かをメモすること．そうすれば自分の計算精度についてある程度の感覚をつかめる．

   b) 次に示す逆行列の厳密な答えと自分の計算結果が小数点以下何桁まで一致するか調べる：
$$\mathbf{A}^{-1} = \frac{1}{263} \begin{pmatrix} +52 & +17 & +2 \\ -32 & +30 & +19 \\ -9 & -8 & +30 \end{pmatrix}$$
   その精度は $\mathbf{A}\mathbf{A}^{-1}$ で調べた精度と同程度だろうか？

2. 前問と同じ行列 $\mathbf{A}$ が 3 本の連立 1 次方程式 $\mathbf{A}\boldsymbol{x} = \boldsymbol{b}$ を表している．要素を使って書き下すと次式である：
$$\begin{pmatrix} a_{00} & a_{01} & a_{02} \\ a_{10} & a_{11} & a_{12} \\ a_{20} & a_{21} & a_{22} \end{pmatrix} \begin{pmatrix} x_0 \\ x_1 \\ x_2 \end{pmatrix} = \begin{pmatrix} b_0 \\ b_1 \\ b_2 \end{pmatrix} \tag{6.35}$$
右辺のベクトル $\boldsymbol{b}$ を既知としてこの式を解き $\boldsymbol{x}$ を求める．ベクトル $\boldsymbol{b}$ は次の 3 個の異なる場合を想定し，それぞれについてベクトル $\boldsymbol{x}$ を求める：
$$\boldsymbol{b}_1 = \begin{pmatrix} +12 \\ -25 \\ +32 \end{pmatrix}, \quad \boldsymbol{b}_2 = \begin{pmatrix} +4 \\ -10 \\ +22 \end{pmatrix}, \quad \boldsymbol{b}_3 = \begin{pmatrix} +20 \\ -30 \\ +40 \end{pmatrix}$$
答えは次のようになるはずである：
$$\boldsymbol{x}_1 = \begin{pmatrix} +1 \\ -2 \\ +4 \end{pmatrix}, \quad \boldsymbol{x}_2 = \begin{pmatrix} +0.312 \\ -0.038 \\ +2.677 \end{pmatrix}, \quad \boldsymbol{x}_3 = \begin{pmatrix} +2.319 \\ -2.965 \\ +4.790 \end{pmatrix} \tag{6.36}$$

3. 次の行列

$$\mathbf{A} = \begin{pmatrix} \alpha & \beta \\ -\beta & \alpha \end{pmatrix}, \quad \boldsymbol{x}_{1,2} = \begin{pmatrix} +1 \\ \mp i \end{pmatrix}, \quad \lambda_{1,2} = \alpha \mp i\beta \quad (6.37)$$

において α と β はどのような実数値でもよいとする．固有値問題のソルバーを用いて数値的に解き，2個の固有値と固有ベクトルがこのように複素共役となることを示す．

4. 固有値問題のソルバーを用いて次の行列の固有値を求める：

$$\mathbf{A} = \begin{pmatrix} -2 & +2 & -3 \\ +2 & +1 & -6 \\ -1 & -2 & +0 \end{pmatrix} \quad (6.38)$$

a) 固有値が $\lambda_1 = 5$, $\lambda_2 = \lambda_3 = -3$ となることを示す．2重根が問題を引き起こすことに注意する．とくに，その固有ベクトルの任意の線形結合も固有ベクトルなので，一意性の問題が起きる．

b) $\lambda_1 = 5$ に対する固有ベクトルが次のベクトルに比例することを示す：

$$\boldsymbol{x}_1 = \frac{1}{\sqrt{6}} \begin{pmatrix} -1 \\ -2 \\ +1 \end{pmatrix} \quad (6.39)$$

c) 固有値 -3 は重根であり，対応する固有ベクトルが縮退していることを意味する．そのため，その固有ベクトルは一意的ではない．線形独立な2個の固有ベクトルとして次のものを選ぶことにする：

$$\boldsymbol{x}_2 = \frac{1}{\sqrt{5}} \begin{pmatrix} -2 \\ +1 \\ +0 \end{pmatrix}, \quad \boldsymbol{x}_2' = \frac{1}{\sqrt{10}} \begin{pmatrix} 3 \\ 0 \\ 1 \end{pmatrix} \quad (6.40)$$

この場合には，ソルバーがどんな固有ベクトルを与えるか明らかではない．この線形独立な2個の固有ベクトルと，ソルバーが答えた固有値 -3 に対応する固有ベクトルの関係を見つける．

5. ある物理系のモデルをつくると $N = 100$ 本の連立1次方程式となり，N 個の未知数があるとする：

$$a_{00}y_0 + a_{01}y_1 + \cdots + a_{0(N-1)}y_{N-1} = b_0,$$
$$a_{10}y_0 + a_{11}y_1 + \cdots + a_{1(N-1)}y_{N-1} = b_1,$$
$$\vdots$$
$$a_{(N-1)0}y_0 + a_{(N-1)1}y_1 + \cdots + a_{(N-1)(N-1)}y_{N-1} = b_{N-1}$$

多くの場合は $\boldsymbol{a}$ と $\boldsymbol{b}$ の値は既知なので，ここの演習としてもその場合を考えて，すべての x の値を求める．$\mathbf{A}$ を次のヒルベルト行列としその第1列を $\boldsymbol{b}$ とする：

$$[a_{ij}] = \mathbf{A} = \left[\frac{1}{i+j+1}\right] = \begin{pmatrix} 1 & \frac{1}{2} & \frac{1}{3} & \frac{1}{4} & \cdots & \frac{1}{100} \\ \frac{1}{2} & \frac{1}{3} & \frac{1}{4} & \frac{1}{5} & \cdots & \frac{1}{101} \\ \ddots & & & & & \\ \frac{1}{100} & \frac{1}{101} & \cdots & & \cdots & \frac{1}{199} \end{pmatrix},$$

$$[b_i] = \boldsymbol{b} = \left[\frac{1}{i+1}\right] = \begin{pmatrix} 1 \\ \frac{1}{2} \\ \frac{1}{3} \\ \ddots \\ \frac{1}{100} \end{pmatrix}$$

得られた数値解を次の厳密な解と比較する：

$$\begin{pmatrix} y_0 \\ y_1 \\ \ddots \\ y_{N-1} \end{pmatrix} = \begin{pmatrix} 1 \\ 0 \\ \ddots \\ 0 \end{pmatrix} \tag{6.41}$$

6. **ディラックの γ 行列**： ディラックの方程式は，量子力学を拡張して特殊相対性理論を取り込み，スピン 1/2 の存在を自然な形で内包している．1 個の電子のハミルトニアンは行列を含むように拡張され，それらの行列は 4×4 の γ 行列で表され，γ 行列は 2×2 のパウリの σ_i 行列で表現される：

$$\gamma_i = \begin{pmatrix} 0 & \sigma_i \\ -\sigma_i & 0 \end{pmatrix}, \quad i = 1, 2, 3 \tag{6.42}$$

$$\sigma_1 = \begin{pmatrix} 0 & 1 \\ 1 & 0 \end{pmatrix}, \quad \sigma_2 = \begin{pmatrix} 0 & -i \\ i & 0 \end{pmatrix}, \quad \sigma_3 = \begin{pmatrix} 1 & 0 \\ 0 & -1 \end{pmatrix} \tag{6.43}$$

γ 行列の次の性質を確かめる：

$$\gamma_2^\dagger = \gamma_2^{-1} = -\gamma_2 \tag{6.44}$$

$$\gamma_1 \gamma_2 = -i \begin{pmatrix} \sigma_3 & 0 \\ 0 & \sigma_3 \end{pmatrix} \tag{6.45}$$

6.6.1 糸でつるした物体の平衡状態を行列計算で解く

6.1 節では，2 個の物体を糸で吊るしたときの式を準備した．これを解くのに必要な行列計算の道具がようやく手に入った．そこで**課題**は，物体の重さや糸の長さを様々な値にしたときの解が物理的に適正かどうかを調べることである．得られた糸の張力は正か，角度は物理的に決まる配置と合致するかを確認する (実験のスケッチと比べよ)．この問題は物理現象をもとにしているから，サインやコサインの値は 1 以下であり，糸の張力

は物体の重さと同程度の大きさとなることを知っている．ほんとうにそうなるか，確認する．リスト 6.1 の NewtonNDanimate.py はこれを解くために私たちが書いたプログラムだが，解に到達する探索の各ステップをグラフィックで見せている．

リスト **6.1** NewtonNDanimation.py は 2 個の物体を糸でつるす問題の解をニュートン-ラフソン法で探索する．探索の課程をステップごとに見せる．

```
# NewtonNDanimate.py :                     MultiDimension Newton Search

from visual import *
from numpy.linalg import solve
from visual.graph import*

scene = display(x=0,y=0,width=500,height=500,
                title='String and masses configuration')
tempe = curve(x=range(0,500),color=color.black)

n = 9
eps = 1e-3
deriv = zeros( (n, n), float)
f = zeros( (n), float)
x = array([0.5, 0.5, 0.5, 0.5, 0.5, 0.5, 0.5, 1., 1., 1.])

def plotconfig():
    for obj in scene.objects:
        obj.visible =0                    # Erase previous configuration
    L1 = 3.0
    L2 = 4.0
    L3 = 4.0
    xa = L1*x[3]                          # L1*cos(th1)
    ya = L1*x[0]                          # L1 sin(th1)
    xb = xa+L2*x[4]                       # L1*cos(th1)+L2*cos(th2)
    yb = ya+L2*x[1]                       # L1*sin(th1)+L2*sen(th2)
    xc = xb+L3*x[5]                       # L1*cos(th1)+L2*cos(th2)+L3*cos(th3)
    yc = yb-L3*x[2]                       # L1*sin(th1)+L2*sen(th2)-L3*sin(th3)
    mx = 100.0                            # for linear coordinate transformation
    bx = -500.0                           # from 0=< x =<10
    my = -100.0                           # to -500 =<x_window=>500
    by = 400.0                            # same transformation for y
    xap = mx*xa+bx                        # to keep aspect ratio
    yap = my*ya+by
    ball1 = sphere(pos=(xap,yap), color=color.cyan,radius =15)
    xbp = mx*xb+bx
    ybp = my*yb+by
    ball2 = sphere(pos=(xbp,ybp), color=color.cyan,radius =25)
    xcp = mx*xc+bx
    ycp = my*yc+by
    x0 = mx*0+bx
    y0 = my*0+by
    line1 = curve(pos=[(x0,y0),(xap,yap)], color=color.yellow,radius =4)
    line2 = curve(pos=[(xap,yap),(xbp,ybp)], color=color.yellow,radius =4)
    line3 = curve(pos=[(xbp,ybp),(xcp,ycp)], color=color.yellow,radius =4)
    topline = curve(pos=[(x0,y0),(xcp,ycp)], color=color.red,radius =4)

def F(x, f):                              # F function
    f[0] = 3*x[3] + 4*x[4] + 4*x[5] - 8.0
    f[1] = 3*x[0] + 4*x[1] - 4*x[2]
    f[2] = x[6]*x[0] - x[7]*x[1] - 10.0
```

```
        f[3] = x[6]*x[3] - x[7]*x[4]
        f[4] = x[7]*x[1] + x[8]*x[2] - 20.0
        f[5] = x[7]*x[4] - x[8]*x[5]
        f[6] = pow(x[0], 2) + pow(x[3], 2) - 1.0
        f[7] = pow(x[1], 2) + pow(x[4], 2) - 1.0
        f[8] = pow(x[2], 2) + pow(x[5], 2) - 1.0

def dFi_dXj (x, deriv, n):                          # Derivatives
    h = 1e-4
    for j in range(0, n):
        temp = x[j]
        x[j] = x[j] + h/2.
        F(x, f)
        for i in range(0, n):   deriv [i, j] = f[i]
        x[j] = temp
    for j in range (0, n):
        temp = x[j]
        x[j] = x[j] - h/2.
        F(x, f)
        for i in range(0, n):  deriv[i, j] = (deriv[i, j] - f[i])/h
        x[j] = temp

for it in range(1, 100):
    rate(1)                                         # 1 second between graphs
    F(x, f)
    dFi_dXj(x, deriv, n)
    B = array([[-f[0]], [-f[1]], [-f[2]], [-f[3]], [-f[4]], [-f[5]],\
    [-f[6]], [-f[7]], [-f[8]]])
    sol = solve(deriv, B)
    dx = take(sol, (0, ), 1)                        # First column of sol
    for i in range(0, n):
        x[i] = x[i] + dx[i]
    plotconfig()
    errX = errF = errXi = 0.0
    for i in range(0, n):
        if ( x[i] != 0.): errXi = abs(dx[i]/x[i])
        else: errXi = abs(dx[i])
        if ( errXi > errX): errX = errXi
        if ( abs (f[i]) > errF ): errF = abs(f[i])
        if ( (errX <= eps) and (errF <= eps) ): break

print('Number of iterations = ', it, "\n Final Solution:")
for i in range(0, n):
    print('x[', i, '] = ', x[i])
```

6.6.2 課題 3 の拡充と展開 (発展課題)

1. 糸の角度の初期推定値によってはコンピュータが物理的に意味のある解を見つけられなくなる．それがどの辺りで起きるか調べる．

2. 恒等式 $\sin^2\theta_i + \cos^2\theta_i = 1$ を採用して定式化を行ったが，サインとコサインの符号の情報を捨てたことがこの定式化の問題点となりうる．図 6.1 を見ると，両物体の重さと糸の長さによっては θ_2 が負になるかもしれないが，それでも $\cos\theta$ は正となる必要がある．$f_7 \sim f_9$ を次の形の関数形に置き換えると，この条件を方程式に組み込むことができる：

$$f_7 = x_4 - \sqrt{1-x_1^2}, \quad f_8 = x_5 - \sqrt{1-x_2^2}, \quad f_9 = x_6 - \sqrt{1-x_3^2} \qquad (6.46)$$

このようにしたとき解に何か変化があるか調べる．

3. ⊙ 3 個の物体をつりさげたときの同様の問題を解く．アプローチは全く同じだが方程式の数は増える．

7 試行錯誤による解の探索，およびデータへのフィッティング

この章では，数値計算の道具箱にもっとたくさん道具を加えることにする．最初に，方程式の解を試行錯誤で見つける方法を考えるが，そのために新開発の数値微分法を使うこともある．試行錯誤というと精密ではないように聞こえるかもしれないが，解析的な解が存在しないときや求めるのが現実的でないときには，問題を解くのに実際に多用されている．すでに見たように，6章の2個の物体を糸で結んで吊るす問題はその例であり，そこでは行列の方程式へと導かれた．8章では，試行錯誤の探索法と常微分方程式の解をあわせて，量子力学の一般的な固有値問題を解く．本章の後半部分では，式をデータにフィットするという視点を導入する．数が並んだ表からどのようにして補間式を導くか，またデータに関数を最小2乗法でフィッティングをする方法を論じる．後者では探索を必要とすることが多い．

7.1 課題1：箱の中の量子状態の探索

コンピュータを使う多くの手法では，一連の処理がきちんと決まっていて確固たる結果を得る．しかしこれに対して，試行錯誤するアルゴリズムもあって，とるべき経路がそのときの変数の値で決まるようになっている．プログラム自体が問題を解いたと判断するときだけ終了するのである．（加える項が小さくなるまで，べき級数の計算を続けるアルゴリズムをすでに経験している．）起きうるすべての事態にコンピュータを知性的に対処させるためには，私たちが事態を予見しておく必要がある．また，こういったプログラムを走らせるのは，コンピュータが何を思いつくか予見しにくい状態で行う実験に似ている．そういうわけで，この種のプログラムを書くのは面白いと感じることが多い．
課題 量子力学[*1)]で誰もが解くのは，たぶん，長さ $2a$ の1次元井戸型ポテンシャルに束縛された質量 m の粒子のエネルギー固有値問題だろう：

$$V(x) = \begin{cases} -V_0 & \cdots \ |x| \leq a \\ 0 & \cdots \ |x| > a \end{cases} \tag{7.1}$$

[*1)] これと全く同じ課題を 9.1 節でも取り上げるが，9 章でのアプローチはほとんどのポテンシャルに適用できるものであり，波動関数も求めることができる．本節のアプローチは井戸型ポテンシャルの固有エネルギーについてだけ有効である．

量子力学の教科書 (Gottfried, 1966) を見ると，この井戸内部の束縛状態のエネルギー $E = -E_B < 0$ は超越方程式

$$\sqrt{10 - E_B} \tan\left(\sqrt{10 - E_B}\right) = \sqrt{E_B} \quad (偶) \tag{7.2}$$

$$\sqrt{10 - E_B} \cot\left(\sqrt{10 - E_B}\right) = \sqrt{E_B} \quad (奇) \tag{7.3}$$

の解である．ここで偶と奇は波動関数の対称性を示す．単位は $\hbar = 1, 2m = 1, a = 1$ により定め，$V_0 = 10$ としている．**課題は次のとおりである：**

1. 対称性が偶，すなわち (7.2) の解である波動関数について，束縛状態のエネルギー E_B をいくつか求める．
2. ポテンシャルの井戸を 10 から 20 さらに 30 と深くすると，より多くの，より深い束縛状態が生じるかを観察する．解が全部でいくつあるかも調べる．

7.2 アルゴリズム：二分法を用いた試行錯誤による解の探索

試行錯誤による解探索では

$$f(x) \simeq 0 \tag{7.4}$$

となる x の値を求める．ここで右辺を 0 としたのは慣習的な書きかたに従った（たとえば $10 \sin x = 3x^3$ は $10 \sin x - 3x^3 = 0$ となる）．x の初期推定値から探索が始まり，この推定値を $f(x)$ に代入するという「試行」を行い，左辺がゼロからどの程度遠いかという「誤差」を調べる．この作業を $f(x) \simeq 0$ となるまで続け，必要とする精度でゼロになったとき，または x がある程度以上は顕著に変化しなくなったとき，または探索が無限ループに入ったとき停止する．

もっとも基本的な試行錯誤法は二分法である．この方法は信頼できるが遅い．二分法は，連続な関数 $f(x)$ の符号がある区間内で変わることが分かっているとき，関数値がゼロとなる点を含む区間を徐々に絞り込むことで必ず解に収束する．他の方法，たとえばすぐ後で述べるニュートン–ラフソン法は，もっと急速に収束するかもしれないが，初期推定値が解に近くないと不安定になり，あるいは完全に挫折するかもしれない．

二分法の基本を図 7.1 に示した．2 個の x の値が分かっていて，その中間に関数値がゼロとなる点があるとして出発する．（グラフを描くか，いくつかの x の値で計算して関数の符号の変化を見つければよい．）具体的に言うと，$f(x)$ が x_- で負，x_+ で正とする：

$$f(x_-) < 0, \quad f(x_+) > 0 \tag{7.5}$$

（x の増加にともない関数が正から負に変わるなら $x_- > x_+$ となることに注意．）こうして，$f(x) = 0$ の位置を含むことがわかっている区間 $x_- \leq x \leq x_+$ から出発する．このアルゴリズム（リスト 7.1 に実装）は，もとの区間の 2 等分点を一端とし，両端で関数の符号が異なる区間を新しく選択する：

7.2 アルゴリズム：二分法を用いた試行錯誤による解の探索

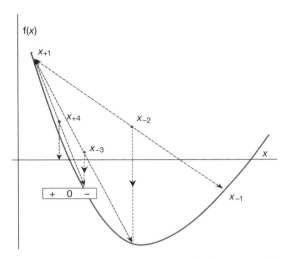

図 7.1　二分法で $f(x)$ が 0 となる点を求めるステップの図解．このアルゴリズムは，現在の区間の中点を新しい推定値とし，1 ステップごとに区間の幅を 1/2 にする．図はアルゴリズムの 4 ステップ分を示す．

```
x = ( xPlus + xMinus ) / 2
if ( f(x) f(xPlus) > 0 ) xPlus = x
else xMinus = x
```

この作業を $f(x)$ の値があらかじめ設定した精度のレベルより小さくなるまで，あるいは区間の分割回数が設定値に達するまで続ける．

リスト 7.1　Bisection.py は二分法の単純な実装である．この例では $2\cos x - x$ という関数の解を求める．

```
# Bisection.py               Find zero via Bisection algorithm
from visual.graph import *
def f(x):                                           # Function = 0?
    return 2*cos(x) - x
def bisection(xminus, xplus, Nmax, eps):   # x+, x-, Nmax, error
    for it in range(0, Nmax):
        x = ( xplus + xminus )/2.                   # Mid point
        print(" it ", it, " x ", x, " f(x) ", f(x))
        if ( f(xplus)*f(x) > 0. ):             # Root in other half
            xplus = x                          # Change x+ to x
        else:
            xminus = x                         # Change x- to x
        if ( abs(f(x) ) < eps ):                    # Converged?
            print ("\n Root found with precision eps = ", eps)
            break
        if it == Nmax-1:
            print ("\n Root NOT found after Nmax iterations\n")
    return x
```

```
eps = 1e-6                              # Precision of zero
a = 0.0;          b = 7.0               # Root in [a,b]
imax = 100                              # Max no. iterations
root = bisection(a, b, imax, eps)
print(" Root =", root)
```

図 7.1 の例では，最初の区間が $x_+ = x_{+1}$ から $x_- = x_{-1}$ までとなる．この区間の 2 等分点 x で関数値は $f(x) < 0$ だから，$x_- \equiv x_{-2} = x$ とおく．第 2 ステップであることを示すため x_{-2} と書いた．つぎに新しい区間の両端を $x_{+2} \equiv x_{+1}$ と x_{-2} とし，作業をつづける．この例では，最初の 3 ステップの間に x_- だけが変化したが，第 4 ステップでようやく x_+ が変化する．ここから先の変化は小さくて描けない．

7.2.1　実装：二分法

1. どんな探索アルゴリズムでも，調べる関数の様子について知見を得ておくのが実装の第 1 段階である．ここではまず $f(E_B) = \sqrt{10 - E_B} \tan(\sqrt{10 - E_B}) - \sqrt{E_B}$ をプロットする．そのプロットから $f(E_B) = 0$ となるような値 (複数) の近似値をメモする．プログラムとしては，これらの解のより正確な値を求めることができねばならない．
2. 二分法を実装するプログラムを書き，(7.2) の解をいくつか見つける．
3. **警告**：tan という関数は特異点を持つので用心すべきである．実際，今使っているグラフ描画プログラム (あるいは Maple) は，これらの特異点の付近で不正確になるかもしれない．同じ内容の式を別の形にして使うのが回避策のひとつである．次式が (7.2) と等価であることを示す：

$$\sqrt{E_B} \cot(\sqrt{10 - E_B}) - \sqrt{10 - E_B} = 0 \tag{7.6}$$

4. もう一度 (7.6) をプロットする．これも特異点をもつが別の位置である．解のおおよその位置をこのプロットから割り出す．
5. 得られた $f(E_B)$ の値から直接にその解の精度を求める．
6. Maple あるいは Mathematica による解と自分が得た値を比較する．

7.3　改良されたアルゴリズム：ニュートン–ラフソン法

ニュートン–ラフソン法は

$$f(x) = 0 \tag{7.7}$$

の近似解を二分法よりもずっと高速に求めることができる．図 7.2 に示すように，$f(x) \simeq 0$ すなわち近似解 x でグラフに接線 $f(x) \simeq mx + b$ を引き，この接線が x 軸と交わる点 $x = -b/m$ を解のより良い推定値とするのがアルゴリズムの内容である．もしグラフが直線なら得られた解は厳密な値である．直線でなければ，$f(x)$ の解に推定値が十分近く

7.3 改良されたアルゴリズム:ニュートン–ラフソン法

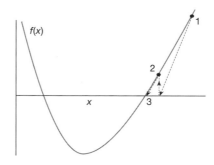

図 7.2 ニュートン–ラフソン法を用いて $f(x)$ のゼロ点を求めるステップの図解.この方法は $f(x)$ の現在の推定値における接線のゼロ点を新しい推定値に採用する.図は 2 個の推定値を示した.

てグラフがほぼ直線とみなせるとき良い近似値となる.あらかじめ設定した精度になるまでこの作業を繰り返す.$f(x)$ がほぼ直線となる区間に推定値があれば (図 7.2),二分法にくらべてずっと速く収束する.

ニュートン–ラフソン法を数式的に表そう.まず,現在の推定値 x_0 から出発し,これに補正 Δx を加えて新しい推定値 x とする:

$$x_0 = 初期推定値, \quad \Delta x = 未知の補正 \tag{7.8}$$

$$\Rightarrow x = x_0 + \Delta x = 新しい推定値 (未知) \tag{7.9}$$

次に,与えられた関数 $f(x)$ を x_0 のまわりでテーラー展開し 1 次の項だけを残す:

$$f(x = x_0 + \Delta x) \simeq f(x_0) + \left.\frac{\mathrm{d}f}{\mathrm{d}x}\right|_{x_0} \Delta x \tag{7.10}$$

こうして得た $f(x)$ の 1 次近似が x 軸と交わる点を計算し,補正 Δx を求める:

$$f(x_0) + \left.\frac{\mathrm{d}f}{\mathrm{d}x}\right|_{x_0} \Delta x = 0 \tag{7.11}$$

$$\Rightarrow \Delta x = -\frac{f(x_0)}{\mathrm{d}f/\mathrm{d}x|_{x_0}} \tag{7.12}$$

新しい x を現在の推定値と読み替えて,この作業をあらかじめ決めた精度に到達するまで繰り返す.

ニュートン–ラフソン法 (7.12) では,各 x_0 における微分係数 $\mathrm{d}f/\mathrm{d}x$ の値を求める必要がある.この微分係数の解析的な表現が分かっていて,それをアルゴリズムに組み込むことができる場合も多いだろう.だが,ことに複雑な問題の場合,数値的に微分係数を求めるとき前進差分の近似を用いると簡単かつ間違えにくい[*2]:

[*2] 数値微分は 5 章で論じた.

142   7. 試行錯誤による解の探索，およびデータへのフィッティング

$$\frac{df}{dx} \simeq \frac{f(x+\delta x) - f(x)}{\delta x} \tag{7.13}$$

ここで δx は自分で設定する x の小さな変化分である（(7.12) の探索で出てきた Δx とは別もの）．微分係数を中心差分で近似するほうがより正確かもしれないが余分に f の値を求めなければならないうえ，いったんゼロ点を求めてしまえば，どんな道筋でそこに至ったかは問題にならない．リスト 7.2 の NewtonCD.py は中心差分を使った探索を実装したものである．

リスト **7.2** NewtonCD.py はニュートン–ラフソン法を用いて関数 $f(x)$ のゼロ点を探索する．df/dx を求めるため中心差分の近似を用いる．

```
# NewtonCD.py    Newton Search with central difference

from math import cos

x = 4.;         dx = 3.e-1;         eps = 0.2;              # Parameters
imax = 100;                                                 # Max no of iterations

def f(x):                                                   # Function
    return 2*cos(x) - x

for it in range(0, imax + 1):
    F = f(x)
    if ( abs(F) <= eps ):                                   # Check for convergence
        print("\n Root found, F =", F, ", tolerance eps = ", eps)
        break
    print("Iteration # = ", it, "x = ", x, "f(x) =", F)
    df = ( f(x + dx/2) - f(x - dx/2) )/dx                   # Central diff
    dx = - F/df
    x += dx                                                 # New guess
```

7.3.1 バックトラッキング付きニュートン–ラフソン法

図 7.3 には，ニュートン–ラフソン法で起こりうる問題の 2 例を示した．図 7.3a は，探索の途中で x の値が関数の極小ないし極大の付近に来てしまった場合であり，そこで

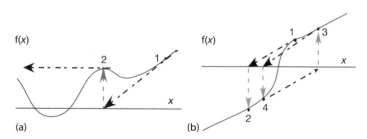

図 **7.3** $f(x)$ のグラフと初期推定値の位置関係により，ニュートン–ラフソン法が不成功になる例．(a) 推定値が極小/極大に来たため，微分係数がゼロとなり次の推定値が $x = \infty$ となってしまう．(b) 探索が無限ループに陥る．「バックトラッキング」という方法でこの問題を回避できる可能性がある．

は $df/dx = 0$ となる．$\Delta x = -f/f'$ だから，接線が水平のため 0 で割ると次の推定値が $x = \infty$ となり，そこから戻ってくることが困難となる．これが起きたら，別の初期推定値から出発し，再びこの罠にはまらぬように祈らねばならない．補正 Δx が非常に大きくても無限大でないなら，後述のバックトラッキングを試みるべきだろう．ステップを小さくとれば，同じトラブルを避けられるかもしれない．

図 7.3b には，探索がゼロ点を飛び越して往復し決して収束しない無限ループの場合を示す．この問題のひとつの解決法はバックトラッキングと呼ばれるもので，その名前から明らかなように，新しい推定値 $x_0 + \Delta x$ で関数値が増加するとき，すなわち $|f(x_0 + \Delta x)|^2 > |f(x_0)|^2$ のとき，少しだけ戻り小さめの推定値たとえば $x_0 + \Delta x/2$ で試す．それでも f が増加するならもう少し戻り，たとえば $x_0 + \Delta x/4$ を次の推定値，というように続ける．この図の場合，接線から分かるように $|f|$ は局所的に減少しているのだから，最終的には許容できる範囲で十分に小さなステップが見つかるはずである．

上述の場合の問題点は，ふたつとも初期推定値の設定が悪く $f(x)$ がほぼ直線になる領域に十分近くなかったことである．繰り返しになるが，上手にプロットしておけば初期設定を適切に決めることができる．あるいは，最初は二分法で探索を開始し，解の付近に行ったら高速のニュートン–ラフソン法に切り替えるというやり方もあるだろう．

7.3.2 実装：ニュートン–ラフソン法

1. ニュートン–ラフソン法を用いて (7.2) の解であるエネルギー E_B をいくつか求める．二分法で求めた解とそれらを比較する．
2. (7.2) の 10 は束縛状態を作り出すポテンシャル・エネルギーの深さに比例した量であることに再度注意する．たとえば 10 を 20, 30 のように変更しポテンシャルを深くすると，もっとエネルギーの低い束縛状態が生じるか観察する．（二分法と比較すると，ニュートン–ラフソン法では初期推定値をもっと解の近くにとる必要があることに注意する．）
3. バックトラッキングを含むようにアルゴリズムを変更し，探索が難しかった場合について再挑戦する．
4. 得られた $f(E_\mathrm{B})$ の値から直接に解の精度を求める．

7.4 課題 2：磁化の温度依存性

課題 以下で述べるような単純な磁性体について，磁化 $M(T)$ を温度の関数として求める．

N 個のスピン 1/2 粒子 (磁気モーメント μ) が集まった物質の温度が T である．この物質が外部磁場 B のもとで平衡状態にあり，下準位の粒子数が N_L 個 (スピンが磁場の方向に配向) で上準位の粒子数が N_U 個 (スピンは磁場と反平行) である．ボルツマン分

布ではエネルギー E の準位に入る確率が $\exp(-E/(k_BT))$ に比例することが分かっている．ここで k_B はボルツマン定数である．磁気モーメント μ の双極子が磁場中でもつエネルギーは，内積を用いて $E = -\boldsymbol{\mu} \cdot \boldsymbol{B}$ で与えられる．したがって，上向きの磁場中でスピン up の粒子は，スピン down の粒子よりエネルギーが低く，実現しやすい．

このスピン系の問題にボルツマン分布を適用すると，下の準位 (スピン up, 磁場と平行) の粒子数は次式となる：

$$N_L = N \frac{e^{\mu B/(k_BT)}}{e^{\mu B/(k_BT)} + e^{-\mu B/(k_BT)}} \tag{7.14}$$

一方，上の準位 (スピン down, 磁場と反平行) の粒子数は次式となる：

$$N_U = N \frac{e^{-\mu B/(k_BT)}}{e^{\mu B/(k_BT)} + e^{-\mu B/(k_BT)}} \tag{7.15}$$

Kittel (2005) で論じられているように，この分子の内部磁場 λM は外部磁場より十分大きいと仮定して式中の B をこの内部磁場で置き換えると，B を消去できる．$M(T)$ は磁化であり個々の磁気モーメント μ に外部磁場の方向に向く粒子の正味の個数を掛けたものである：

$$M(T) = \mu \times (N_L - N_U) \tag{7.16}$$

$$= N\mu \tanh\left(\frac{\lambda \mu M(T)}{k_BT}\right) \tag{7.17}$$

温度がゼロに近づくとき，どのスピンも B の方向を向き $M(T=0) = N\mu$ となるはずだが，式もそれと矛盾しないことに注意せよ．

探索により解を求める　(7.17) は磁化と温度を結びつける式だが実は課題の答えにならない．なぜなら，M が左辺だけでなく右辺の双曲線関数の中にも入っているからである．一般に，このような超越方程式を解析的に解き M を温度の単純な関数として求めることはできない．だが，前の話にさかのぼれば解を数値的に求めることができる．これを実行する前に，まず (7.17) に現れる諸量を換算磁化 m, 換算温度 t, キュリー温度 T_c を用いて書き直す：

$$m(t) = \tanh\left(\frac{m(t)}{t}\right) \tag{7.18}$$

$$m(T) = \frac{M(T)}{N\mu}, \quad t = \frac{T}{T_c}, \quad T_c = \frac{N\mu^2\lambda}{k_B} \tag{7.19}$$

厳密解が求まらないという点で (7.17) と (7.18) は何ら差はないが，(7.18) のほうが簡単な形なので，それを満たす t と m の値を探索するためのプログラミングが容易になる．

試行錯誤法で解に到達するひとつの方法として

$$f(m,t) = \tanh\left(\frac{m(t)}{t}\right) - m \tag{7.20}$$

という関数を定義する．それから，温度を様々な値 $t = t_i$ に固定し $f(m, t_i) = 0$ となる

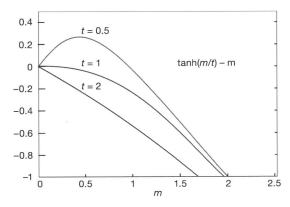

図 **7.4** 3 種類の換算温度 t における換算磁化 m の関数 $(\tanh(m/t) - m)$. この関数の
ゼロ点が各 t における磁化を決める.

m の値を探索する. (同様に, m を m_i に固定して $f(m_i, t) = 0$ となる t の値を探索することもできる. 解が求められさえすればそれでよい.) こうして求めた 1 個のゼロ点に対して 1 個の $m(t_i)$ の値が対応する. t_i の値を変えて描いた $m(t_i)$ のプロットあるいは表から欲しい解 $m(t)$ を求めるのが, 最大限できることである.

図 7.4 は, 換算磁化 m の関数としての $f(m,t)$ を 3 つの換算温度について描いたプロットである. $m = 0$ における解には興味がないが, それ以外をみると $t = 0.5$ では唯一の解 (ゼロ点) が $m = 1$ 付近にあり, それ以外の温度では解がないことがわかる.

7.4.1 探索の演習

1. 二分法を用いて $t = 0.5$ に対する (7.20) の根を有効数字 6 桁まで求める.
2. ニュートン–ラフソン法を用いて $t = 0.5$ に対する (7.20) の根を有効数字 6 桁まで求める.
3. 二分法とニュートン–ラフソン法とで, 解に到達するまでの時間を比較する.
4. 換算温度の関数として換算磁化 $m(t)$ のプロットする.

7.5 課題 3: 実験的なスペクトルに曲線をフィットする

式をデータにフィットする技は, すべての科学者にとって真剣に研究する価値がある (Bevington and Robinson, 2002). 以下の節では, 数値が並んだ表を補間する方法と, 最小 2 乗法を用いて理論式をデータにフィットする方法を調べるが, これらはほんの入り口である. また, 非線形関数を最小 2 乗法でフィットする方法にも触れるが, そこでは既に学んだいくつかの探索法とサブルーチン・ライブラリを用いる.

表 7.1 散乱断面積の実験値をエネルギーの関数として示す．各測定値には絶対誤差 $\pm\sigma_i$ が含まれる．（本文の補間式の x_i が各測定点のエネルギー値に，$g(x)$ が断面積の値に対応する．）

$i =$	1	2	3	4	5	6	7	8	9
E_i (MeV)	0	25	50	75	100	125	150	175	200
$g(E_i)$ (mb)	10.6	16.0	45.0	83.5	52.8	19.9	10.8	8.25	4.7
σ_i (mb)	9.34	17.9	41.5	85.5	51.5	21.5	10.8	6.29	4.14

課題 ある原子核による中性子の共鳴散乱断面積の測定値を表 7.1 に示した．**課題**は，表のエネルギー値の中間において断面積の値を求めることである．これはいろいろな方法で解決できる．一番簡単なのは表 7.1 の実測値 $g(E_i)$ の間を数値的に**補間**（内挿）するものである．これは直接的で容易だがデータが実験誤差を含むためばらつくことを考慮していない．より適切な解決法はデータに対し理論式をベスト・フィット（最良のあてはめを）させるものである（7.7 節）．本書では，この実験データに関して「正しい」と信じる理論的表現がブライト–ウィグナーの共鳴公式：

$$f(E) = \frac{f_\Gamma}{(E - E_\mathrm{r})^2 + \Gamma^2/4} \tag{7.21}$$

であるとしてフィッティングを実行する．f_Γ, E_r, Γ は未知のパラメータであり，最適なフィットを求めるためにこれらのパラメータを調整する．これは統計的な意味で最適だが，いくつかの（もしかすると全く）データ点を通らないかもしれない．統計的なデータ解析の平易だが役立つ入門書として (Bevington and Robinson, 2002) を推奨する．

補間法と最小 2 乗法というふたつの手法は，数値が並んだ表をあたかも微分や積分できる関数のように扱えるようにするという観点から強力な道具である．また，測定結果から有意な定数を導出したり結論を導いたりするにも有効である．一般に，補間法には大域的なものと局所的なものがある．大域的な補間とは，表 7.1 のような数値の組の全体を x の関数で表すものである．ひとつの関数で全部のデータ点を通るものが見つかれば満足な気分になるかもしれない．だが，その関数が現象を正しく表さないときには，データ点の中間で非物理的な振る舞い（たとえば大きな振動）をするかもしれない．原則は，補間は局所的に行い，大域的な補間については批判的に見ることである．

表 7.1 に掲載されたデータをその順番を保ったまま補間することを考える．断面積のスペクトルに限らず一般的な関数関係を論じるので，ここで独立変数を x とし，表に現れるデータを (x_i, g_i) $(i = 1, 2, \ldots)$ とする．スペクトルの一部分（n 個のデータ点を通過する）$(n-1)$ 次の補間多項式は

$$\bar{g}(x) = a_0 + a_1 x + a_2 x^2 + \cdots + a_{n-1} x^{n-1} \tag{7.22}$$

これは局所的な補間なので，この多項式が表中のすべてのデータ点を通過できるという仮定はせず，それぞれの補間区間で異なる多項式を用いる，言い換えると区間ごとに異なる a_k の組がある．各多項式の次数は低くして複数の多項式により表全体をカバーす

る．適切な処方に従うと，得られる多項式の組は，望ましくないノイズや不連続をそれほど含まず，以降の計算に十分に耐えられる，おとなしい振る舞いをするようにできる．

ラグランジュが発明した補間の公式はよく知られている．各補間区間内の n 個のデータ点 x_i の関数値 g_i をすべて通過する $(n-1)$ 次の補間多項式，(7.22) の右辺を，与えられた数値だけから作る方法を考案したのである．この方法では，各区間の補間多項式は，次のように多項式 $\lambda_i(x)$ の和として書く：

$$\bar{g}(x) = g_1\lambda_1(x) + g_2\lambda_2(x) + \cdots + g_n\lambda_n(x) \tag{7.23}$$

$$\lambda_i(x) = \prod_{j(\neq i)=1}^{n} \frac{x-x_j}{x_i-x_j} = \frac{x-x_1}{x_i-x_1}\frac{x-x_2}{x_i-x_2}\cdots\frac{x-x_n}{x_i-x_n} \tag{7.24}$$

たとえば，区間が (両端を含む)3 点で構成されるとき，(7.23) は 2 次多項式となり，8 点のとき 7 次多項式となる．たとえば，独立変数と従属変数の値が次のように与えられたとしよう：

$$x_{1-4} = (0,1,2,4), \quad g_{1-4} = (-12,-12,-24,-60) \tag{7.25}$$

ラグランジュの公式によりこの 4 点を通る 3 次多項式が決まる：

$$\begin{aligned}\bar{g}(x) &= \frac{(x-1)(x-2)(x-4)}{(0-1)(0-2)(0-4)}(-12) + \frac{x(x-2)(x-4)}{(1-0)(1-2)(1-4)}(-12) \\ &\quad + \frac{x(x-1)(x-4)}{(2-0)(2-1)(2-4)}(-24) + \frac{x(x-1)(x-2)}{(4-0)(4-1)(4-2)}(-60)\end{aligned} \tag{7.26}$$

$$\Rightarrow \quad \bar{g}(x) = x^3 - 9x^2 + 8x - 12$$

確認のため補間多項式の値を見ておこう：

$$\bar{g}(4) = 4^3 - 9(4^2) + 32 - 12 = -60, \quad \bar{g}(0.5) = -10.125 \tag{7.27}$$

もしデータがノイズをほとんど含まないなら，この多項式は与えられた区間のデータ領域内である程度安心して使えるが，領域外になると危険である．

ラグランジュ補間ではデータ点 x_i が等間隔となる必要はないことに注意しよう．また，ラグランジュ補間により表全体の点を通過する高次の多項式をつくることはもちろん可能だが，小さな区間だけに用いて次数が小さな多項式を得るのが普通である．ある x における真の関数値と補間多項式の値の差を剰余といい

$$R_n = \frac{(x-x_1)(x-x_2)\cdots(x-x_n)}{n!}g^{(n)}(\zeta) \tag{7.28}$$

と表せる．この式を成立させる ζ が補間区間内のどこかにあることが保証されている．ここで特徴的なことは，真の関数 $g(x)$ が高次の微分係数を持つなら補間多項式での近似が悪くなることである．大きなノイズを含むデータを表にした場合がその例である．

7.5.1 ラグランジュ補間，検討

表 7.1 の中性子散乱の実験データについて考えよう．このデータについて物理の理論

から期待される関数形は (7.21) である．一方，データを多項式により補間したものを図 7.5 に示す．

1. (7.23) を用いて n 点のラグランジュ補間を実行するサブルーチンを書く．n を任意の値の入力パラメータにする．(7.5.2 項のスプライン法による補間でもこの演習を行うとよいだろう．)
2. ラグランジュ補間公式を用い，実験のスペクトル全体に対し単一の多項式をフィットする．(全 9 個のデータ点に 1 本の 8 次多項式をフィットしなければならない．) つぎに，得られた補間多項式を用いて断面積を 5 MeV ごとにプロットする．
3. 得られたグラフを用いて共鳴エネルギー E_r (グラフのピークの位置) と $\varGamma$ (半値全幅) を導出する．この結果と理論家による推定値 $(E_\mathrm{r}, \varGamma) = (78, 55)$ MeV を比較する．
4. ラグランジュ補間のより現実的な使い方は，少数のデータ点たとえば 3 点を結ぶ局所的な補間である．表で与えられた 25 MeV 刻みの断面積データを 3 点の小区間に分けてラグランジュ補間を行う．(このようにすると，一番端の区間では 3 点を確保できなくなる可能性がある．)
5. これまでは，データを**外挿**する議論を意図的に避けてきたが，その理由は補間多項式を使うと重大な系統的誤差を生じる可能性があるからである．すなわち，用いたデータではなく仮定した補間多項式で解答が決まってしまうかもしれない．ちょっと冒険することにして，書いたプログラムを使い表 7.1 の外側の値を外挿で求める．(7.21) の関数形，ブライト–ウィグナーの理論式による結果と比較する．

データがばらつくときはとくにそうだが，高次の多項式のフィッティングにより間違いが生じやすいことをこの例で見た．補間多項式がデータ全点を通過することは保証されているが，これらの点から外れた位置で関数が表現するものは，かなり非現実的な事態になりうる．次数が 2～3 程度の多項式で各小区間を補間すれば普通は大きな振動が生じることはないが，理論的にはなにも正当化できないだろう．ただ，次節で論じるように，局所的な補間多項式を隣同士うまく接続すれば全体としてかなり滑らかな曲線はできる．それでもやはり，誤差を含んだデータを全部つなげた曲線を使うと道を誤ることになるかもしれない．7.7 節では最小 2 乗法によりこの問題を適切に処理する方法を論じる．

7.5.2 3 次スプライン補間 (手法)

前項で散乱断面積のデータにラグランジュ補間の適用を試みたとき，表のデータを小区間に分けそれぞれに放物線をフィットする 3 点補間を行うと，高次の補間多項式のような不正確で悲惨ともいえる逸脱は避けることができるのを見た．(データ点を直線で結ぶ 2 点補間はそれほど外れというわけではないが，見た目が悪いし大雑把な感じがする．) **3 次スプライン法**として知られているものは，3 次の補間多項式を使う洗練された方法

7.5 課題 3: 実験的なスペクトルに曲線をフィットする

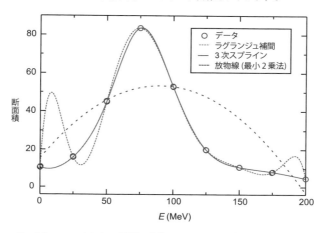

図 7.5 データにフィットした 3 種類の曲線. ラグランジュ補間による 8 次多項式 (点線); 3 次スプライン曲線 (実線); 最小 2 乗法による放物線 (破線).

である. これを使うと, 驚くほど見た目が良い曲線になることが多い. そのアプローチは (図 7.5), 2 点で構成する小区間に対してその両端を通過する 3 次多項式をフィットする. ただし, 隣の小区間の 3 次多項式と端点で 1 次および 2 次微分係数が共通になるという付加条件をつける. 曲線の傾斜と曲がり方が連続なのでスプライン補間は見た目によい. これは, 製図用具の自在曲線定規 (鉛の棒を合成樹脂で包んだもの, 英語ではスプラインという) を使ったときに起きる状況と似ているので, この名前がついた.

データが並ぶ表からスプライン法で求めた 3 次多項式の組は微積分ができ, 微分係数の振る舞いがおとなしいことが保証される. 意味のある微分係数が存在するかどうかは重要な観点である. 好例として, 補間で得た関数がポテンシャルなら, それを微分すれば力が求められる. この手法では, 接続する小区間の端点で両側の多項式の値を共通とし, 微分係数も共通の値とする. さらに, 全区間にわたってこれを実行するので, 多項式の係数に関するたくさんの連立 1 次方程式を解くことになる. そのためスプライン法は手計算には向かないが, コンピュータで解くのは簡単であり数値計算と描画プログラムで普通に使われていることは驚くにあたらない. 図 7.5 の実線で描かれた滑らかな曲線がスプライン法でフィットした曲線である.

スプライン法では, 関数 $g(x)$ を小区間 $[x_i, x_{i+1}]$ で 3 次関数により近似するのが基本である:

$$g(x) \simeq g_i(x) \quad \cdots \quad x_i \leq x \leq x_{i+1} \tag{7.29}$$

$$g_i(x) = g_i + g'_i \cdot (x - x_i) + \frac{g''_i}{2} \cdot (x - x_i)^2 + \frac{g'''_i}{3!} \cdot (x - x_i)^3 \tag{7.30}$$

これらの式から, 補間 3 次式の係数 g'_i, g''_i, g'''_i は, それぞれ 1 次から 3 次の微分係数に等しく, 3 次スプライン法では 4 次以上の微分係数は消えることは明らかである. 定数項

は表の値を用いて直ちに書けるが，ひとまず全ての係数が未知であるとしよう．そうするとデータ点の総数が N $(i = 1, \ldots, N)$ のとき，未知数は $(N-1) \times 4$ 個となる．コンピュータにやらせる仕事は表の N 個の関数値を用いて全部の未知数を決めることである．まず，補間 3 次式の総本数が $(N-1)$ 個だから $g(x_i) \equiv g_i$, $i = 1, \ldots, N-1$ という，定数項を決める $(N-1)$ 個の条件式がある．つぎに，隣り合う小区間の接続点すなわち節点において，両側の補間式の値が共通になるので条件式の本数が $(N-1)$ となる：

$$g_i(x_{i+1}) = g_{i+1}(x_{i+1}) \equiv g_{i+1}, \quad i = 1, \ldots, N-1 \tag{7.31}$$

また，各節点において両側の 1 次と 2 次の微分係数が共通であることから次の $(N-2) \times 2$ 本の条件式を得る：

$$g'_{i-1}(x_i) = g'_i(x_i) \equiv g'_i, \quad g''_{i-1}(x_i) = g''_i(x_i) \equiv g''_i, \quad i = 2, \ldots, N-1 \tag{7.32}$$

以上から条件式の総本数が $(4N-6)$ となり，未知数をすべて決めるにはさらに 2 本の式が必要となる．たとえば，次の前進差分の式

$$g'''(x_i) \simeq \frac{g''(x_{i+1}) - g''(x_i)}{x_{i+1} - x_i} \tag{7.33}$$

は，1 本の補間 3 次式の微分係数の関係としては厳密かつ自動的に成り立ち新たな付加条件にはならないが，隣接する小区間の補間式の 2 次微分係数から一方の 3 次微分係数を近似的に決め，それを付加条件に使えるかもしれない：5 章で論じたように，中心差分のほうが正確な近似となるが (7.33) のほうが数式を簡潔に保てる．

(7.30) の未知数を全て求める作業は繁雑かもしれないが考え方に難しいところはないので，解説は参考書 (Thompson, 1992; Press et al., 1994) にまかせよう．小区間でなめらかに接続することだけでは，条件式が 2 個不足することを上に述べたが，通常は全区間の端 $a = x_1$ と $b = x_N$ の境界条件を付加する．とくに，2 次微分係数の値を指定することが一般的に行われる．その他の方法も含めて以下に例を示す：

自然スプライン法：全区間の両端の 2 次微分係数を 0 とする，すなわち $g''_1(a) = g''_{N-1}(b) = 0$；補間曲線の両端は自動的に傾くことになるが直線的になる．製図の自在定規は端で（強制しないから）曲がらないのが「自然」である．

両端点で g' の値を入力する方法：コンピュータ内部では入力された値から 2 次微分係数の近似値を計算する．1 次微分係数の値が不明な場合は表の g_i から数値的に計算する．一端の傾き g' と近似値に求めた g'' を付加条件とする方法もあるだろう．

両端点で g'' の値を入力する方法：値を知っているなら，もちろん近似値を使うより良いが，ユーザが入力しなければならない．知らないときは，表の関数値を使って前進差分により近似計算をすればよい：

$$g''(x) \simeq \frac{[g(x_3) - g(x_2)]/[x_3 - x_2] - [g(x_2) - g(x_1)]/[x_2 - x_1]}{[x_3 - x_1]/2} \tag{7.34}$$

7.5.2.1 3次スプライン法による積分 (発展課題)

強力な積分法として，被積分関数に3次スプライン補間を適用し，その3次式を解析的に積分するやり方がある．被積分関数 $g(x)$ が表の値としてだけ与えられたときは，なかなか優れた方法であるが，被積分関数の値を任意の x で直接に計算できるときは，ガウス求積法のほうが良いだろう．g にフィットしたスプライン補間式は各小区間で (7.30) の3次式となる：

$$g(x) \simeq g_i + g'_i \cdot (x - x_i) + \frac{1}{2} g''_i \cdot (x - x_i)^2 + \frac{1}{6} g'''_i \cdot (x - x_i)^3 \tag{7.35}$$

各小区間でこれを積分し，全区間にわたる和をとって g の積分を得ることはたやすい：

$$\int_{x_i}^{x_{i+1}} g(x) \mathrm{d}x \simeq \left(g_i x + \frac{1}{2} g'_i x^2 + \frac{1}{6} g''_i x^3 + \frac{1}{24} g'''_i x^4 \right) \bigg|_{x_i}^{x_{i+1}} \tag{7.36}$$

$$\int_{x_j}^{x_k} g(x) \mathrm{d}x \simeq \sum_{i=j}^{k} \left(g_i x + \frac{1}{2} g'_i x_i^2 + \frac{1}{6} g''_i x^3 + \frac{1}{24} g'''_i x^4 \right) \bigg|_{x_i}^{x_{i+1}} \tag{7.37}$$

小区間の幅を小さくしても，(7.36) の中で引き算による相殺の効果が大きくなるかもしれず，必ず精度が上がるという保証はない．

散乱断面積のスプライン法によるフィッティング (実装)　　データに一連の3次関数をフィットするプログラムを自分で書くのは少し複雑なので，ライブラリ・ルーチンの使用を推奨する．Java で書いたアプリケーションがたくさんインターネット上にあるのは知っているが，単純な数値の組の補間に関してはどれも不適切に思われるので，関数 splint.c と spline.c (Press et al., 1994) を採用して SplineInteract.py を作り，リスト 7.3 に示した (アプレットもある)．この節の課題は，ラグランジュ補間ではなく，3次スプライン補間を用いて 7.5.1 項の検討をやりなおすことである．

リスト **7.3** SplineInteract.py はデータに3次スプライン曲線をフィットし，インタラクティブに制御ができる．配列 x[ ] と y[ ] は補間するデータ，得られた補間曲線の値を Nfit 個の点で出力する．

```
# SplineInteract.py Spline fit with slide to control number of points

from visual import *;                    from visual.graph import *;
from visual.graph import gdisplay, gcurve
from visual.controls import slider, controls, toggle

x = array([0., 0.12, 0.25, 0.37, 0.5, 0.62, 0.75, 0.87, 0.99])    # input
y = array([10.6, 16.0, 45.0, 83.5, 52.8, 19.9, 10.8, 8.25, 4.7])
n = 9;   np = 15

# Initialize
y2 = zeros( (n), float); u = zero ( (n), float)
graph1 = gdisplay(x=0,y=0,width =500, height =500,
                title ='Spline Fit', xtitle ='x', ytitle='y')
funct1 = gdots(color = color.yellow)
funct2 = gdots(color = color.red)
graph1.visible = 0
```

```
def update ():                             # Nfit = 30 = output
    Nfit = int(control.value)
    for i in range(0, n):                  # Spread out points
        funct1.plot(pos = (x[i], y[i]) )
        funct1.plot(pos = (1.01*x[i], 1.01*y[i]) )
        funct1.plot(pos = (.99*x[i], .99*y[i]) )
    yp1 = (y[1]-y[0]) / (x[1]-x[0]) - (y[2]-y[1])/ \
          (x[2]-x[1]) +(y[2]-y[0])/(x[2]-x[0])
    ypn = (y[n-1] - y[n-2])/(x[n-1] - x[n-2]) -
          (y[n-2]-y[n-3])/(x[n-2]-x[n-3]) + (y[n-1]-y[n-3])/(x[n-1]-x[n-3])
    if (yp1 > 0.99e30): y2[0] = 0.; u[0] = 0.
    else:
        y2[0] = - 0.5
        u[0] = (3./(x[1] - x[0]) )*( (y[1] - y[0])/(x[1] - x[0]) - yp1)
    for i in range(1, n - 1):              # Decomp loop
        sig = (x[i] - x [i - 1])/(x[i + 1] - x[i - 1])
        p = sig*y2[i - 1] + 2.
        y2[i] = (sig - 1.)/p
        u[i] = (y[i+1]-y[i])/(x[i+1]-x[i]) - (y[i]-y[i-1])/(x[i]-x[i-1])
        u[i] = (6.*u[i]/(x[i + 1] - x[i - 1]) - sig*u [i - 1])/p
    if (ypn > 0.99e30): qn=un = 0.         # Test for natural
    else:
        qn = 0.5;
        un = (3/(x[n-1]-x[n-2]))*(ypn - (y[n-1]-y[n-2])/(x[n-1]-x[n-2]))
    y2[n - 1] = (un - qn*u[n - 2])/(qn*y2[n - 2] + 1.)
    for k in range (n - 2, 1, - 1):
        y2[k] = y2[k]*y2[k + 1] + u[k]
    for i in range(1, Nfit + 2):           # Begin fit
        xout = x[0] + (x[n - 1] - x[0])*(i - 1)/(Nfit)
        klo = 0;     khi = n - 1           # Bisection algor
        while (khi - klo >1):
            k = (khi + klo) >> 1
            if (x[k] > xout): khi = k
            else: klo = k
        h = x[khi] - x[klo]
        if (x[k] > xout): khi = k
        else: klo = k
        h = x[khi] - x[klo]
        a = (x[khi] - xout)/h
        b = (xout - x[klo])/h
        yout = a*y[klo] + b*y[khi] +
               ((a*a*a-a)*y2[klo]+(b*b*b-b)*y2[khi])*h*h/6
        funct2.plot(pos = (xout, yout) )
c = controls(x=500,y=0,width =200,height =200)   # Control viasl ider
control = slider(pos=(-50,50,0), min = 2, max = 100, action = update)
toggle(pos = (0, 35, -5), text1 = "Number of points ", height = 0)
control.value = 2
update ()

while 1 :
    c. interact ()
    rate (50)                              # update < 10/sec
    funct2.visible = 0
```

7.6 課題4:指数関数的減衰のフィッティング

課題 図7.6は $\pi^{\pm}$ 中間子が崩壊する数 ΔN を時間の関数として実際に測定したデータである (Stetz et al., 1973). 測定の時間幅は $\Delta t = 10\,\text{ns}$ である. 滑らかな曲線は理論的な指数関数的減衰であり非常に多くの粒子があるときに期待される (この実験は違う) ものである. 課題は,データから粒子の寿命 τ を求めることである (既知の値は $2.6 \times 10^{-8}\,\text{s}$).

理論 $t = 0$ に N_0 個の粒子があり,これらが崩壊して他の粒子に変わるとする[*3]. 短い時間 Δt の間に小さな数 ΔN 個の粒子が自発的に (外から影響されることなく) 崩壊する. これは確率過程 (崩壊の起きる時刻が確率的にしか決まらないことを意味する) であり,自発的な崩壊の性質に関する基本法則は,時刻 t から $t + \Delta t$ の間に起きる崩壊の数 ΔN が,その時刻に残っている粒子数 $N(t)$ および時間間隔 Δt に比例する,というものである:

$$\Delta N(t) = -\frac{1}{\tau}N(t)\Delta t \;\Rightarrow\; \frac{\Delta N(t)}{\Delta t} = -\lambda N(t) \tag{7.38}$$

λ はこの粒子の崩壊定数,$\tau = 1/\lambda$ は寿命である. 実際の崩壊定数は (7.38) の第2式から与えられる. 測定の時間幅がゼロに近づき,崩壊数 ΔN が粒子数 N に比べて非常に小さくなると,差分方程式 (7.38) は

$$\frac{dN(t)}{dt} \simeq -\lambda N(t) = -\frac{1}{\tau}N(t) \tag{7.39}$$

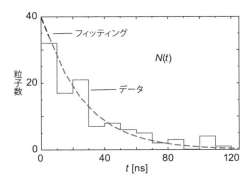

図7.6 $\pi^{\pm}$ 中間子の崩壊の実験的測定結果 (Stetz et al., 1973) の再現. 時間原点は中間子を生成した時刻. その後の経過時間と各時刻における崩壊数の関係を示す. 計測の時間幅 (階段の横幅) は 10 ns. 破線で示した曲線は $\log N(t)$ に線形最小2乗法を適用した結果である.

[*3] 自然崩壊は 4.5 節でさらに議論しシミュレーションを行っている.

という微分方程式になる．この微分方程式の解は，粒子数が寿命 τ で指数関数的に減衰する：

$$N(t) = N_0 e^{-t/\tau}, \quad \frac{dN(t)}{dt} = -\frac{N_0}{\tau} e^{-t/\tau} = N_0' e^{-t/\tau} \tag{7.40}$$

(7.40) は図 7.6 のデータにフィットしようとする理論式であり，こうしたフィッティングの結果，寿命 τ の「最適値」を得る．

7.7　最小 2 乗法 (理論)

　実験データへの最良のフィッティングを論じるために専門的な仕事がされ，本がたくさん書かれて来たが，それらをここで適正に評価することはできないので，読者はBevington and Robinson (2002)；Press *et al.* (1994); Thompson (1992) を参照するとよい．だが，次の 3 点は強調しておきたい：

1. データに誤差が含まればらつくとき，統計的な意味で最良のフィッティングにより得られる曲線は，全部のデータを通らない．
2. データに対する理論が適正でないと (たとえば図 7.5 の放物線)，最良のフィッティングをしたところで全くどうしようもないだろう．理論が正しくないことを知る方法としては良いかもしれない．
3. 線形最小 2 乗法という最も単純な場合にだけ解を (値を算出できる) 閉じた形で書き下しフィッティングを実行できる．より現実的な問題は試行錯誤の探索で解くのが普通であり，高度なサブルーチン・ライブラリを使うこともある．しかし，7.8.2 項では，使い慣れた道具でこのような非線形の探索を行う方法を示す．

　従属変数 y が独立変数 x の関数であるとし，N_D 個の y の値を測定したとする．
　$x = x_i$ における y の測定値が，y_i を中心とする幅 $\pm \sigma_i$ の中に高い確率で現れるとき

$$(x_i, y_i \pm \sigma_i), \quad i = 1, \ldots, N_D \tag{7.41}$$

と書き $\pm \sigma_i$ は i 番目の y の実験的な誤差を表わす．(簡単のために，すべての誤差 σ_i は従属変数だけに生じると仮定するが，x_i にも誤差が含まれている可能性がある (Thompson, 1992))．ここの課題では，y_i は粒子の崩壊数で時刻 x_i の関数である．ある数学的な関数 $y = g(x)$ (理論あるいはモデルともいう) がデータをどの程度うまく説明するか見極めるのが目標である．理論にパラメータあるいは定数がいくつか含まれているとき，パラメータの最適値を求めるのが目標であるともいえる．具体的に，理論 $g(x)$ が M_P 個のパラメータ $\{a_1, a_2, \ldots, a_{M_P}\}$ を含むとする．$\{a_m\}$ は，測定装置から読み取るような変数ではなく，理論モデルの一部であることに注意しよう．たとえば，理論でパラメータとしている箱の大きさ，粒子の質量，ポテンシャルの深さなどと考えればよい．(7.40) の指数的減衰の関数では，寿命 τ と崩壊の速さの初期値 $dN(0)/dt$ が理論のパラメータである．$g(x)$ の独立変数が x で，$\{a_m\}$ をパラメータとして含むことを

7.7 最小 2 乗法 (理論)

$$g(x) = g(x; \{a_1, a_2, \ldots, a_{M_\mathrm{P}}\}) = g(x; \{a_m\}) \tag{7.42}$$

と書くことにする．理論曲線がデータをどの程度よく再現するかの物差しとしてカイ 2 乗 (χ^2)

$$\chi^2 \stackrel{\mathrm{def}}{=} \sum_{i=1}^{N_\mathrm{D}} \left(\frac{y_i - g(x_i; \{a_m\})}{\sigma_i} \right)^2 \tag{7.43}$$

を用いよう (Bevington and Robinson, 2002)：ここで，総和は N_D 個のデータ点 $(x_i, y_i \pm \sigma_i)$ にわたる．(7.43) の定義は，χ^2 の値が小さいほど良いフィッティングであり，仮に曲線がすべてのデータ点 (誤差のために幅がある) の中心を通過するときは $\chi^2 = 0$ となる．また，$1/\sigma_i^2$ の重み付けは，誤差の大きな測定値[*4)] ほど χ^2 に寄与しないことを意味する (誤差が大きい測定値ばかりだと，どんな理論曲線も正しく見える)．

最小 2 乗法という名前は，χ^2 が最小になるまで理論のパラメータを調整することに由来する．すなわち，データ点の関数 $g(x)$ からの偏差の 2 乗の和が最小となるような曲線を求める方法である．一般に，この方法が理論のパラメータを決める方法として最良であり，最適のフィッティングを与える．χ^2 の極値を与える M_P 個のパラメータ $\{a_m, m = 1, \ldots, M_\mathrm{P}\}$ は次の M_P 個の連立方程式を解いて得られる：

$$\frac{\partial \chi^2}{\partial a_m} = 0 \ \Rightarrow\ \sum_{i=1}^{N_\mathrm{D}} \frac{[y_i - g(x_i)]}{\sigma_i^2} \frac{\partial g(x_i)}{\partial a_m} = 0, \quad (m = 1, \ldots, M_\mathrm{P}) \tag{7.44}$$

関数 $g(x; \{a_m\})$ の a_m 依存性が複雑で，(7.44) から a_m の値を求める式をつくると M_P 本の非線形連立方程式になることがよくある．このような場合，7.8.2 項で行うように，M_P 次元のパラメータ空間における探索を試行錯誤で行って解を求めることになる．1 つの探索が完了したら，安全のために，その χ^2 の極値が局所的な最小か大域的な最小かを確認する必要がある．これを実行するひとつのやりかたは，探索範囲を格子点で覆い，それらを初期値にとって探索を繰り返し，別の極値が見つかったら χ^2 が小さいほうを採用するものである．

7.7.1 最小 2 乗法：理論と実装

理論からのずれがランダムな誤差の結果であり，これらの誤差がガウス分布に従うときは，記憶すべき有用な原則がいくつかある (Bevington and Robinson, 2002)．既知の事実として，(7.43) の定義にしたがって計算で得た値が $\chi^2 \simeq N_\mathrm{D} - M_\mathrm{P}$ なら，それはフィッティングが良いときである．ここで N_D はデータ点の数，M_P は理論の関数に含まれるパラメータの数である．計算した χ^2 が $N_\mathrm{D} - M_\mathrm{P}$ よりずっと小さいときは，その理論が「偉大である」とか実験が非常に精密だったとかではなく，パラメータの数が多

[*4)] 誤差が与えられていないとき，概略で引いた滑らかな理論曲線からデータがどれくらい離れているかを概観して誤差の値を推定できる．また，どのデータ点に対しても同じ誤差 $\sigma_i \equiv 1$ としてフィッティングを続け，得られた最良のフィッティングを用いて残差分散から標準偏差を求めて誤差とすることもできる．

すぎたか誤差のみつもり (σ_i の値) が大きすぎたというのが相場である．実際，小さすぎる χ^2 は，ランダムに散らばるデータ点をすべて通過するようなフィッティングであることを示唆しているかもしれない．なぜなら，誤差がランダムならデータ点の 1/3 程度は誤差範囲を示すエラーバーの外側に出るはずだからである．一方，もし χ^2 が $N_D - M_P$ よりずっと大きいときは，理論が良くないか，誤差をかなり過小評価しているか，あるいはランダムではない誤差が入っている可能性がある．

M_P 本の連立方程式 (7.44) は，関数 $g(x;\{a_m\})$ がパラメータ a_i の **1 次関数**となるとき (**線形最小 2 乗法**) かなり簡単になる．たとえば次式のような場合である：

$$g(x;\{a_1,a_2\}) = a_1 + a_2 x \tag{7.45}$$

この場合 (**線形回帰**あるいは**直線フィッティング**としても知られる) は，図 7.7 に示したものだが，パラメータは y 切片 a_1 と傾き a_2 であり $M_P = 2$．決めるべきパラメータは 2 個しかないが，フィットするデータ点の数が N_D 個あることに注意しよう．いろいろな場合があるだろうが，パラメータの個数と等しいかそれ以上の個数のデータ点がない限り，解は一意に決まらないことを思い出そう．線形最小 2 乗法の場合には (7.45) を微分して

$$\frac{\partial g(x_i)}{\partial a_1} = 1, \quad \frac{\partial g(x_i)}{\partial a_2} = x_i \tag{7.46}$$

となり，これらを (7.44) に代入して解くと次式を得る (Press *et al.*, 1994)：

$$a_1 = \frac{S_{xx}S_y - S_x S_{xy}}{\Delta}, \quad a_2 = \frac{SS_{xy} - S_x S_y}{\Delta} \tag{7.47}$$

$$S = \sum_{i=1}^{N_D} \frac{1}{\sigma_i^2}, \quad S_x = \sum_{i=1}^{N_D} \frac{x_i}{\sigma_i^2}, \quad S_y = \sum_{i=1}^{N_D} \frac{y_i}{\sigma_i^2} \tag{7.48}$$

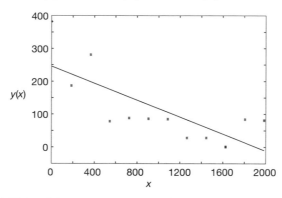

図 **7.7** 線形最小 2 乗法によりデータに最適な直線をフィットする．実験と理論の乖離が統計的な処理から期待されるものを上回るときは，これらのデータを直線で表そうとする理論が良くないことを意味する．

$$S_{xx} = \sum_{i=1}^{N_D} \frac{x_i^2}{\sigma_i^2}, \quad S_{xy} = \sum_{i=1}^{N_D} \frac{x_i y_i}{\sigma_i^2} \quad \Delta = SS_{xx} - S_x^2 \tag{7.49}$$

統計学によれば，求めたパラメータの分散 (不確定さの 2 乗) の表式は次のようになる：

$$\sigma_{a_1}^2 = \frac{S_{xx}}{\Delta}, \quad \sigma_{a_2}^2 = \frac{S}{\Delta} \tag{7.50}$$

これは，フィッティングにより求めたパラメータの不確定さを評価する量となり，測定値 y_i の不確定さ σ_i から生じたものである．パラメータが互いに独立か否かを評価する量に相関係数がある：

$$\rho(a_1, a_2) = \frac{\mathrm{cov}(a_1, a_2)}{\sigma_{a_1}\sigma_{a_2}}, \quad \mathrm{cov}(a_1, a_2) = \frac{-S_x}{\Delta} \tag{7.51}$$

ここで $\mathrm{cov}(a_1, a_2)$ は a_1 と a_2 の共分散で，a_1 と a_2 が独立なとき値が 0 となる．相関係数 $\rho(a_1, a_2)$ の値の範囲は $-1 \leq \rho \leq 1$ であり，ρ が正なら a_1 と a_2 の誤差が同じ符号になりやすいことを，負なら逆符号になりやすいことを示す．

上に示したパラメータに対する厳密解は統計学の教科書に書いてある形だが，数値計算用には最適化されていない．それは，引き算による相殺のため答えが不安定になる可能性があるからである．3 章で論じたように，式を変形するとこの種の誤差を減らすことができる．たとえば，Thompson (1992) は，平均値を基準にしたデータを用いて改善した式を与えている：

$$\begin{aligned}
&a_1 = \overline{y} - a_2 \overline{x}, \quad a_2 = \frac{S_{xy}}{S_{xx}}, \quad \overline{x} = \frac{1}{N}\sum_{i=1}^{N_d} x_i, \quad \overline{y} = \frac{1}{N}\sum_{i=1}^{N_d} y_i, \\
&S_{xy} = \sum_{i=1}^{N_d} \frac{(x_i - \overline{x})(y_i - \overline{y})}{\sigma_i^2}, \quad S_{xx} = \sum_{i=1}^{N_d} \frac{(x_i - \overline{x})^2}{\sigma_i^2}
\end{aligned} \tag{7.52}$$

リスト 7.4 の Fit.py は何かのデータに放物線をフィットするプログラムである．「直線フィッティング」のプログラムは，上で学んだ閉じた形の式から書き起こすこともできるが，Fit.py をモデルに用いることもできる．先生用のサイトに掲載している Fit.py は自然崩壊のデータにフィッティングを行うプログラムも含んでいる．

7.8 演習：指数関数的減衰，熱流，ハッブル則に関係するフィッティング

1. 指数関数的減衰 (7.40) を図 7.6 のデータにフィットする．具体的には，最良のフィッティングとなる τ と $\Delta N(0)/\Delta t$ の値を求め，どの程度良好なフィッティングかを判定する．

    a) 図 7.6 から近似的な値を読み取り $(\Delta N_i/\Delta t, t_i), i = 1, \ldots, N_D$ の表を作る．t_i は各測定時間幅の中央の時刻とすること．

    b) 推定した誤差 σ_i を表に加え $(\Delta N_i/\Delta t \pm \sigma_i, t_i)$ の形にする．誤差の推定は目視で，たとえば，滑らかな曲線を仮定してそのまわりにヒストグラムの値が変動す

る程度を推定してもよい．縦軸の数値(イベント数)から $\sigma_i \simeq \sqrt{(イベント数)}$ としてもよい (イベントの数が大きければ適切な近似だが，この例では良い近似とは言えない)．

c) 粒子数が非常に大きい極限では，$\ln|\mathrm{d}N/\mathrm{d}t|$ の t に対するプロットが直線になると期待してよい：

$$\ln\left|\frac{\Delta N(t)}{\Delta t}\right| \simeq \ln\left|\frac{\Delta N(0)}{\Delta t}\right| - \frac{1}{\tau}t \tag{7.53}$$

これは，$\ln|\Delta N/\Delta t|$ を従属変数，t を独立変数として扱うと，「直線フィッティング」を利用できることを意味する．$\ln|\Delta N/\Delta t|$ を t に対してプロットする．

d) このデータに直線による最小 2 乗法を行い π 中間子の寿命 τ を求める．既知の寿命 2.6×10^{-8} s と自分が求めた値を比較し，両者の差についてコメントする．

e) 最良のフィッティングとデータを同じグラフにプロットし一致の状況をコメントする．

f) フィッティングで得た直線の良さを推定し，寿命の誤差を近似的に導く．これらは「目で見た」ものと一致するだろうか？

g) フィッティングが出来たので，データを見直して縦軸の誤差のより正確な値を推定する．

2. 表 7.2 は，金属棒の両端を一定温度に保ったときの棒の温度 T である．棒にそって x 軸をとり温度を x の関数として与えた．

表 7.2 金属棒にそって測った距離と温度の関係

x_i (cm)	1.0	2.0	3.0	4.0	5.0	6.0	7.0	8.0	9.0
T_i (°C)	14.6	18.5	36.6	30.8	59.2	60.1	62.2	79.4	99.9

a) 表 7.2 のデータをプロットし，次の直線関係が成り立つことを示す：

$$T(x) \simeq a + bx \tag{7.54}$$

b) 各測定値に対し誤差が与えられていないので，$\sigma \geq 0.05$ を仮定する (± 0.05 程度の誤差があるため，この桁を四捨五入して得たのが表の数値と仮定した)．

c) それを用い，これらのデータに対し直線による最小 2 乗法を実施する．

d) 得られた最良の直線 $a + bx$ をデータとともにプロットする．

e) データへのフィッティングが終了した後，残差標準偏差
$\sigma_\mathrm{e} \equiv \sqrt{\left[\sum_{i=1}^{N_\mathrm{D}}\left(T(x_i) - (a+bx_i)\right)^2/(N_\mathrm{D}-2)\right]}$ を計算し，得られた直線とデータとの乖離と比較する．直線の上下に σ_e の幅をとると，約 1/3 のデー

7.8 演習：指数関数的減衰，熱流，ハッブル則に関係するフィッティング 159

タ点が外側に出ることを示す (これは誤差が正規分布に従うとき期待できることである).

f) 計算で得た残差分散 $(\sigma_e)^2$ を用いて，このフィッティングの χ^2 の値を求める．得られた値についてコメントする．

g) パラメータの標準偏差 σ_a と σ_b を計算し，求めた a と b の誤差として採用することが意味をなすか検討する．

3. 1929 年にエドウィン・ハッブルは，私たちの銀河系の外にある 24 の星雲までの距離 r と，視線方向の速度 v との関連を示すデータを調査した (Hubble, 1929). データ点がかなり散らばっていたが，彼は直線をフィットした：

$$v = Hr \tag{7.55}$$

現在では，この H をハッブル定数と呼んでいる．表 7.3 はハッブルが用いた距離と速度である．

表 7.3 銀河系外の 24 個の星雲までの距離と視線方向の速度

星雲	r (Mpc)	v (km/s)	星雲	r (Mpc)	v (km/s)
	0.032	170	3627	0.9	650
	0.034	290	4826	0.9	150
6822	0.214	−130	5236	0.9	500
598	0.263	−70	1068	1.0	920
221	0.275	−185	5055	1.1	450
224	0.275	−220	7331	1.1	500
5457	0.45	200	4258	1.4	500
4736	0.5	290	4141	1.7	960
5194	0.5	270	4382	2.0	500
4449	0.63	200	4472	2.0	850
4214	0.8	300	4486	2.0	800
3031	0.9	−30"	4649	2.0	1090

a) データをプロットして次の直線的な関係が適切であることを示す：

$$v(r) \simeq a + Hr \tag{7.56}$$

b) 各測定値に対する誤差が与えられていないので，2b) と同様に，$\sigma \geq 1$ を仮定する．あるいは，天文学は測定が難しいので，少なくとも 10% の誤差があると仮定してもよい．

c) これらのデータに対し直線による最小 2 乗法を完了させる．

d) 得られた最良の直線 $a + Hr$ をデータとともにプロットする．

e) データへのフィッティングが終了した後，残差標準偏差 σ_e を計算し，得られた直線とデータとの乖離と比較する．約 1/3 のデータ点が幅 σ_e の外側に出ることを示す (これは誤差が正規分布に従うとき期待できる)．

f) 計算で得た残差分散を用いてフィッティングの χ^2 の値を求める．得られた値についてコメントする．
g) 標準偏差 σ_a と σ_H を計算し，求めた a と H の誤差としてそれらを採用することが意味をなすか検討する．
h) 最初に b) で仮定した誤差の値が適切であったかについて考察する．

7.8.1　最小2乗法による2次式のフィッティング

すでに示唆したことだが，フィットする関数の未知パラメータ a_i への依存性が1次であるかぎり，χ^2 を最小にする条件から a_i についての連立1次方程式が導かれ，行列の手法を用いて手計算あるいはコンピュータで解くことができる．これを解説するため，図 7.8 の実測値 $(x_i, y_i, i = 1, \ldots, N_{\rm D})$ につぎの2次式

$$g(x) = a_1 + a_2 x + a_3 x^2 \tag{7.57}$$

をフィットしよう．$g(x)$ は，x の2乗を含んではいるが，すべてのパラメータ a_i については1次だから線形のフィッティングをすることができる．(しかし，たとえば $g(x) = (a_1 + a_2 x) \exp(-a_3 x)$ をデータにフィットしようとすると，どのパラメータについても非線形となるので，線形のフィッティングはできない．)

この2次曲線のデータへのフィッティングは，χ^2 を最小にする条件 (7.44) を適用すると最良の結果となる．パラメータの個数が $M_{\rm P} = 3$，ここではデータ数 $N_{\rm D}$ は任意である．関数 $g(x)$ のパラメータがデータを正しく記述しているとき，いちばん尤もらしい解である．(7.44) から a_1, a_2, a_3 に関する3本の連立方程式が導かれる：

$$\sum_{i=1}^{N_{\rm D}} \frac{[y_i - g(x_i)]}{\sigma_i^2} \frac{\partial g(x_i)}{\partial a_1} = 0, \quad \frac{\partial g}{\partial a_1} = 1 \tag{7.58}$$

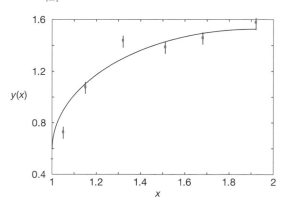

図 7.8　線形最小2乗法で放物線をデータにフィットした最良の結果．データ点の約 1/3 が曲線から外れているが，これはフィッティングが良いときに統計学から期待される状態である．

7.8 演習：指数関数的減衰，熱流，ハッブル則に関係するフィッティング

$$\sum_{i=1}^{N_D} \frac{[y_i - g(x_i)]}{\sigma_i^2} \frac{\partial g(x_i)}{\partial a_2} = 0, \quad \frac{\partial g}{\partial a_2} = x \tag{7.59}$$

$$\sum_{i=1}^{N_D} \frac{[y_i - g(x_i)]}{\sigma_i^2} \frac{\partial g(x_i)}{\partial a_3} = 0, \quad \frac{\partial g}{\partial a_3} = x^2 \tag{7.60}$$

メモ：これらの微分係数はパラメータ a_i を含まないので，a_i 依存性は総和の中の [ ] のところだけであり，それらが a_i について 1 次だから，上の 3 本の式は a_i についての 1 次式になる．

演習：(7.58)〜(7.60) を整理すると次式を得ることを示す：

$$Sa_1 + S_x a_2 + S_{xx} a_3 = S_y,$$
$$S_x a_1 + S_{xx} a_2 + S_{xxx} a_3 = S_{xy},$$
$$S_{xx} a_1 + S_{xxx} a_2 + S_{xxxx} a_3 = S_{xxy} \tag{7.61}$$

ここで S_λ の定義は，(7.47)〜(7.49) で用いたものを単純に拡張しただけだが，リスト 7.4 のプログラム Fit.py に用いているものである．未知の 3 個のパラメータを並べてベクトル x とし，(7.61) の右辺の既知の 3 項を並べてベクトル b とすると，これらの 3 本の式は行列の形に書ける：

$$\mathbf{A}x = b,$$

$$\mathbf{A} = \begin{bmatrix} S & S_x & S_{xx} \\ S_x & S_{xx} & S_{xxx} \\ S_{xx} & S_{xxx} & S_{xxxx} \end{bmatrix}, \quad x = \begin{bmatrix} a_1 \\ a_2 \\ a_3 \end{bmatrix}, \quad b = \begin{bmatrix} S_y \\ S_{xy} \\ S_{xxy} \end{bmatrix} \tag{7.62}$$

この行列表示の方程式を解きパラメータのベクトルの値が $x = a$ と決まる．3×3 の行列なら閉じた形に解を書くことができるが，未知数がもっと多いとき数値的に解くには行列を扱うメソッドが必要となる．

リスト **7.4** Fit.py はデータに放物線をフィットする．NumPy のパッケージ linalg を用いて連立 1 次方程式 $\mathbf{S}x = b$ を解く．

```
# Fit.py  Linear least-squares fit; e.g. of matrix computation arrays

import pylab as p
from numpy import *
from numpy.linalg import inv
from numpy.linalg import solve

t = arange (1.0, 2.0, 0.1)                        # x range curve
x = array([1., 1.1, 1.24, 1.35, 1.451, 1.5, 1.92])  # Given x values
y = array([0.52, 0.8, 0.7, 1.8, 2.9, 2.9, 3.6])    # Given y values
p.plot(x,y, 'bo' )                                 # Plot data in blue
sig = array([0.1, 0.1, 0.2, 0.3, 0.2, 0.1, 0.1])   # error bar lenghts
p.errorbar(x,y,sig)                                # Plot error bars
p.title('Linear Least Square Fit ')                # Plot figure
p.xlabel( 'x' )                                    # Label axes
```

```
p.ylabel('y')
p.grid(True)                                          # plot grid
Nd = 7
A = zeros( (3,3), float )                             # Initialize
bvec = zeros( (3,1), float )
ss= sx = sxx = sy = sxxx = sxxxx = sxy = sxxy = 0.
for i in range(0, Nd):
        sig2 = sig[i] * sig[i]
        ss += 1. / sig2;       sx  += x[i]/sig2;              sy += y[i]/sig2
        rhl = x[i] * x[i];     sxx += rhl/sig2;     sxxy += rhl * y[i]/sig2
        sxy += x[i]*y[i]/sig2; sxxx +=rhl*x[i]/sig2; sxxxx +=rhl*rhl/sig2
A = array([ [ss,sx,sxx], [sx,sxx,sxxx], [sxx,sxxx,sxxxx] ])
bvec = array([sy, sxy, sxxy])

xvec = multiply(inv(A), bvec)                         # Invert matrix
Itest = multiply(A, inv(A))                           # Matrix multiply
print('\n x vector via inverse')
print(xvec, '\n')
print('A*inverse(A)')
print(Itest, '\n')

xvec = solve(A, bvec)                                 # Solve via elimination
print('x Matrix via direct')
print(xvec, 'end=')
print('FitParabola Final Results\n')
print('y(x) = a0 + a1 x + a2 x^2')                    # Desired fit
print('a0 = ', x[0])
print('a1 =', x[1])
print('a2 =', x[2], '\n')
print(' i    xi     yi    yfit     ')
for i in range(0, Nd):
    s = xvec[0] + xvec[1]*x[i] + xvec[2]*x[i]*x[i]
    print(" %d  %5.3f  %5.3f  %8.7f \n" %(i, x[i], y[i], s))
# red line is the fit, red dots the fits at y[i]
curve = xvec[0] + xvec[1]*t + xvec[2]*t**2
points = xvec[0] + xvec[1]*x + xvec[2]*x**2
p.plot(t, curve, 'r', x, points, 'ro')
p.show()
```

線形最小 2 乗法による 2 次曲線のフィッティング (検討)

1. 2 次曲線 (7.57) を次のデータの組 $[(x_1,y_1),(x_2,y_2),\ldots$ の形] にフィットする．いずれの場合も，a_i の値，自由度，χ^2 の値を記すこと．

    a) (0,1)

    b) (0,1), (1,3)

    c) (0,1), (1,3), (2,7)

    d) (0,1), (1,3), (2,7), (3,15)

2. データ d) に次の関数をフィットする：

$$y = A\mathrm{e}^{-bx^2} \tag{7.63}$$

ヒント：変数を適切に変換すると線形最小 2 乗法のフィッティングが使える．χ^2

が最小となる条件はここでも意味があるだろうか？

7.8.2　課題 5: ブライト–ウィグナー公式のフィッティング

課題　本章のだいぶ前のほうで，断面積の実測値 Σ をエネルギーの関数として求めるために，表 7.1 のデータを補間したことを思い出そう．そのときは用いなかったが，これらのデータを記述する理論式，ブライト–ウィグナーの共鳴公式 (7.21) も紹介した：

$$f(E) = \frac{f_\mathrm{r}}{(E - E_\mathrm{r})^2 + \Gamma^2/4} \tag{7.64}$$

課題は，(7.64) のパラメータ $f_\mathrm{r}, E_\mathrm{r}, \Gamma$ をどのような値にすると表 7.1 のデータに対する最良のフィッティングになるかを決めることである．

(7.64) はパラメータ $(f_\mathrm{r}, E_\mathrm{r}, \Gamma)$ の 1 次関数ではないから，χ^2 が最小という条件から得られる 3 本の式は 1 次式ではなくなり，線形代数の手法で解くことができない．しかし，前章の糸で吊るした物体の問題で，ニュートン–ラフソン法をどのようにして非線形連立方程式の解探索に用いるかを学んでいる．その手法は，直前に得た推定値のまわりで非線形方程式を展開して線形方程式系にし，行列ライブラリを使ってこれを解くというものだった．ここでも，フィッティング，試行錯誤法の探索，行列代数を同様に組み合わせて，表 7.1 のデータに (7.64) の非線形最小 2 乗法によるフィッティングを行う．

最良のフィッティングでは，M_P 個のパラメータ a_m を含む理論 $g(x) = g(x, a) = g(x, \{a_m\})$ において $\chi^2 = \sum_i [(y_i - g_i)/\sigma_i]^2$ を最小とする a_m を用いたことを思い出そう．これから，解くべき M_P 個の式 (7.44) が得られる：

$$\sum_{i=1}^{N_\mathrm{D}} \frac{[y_i - g(x_i)]}{\sigma_i^2} \frac{\partial g(x_i)}{\partial a_m} = 0, \quad (m = 1, \ldots, M_\mathrm{P}) \tag{7.65}$$

課題の場合について，これらの式の具体的な形を求めるため，理論の関数 (7.64) を (7.65) の記号で書き直す：

$$a_1 = f_r, \quad a_2 = E_r, \quad a_3 = \Gamma^2/4, \quad x = E \tag{7.66}$$

$$\Rightarrow g(x) = \frac{a_1}{(x - a_2)^2 + a_3} \tag{7.67}$$

(7.65) において必要な 3 個の微分係数は次のとおりである：

$$\frac{\partial g}{\partial a_1} = \frac{1}{(x - a_2)^2 + a_3}, \quad \frac{\partial g}{\partial a_2} = \frac{-2a_1(x - a_2)}{[(x - a_2)^2 + a_3]^2}, \quad \frac{\partial g}{\partial a_3} = \frac{-a_1}{[(x - a_2)^2 + a_3]^2} \tag{7.68}$$

最良のフィッティングを得る条件 (7.65) にこれらの微分係数を代入すると，a_1, a_2, a_3 について次の 3 本の連立方程式を得る．表 7.1 の $N_\mathrm{D} = 9$ 個のデータ点 (x_i, y_i) へのフィッティングを行うためにはこれを解く必要がある：

$$\sum_{i=1}^{9} \frac{y_i - g(x_i, a)}{(x_i - a_2)^2 + a_3} = 0,$$

$$\sum_{i=1}^{9} \frac{y_i - g(x_i, a)}{[(x_i - a_2)^2 + a_3]^2} = 0,$$

$$\sum_{i=1}^{9} \frac{\{y_i - g(x_i, a)\}(x_i - a_2)}{[(x_i - a_2)^2 + a_3]^2} = 0 \tag{7.69}$$

$g(x,a)$ に (7.64) を代入するまでもなく，これら 3 本の式は a_i に非線形なしかたで依存することは明らかである．だが，問題はない．すでに 6.1.2 項において

$$f_i(a_1, a_2, \ldots, a_N) = 0, \quad i = 1, \ldots, N \tag{7.70}$$

の解を N 次元ニュートン–ラフソン法により探索する方法を導出している．ただし，現在の課題にあわせて変数を $x_i \to a_i$ に書き換えた．$N = 3$ の式 (7.69) にそれと同じ定式化を用いるため，次のように書く：

$$f_1(a_1, a_2, a_3) = \sum_{i=1}^{9} \frac{y_i - g(x_i, a)}{(x_i - a_2)^2 + a_3} = 0 \tag{7.71}$$

$$f_2(a_1, a_2, a_3) = \sum_{i=1}^{9} \frac{\{y_i - g(x_i, a)\}(x_i - a_2)}{[(x_i - a_2)^2 + a_3]^2} = 0 \tag{7.72}$$

$$f_3(a_1, a_2, a_3) = \sum_{i=1}^{9} \frac{y_i - g(x_i, a)}{[(x_i - a_2)^2 + a_3]^2} = 0 \tag{7.73}$$

$f_r \equiv a_1$ は断面積のピーク値，$E_r = a_2$ はピークを与えるエネルギー，$\Gamma \equiv 2\sqrt{a_3}$ はこのピークの半値全幅なので，データのグラフから a_i に対する適正な推定値を読み取ることができる．f が 3 個，それぞれに未知パラメータ a が 3 個，したがって 9 個の微分係数を前進差分の近似

$$\frac{\partial f_i}{\partial a_j} \simeq \frac{f_i(a_j + \Delta a_j) - f_i(a_j)}{\Delta a_j} \tag{7.74}$$

で求めるとき，i と j についての入れ子になった 2 個のループを使う．ここで Δa_j はパラメータの値の微小な変化 (たとえば $\leq 1\%$) である．

非線形最小 2 乗法によるフィッティング (実装)　　7.8.2 項で概略を説明したニュートン–ラフソン法を用いて，表 7.1 のデータにフィットするブライト–ウィグナーの理論 (7.64) の最適なパラメータを求める非線形探索を実行する．それにより導き出された (f_r, E_r, Γ) の値とグラフを眺めて決めた値を比較する．

8 微分方程式を解く：非線形振動

　計算の道具が自由に使えて嬉しい理由の大半は，微分方程式が楽に解けることにある．振動を伝統的 (「解析的に厳密」という意味) に扱うときは，たいていの場合は平衡点付近の微小振動で復元力が線形の場合に限られるが，コンピュータによる数値計算には制限がないので，興味深い非線形現象の物理を探求しようと思う．まずパラメータの値がある範囲内にあって調和振動となる場合，次にそれを外れると非調和になる場合に注目する．手始めに厳密な解がわかっている簡単な系を使って微分方程式のソルバーをいろいろと試す．つぎに，時間的に変動する力が加わるときの非線形な共鳴とうなりを考察する[*1]．

8.1 非線形振動子の自由振動

課題　図 8.1 は，原点に向かうバネからの復元力を受ける質量 m の物体を示す．また，図中の手は物体に時間的に変動する外力を与える．このバネによる復元力は非調和である (平衡点からのずれの大きさと単純な比例関係にない) ことは知っているが，具体的な様子の詳細についてはこの段階では知らされていない．課題は，時間の関数として物体

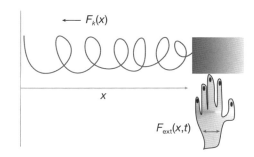

図 8.1　質量 m の物体 (四角) が，それに結合したバネから復元力 $F_k(x)$ を受けながら，時間依存の外力 (手) により駆動される．

[*1] 15 章では，単振り子の関連事項とそのカオス的な振る舞いについて調べる．非線形方程式の特異な性質のいくつかは 24 章でも論じる．

の運動を求めることである．運動は 1 次元的としてよい．

8.2　非線形振動子 (モデル)

これは古典力学の問題であり，ニュートンの第 2 法則による運動方程式

$$F_k(x) + F_{\text{ext}}(x,t) = m\frac{d^2 x}{dt^2} \tag{8.1}$$

が与えられている．ただし，$F_k(x)$ はバネが及ぼす力，$F_{\text{ext}}(x,t)$ は外力である．(8.1) が解くべき微分方程式であるが，力の性質は場合によって様々である．バネの非線形性の具体的な様子について，いくつかの異なるモデルで試したいと思う．最初のモデルのポテンシャルは，変位 x が小さいときは調和振動になるが，x が大きいと力に非線形項が入る摂動も含まれるものである：

$$V(x) \simeq \frac{1}{2}kx^2\left(1 - \frac{2}{3}\alpha x\right) \tag{8.2}$$

$$\Rightarrow \quad F_k(x) = -\frac{dV(x)}{dx} = -kx(1-\alpha x) \tag{8.3}$$

$$\Rightarrow \quad m\frac{d^2 x}{dt^2} = -kx(1-\alpha x) \tag{8.4}$$

ここでは時間依存の外力を省いた．(8.4) が解くべき 2 階の常微分方程式 (ordinary differential equation: ODE) である．もし $\alpha x \ll 1$ なら，本質的には調和振動となるが，$x \to 1/\alpha$ となるにしたがって非線形効果が大きくなる．

図 8.2 のグラフの曲線を見ると，このモデルの基本的な物理を理解できる．微小振動ならば調和振動であり，$x < 1/\alpha$ であるかぎり復元力が働き運動は周期的 (時間的に同

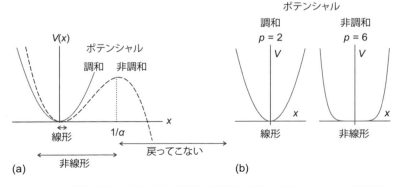

図 **8.2**　(a) 調和振動子 (実線) および非調和振動子 (破線) のポテンシャル．非線形振動子の振幅が大きくなりすぎると運動の領域が無限に広がる．(b) ポテンシャル・エネルギーの関数形が $V(x) \propto |x|^p$ ($p=2$ と 6) の場合．図の「線形」「非線形」は，これらのポテンシャルから導出される復元力の性質を表す．

じ現象をずっと繰りかえす) である．振幅が大きくなると，平衡点の左右で運動が非対称になる．$x > 1/\alpha$ となると，力は反発力となり物体は原点から遠ざかっていく．

非線形振動子のもうひとつのモデルとして，バネのポテンシャルの形が平衡点からの変位 x のべき乗に比例し，べき p が偶数であるとする：

$$V(x) = \frac{1}{p}kx^p, \quad (p \text{ 偶数}) \tag{8.5}$$

p が偶数なのは，力が

$$F_k(x) = -\frac{\mathrm{d}V(x)}{\mathrm{d}x} = -kx^{p-1} \tag{8.6}$$

と復元力 (x が正 (負) のとき力が負 (正)) すなわち $(p-1)$ が奇数となることを保証するためである．この形のポテンシャルの特徴を図 8.2b に示す．$p = 2$ は調和振動のポテンシャルである．$p = 6$ は井戸型ポテンシャルに近く，$x \simeq \pm 1$ にある壁に当たるまで物体はほとんど自由に運動する．p の値によらず運動は周期的であるが，調和振動は $p = 2$ に限る．このポテンシャルに対するニュートンの運動の法則 (8.1) は次の 2 階 ODE であり，これを解かねばならない：

$$m\frac{\mathrm{d}^2 x}{\mathrm{d}t^2} = F_{\text{ext}}(x, t) - kx^{p-1} \tag{8.7}$$

8.3 微分方程式の種類 (数学)

本節は，用語の混乱を避けるための解説であり，慣れている読者は省略してかまわない．

階数 **1** 階微分方程式の一般的な形は

$$\frac{\mathrm{d}y}{\mathrm{d}t} = f(t, y) \tag{8.8}$$

である．「階数」とは，左辺の微分係数の次数のことである．微分係数を関数と見るとき，それを導関数という．右辺の $f(t, y)$ は t と y の関数であり，この段階では任意である．また f は系を変化させる原因となり，以下で駆動関数と呼ぶこともある．たとえば，$f(t, y)$ が

$$\frac{\mathrm{d}y}{\mathrm{d}t} = -3t^2 y + t^9 + y^7 \tag{8.9}$$

のような y と t の意地悪な関数でもかまわない．これでも，微分係数は 1 次であり 1 階の微分方程式である．つぎに **2** 階微分方程式の一般的な形を示す：

$$\frac{\mathrm{d}^2 y}{\mathrm{d}t^2} + \lambda \frac{\mathrm{d}y}{\mathrm{d}t} = f\left(t, \frac{\mathrm{d}y}{\mathrm{d}t}, y\right) \tag{8.10}$$

右辺の関数 f は任意であり，1 次微分係数の任意のべき乗を含んでいてもよい (左辺第 2 項を f に含める書き方もある)．たとえば

$$\frac{\mathrm{d}^2 y}{\mathrm{d}t^2} + \lambda \frac{\mathrm{d}y}{\mathrm{d}t} = -3t^2 \left(\frac{\mathrm{d}y}{\mathrm{d}t}\right)^4 + t^9 y(t) \tag{8.11}$$

もニュートンの法則 (8.1) と同様に 2 階微分方程式である.

 (8.8) と (8.10) の微分方程式では，時刻 t が**独立変数**で位置 y が**従属変数**である．独立変数と従属変数という用語は，どの時刻 t で解を求めるかを自在に設定できるが，その時刻における位置 y の値は自由に決められないことを意味する．本書では y や Y を従属変数の記号として使うことが多いが，記号に特に意味はない．場面によっては，t ではなく位置を表す y を独立変数とすることもある．

常微分方程式と偏微分方程式　(8.1) や (8.8) のような微分方程式は 1 個だけ独立変数 (この場合は t) を持つので，**常微分方程式**という．これと対照的に，次のシュレーディンガー方程式は複数の独立変数を持ち，そのために**偏微分方程式** (partial differential equation: PDE) となる：

$$\mathrm{i}\hbar \frac{\partial \psi(\boldsymbol{x}, t)}{\partial t} = -\frac{\hbar^2}{2m} \left[\frac{\partial^2 \psi}{\partial x^2} + \frac{\partial^2 \psi}{\partial y^2} + \frac{\partial^2 \psi}{\partial z^2}\right] + V(\boldsymbol{x})\psi(\boldsymbol{x}, t) \tag{8.12}$$

この式の従属変数 ψ が同時に複数の独立変数に依存することを示すために，偏微分記号 ∂ が使われる．本書ではしばらく常微分方程式に限って議論をするが，19〜25 章では様々な PDE を調べることになる．

線形微分方程式と非線形微分方程式　計算科学のおかげで，私たちは **1 次方程式**を解くだけという制限から脱却している．線形微分方程式には y あるいは $\mathrm{d}^n y/\mathrm{d}t^n$ の 1 次の項だけが現れるが，非線形微分方程式にはそれらの高次項も現れる．例を示そう：

$$\frac{\mathrm{d}y}{\mathrm{d}t} = g^3(t)y(t) \quad (\text{線形}), \qquad \frac{\mathrm{d}y}{\mathrm{d}t} = \lambda y(t) - \lambda^2 y^2(t) \quad (\text{非線形}) \tag{8.13}$$

線形微分方程式の重要な性質として，**重ね合わせの原理**が成り立つ．すなわち 2 つの解の定数倍の和も解となる．たとえば，$A(t)$ と $B(t)$ が (8.13) の線形微分方程式の解であるなら，α と β を任意の定数として次も解となる：

$$y(t) = \alpha A(t) + \beta B(t) \tag{8.14}$$

これと対照的に，もし頭がよくて (8.13) の非線形微分方程式が

$$y(t) = \frac{a}{1 + b\mathrm{e}^{-\lambda t}} \tag{8.15}$$

という解を持つと推定できたとしよう (代入すれば確かめられる)．だが，より一般的な解を求めて，このような 2 個の解を重ね合わせて

$$y_1(t) = \frac{a}{1 + b\mathrm{e}^{-\lambda t}} + \frac{a'}{1 + b'\mathrm{e}^{-\lambda t}} \tag{8.16}$$

をつくっても，解にはならない (代入すれば確かめられる).

初期条件と境界条件　1 階の微分方程式の一般解は 1 個の任意定数を含み，2 階の場合には 2 個含む．他の場合も同様である．具体的な問題に際して，これらの定数は初期

条件により値が決まる．1階微分方程式ではある時刻における位置 $y(t)$ が初期条件となる．2階微分方程式では位置と速度が初期条件となることができる．コンピュータがいくら強力であっても，またソフトがどんなに優れていても，この数学的な事実は変わらない．そういうわけで，解を一意に決めるには初期条件を知らなくてはならないのである．

微分方程式の解を規定するのに，初期条件以外の条件を加えることもできる．そのひとつが**境界条件**であり，解空間の境界で解 (あるいはその微分係数) の値を指定するものである．

境界条件のもとで解をもとめる問題は境界値問題と呼ばれるが，解が常に存在するとは限らず難しい問題である．また存在する場合にも，式中のパラメータの値が特定の場合だけ許されるので固有値問題と呼ばれるが，数値解を試行錯誤で探索する必要があるかもしれない．9章では，本章で扱う手法をどのようにして境界値問題に拡張するかを論じる．

8.4 ODE の標準的な形 (理論)

ODE の標準形は，数値計算 (Press *et al.*, 1994) と古典力学 (Scheck, 1994; Tabor, 1989; José and Salatan, 1998) の両方で有用性が立証済みである．これは，どんな階数の ODE であっても，N 個の未知関数 $y^{(0)} \sim y^{(N-1)}$ (添え字は微分係数の次数ではない) の連立1次 ODE で表わす方法である：

$$\frac{dy^{(0)}}{dt} = f^{(0)}(t, y^{(i)}) \tag{8.17}$$

$$\frac{dy^{(1)}}{dt} = f^{(1)}(t, y^{(i)}) \tag{8.18}$$

$$\ddots$$

$$\frac{dy^{(N-1)}}{dt} = f^{(N-1)}(t, y^{(i)}) \tag{8.19}$$

ここで右辺の $f^{(j)}$ は $y^{(i)}, i = 1, \ldots, N-1$ に依存してもよいが微分係数 $dy^{(i)}/dt$ は含まないとする．これらの式は N 次元ベクトル (斜体太字で表す) $\boldsymbol{y}$ と $\boldsymbol{f}$ を使うとより簡潔に書ける：

$$\frac{d\boldsymbol{y}(t)}{dt} = \boldsymbol{f}(t, \boldsymbol{y}),$$

$$\boldsymbol{y} = \begin{pmatrix} y^{(0)}(t) \\ y^{(1)}(t) \\ \ddots \\ y^{(N-1)}(t) \end{pmatrix}, \quad \boldsymbol{f} = \begin{pmatrix} f^{(0)}(t, \boldsymbol{y}) \\ f^{(1)}(t, \boldsymbol{y}) \\ \ddots \\ f^{(N-1)}(t, \boldsymbol{y}) \end{pmatrix} \tag{8.20}$$

このようなコンパクトな書き方は，個々の成分に煩わされることなく 1 本の式 (8.20) を扱えばよいので，解法をつくりあげるためだけでなく ODE の性質を研究するためにも役立つ．これがどのように機能するかを見るため，次のニュートンの運動法則

$$\frac{d^2 x}{dt^2} = \frac{1}{m} F\left(t, x, \frac{dx}{dt}\right) \tag{8.21}$$

を標準形に変換する．そこで，位置 x を第 1 の従属変数 $y^{(0)}$ とし速度 dx/dt を第 2 の従属変数 $y^{(1)}$ とする．このようにすれば右辺に微分係数を陽に含まないという規則に合った書き方になる：

$$y^{(0)}(t) \stackrel{\text{def}}{=} x(t), \quad y^{(1)}(t) \stackrel{\text{def}}{=} \frac{dx}{dt} = \frac{dy^{(0)}}{dt} \tag{8.22}$$

こうして，2 階 ODE (8.21) が 2 本の連立 1 階 ODE となる：

$$\frac{dy^{(0)}}{dt} = y^{(1)}(t), \quad \frac{dy^{(1)}}{dt} = \frac{1}{m} F(t, y^{(0)}, y^{(1)}) \tag{8.23}$$

ここでは加速度，すなわち ((8.21) の 2 次微分係数) を速度 $y^{(1)}$ の 1 次微分係数として表している．こうして (8.20) の標準形の式が得られる．右辺はそれぞれ導関数と駆動関数であるが，それらをまとめて 2 個の成分

$$f^{(0)} = y^{(1)}(t), \quad f^{(1)} = \frac{1}{m} F(t, y^{(0)}, y^{(1)}) \tag{8.24}$$

を持つベクトル f とする．ただし，F は時間と位置，速度を陽に含んでもよい．

さらに具体的な例として，これらの定義を (8.7) のバネの問題に適用すると，次の連立 1 階微分方程式

$$\frac{dy^{(0)}}{dt} = y^{(1)}(t), \quad \frac{dy^{(1)}}{dt} = \frac{1}{m}\left[F_{\text{ext}}(x, t) - k y^{(0)}(t)^{p-1}\right] \tag{8.25}$$

を得る．ここで，時刻 t における物体の位置が $y^{(0)}(t)$，速度が $y^{(1)}(t)$ である．標準形での駆動関数の成分ごとの定義と未知関数の初期値をまとめると次のようになる：

$$f^{(0)}(t, \boldsymbol{y}) = y^{(1)}(t), \quad f^{(1)}(t, \boldsymbol{y}) = \frac{1}{m}\left[F_{\text{ext}}(x, t) - k(y^{(0)})^{p-1}\right], \tag{8.26}$$

$$y^{(0)}(0) = x_0, \quad y^{(1)}(0) = v_0$$

8.5 ODE アルゴリズム

ODE を解く古典的な方法は，既知の初期値 $y_0 \equiv y(t=0)$ から出発し，時間を小さな

図 **8.3** 同じ長さ h のステップを繰り返して微分方程式を解く．解は $t=0$ からステップ h で積分を行い $t=T$ で終わる．

ステップ h だけ進めたときの値 $y_1 \equiv y(t=h)$ を，導関数 $f(t, y)$ を使って計算する．これができさえすれば，ステップ h を次々と重ねるだけで全ての時刻 t に対して ODE が解ける (図 8.3)[*2]．このような微分方程式の積分では常に誤差が気がかりである．なぜなら，差分による微分係数の計算では差の値が小さくなり引き算による相殺が起きるし，回数を重ねて丸め誤差が蓄積するからである．それに加えて，この微分方程式の解法でステップを進めるプロセスでは初期条件の外挿を続けていて，両端と途中の通過点が与えられている内挿の場合と比較すると，砂上楼閣の感がある．

積分のあいだ時間ステップの幅が一定値だと非常に簡単になるので，この教科書では今後ほとんどの場合にそうすることになる．8.6 節で論じるような強力で信頼性のあるアルゴリズムでは，y がゆっくりと変化するときにはステップサイズ h を大きくとり (そうすると積分が高速化でき丸め誤差が減らせる)，変化が速いときには h を小さくとるようにしているものがある．

8.5.1 オイラー法

オイラー法 (図 8.4) は微分方程式 (8.8) を 1 ステップだけ積分する単純なアルゴリズムである．これは微分係数に対する前進差分近似にほかならない：

$$\frac{\mathrm{d}\boldsymbol{y}(t)}{\mathrm{d}t} \simeq \frac{\boldsymbol{y}(t_{n+1}) - \boldsymbol{y}(t_n)}{h} = \boldsymbol{f}(t, \boldsymbol{y}) \tag{8.27}$$

$$\Rightarrow \boldsymbol{y}_{n+1} \simeq \boldsymbol{y}_n + h\boldsymbol{f}(t_n, \boldsymbol{y}_n) \tag{8.28}$$

ここで $y_n \stackrel{\mathrm{def}}{=} y(t_n)$ は時刻 t_n における y の値である．微分法に関する議論で学んだことだが，前進差分の誤差は $\mathcal{O}(h^2)$ でありオイラー法の誤差となる．

このアルゴリズムが単純なものであることを示すために，運動方程式 (8.1) を (8.25) あるいは (8.26) の標準形に書き直し，その最初の時間ステップにこれを適用する：

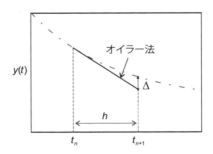

図 8.4 微分方程式の積分で時間を 1 ステップ進めるオイラー法．t_n における接線の傾きを算出し外挿により t_{n+1} における値を求めるので誤差 Δ が発生する．

[*2] 混乱を避けるため，$y^{(n)}$ がベクトル y の第 n 成分を表し，y_n が n ステップ後の y の値を表していることに注意してほしい．

$$y_1^{(0)} = x_0 + v_0 h, \quad y_1^{(1)} = v_0 + h\frac{1}{m}[F_{\text{ext}}(t=0) + F_k(t=0)] \tag{8.29}$$

この解と，学部 1 年の物理で懐かしい放物運動の式

$$x = x_0 + v_0 h + \frac{1}{2}ah^2, \quad v = v_0 + ah \tag{8.30}$$

を比較しよう．オイラー法は，この時間ステップでは，加速度が移動距離に効かない (h^2 の項がない) が速度には効いていることが (8.29) で分かる．(したがって次の時間ステップで遅れて移動距離に効いてくる．) このアルゴリズムは明らかに単純で，精度を得るためには h の値を非常に小さくする必要がある．だが，そうするとステップ数が増えるので丸め誤差が蓄積し，計算が不安定になるだろう[*3)]．オイラー法は汎用としては推奨できないが，より精密なアルゴリズムへの入り口として用いられるのが常である．

8.6 ルンゲ–クッタ法

どんな ODE も解けるような単一のアルゴリズムは存在しないが，4 次のルンゲ–クッタ法 rk4，あるいはそれを拡張してステップ幅を調整できるようにした rk45 は，ロバストであり強力で信頼性のあることが証明済みである．標準的な方法として rk4 の利用を推奨するが，ここではより簡単な rk2 を導出し，rk4 については結果だけを述べる．

微分方程式を積分するルンゲ–クッタ法の基礎となるのは，次に記す微分方程式の形式的 (厳密) な積分である：

$$\frac{dy}{dt} = f(t,y) \quad \Rightarrow \quad y(t) = \int f(t,y)\,dt \tag{8.31}$$

$$\Rightarrow \quad y_{n+1} = y_n + \int_{t_n}^{t_{n+1}} f(t,y)\,dt \tag{8.32}$$

2 次のルンゲ–クッタ法 rk2 (図 8.5 および rk2.py) を導出するには，$f(t,y)$ を積分区間の中点 $t_{n+1/2}$ のまわりでテーラー展開して第 2 項まで残す：

$$f(t,y) = f(t_{n+1/2}, y_{n+1/2}) + (t - t_{n+1/2})\frac{df}{dt}(t_{n+1/2}) + \mathcal{O}(h^2) \tag{8.33}$$

積分区間 $t_n \leq t \leq t_{n+1}$ において $(t - t_{n+1/2})$ は正と負が等価に含まれるので定積分の値が消え (どんな奇数べきでも同じ)，(8.32) の中の $(t - t_{n+1/2})$ の 1 次の項の積分が 0 となり，次のアルゴリズムを得る：

$$\int_{t_n}^{t_{n+1}} f(t,y)\,dt = f(t_{n+1/2}, y_{n+1/2})h + \mathcal{O}(h^3) \tag{8.34}$$

$$\Rightarrow y_{n+1} = y_n + hf(t_{n+1/2}, y_{n+1/2}) + \mathcal{O}(h^3) \quad (\text{rk2}) \tag{8.35}$$

[*3)] 積分を進めるにしたがって $y(t)$ が減少するとき，不安定性がしばしば問題となる．これは球ベッセル関数の前進漸化式の場合に似ている．この場合，もしそれが線形 ODE なら，積分を逆方向すなわち時刻の大きなほうから小さな方へ積分を行い，初期条件に合致するように解全体を何倍かするのがよい．

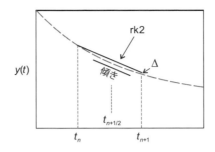

図 8.5 微分方程式を積分するための rk2 アルゴリズムは，区間の中点における接線の傾き（太い線分）の値を算出して用いるので，図 8.4 のオイラー法よりも誤差が小さくなることが分かる．

rk2 はオイラー法と項数は同じだが，$\mathcal{O}(h)$ の項が打ち消しあう利点を使うことで精度のレベルが高くなる．そのかわりに，時間区間の中点 $t_{n+1/2} = t_n + h/2$ における解 y と導関数の値を算出しなければならない．ところが $y_{n+1/2}$ の値は知らないし，このアルゴリズムを使って決めることはできないので，障害がある．この葛藤から抜け出すのにオイラー法を使って $y_{n+1/2}$ の近似値を求める：

$$y_{n+1/2} \simeq y_n + \frac{1}{2}h\frac{dy}{dt} = y_n + \frac{1}{2}hf(t_n, y_n) \tag{8.36}$$

これらすべてを統合すると rk2 の完成版は次のようになる：

$$\boldsymbol{y}_{n+1} \simeq \boldsymbol{y}_n + \boldsymbol{k}_2, \quad \text{(rk2)} \tag{8.37}$$

$$\boldsymbol{k}_2 = h\boldsymbol{f}\left(t_n + \frac{h}{2}, \boldsymbol{y}_n + \frac{\boldsymbol{k}_1}{2}\right), \quad \boldsymbol{k}_1 = h\boldsymbol{f}(t_n, \boldsymbol{y}_n) \tag{8.38}$$

ここで太文字の斜体を使ったのは y と f が本来はベクトルであることを示す．このように，駆動関数 $\boldsymbol{f}$ は既知の関数なので区間の端点や中点で値を算出することに問題はなく，従属変数 y については初期条件だけが必要となる．こうして，このアルゴリズムだけで積分を開始できる．

このアルゴリズムの精度は (8.35) から 2 次であり，k_1 と k_2 で勾配を決めるので，2 段 2 次のルンゲ–クッタ法という．その一般的な公式は

$$y_{n+1} = y_n + h\left[\left(1 - \frac{1}{2\alpha}\right)f(t_n, y_n) + \frac{1}{2\alpha}f(t_n + \alpha h, y_n + \alpha h f(t_n, y_n))\right]$$

となり，パラメータ α を自由に設定できる．ここで学んだ $\alpha = 1/2$ の場合を修正オイラー法，また $\alpha = 1$ の場合をホイン法といい，ともによく用いられる．

例として，外力 $F_{\text{ext}}(t)$ とバネの復元力 $F_k(x)$ による質量 m の物体の運動に rk2 を適用し，初期条件 $y_0^{(0)} = x_0$, $y_0^{(1)} = v_0$ のもとで $t = h$ における位置 $y_1^{(0)}$ と速度 $y_1^{(1)}$ とを導く式を求める：

$$\boldsymbol{f} = \begin{pmatrix} f^{(0)} \\ f^{(1)} \end{pmatrix} = \begin{pmatrix} y^{(1)}(t) \\ \frac{1}{m}\{F_{\text{ext}}(t) + F_k(x)\} \end{pmatrix},$$

8. 微分方程式を解く：非線形振動

$$\boldsymbol{y}_{1/2} = \begin{pmatrix} y_{1/2}^{(0)} \\ y_{1/2}^{(1)} \end{pmatrix} \simeq \begin{pmatrix} y_0^{(0)} + \frac{h}{2} y_0^{(1)} \\ y_0^{(1)} + \frac{h}{2} \left[\frac{1}{m} \{ F_{\text{ext}}(0) + F_k(x_0) \} \right] \end{pmatrix},$$

$$\boldsymbol{k}_2 = h \begin{pmatrix} y_{1/2}^{(1)} \\ \frac{1}{m} \left\{ F_{\text{ext}}(h/2) + F_k\left(y_{1/2}^{(0)}\right) \right\} \end{pmatrix},$$

$$\boldsymbol{y}_1 \simeq \begin{pmatrix} y_0^{(0)} \\ y_0^{(1)} \end{pmatrix} + h \begin{pmatrix} y_{1/2}^{(1)} \\ \frac{1}{m} \left\{ F_{\text{ext}}(h/2) + F_k\left(y_{1/2}^{(0)}\right) \right\} \end{pmatrix},$$

$$y_1^{(0)} \simeq x_0 + h \left[v_0 + \frac{h}{2m} \{ F_{\text{ext}}(0) + F_k(x_0) \} \right],$$

$$y_1^{(1)} \simeq v_0 + h \left[\frac{1}{m} \left\{ F_{\text{ext}}\left(\frac{h}{2}\right) + F_k\left(x_0 + \frac{h}{2}v_0\right) \right\} \right]$$

これらの式は，物体の位置 $y^{(0)}$ が初速度と力により変化し，速度 $y^{(1)}$ が $t = h/2$ における外力と区間内の点 $x_0 + \frac{h}{2}v_0$ におけるバネの復元力によることを示す．これよりただちに位置 $y^{(0)}$ が h^2 の時間依存性を持つことが分かる．これで1年生の物理のレベルに到達した．

4次のルンゲ–クッタ法 rk4 (リスト 8.1) は $\mathcal{O}(h^4)$ の精度を持つ．それは，区間の中点で h^2 までテーラー展開し (放物線で) y を近似すると，先ほどと同様に低次の誤差を与える項が相殺するからである．rk4 は，計算量と精度とプログラミングの単純さが極めてよくバランスしている．ここでは勾配に関する4個の項 (k) が現れ，それを求めるために4個のサブルーチン・コールがあって，区間の中点付近の $f(t, y)$ を精度を上げて近似している．オイラー法に比べると rk4 の計算量は増えるが，精度はずっとよく，大きなステップ幅を用いて計算コストを下げることができる場合もある．具体的には，rk4 は区間内の4点でオイラー法によって勾配を求めている (Press $et\ al.$, 1994)：

$$\boldsymbol{y}_{n+1} = \boldsymbol{y}_n + \frac{1}{6}(\boldsymbol{k}_1 + 2\boldsymbol{k}_2 + 2\boldsymbol{k}_3 + \boldsymbol{k}_4),$$

$$\boldsymbol{k}_1 = h\boldsymbol{f}(t_n, \boldsymbol{y}_n), \qquad \boldsymbol{k}_2 = h\boldsymbol{f}\left(t_n + \frac{h}{2}, \boldsymbol{y}_n + \frac{\boldsymbol{k}_1}{2}\right), \qquad (8.39)$$

$$\boldsymbol{k}_3 = h\boldsymbol{f}\left(t_n + \frac{h}{2}, \boldsymbol{y}_n + \frac{\boldsymbol{k}_2}{2}\right), \quad \boldsymbol{k}_4 = h\boldsymbol{f}(t_n + h, \boldsymbol{y}_n + \boldsymbol{k}_3)$$

リスト 8.1 rk4.py は，右辺をメソッド $f()$ で与えた ODE を4次ルンゲ–クッタ法で解く．このアルゴリズムからメソッド $f()$ を分離し，各問題に対して内容を変えるようにしたのは，バグが入るのを防ぐためであることに注意．

```
# rk4.py 4th order Runge Kutta

from visual.graph import *

# Initialization
a = 0.
b = 10.
```

8.6 ルンゲ–クッタ法

```
n = 100
ydumb = zeros((2), float);      y = zeros((2), float)
fReturn = zeros((2), float);   k1 = zeros((2), float)
k2 = zeros((2), float);        k3 = zeros((2), float)
k4 = zeros((2), float)
y[0] = 3.;   y[1] = -5.
t = a;       h = (b-a)/n;

def f( t, y):                                          # Force function
    fReturn[0] = y[1]
    fReturn[1] = -100.*y[0]-2.*y[1] + 10.*sin(3.*t)
    return fReturn

graph1 = gdisplay(x=0,y=0, width = 400, height = 400, title = 'RK4',
            xtitle = 't', ytitle =
                'Y[0]',xmin=0,xmax=10,ymin=-2,ymax=3)
funct1 = gcurve(color = color.yellow)
graph2 = gdisplay(x=400,y=0, width = 400, height = 400, title = 'RK4',
            xtitle = 't', ytitle =
                'Y[1]',xmin=0,xmax=10,ymin=-25,ymax=18)
funct2 = gcurve(color = color.red)

def rk4(t, h, n):
    k1 = [0]*(n)
    k2 = [0]*(n)
    k3 = [0]*(n)
    k4 = [0]*(n)
    fR = [0]*(n)
    ydumb = [0]*(n)
    fR = f(t, y)                                       # Returns RHS's
    for i in range(0, n):
        k1[i] = h*fR[i]
    for i in range(0, n):
        ydumb[i] = y[i] + k1[i]/2.
    k2 = h*f(t+h/2., ydumb)
    for i in range(0, n):
        ydumb[i] = y[i] + k2[i]/2.
    k3 = h*f(t+h/2., ydumb)
    for i in range(0, n):
        ydumb[i] = y[i] + k3[i]
    k4 = h*f(t+h, ydumb)
    for i in range(0, 2):
        y[i] = y[i] + (k1[i] + 2.*(k2[i] + k3[i]) + k4[i])/6.
    return y

while (t < b):                                         # Time loop
    if ((t + h) > b):
        h = b - t                                      # Last step
    y = rk4(t,h,2)
    t = t + h
    rate(30)
    funct1.plot(pos = (t, y[0]) )
    funct2.plot(pos = (t, y[1]) )
```

ルンゲ–クッタ–フェールベルク法 (Mathews, 2002) として知られる rk4 の変形版 (rk45) がある．これは，積分の精度を上げ，できれば計算速度も上げたいということで，ステップ幅を可変にするものである．リスト 8.2 の rk45.py はこのアルゴリズムを実装してい

る．アルゴリズムはステップ幅を自動的に2倍にして誤差の推定値がどう変化するかを見て，もし誤差がまだ許容範囲内ならばこの大きくした幅を使い続けて計算のスピードアップを図るが，誤差が大き過ぎるときは誤差が許容範囲に入るまで幅を小さくする．このテストで得られた追加情報の利用により，アルゴリズムは $\mathcal{O}(h^5)$ の精度を獲得するが，場合によっては計算時間が余計にかかってしまう．大きめのステップ幅にして計算時間の増加を抑えることができるかは，対象とする問題に依存する．

リスト 8.2 rk45.py は右辺をメソッド $f()$ で与えた ODE を 4 次ルンゲ-クッタ法で解くが，状況にあわせてステップ幅を自動的に変更する．

```
# rk45.py            Adaptive step size Runge Kutta
from visual.graph import *

a = 0.; b = 10.                       # Error tolerance, endpoints
Tol = 1.0E-8
ydumb = zeros( (2), float)            # Initialize
y = zeros( (2), float)
fReturn = zeros( (2), float)
err = zeros( (2), float)
k1 = zeros( (2), float)
k2 = zeros( (2), float)
k3 = zeros( (2), float)
k4 = zeros( (2), float)
k5 = zeros( (2), float)
k6 = zeros( (2), float)
n = 20
y[0] = 1.;    y[1] = 0.

h = (b - a)/n;  t = a;  j = 0
hmin = h/64;  hmax = h*64             # Min and max step sizes
flops = 0;  Eexact = 0.;  error = 0.
sum = 0.

def f ( t, y, fReturn ):              # Force function
    fReturn[0] = y[1]
    fReturn[1] = - 6.*pow(y[0], 5.)

graph1 = gdisplay( width = 600, height = 600, title = 'RK 45',
                   xtitle = 't', ytitle = 'Y[0]')
funct1 = gcurve(color = color.blue)
graph2 = gdisplay( width = 500, height = 500, title = 'RK45',
                   xtitle = 't', ytitle = 'Y[1]')
funct2 = gcurve(color = color.red)
funct1.plot(pos = (t, y[0]) )
funct2.plot(pos = (t, y[1]) )

while (t < b):                        # Loop over time
    funct1.plot(pos = (t, y [0]) )
    funct2.plot(pos = (t, y [1]) )
    if ( (t + h) > b ) :
        h = b - t                     # Last step
    f(t, y, fReturn )                 # Evaluate f, return in fReturn
    k1[0] = h*fReturn[0];    k1[1] = h*fReturn[1]
    for i in range(0, 2) :
        ydumb[i] = y[i] + k1[i]/4
```

```
    f(t + h/4, ydumb, fReturn)
    k2[0] = h*fReturn[0];    k2[1] = h*fReturn[1]
    for i in range(0, 2):
        ydumb[i] = y[i] + 3*k1[i]/32 + 9*k2[i]/32
    f(t + 3*h/8, ydumb, fReturn)
    k3[0] = h*fReturn[0]; k3[1] = h*fReturn[1]
    for i in range(0, 2):
        ydumb[i] = y[i] + 1932*k1[i]/2197 − 7200*k2[i]/2197. +\
            7296*k3[i]/2197
    f(t + 12*h/13, ydumb, fReturn)
    k4[0] = h*fReturn[0]; k4[1] = h*fReturn[1]
    for i in range(0, 2):
        ydumb[i] = y[i] + 439*k1[i]/216 − 8*k2[i] + 3680*k3[i]/513 −\
            845*k4[i]/4104
    f(t + h, ydumb, fReturn)
    k5[0] = h*fReturn[0]; k5[1] = h*fReturn[1]
    for i in range(0, 2):
        ydumb[is] = y[i] − 8*k1[i]/27 + 2*k2[i] − 3544*k3[i]/2565 +\
            1859*k4[i]/4104 − 11*k5[i]/40
    f(t + h/2 , ydumb, fReturn)
    k6[0] = h*fReturn[0]; k6[1] = h*fReturn[1];
    for i in range(0, 2) :
        err[i] = abs( k1[i]/360 − 128*k3[i]/4275 − 2197*k4[i]/75240\
            + k5[i]/50. + 2*k6[i]/55)
    if(err[0] < Tol or err[1] < Tol or h <= 2*hmin): # Accept step
        for i in range (0, 2) :
            y[i] = y[i] + 25*k1[i]/216. + 1408*k3[i]/2565. +\
                2197*k4[i]/4104. − k5[i]/5.
        t = t + h
        j = j + 1
    if( err[0] == 0 or err[1] == 0 ):
        s = 0                                        # Trap division by 0
    else:
        s = 0.84*pow(Tol*h/err[0], 0.25)             # Reduce step
    if( s < 0.75 and h > 2*hmin ):
        h /= 2.                                      # Increase step
    else:
        if( s > 1.5 and 2*h < hmax ):
            h *= 2.
    flops = flops + 1
    E = pow(y[0], 6.) + 0.5*y[1]*y[1]
    Eexact = 1.
    error = abs( (E − Eexact )/Eexact )
    sum += error
print ( " <error>= ", sum/flops, ", flops = ", flops)
```

8.7　アダムス–バシュフォース–ムルトンの予測子・修正子法

　ODEを高精度で解く別のアプローチがある．それは y_{n+1} を推定するために現在値 y_n に加えて前のステップの値 y_{n-1} と y_{n-2} を用いる．(オイラー法とルンゲ–クッタ法では1つ前の値だけを使う．) この種の方法の多くはニュートン法による探索と同様なやりかたをする．それは，推定値あるいは予測から出発して次のステップに行き，rk4のようなアルゴリズムで予測値を確認して修正を行う．rk45で行ったように，修正の大きさ

を誤差の目安として利用でき，精度を改善するためにステップ幅を変更することができる (Press *et al.*, 1994). このような方法についてより深く知りたい読者のために，リスト 8.3 の ABM.py には予測子・修正子法の実装を示した．これは，予測子にアダムス–バシュフォースの式を，修正子にアダムス–ムルトンの式を用いた 4 次の予測子・修正子法である：

予測子：$\tilde{y}_{n+1} = y_n + \dfrac{h}{24} \{-9f_{n-3} + 37f_{n-2} - 59f_{n-1} + 55f_n\}$

修正子：$y_{n+1} = y_n + \dfrac{h}{24} \{f_{n-2} - 5f_{n-1} + 19f_n + 9\tilde{f}_{n+1}\}$

リスト 8.3 ABM.py は右辺をメソッド $f()$ で与えた ODE を ABM 予測子・修正子法で解く．

```
# ABM.py:   Adams BM method to integrate ODE
# Solves y' = (t - y)/2, with y[0] = 1 over [0, 3]

from visual.graph import *

numgr = gdisplay(x=0, y=0, width=600, height=300, xmin=0.0, xmax = 3.0,
            title="Numerical Solution", xtitle='t', ytitle='y', ymax=2.,
            ymin=0.9)
numsol = gcurve(color=color.yellow, display = numgr)
exactgr = gdisplay(x=0, y=300, width=600, height=300, title="Exact
    solution",
            xtitle='t', ytitle='y', xmax=3.0, xmin=0.0, ymax=2.0,
            ymin=0.9)
exsol = gcurve(color = color.cyan, display = exactgr)
n = 24                                                    # N steps > 3
A = 0; B = 3.
t =[0]*500;     y =[0]*500;    yy =[0]*4

def f(t, y):                                     # RHS F function
    return (t - y)/2.0

def rk4(t, yy, h1):
    for i in range(0, 3):
        t = h1 * i
        k0 = h1 * f(t, y[i])
        k1 = h1 * f(t + h1/2., yy[i] + k0/2.)
        k2 = h1 * f(t + h1 /2., yy[i] + k1/2.)
        k3 = h1 * f(t + h1, yy[i] + k2)
        yy [i + 1] = yy[i] + (1./6.) * (k0 + 2.*k1 + 2.*k2 + k3)
        print(i,yy[i])
    return yy[3]

def ABM(a,b,N):
# Compute 3 additional starting values using rk
    h = (b-a) / N                                # step
    t[0] = a;    y[0] = 1.00;    F0 = f(t[0], y[0])
    for k in range(1, 4):
        t[k] = a + k * h
    y[1] = rk4(t[1], y, h)                       # 1st step
    y[2] = rk4(t[2], y, h)                       # 2nd step
    y[3] = rk4(t[3], y, h)                       # 3rd step
    F1 = f(t[1], y[1])
    F2 = f(t[2], y[2])
    F3 = f(t[3], y[3])
```

```
    h2 = h/24.
    for k in range(3, N):                          # Predictor
        p = y[k] + h2*(-9.*F0 + 37.*F1 - 59.*F2 + 55.*F3)
        t[k + 1] = a + h*(k+1)                     # Next abscissa
        F4 = f(t[k+1], p)
        y[k+1] = y[k] + h2*(F1-5.*F2 + 19.*F3 + 9.*F4)   # Corrector
        F0 = F1                                    # Update values
        F1 = F2
        F2 = F3
        F3 = f(t[k + 1], y[k + 1])
    return t,y

print("  k      t       Y numerical     Y exact")
t, y = ABM(A,B,n)
for k in range(0, n+1):
    print (" %3d %5.3f %12.11f %12.11f "
        %(k,t[k],y[k],(3.*exp(-t[k]/2.) -2.+t[k])))
    numsol.plot(pos = (t[k], y[k]) )
    exsol.plot(pos = (t[k], 3.*exp(-t[k]/2.) -2. + t[k]))
```

8.7.1 評価：rk2, rk4, rk45 の比較

非常に注意深いという自信がないかぎり，rk4 や rk45 のメソッドを自分で書くことは勧めない (書きたければ止めはしない)．このコードは将来に高精度の計算をするとき使う予定である．誤りが1個所もなくメソッドもすべて正しく呼び出す保証がない限り，コードがうまく動いているかに見えても達成すべき精度が得られないかもしれないので，ここに書いてある rk4 と rk45 のコードを使うのがよい．だが，ルンゲ–クッタ法の動作をきちんと理解するために，rk2 は自分で書いてみることを勧める．それなら苦労せずにできるし危険もない．

1. 自分でメソッド rk2 を書き，一般的な ODE に適用できるようにする．それは，方程式の右辺にくる駆動関数 $f(t,x)$ を別のメソッドとするという意味である．
2. 自作の rk2 ソルバーを運動方程式 (8.7) または (8.25) を解くプログラムの中で使う．位置 $x(t)$ および速度 dx/dt の両方を時間の関数としてプロットする．
3. 自作の ODE ソルバーが動き出したら，正しく動作しているか，また適正な h の値を知るために，確認することがたくさんある．

   a) ポテンシャルのパラメータを調整して純粋な調和振動子にする ($p=2$ あるいは $\alpha=0$)．初期状態で原点を通過中の振動子について，位置の厳密解を次に記すので，これと数値解を比較する：
   $$x(t) = A\sin(\omega_0 t), \ v = \omega_0 A\cos(\omega_0 t), \ \omega_0 = \sqrt{k/m} \tag{8.40}$$

   b) 周期 $T = 2\pi/\omega$ が簡単な値 (たとえば $T=1$) となるように k と m の値を選ぶ．

   c) ステップ幅を $h \simeq T/5$ から始め，解が滑らかで多数回振動しても周期が変わらず厳密解とよく合うようになるまで，h を小さくする．一般的に言える

ことは，系の特徴を表す時間が T のときは，$h \simeq T/100$ から開始するのがよいだろう．ここでは大きな h から開始して，ひどい解が良くなっていくのを見る．

d) 厳密解と数値解の初期条件 (変位が 0 であり，速度は 0 ではない) が完全に同じであることを確認してから，両者を同じグラフにプロットする．両者がグラフ上で見分けがつかないなら良しとする．だが，それだと，有効数字 2 桁ぐらいで一致しているのが確かめられたにすぎない．

e) 初速度の値を変えて**調和振動子**の**等時性**，すなわち周期が振幅によらないことを示す．

4. ここまでで，rk2 により ODE の適正な解が得られることが分かったので，rk2, rk4, rk45 ソルバーによる解と比較する．

5. 表 8.1 のような比較表をつくる．この表では rk4 と rk45 を次の 2 本の方程式

$$2yy'' + y^2 - y'^2 = 0 \tag{8.41}$$

$$y'' + 6y^5 = 0 \tag{8.42}$$

について比較する (初期条件 $[y(0), y'(0)] = (1, 1)$)．(8.41) は非線形だが厳密解

表 **8.1** 異なる方程式を用いた ODE ソルバーの比較

式番号	手法	初期 h	ステップ数	計算時間 (ms)	相対誤差
(8.41)	rk4	0.01	1000	5.2	2.2×10^{-8}
	rk45	1.00	72	1.5	1.8×10^{-8}
(8.42)	rk4	0.01	227	8.9	1.8×10^{-8}
	rk45	0.1	3143	36.7	5.7×10^{-11}

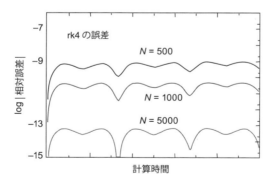

図 **8.6** rk4 で得た ODE の解の相対誤差を対数軸で表した．N は一定の時間内に刻まれるステップ数．対数の値は，概略だが，精度を表す有効桁数の数値 (の符号を反転したもの) に等しい．N を増やすと誤差が小さくなるのがわかる．

$y(t) = 1 + \sin t$ がある[*4]. (8.42) はモデルにしたポテンシャル (8.5) で $p = 6$ とした場合に対応する. まだ rk45 のチューニングはしていないが, 表 8.1 を見ると, 許容限界のパラメータを十分小さくとると, rk45 は rk4 よりも高精度の解を出す (図 8.6). だが浮動小数点演算を〜10 倍も必要とし計算時間が〜5 倍長くなる. 一方, (8.41) については, もっと短い時間で精度の向上が見られた.

8.8 非線形振動子の解 (評価)

プログラム rk4 を用いて非線形振動子を調べる. (8.5) でポテンシャルのべきを $p = 2$ 〜12 とするか, (8.2) で非線形性の強さを $0 \leq \alpha x \leq 2$ の範囲で変えること. まだ時間依存の力を加えてはならない. p が大きいとき, 転回点付近で物体が受ける力あるいは加速度が大きくなるので, 調和振動子のときと比べてステップ幅 h を小さくする必要があるだろう.

1. 力の非線形性をどんなに大きくしても, 振動を続ける解が得られ, 初期条件に応じて決まる振幅と周期がずっと変わらないことを確認する. とくに, エネルギー保存則の結果だが, $x = 0$ で速さが最大となり, $|x|$ が最大の両端で速度が 0 となることを確認する.
2. 非線形振動の**非等時性**を確認する. すなわち, 振幅が異なる振動は周期が異なる (図 8.7).
3. p や α が違うと異なる振動波形になることの理由を説明する.

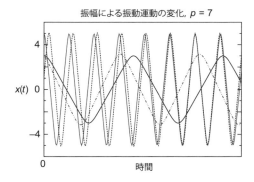

図 8.7 ポテンシャル $V \propto x^7$ の中で起きる振動運動の位置を時間の関数として表した. 4 例の異なる振幅 (初期位置, 初速度 0) は異なる周期の振動となることがわかる.

[*4] 積分が正確に $y(t) = 0$ の点を通過するときは, この式に rk を適用するプロセスが不正確なものになることに注意してほしい. なぜなら, そのとき式の中の y に比例する項がすべて消えてしまい $y'^2 = 0$ となるからである. これは問題であり, このときは別のアルゴリズムを使うほうがよい.

4. 物体が原点を通過する時刻を記録して振動の周期 T を求めるアルゴリズムを工夫する．運動が非対称的なので，周期を求めるには少なくとも 3 回の記録が必要であることに注意．
5. 得られた周期と振幅の関係を示すグラフをつくる．
6. (8.2) の場合，物体の力学的エネルギー E が $k/6\alpha^2$ 以下のとき，調和振動ではないが，振動運動であることを確認する．
7. この物体の力学的エネルギーが $E = k/6\alpha^2$ になると，運動が振動から並進 (原点から離れる) に変る．1 回の振動に無限の時間を要するセパラトリックス (座標と速度を変数とする相空間の軌跡で表した安定と不安定な運動の境界線) にどれだけ接近できるか観察する．(8.5) のポテンシャルではセパラトリックスが存在しない．

8.8.1 精度の評価：エネルギー保存

私たちの ODE ソルバーには，まだエネルギー保存則をあからさまな形では作りこんではいない．だが，摩擦力を含まない限り，運動方程式からの数学的な帰結として p や α の値にかかわらずエネルギーが一定値を保つはずである．このような力学系については，全エネルギーが一定か否かを見るのが数値計算の成否に対する厳しいテストとなる．

1. ポテンシャル・エネルギー $\text{PE}(t) = V[x(t)]$，運動エネルギー $\text{KE}(t) = mv^2(t)/2$，および全エネルギー $E(t) = \text{KE}(t) + \text{PE}(t)$ を 50 周期にわたりプロットする．$\text{PE}(t)$ と $\text{KE}(t)$ の相関と，それがポテンシャルのパラメータにどう依存するかについてコメントする．
2. 得られた解について

$$-\log_{10}\left|\frac{E(t) - E(t=0)}{E(t=0)}\right| \simeq 精度の桁数 \tag{8.43}$$

をプロットし，何周期にもわたり解が長期的に安定であることを確認する (図 8.6)．(8.43) の分子は解の絶対誤差であり，$E(t)$ は時間的に不変なはずなので，これを $E(0)$ で割ると相対誤差となる (概略で 10^{-11})．もし 11 桁より良い値を得られなければ，h の値を小さくするかデバッグする必要がある．
3. p が大きな振動子では，ほとんどの時間は粒子が本質的に「自由」なので，運動エネルギーの時間平均はポテンシャル・エネルギーの時間平均を上回ることが観察できるはずである．実際，べき乗のポテンシャルに対するビリアル定理の裏にある物理がこれである (Marion and Thornton, 2003)：

$$\langle\text{KE}\rangle = \frac{p}{2}\langle\text{PE}\rangle \tag{8.44}$$

得られた解がこのビリアル定理を満たしていることを確かめる．(摂動が入った振動子の問題を解いた読者は，この関係を用いて実効的な p の値を導出するとよい．それは 2 と 3 の間の値になるはずである．)

8.9 非線形振動子の共鳴，うなり，摩擦 (発展課題)

課題 ここまでに扱った振動子はかなり簡単なものだった．摩擦を無視したし，系の本来の振動に影響をあたえる外力 (人の手) もなかった．以下に答えるのが課題である：

1. 摩擦があると振動がどのように変わるか？
2. 非線形振動子の共鳴とうなりは調和振動子の場合とどのように異なるか？
3. 摩擦があると共鳴にどのような影響があるか？

8.9.1 摩擦 (モデル)

世界は摩擦に満ちているが，全部が悪者というわけではない．風に向かって自転車をこぐのは摩擦のせいで辛くなるが，氷の上で歩こうとすると摩擦が必要なことがわかる．それに，摩擦は一般に力学系を安定化する．摩擦力の最も簡単なモデルは**静止摩擦力**，**動摩擦力**，**粘性抵抗**である：

$$F_f^{(\text{static})} \leq -\mu_s N, \quad F_f^{(\text{kinetic})} = -\mu_k N \frac{v}{|v|}, \quad F_f^{(\text{viscous})} = -bv \tag{8.45}$$

ここで N は対象の物体に作用する**垂直抗力**，μ と b はパラメータ，v は物体の速度である．静止摩擦力のモデルは面上で静止している物体に，動摩擦力のモデルは粗い面を滑る物体に適用される．パラメータの値は面の材質や平滑度，濡れの状態により変わるが，速度によらないとする (実際には速度依存性がある)．粘性の大きな流体中を小さな物体がゆっくりと進むときには，速度に比例する粘性抵抗のモデルが適用される．大きな物体が速い速度で進むときは速度の 2 乗に比例する抗力が作用する[*5]．

1. 自分が作成した調和振動子のコードを拡張して (8.45) の 3 種類の摩擦力を取り込み，それぞれの場合で運動がどのように異なるかを観察する．
2. ヒント：静止摩擦と動摩擦を合わせもつシミュレーションでは，振動する物体の速度が $v=0$ となるたびに復元力が静止摩擦力を越えるかを確認しなければならない．もし越えなければ，そこで運動が止まる．$x \neq 0$ の位置で停止するか確認する．
3. 粘性抵抗のシミュレーションでは，b の値を増やしていくと運動に質的な変化が現れるかを調べる．

　　減衰振動：　　　$b < 2m\omega_0$　　包絡線が減衰曲線を描いて振動
　　臨界振動：　　　$b = 2m\omega_0$　　振動せず最も速やかに減衰
　　過減衰振動：　　$b > 2m\omega_0$　　振動せず速やかに減衰

[*5] 放物体に対する空気抵抗の効果は 9.6 節で学ぶ．

8.9.2 共鳴とうなり：モデルと実装

安定な力学系は安定平衡の位置からわずかにずらすと振動する．その微小振動の角振動数 ω_0 は系の**本来の振動数**と呼ばれる．この系にサイン波形の外力が加わり，その振動数が本来の振動数 ω_0 と一致していると，共鳴が起きて振動子は外力からエネルギーを吸収し時間とともに振幅が増加する．この駆動力と振動子の速度が同位相のまま時間が経過すると振幅は大きくなり続ける．だが摩擦や非線形性があると振幅の増加は制限される．

駆動力の振動数が本来の振動数に近いが，完全に一致していないときはうなりという現象が起きる．外力にはよらない系の本来の振動と外力に由来する振動との干渉が起きるのである．外部から加わる駆動力が $K\sin\omega t$ で，初期条件が $x(0)=0$, $v(0)\neq 0$ のとき，厳密解が求まり $\omega \simeq \omega_0$ では次のようになる：

$$x = \frac{K}{\omega_0^2-\omega^2}\sin\omega t + \frac{1}{\omega_0}\left(v_0 - \frac{K\omega}{\omega_0^2-\omega^2}\right)\sin\omega_0 t$$

$$= \frac{v_0}{\omega_0}\sin\omega_0 t + \frac{K}{\omega_0^2-\omega^2}(\sin\omega t - \sin\omega_0 t),$$

$$(\sin\omega t - \sin\omega_0 t) = 2\cos\left(\frac{\omega+\omega_0}{2}t\right)\sin\left(\frac{\omega-\omega_0}{2}t\right) \qquad (8.46)$$

すなわち本来の振動にうなりが重なる．うなりの振動数は $(\omega+\omega_0)/2$, 振幅が $\sin\left(\frac{\omega-\omega_0}{2}\right)t$ に比例してゆっくりと変化する．うなりの振動数が $(\omega-\omega_0)/2$ である．

8.10 時間的に変化する駆動力 (発展課題)

シミュレーションを発展させて，外力

$$F_{\text{ext}}(t) = F_0 \sin\omega t \qquad (8.47)$$

を取り込むと，ODE ソルバーの力の項 $f(t,y)$ が時間依存性を持つことになる．

1. もとのプログラムにある「座標だけに依存する復元力」に，(8.47) のサイン波形の時間依存性がある外力を加える (摩擦力は含めない)．
2. 駆動力 F_0 を非常に大きな値にして開始する．こうするとモード同期が起きるはずである．すなわち，系は駆動力に支配され，運動開始後の過渡的な変化が終わると，振動数によらず外力と同位相で振動する．
3. つぎに，F_0 を小さくし，系の本来の復元力より小さくなるにしたがい，うなりが不鮮明になるのがわかるだろう．
4. 調和振動子のとき，うなりの振動数すなわち単位時間内に振幅が大きくなる回数が，振動数の差 $(\omega-\omega_0)/2\pi$ と等しくなることを確かめる．ただし $\omega \simeq \omega_0$ とする．
5. F_0 の値が (初期条件も含めて) 系の状態と整合してきたら，駆動力の振動数を少しずつ変え一連のシミュレーションを行う．振動数の範囲は $\omega_0/10 \le \omega \le 10\omega_0$ と

する.

6. 駆動力の ω と振動子の最大振幅の関係をプロットする.
7. 非線形系で共鳴を起こしたとき何が起きるかを調べる. 線形系すなわち調和振動子で完全に共鳴していると振幅が限りなく大きくなっていくが, 非線形系ではうなりが起きる. これは, 振幅が変わると系の振動数が変わり, 系の運動と外力の位相がずれてくることによる. 位相のずれが進むと, 外力から系へ供給されるエネルギーが正から負に転じるので振幅が減る. すると再び系の振動数がもとに戻ってきて位相が整合しはじめ, エネルギーの供給が始まり振幅が増大する. このサイクルが繰り返されるため, うなりのパターンが生じる.
8. 調和振動子に粘性抵抗を入れる. 駆動力の振動数の関数としての振幅を表すグラフが, この変更によりどのようになるかを調べる. 抵抗が増えるとグラフが広がるはずである.
9. ポテンシャル $V(x) = k|x|^p/p$ のべき p をどんどん大きくしていくとき, 共鳴の性格がどのように変化するか説明する. p が大きいとき, 事実上は物体が壁に「ぶつかる」ので駆動力との位相関係が保てなくなる. したがって駆動力から系へのエネルギー注入が非効率的になる.

9 ODEの応用：固有値問題，散乱問題，放物体の運動

ODE の数値解法が分かったので，今度はこの新開発のスキルを別のやり方で使うことにする．最初は，ODE ソルバーを探索アルゴリズムと併用し量子力学の固有値問題を解く．次は，古典力学の散乱問題で出てくる連立 ODE を解き，古典力学のカオス的散乱を探求する．最後は，見上げると空からボールが落ちてくるのに，惑星は太陽に落ちて行かないという話である．

9.1 課題：いろいろなポテンシャルによる量子力学的な固有値

量子力学は微視的なスケールで起きる現象を記述する (原子や原子あるいはそれよりもさらに小さい素粒子が対象)．これは統計的・確率的な理論であり，1 個の粒子が点 x を含む領域 dx に見出される確率を，その粒子の**波動関数** $\psi(x)$ を用いて $P = |\psi(x)|^2\, dx$ と与える．1 次元運動をする粒子がポテンシャル $V(x)$ の中で全エネルギー E を一定に保つとき，その波動関数は「時間に依存しないシュレーディンガー方程式」と呼ばれる常微分方程式に従う (空間の次元が 2 以上のときは偏微分方程式となる)[*1]：

$$\frac{-\hbar^2}{2m}\frac{d^2\psi(x)}{dx^2} + V(x)\psi(x) = E\psi(x) \tag{9.1}$$

「エネルギー E の束縛状態の解を求める」という言いかたをするが，具体的な計算ではエネルギーのかわりに波数 κ を用いる．両者には次の関係がある (束縛状態のエネルギーが負となることに注意)：

$$\kappa^2 = -\frac{2m}{\hbar^2}E = \frac{2m}{\hbar^2}|E| \tag{9.2}$$

そうすると，シュレーディンガー方程式は

$$\frac{d^2\psi(x)}{dx^2} - \frac{2m}{\hbar^2}V(x)\psi(x) = \kappa^2\psi(x) \tag{9.3}$$

という形になる．粒子が束縛状態にあるとは，空間のある限られた領域に閉じ込められていることを意味するので，$\psi(x)$ の規格化が可能でなければならない．無限遠 ($x \to \pm\infty$) でポテンシャルが一定値 (後出の井戸型ポテンシャルでは 0) となるとき，束縛状態の波

[*1] この時間依存の式には偏微分方程式の解法が必要となり，22 章で論じる．

動関数 $\psi(x)$ は指数関数的に減衰するしかない：

$$\psi(x) \to \begin{cases} e^{-\kappa x} & \cdots \ x \to +\infty \\ e^{+\kappa x} & \cdots \ x \to -\infty \end{cases} \tag{9.4}$$

要約すると，これまでに学んだ手法を使えば ODE (9.1) を解くのは特に難しくないが，その解 $\psi(x)$ が境界条件 (9.4) を満たすという条件を課す必要がある．この追加の条件が ODE の問題を**固有値問題**へと変質させる．エネルギー E (あるいは同じことだが κ) が特定の値のときにだけ解が存在するのである．最も下の固有値 (0 から最も遠い負数) が基底状態のエネルギーとなる．その値を求めるには対応する波動関数 (固有関数) を求める必要があるが，これには節点があってはならない．ポテンシャルが原点について対称なら，基底状態の波動関数は偶関数 ($x = 0$ について全対称) となるが，励起状態は奇関数 (反対称) になることもある．励起状態のエネルギーは基底状態より上にある (0 に近い負数)．

9.1.1 モデル：箱の中の粒子

ここで学ぶ数値計算の手法は極めて現実的なポテンシャルの形のときにも適用できる．しかし，まず (9.1) のポテンシャル $V(x)$ が有限の深さの井戸型の場合 (図 9.1) に適用しよう．このポテンシャルは量子力学の標準的な教科書に出てくるのでそれとの連携という意味もあるし，また厳密解との比較検討が容易だからである．$V(x)$ を

$$V(x) = \begin{cases} -V_0 = -83\,\text{MeV} & \cdots \ |x| \leq a = 2\,\text{fm} \\ 0 & \cdots \ |x| > a = 2\,\text{fm} \end{cases} \tag{9.5}$$

とする．核子に対する典型的な値として，ポテンシャルの深さを 83 MeV，到達距離 (半径) を 2 fm とした．(以下において，エネルギーの単位を MeV [100 万電子ボルト]，長

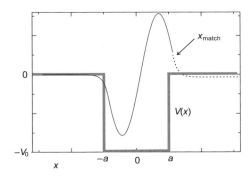

図 9.1 計算で得られた波動関数と井戸型ポテンシャル (太線)．この図の場合，左側から積分して得た波動関数 (実線) と右側から積分して得た波動関数 (破線) が井戸の右端付近で整合した．井戸の外側で波動関数が急速に減衰する様子に注意しよう．

さの単位を fm [フェムトメートル] とする．) このポテンシャルを用いるとシュレーディンガー方程式 (9.3) は次のようになる：

$$\frac{\mathrm{d}^2\psi(x)}{\mathrm{d}x^2} + \left(\frac{2m}{\hbar^2}V_0 - \kappa^2\right)\psi(x) = 0 \quad \cdots \ |x| \leq a \tag{9.6}$$

$$\frac{\mathrm{d}^2\psi(x)}{\mathrm{d}x^2} - \kappa^2\psi(x) = 0 \quad\quad\quad \cdots \ |x| > a \tag{9.7}$$

ここで m は核子の質量である．$2m/\hbar^2$ の値を概算するために，その分母と分子に光の速さの 2 乗 c^2 を乗じる (Landau, 1996)：

$$\frac{2m}{\hbar^2} = \frac{2mc^2}{(\hbar c)^2} \simeq \frac{2 \times 940\,\mathrm{MeV}}{(197.32\,\mathrm{MeV\,fm})^2} = 0.0483\,\mathrm{MeV}^{-1}\,\mathrm{fm}^{-2} \tag{9.8}$$

9.2 ふたつの要素をもつアルゴリズム：ODE ソルバーと探索で求める固有値

固有値問題を解くのに，常微分方程式 (9.3) の数値解法と，境界条件 (9.4) を満たす関数の試行錯誤による探索とを組み合わせる．その実行のためのステップを次に記す[*2)]：

1. ずっと左の方の $x = -X_\mathrm{max} \simeq -\infty$ から出発する ($X_\mathrm{max} \gg a$)．この領域では，ポテンシャルが $V = 0$ だから，厳密解が $e^{\pm\kappa x}$ という形になる．したがって，左側の境界条件を満たす波動関数を次のように仮定する：

$$\psi_L(x = -X_\mathrm{max}) = \mathrm{e}^{+\kappa x} = \mathrm{e}^{-\kappa X_\mathrm{max}} \tag{9.9}$$

2. 好みの ODE ソルバーを用いて，原点の方 (右) に向かい $x = -X_\mathrm{max}$ から 1 ステップずつ $\psi_L(x)$ の値を計算し，前もって決めた**整合半径** x_match まで進む．整合半径の位置を正確にどこにするかは重要ではないし，最終的な解は整合半径の位置に依存しないはずである．図 9.1 は $x_\mathrm{match} = +a$ すなわちポテンシャルの右壁の位置で整合させたときの解のサンプルである．図 9.2 は探索の初期推定値の選び方により整合しなかった例である．

3. できるだけ右すなわち $x = +X_\mathrm{max} \simeq +\infty$ から開始する．波動関数は右側の境界条件を満たすように次の形にする：

$$\psi_R(x = +X_\mathrm{max}) = \mathrm{e}^{-\kappa x} = \mathrm{e}^{-\kappa X_\mathrm{max}} \tag{9.10}$$

4. rk4 ODE ソルバーを用いて，原点の方 (左) に向かって $x = +X_\mathrm{max}$ から 1 ステップずつ $\psi_L(x)$ の値を計算し整合半径 x_match まで進む．

[*2)] ここで概略を述べた処方は，徐々に小さくなるような一般のポテンシャルについてである．井戸型ポテンシャルの場合は鋭い壁があるため特別で，ポテンシャル障壁の内側での厳密解の形が分かっているのだから，そこから内側に向かって積分を開始してもよい．それに比べ，たとえば 3 次元クーロン・ポテンシャルのときは，ポテンシャルの減衰がゆっくりなので無限遠の漸近形として単純な指数関数的な振る舞いだけを仮定するわけにはいかない (Landau, 1996)．

9.2 ふたつの要素をもつアルゴリズム：ODE ソルバーと探索で求める固有値 189

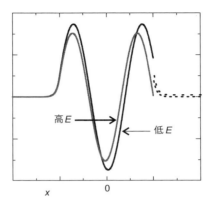

図 9.2 エネルギーの推定値が固有エネルギーの値に比べて高すぎる場合と低すぎる場合．低いエネルギーで推定したときは波動関数の井戸内での振動が不足して井戸外の指数関数的に減衰する波動関数と整合しない．エネルギーが高すぎると振動が過多となる．

5. 確率とその流れが $x = x_{\text{match}}$ で連続になるという条件を実現するためには，$\psi(x)$ と $\psi'(x)$ が整合半径の位置で連続になる必要がある．対数微分と呼ばれる比 $\psi'(x)/\psi(x)$ の連続性を要請すれば，両方の連続条件を 1 本の式だけで満たせるし，ψ の規格化をしていなくても使える条件となる．

6. この段階ではまだ E (あるいは κ) のどんな値が固有値を与えるか知らないのだが，ODE ソルバーを使うにはエネルギーの値を (探索の初期推定値として) 設定する必要がある．そういうわけで，このエネルギーに対応する解をまず調べることになる．基底状態のエネルギーの推定値としては，井戸の底のエネルギーより少し上の値，$E > -V_0$ がよいだろう．

7. 初期推定値が正しい値とは考えにくいので，左と右からの 2 個の波動関数が $x = x_{\text{match}}$ で整合することはまず無いだろう (図 9.2)．だがそれは構わない．不整合の程度を使って次の推定値を改善できるからである．左右の波動関数がどれくらい整合したかを対数微分の値の差で見積もる：

$$\Delta(E, x) = \left. \frac{\psi'_{\text{L}}(x)/\psi_{\text{L}}(x) - \psi'_{\text{R}}(x)/\psi_{\text{R}}(x)}{\psi'_{\text{L}}(x)/\psi_{\text{L}}(x) + \psi'_{\text{R}}(x)/\psi_{\text{R}}(x)} \right|_{x=x_{\text{match}}} \quad (9.11)$$

分母は，この値が過度に大きくなったり小さくなったりするのを防ぐためである．次に，エネルギーの値を変えてみるが，$\Delta(E)$ がどれだけ変化したかに注意しその値を用いて次のエネルギーの推定値を何か賢い方法で算出する．左右の ψ'/ψ が前もって定めた許容範囲に入るまでこの探索を続ける．この許容範囲は固有エネルギーの値の精度に依存して決まる．

9.2.1 ヌメロフ法のシュレーディンガー方程式型 ODE への適用 ⊙

ODE の数値解法としては一般的に 4 次のルンゲ–クッタ法を，また固有値問題の解にはこれと探索ルーチンの組み合わせを推奨する．しかし，本項ではヌメロフ法を紹介する．これは (シュレーディンガー方程式のように) 1 次微分係数を含まない ODE に特化したアルゴリズムであり，rk4 ほど一般的ではないが，$\mathcal{O}(h^6)$ の精度が加わることにより計算が速くなる．

まず，シュレーディンガー方程式 (9.3) を微分方程式の一般形

$$\frac{\mathrm{d}^2\psi}{\mathrm{d}x^2} + k^2(x)\psi = 0, \quad k^2(x) = \begin{cases} \dfrac{2m}{\hbar^2}(E+V_0) & \cdots \ |x| \leq a \\ \dfrac{2m}{\hbar^2}E & \cdots \ |x| > a \end{cases} \tag{9.12}$$

に書き直す．ここで，束縛状態のとき $k^2 = -\kappa^2$ である．(9.12) は井戸型ポテンシャルに特化した式だが，他のポテンシャルのときは $-V_0$ を $V(x)$ に置き換えればよい．ヌメロフ法は，(9.12) に 1 次微分係数 $\mathrm{d}\psi/\mathrm{d}x$ が含まれないことを利用して 2 次微分係数の精度を上乗せするというトリックを使う．まず，波動関数のテーラー展開

$$\psi(x+h) = \psi(x) + h\psi^{(1)}(x) + \frac{h^2}{2}\psi^{(2)}(x) + \frac{h^3}{3!}\psi^{(3)}(x) + \frac{h^4}{4!}\psi^{(4)}(x) + \cdots \tag{9.13}$$

$$\psi(x-h) = \psi(x) - h\psi^{(1)}(x) + \frac{h^2}{2}\psi^{(2)}(x) - \frac{h^3}{3!}\psi^{(3)}(x) + \frac{h^4}{4!}\psi^{(4)}(x) + \cdots \tag{9.14}$$

から始める．ここで $\psi^{(n)}$ は n 次微分係数 $\mathrm{d}^n\psi/\mathrm{d}x^n$ を表す．$\psi(x-h)$ の展開で h の奇数べきの項が負となるので $\psi(x+h)$ と $\psi(x-h)$ の和をとると全ての奇数べきが消える:

$$\psi(x+h) + \psi(x-h) = 2\psi(x) + h^2\psi^{(2)}(x) + \frac{h^4}{12}\psi^{(4)}(x) + \mathcal{O}(h^6) \tag{9.15}$$

$$\Rightarrow \quad \psi^{(2)}(x) = \frac{\psi(x+h) + \psi(x-h) - 2\psi(x)}{h^2} - \frac{h^2}{12}\psi^{(4)}(x) + \mathcal{O}(h^4) \tag{9.16}$$

(9.16) を用いてシュレーディンガー方程式 (9.12) の 2 次微分係数を書き換えたときに現れる 4 次微分係数を消去するため，(9.12) に $1 + (h^2/12)(\mathrm{d}^2/\mathrm{d}x^2)$ を作用させる:

$$\psi^{(2)}(x) + \frac{h^2}{12}\psi^{(4)}(x) + k^2(x)\psi(x) + \frac{h^2}{12}\frac{\mathrm{d}^2}{\mathrm{d}x^2}\left[k^2(x)\psi(x)\right] = 0 \tag{9.17}$$

実際，この第 1 項に (9.16) を代入すると $\psi^{(4)}$ が消える:

$$\frac{\psi(x+h) + \psi(x-h) - 2\psi(x)}{h^2} + k^2(x)\psi(x) + \frac{h^2}{12}\frac{\mathrm{d}^2}{\mathrm{d}x^2}\left[k^2(x)\psi(x)\right] \simeq 0 \tag{9.18}$$

ここで左辺第 3 項，$k^2(x)\psi(x)$ の 2 次微分係数を中心差分で近似する:

$$h^2\frac{\mathrm{d}^2\left[k^2(x)\psi(x)\right]}{\mathrm{d}x^2} \simeq \left[(k^2\psi)_{x+h} - (k^2\psi)_x\right] + \left[(k^2\psi)_{x-h} - (k^2\psi)_x\right] \tag{9.19}$$

これを代入するとヌメロフ法の式が得られる:

$$\psi(x+h) \simeq \frac{2\left[1 - \dfrac{5}{12}h^2k^2(x)\right]\psi(x) - \left[1 + \dfrac{h^2}{12}k^2(x-h)\right]\psi(x-h)}{1 + \dfrac{h^2}{12}k^2(x+h)} \tag{9.20}$$

9.2 ふたつの要素をもつアルゴリズム：ODE ソルバーと探索で求める固有値

ヌメロフ法では $x+h$ における ψ の値を求めるのに，直前の 2 ステップすなわち x と $x-h$ における ψ を用いていることがわかる．このアルゴリズムの実装 Numerov.py を含むリスト 9.1 に示す．

リスト 9.1 QuantumNumerov.py はヌメロフ法を用いて時間に依存性しない 1 次元シュレーディンガー方程式の束縛状態のエネルギーを解く（リスト 9.2 で示すように rk4 でも解くことができる．）

```
# QuantumNumerov: Quantum BS via Numerov ODE solver + search

from visual import *
from visual.graph import *

psigr   = display(x=0, y=0, width=600,height=300,title='R & L Wave Funcs')
psi     = curve(x=list(range(0,1000)), display=psigr, color=color.yellow)
psi2gr  = display(x=0,y=300,width =600, height =200, title='Wave func^2 ')
psio    = curve(x=list(range(0,1000)), color=color.magenta, display=psi2gr)
energr  = display(x=0, y=500, width=600, height=200,title='Potential & E')
poten   = curve(x=list(range(0,1000)), color=color.cyan, display=energr )
autoen  = curve(x=list(range(0,1000)), display=energr)

dl      = 1e-6                          # very small interval to stop bisection
ul      = zeros([1501], float)
ur      = zeros([1501], float)
k2l     = zeros([1501], float)          # k**2 left wavefunc
k2r     = zeros([1501], float)
n       = 1501
m       = 5                             # plot every 5 points
imax    = 100
xl0     = -1000; xr0 = 1000             # leftmost, rightmost x
h       = 1.0*(xr0-xl0)/(n-1.)
amin    = -0.001; amax = -0.00085       # root limits
e       = amin                          # Initial E guess
de      = 0.01
ul[0] = 0.0; ul[1] = 0.00001; ur[0] = 0.0; ur[1] = 0.00001
im      = 500                           # match point
nl      = im+2; nr = n-im+1             # left, right wv
istep = 0
def V(x):                               # Square well
    if (abs(x)<=500):   v = -0.001
    else:               v = 0
    return v

def setk2():                            # k2
    for i in range(0,n):
        xl = xl0+i*h
        xr = xr0-i*h
        k2l[i] = e-V(xl)
        k2r[i] = e-V(xr)

def numerov (n,h,k2,u):                 # Numerov algorithm
    b=(h**2)/12.0
    for i in range(1, n-1):
        u[i+1] = (2*u[i]*(1-5*b*k2[i]) -(1.+b*k2[i-1])*u[i-1])/(1+b*k2[i+1])

setk2()
numerov (nl, h, k2l, ul)                # Left psi
numerov (nr, h, k2r, ur)                # Right psi
fact= ur[nr-2]/ul[im]                   # Scale
```

```
    for i in range(0, nl): ul[i] = fact*ul[i]
    f0 = (ur[nr-1]+ul[nl-1]-ur[nr-3]-ul[nl-3])/(2*h*ur[nr-2])  # Log deriv

def normalize():
    asum = 0
    for i in range(0,n):
        if i > im:
            ul[i] = ur[n-i-1]
            asum = asum+ul[i]*ul[i]
    asum         = sqrt(h*asum);
    elabel       = label(pos=(700, 500), text='e=', box=0,display=psigr)
    elabel.text  = 'e=%10.8f' %e
    ilabel       = label(pos=(700,400),text='istep=',box=0,display=psigr)
    ilabel.text  = 'istep=%4s' %istep
    poten.pos    = [(-1500,200),(-1000,200),(-1000,-200),
                    (0,-200),(0,200),(1000,200)]
    autoen.pos   = [(-1000,e*400000.0+200),(0,e*400000.0+200)]
    label(pos=(-1150,-240), text='0.001', box=0, display=energr)
    label(pos=(-1000,300),  text='0',     box=0, display=energr)
    label(pos=(-900,180),   text='-500',  box=0, display=energr)
    label(pos=(-100,180),   text='500',   box=0, display=energr)
    label(pos=(-500,180),   text='0',     box=0, display=energr)
    label(pos=(900,120),    text='r',     box=0, display=energr)
    j=0
    for i in range(0,n,m):
        xl        = xl0 + i*h
        ul[i]     = ul[i]/asum           # wave function normalized
        psi.x[j]  = xl - 500                              # plot psi
        psi.y[j]  = 10000.0*ul[i]   # vertical line for match of wvfs
        line      = curve(pos=[(-830,-500),(-830,500)],
                    color=color.red, display=psigr)
        psio.x[j] = xl-500                                # plot psi
        psio.y[j] = 1.0e5*ul[i]**2
        j +=1

while abs(de) > dl and istep < imax:      # bisection algorithm
    rate(2)                                # Slow animation
    e1 = e
    e  = (amin+amax)/2
    for i in range(0,n):
        k2l[i] = k2l[i] + e-e1
        k2r[i] = k2r[i] + e-e1
    im = 500;
    nl = im+2
    nr = n-im+1;
    numerov(nl,h,k2l,ul)                        # New wavefuntions
    numerov(nr,h,k2r,ur)
    fact = ur[nr-2]/ul[im]
    for i in range(0,nl): ul[i] = fact*ul[i]
    f1 = (ur[nr-1]+ul[nl-1]-ur[nr-3]-ul[nl-3])/(2*h*ur[nr-2])  # Log deriv
    rate(2)
    if f0*f1 < 0:                         # Bisection localize root
        amax = e
        de = amax - amin
    else:
        amin = e
        de = amax - amin
        f0 = f1
    normalize()
    istep = istep + 1
```

9.2.2 実装：ODE ソルバーと二分法による固有値の探索

1. 二分法による探索プログラムと rk4 あるいはヌメロフ法の ODE ソルバーを組み合わせて固有値問題のソルバーをつくる．ステップ幅は $h = 0.04$ で開始する．
2. エネルギーと整合半径の関数である整合判定値 $\Delta(E, x)$ を計算するサブルーチンをつくる．この関数を二分法のプログラムから呼び出してエネルギーの探索に用いる．井戸型ポテンシャルの右壁での判定値 $\Delta(E, x = 2)$ ((9.11) 参照) がゼロとなる E を探索する．
3. 最初の推定値を $E \simeq 65 \, \text{MeV}$ とする．
4. $\Delta(E, x)$ の変化が小数点以下 4 桁になるまで探索を続ける．リスト 9.2 のコードでは，これを QuantumEigen.py で実行している ((9.5) の諸定数を用いた計算は各自で実行すること)．
5. 探索を繰り返すごとにエネルギーの値をプリントアウトする．こうすると，得られる固有値の精度がどの程度かを知るだけでなく，このアルゴリズムでの収束の様子についての感覚が得られる．エネルギーが有効 3 桁まで求まったという確信を得るまで判定値の許容限界を変えて試す．
6. エネルギーを探索する回数の上限を組み込み，その範囲内で探索が不成功のとき警告を出力するようにする．
7. これまでの図と同様に，ひとつのグラフに波動関数とポテンシャルを重ねて描く (両者を同程度の大きさにするには一方のプロットの縦軸の縮尺を変える必要がある)．
8. 波動関数の節点の個数を数えることで，見つけた解が基底状態 (節無し) と励起状態 (節あり) のどちらであるかを結論する．また初期値の設定に対応して，解が原点に対して偶関数 (全対称) あるいは奇関数 (反対称) になっているかを調べる (基底状態は全対称である)．
9. 図 9.1 に対応する解を得たら，そのグラフに基底状態のエネルギー値を示す水平線を引く．線の位置はポテンシャルの井戸の深さとの関係で決まる．
10. エネルギーの初期推定値を大きくして励起状態を見つける．確定したどの励起状態についても波動関数が滑らかに連続していることを確認し，節点の数を数え，見落とした励起状態が無いかを調べる．
11. 新たに見つけた状態のエネルギー値を示す水平線をポテンシャル中に描き込む．
12. 半径が数 fm のポテンシャルの井戸に束縛された核子のエネルギー準位の間隔は MeV のオーダーであるが，この事実に照らして課題が完成したか確認する．

リスト 9.2 QuantumEigen.py は時間依存性がない 1 次元シュレーディンガー方程式を解き束縛状態のエネルギーを求める．使用するアルゴリズムは rk4 である．

```
# QuantumNumerov: Quantum BS via Numerov ODE solver + search
# QuantumEigen.py:            Finds E and psi via rk4 + bisection
```

```
# mass/((hbar*c)**2)= 940MeV/(197.33MeV-fm)**2 =0.4829, well width=20.0 fm
# well depth 10 MeV, Wave function not normalized.

from visual import *

psigr    = display(x=0,y=0,width=600,height=300, title='R & L Wavefunc')
Lwf      = curve(x=list(range(502)),color=color.red)
Rwf      = curve(x=list(range(997)),color=color.yellow)
eps       = 1E-3                                           # Precision
n_steps   = 501
E         = -17.0                                          # E guess
h         = 0.04
count_max = 100
Emax      = 1.1*E                                          # E limits
Emin      = E/1.1

def f(x, y, F,E):
    F[0] = y[1]
    F[1] = -(0.4829)*(E-V(x))*y[0]

def V(x) :
    if(abs(x) < 10.):     return (-16.0)                   # Well depth
    else:                 return (0.)

def rk4(t, y,h,Neqs,E):
    F     = zeros((Neqs),float)
    ydumb = zeros((Neqs),float)
    k1    = zeros((Neqs),float)
    k2    = zeros((Neqs),float)
    k3    = zeros((Neqs),float)
    k4    = zeros((Neqs),float)
    f(t, y, F,E)
    for i in range(0,Neqs):
        k1[i] = h*F[i]
        ydumb[i] = y[i] + k1[i]/2.
    f(t + h/2., ydumb, F,E)
    for i in range(0,Neqs):
        k2[i] = h*F[i]
        ydumb[i] = y[i] + k2[i]/2.
    f(t + h/2., ydumb, F,E)
    for i in range(0,Neqs):
        k3[i]= h*F[i]
        ydumb[i] = y[i] + k3[i]
    f(t + h, ydumb, F,E);
    for i in range(0,Neqs):
        k4[i]=h*F[i]
        y[i]=y[i]+(k1[i]+2*(k2[i]+k3[i])+k4[i])/6.0

def diff(E, h):
    y = zeros((2),float)
    i_match = n_steps //3                                  # Matching radius
    nL = i_match + 1
    y[0] = 1.E-15;                                         # Initial left wf
    y[1] = y[0]* sqrt(-E*0.4829)
    for ix in range(0,nL + 1):
        x = h * (ix -n_steps/2)
        rk4(x, y, h, 2, E)
    left = y[1]/y[0]                                       # Log derivative
    y[0] = 1.E-15;              # slope for even; reverse for odd
    y[1] = -y[0]* sqrt(-E*0.4829)                          # Initialize R wf
```

9.2 ふたつの要素をもつアルゴリズム：ODE ソルバーと探索で求める固有値

```
        for ix in range( n_steps ,nL+1,-1):
            x = h*(ix+1 -n_steps /2)
            rk4(x, y, -h, 2, E)
        right = y[1]/y[0]                        # Log derivative
        return( (left - right)/(left + right) )

def plot(E, h):                                  # Repeat integrations for plot
    x = 0.
    n_steps = 1501                               # # integration steps
    y = zeros((2) ,float)
    yL = zeros((2 ,505) ,float)
    i_match = 500                                # Matching point
    nL = i_match + 1;
    y[0] = 1.E-40                                # Initial left wf
    y[1] = -sqrt(-E*0.4829) *y[0]
    for ix in range(0 ,nL+1) :
        yL[0][ix] = y[0]
        yL[1][ix] = y[1]
        x = h * (ix -n_steps /2)
        rk4(x, y, h, 2, E)
    y[0] = -1.E-15                # - slope : even; reverse for odd
    y[1] = -sqrt(-E*0.4829)*y[0]
    j=0
    for ix in range(n_steps -1,nL + 2, -1):     # right wave function
        x = h * (ix + 1 -n_steps /2)             # Integrate in
        rk4(x, y, -h, 2, E)
        Rwf.x[j] = 2.*(ix + 1 -n_steps /2) -500.0
        Rwf.y[j] = y[0]*35e-9 +200
        j +=1
    x = x-h
    normL = y[0]/yL[0][nL]
    j=0
    # Renormalize L wf & derivative
    for ix in range(0 ,nL+1) :
        x = h * (ix-n_steps /2 + 1)
        y[0] = yL[0][ix]*normL
        y[1] = yL[1][ix]*normL
        Lwf.x[j] = 2.*(ix -n_steps /2+1) -500.0
        Lwf.y[j] = y[0]*35e-9+200                # Factor for scale
        j +=1
for count in range(0 ,count_max +1):
    rate (1)                                     # Slow rate to show changes
    # Iteration loop
    E = (Emax + Emin)/2.                         # Divide E range
    Diff = diff(E, h)
    if (diff(Emax, h)*Diff > 0):    Emax = E     # Bisection algorithm
    else:                           Emin = E
    if ( abs(Diff) < eps ):         break
    if count >3:                                 # First iterates too irregular
        rate (4)
        plot(E, h)
    elabel       = label(pos=(700, 400), text='E=', box=0)
    elabel.text  = 'E=%13.10f ' %E
    ilabel       = label(pos=(700, 600), text='istep=', box=0)
    ilabel.text  = 'istep=%4s' %count
elabel       = label(pos=(700, 400), text='E=', box=0)    # Last iteration
elabel.text  = 'E=%13.10f ' %E
ilabel       = label(pos=(700, 600), text='istep=', box=0)
ilabel.text  = 'istep=%4s' %count
```

```
print("Final  eigenvalue  E  =  ",E)
print("iterations ,  max  =  ",count)
```

9.3 ポテンシャル井戸の形を変える (発展課題)

1. まず (9.5) のパラメータを使い，エネルギーの初期推定値を自由に選び探索の過程がうまく機能しているかを確認する．たとえば，井戸の底より低いエネルギーには束縛状態がないことを念頭に，$E \geq -V_0$ の範囲で初期値を V_0 の何割というように選ぶ．いずれの場合も得られた波動関数が連続で対称性があることを確認する．リスト 9.2 は初期値の符号の選択により全対称か反対称のいずれか一方の状態だけを探索するが，当面は全対称の状態を対象としよう．
2. 井戸の幅はそのままにして数個の束縛状態が出現するまで，深さを少しずつ増やす．それぞれの束縛状態を観察し，節点の個数と下から何番目の状態であるかという対応関係を調べる．
3. 井戸の深さ V_0 を変えると束縛状態のエネルギーがどのように変わるかを調べる．とくに，井戸を浅くすると，束縛状態のエネルギーが $E = 0$ に近づくが，そのエネルギーが $E \simeq 0$ となるような井戸の深さを見つけられるだろうか？
4. 井戸の深さ V_0 を一定にして半径 a を変えると束縛状態のエネルギーがどのように変わるかを調べる．半径が大きくなるほど束縛が強くなる (エネルギーが下がる) はずである．
5. ⊙ (V_0, a) の組み合わせが違うのに基底状態のエネルギーが同じ場合 (離散的不定性) があるのでこれを調べる．これは，基底状態のエネルギーが分かってもポテンシャルの深さを決めるには不十分であること意味する．
6. プログラムを変更して反対称の波動関数とその固有値を求めるようにする．
7. 井戸型ポテンシャルのかわりに，エネルギーが原点から直線的に変化する次のポテンシャルを使う：

$$V(x) = \begin{cases} -V_0|x| & \cdots \ |x| \leq a \\ 0 & \cdots \ |x| > a \end{cases} \qquad (9.21)$$

四角い井戸に比べてポテンシャルが浅くなり，自由に運動する粒子に近づくだろうから，波動関数が広がると予測される．(このポテンシャルに対する厳密解は無いので数値計算と比較ができない．)
8. ヌメロフ法と rk4 の各方法における計算結果と要した計算時間を比較する．
9. ニュートン–ラフソン法：二分法の代わりにニュートン–ラフソン法を用いて固有値探索をするようにする．どれくらい速くなるかを見定める．

9.4 課題：古典力学のカオス的散乱問題

課題 古典力学のポテンシャル障壁による物体の散乱は連続的な過程だと思うかもしれないが，ピンボール (図 9.3) で実験してみると，一定の条件下では，物体が多重散乱した結果どうやら初期状態とは無関係な最終軌道に入ることを経験する．課題は，時間的に変化しないポテンシャルによる散乱としてこの過程をモデル化できるか，またはピンボールの能動的な仕掛けがあるからカオス的散乱が起きるのかを見極めることである．

図 9.3 ピンボールの写真．複数のバンパー (キノコのような形をした丸い杭) により多重散乱が起きる．

この課題をコンピュータを使って解決するのは易しいのだが，その結果には驚くべきことにカオス的な特徴が含まれている (カオスは 14 章で詳しく論じる)．事実，この課題のシミュレーションをするアプレット Disper2e.html (作者は *Jaime Zuluaga*) を動かすたびに驚かされるのは，筆者ばかりではないだろう．

9.4.1 モデルと理論

電気的に振動するバンパーで弾かれるボールを，ここでは次に示す静的な 2 次元ポテンシャルにより散乱される質点としてモデル化する (Blehel *et al.*, 1990)：

$$V(x,y) = \pm x^2 y^2 \mathrm{e}^{-(x^2+y^2)} \tag{9.22}$$

図 9.4 に示すように，この関数は xy 平面上に 4 個のピークを持つ．複号はそれぞれ反発力と引力の場合に対応する (ピンボールは反発力だけ)．この 4 個のピークのために，ある程度はピンボールと同様，粒子がピークの間で何度も跳ね返るという多重散乱の可

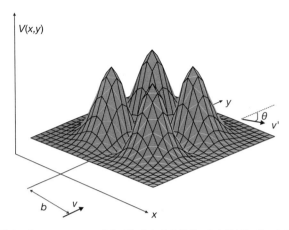

図 9.4 ポテンシャル $V(x,y) = x^2 y^2 e^{-(x^2+y^2)}$ による散乱．これはピンボールのある程度のモデル化になる．入射速度の大きさは v，向きは y 軸と平行，衝突パラメータは b (入射粒子の軌道の x 座標)．散乱後の粒子の速さ v' は入射速度と同じで，散乱角が θ である．

能性を期待できる．

この課題に適用する理論は古典力学である．粒子が無限遠から一定の速さ v で標的に向かって運動を開始し，図 9.4 に示す衝突パラメータ b で入射する様子を思い浮かべよう．この粒子が標的と相互作用して遠方に飛び去った後の散乱角が θ である．ポテンシャルは静的であり反跳がないので，粒子のエネルギーは保存され，無限遠での速さは入射速度と同じだが向きが変化する．実験では，散乱角ごとの粒子数を計測して，その値から散乱角の関数である微分断面積 $\sigma(\theta)$ (これは実験装置の詳細な特性とは無関係に定まる) を求めるのが普通である：

$$\sigma(\theta) = \lim_{\Delta\Omega, \Delta A \to 0} \frac{N_{\text{scatt}}(\theta)/\Delta\Omega}{N_{\text{in}}/\Delta A_{\text{in}}} \tag{9.23}$$

ここで $N_{\text{scatt}}(\theta)$ は入射方向から θ だけ偏向して散乱される単位時間当たりの粒子数で，測定器の面積に対応する立体角 $\Delta\Omega$ で割り分子とする．N_{in} は標的に入射する単位時間あたりの粒子数で，ビームの断面積 ΔA_{in} で割って強度にして分母とする．(9.23) のように極限をとれば微分断面積が連続関数になる．

(9.23) は，実験家が測定したデータを理論計算に使う関数に変えるときの断面積の定義である．ここでは，理論家として，ポテンシャル (9.22) によって散乱された粒子の軌跡を求めて散乱角を導出する．散乱角が分かれば，古典的な衝突パラメータによる散乱角依存性を用いて微分断面積を予測できる (Marion and Thornton, 2003)：

$$\sigma(\theta) = \left| \frac{db}{d\theta} \right| \frac{b}{\sin\theta(b)} \tag{9.24}$$

シミュレーションの結果，ある特別な衝突パラメータに対して $db/d\theta$ が非常に大きくなっ

たり跳躍したりすることに驚くことがあるが，そのときは断面積も非常に大きくなったり不連続性が生じる．

この粒子の運動について解くべき方程式は，ニュートンの運動法則をベクトル的に書いたものに他ならず，(9.22) のポテンシャル中の x および y 方向の運動についての連立方程式である：

$$\boldsymbol{F} = m\boldsymbol{a},$$

$$-\frac{\partial V}{\partial x}\hat{i} - \frac{\partial V}{\partial y}\hat{j} = m\frac{d^2\boldsymbol{x}}{dt^2}, \tag{9.25}$$

$$\mp 2xy e^{-(x^2+y^2)}\left[y(1-x^2)\hat{i} + x(1-y^2)\hat{j}\right] = m\frac{d^2x}{dt^2}\hat{i} + m\frac{d^2y}{dt^2}\hat{j}$$

これらは，x および y 方向の運動についての連立 2 階 ODE である：

$$m\frac{d^2x}{dt^2} = \mp 2y^2 x(1-x^2)e^{-(x^2+y^2)} \tag{9.26}$$

$$m\frac{d^2y}{dt^2} = \mp 2x^2 y(1-y^2)e^{-(x^2+y^2)} \tag{9.27}$$

図 9.4 のポテンシャルの各ピークの頂上では力がゼロとなり，その座標は $x = \pm 1$ と $y = \pm 1$ である．ポテンシャルのピークの高さ $V_{\max} = \pm e^{-2}$ がこの問題におけるエネルギーのスケールを決める．

9.4.2 実　　　装

(9.26) と (9.27) は連立 2 階 ODE だが，標準形になおせばいつもの rk4 ODE ソルバーを使って解ける．ただし，配列が以前の 2 次元から 4 次元へと変化する：

$$\frac{d\boldsymbol{y}(t)}{dt} = \boldsymbol{f}(t, \boldsymbol{y}) \tag{9.28}$$

$$y^{(0)} \stackrel{\text{def}}{=} x(t), \quad y^{(1)} \stackrel{\text{def}}{=} y(t) \tag{9.29}$$

$$y^{(2)} \stackrel{\text{def}}{=} \frac{dx}{dt}, \quad y^{(3)} \stackrel{\text{def}}{=} \frac{dy}{dt} \tag{9.30}$$

ここで $y^{(i)}$ の順番の決め方は任意である．この定義と (9.26) および (9.27) により，標準形における駆動関数を次のように設定できる：

$$f^{(0)} = y^{(2)}, \quad f^{(1)} = y^{(3)} \tag{9.31}$$

$$f^{(2)} = \frac{\mp 1}{m} 2y^2 x(1-x^2)e^{-(x^2+y^2)} \tag{9.32}$$

$$= \frac{\mp 1}{m} 2{y^{(1)}}^2 y^{(0)}\left(1 - {y^{(0)}}^2\right) e^{-\left({y^{(0)}}^2 + {y^{(1)}}^2\right)} \tag{9.33}$$

$$f^{(3)} = \frac{\mp 1}{m} 2x^2 y(1-y^2)e^{-(x^2+y^2)} \tag{9.34}$$

$$= \frac{\mp 1}{m} 2{y^{(0)}}^2 y^{(1)}\left(1 - {y^{(1)}}^2\right) e^{-\left({y^{(0)}}^2 + {y^{(1)}}^2\right)} \tag{9.35}$$

このシミュレーションから散乱角を求めるために，散乱後の粒子が標的から十分離れたときの軌道を調べる必要がある．その近似として，粒子がポテンシャルを感じなくなるまで待って (たとえば $|\mathrm{PE}|/\mathrm{KE} \leq 10^{-10}$)，これを無限遠点とする．このときの速度の成分から散乱角を求める：

$$\theta = \tan^{-1}\left(\frac{v_y}{v_x}\right) \tag{9.36}$$

ここで $\tan^{-1}$ は math.atan2(y,x) により計算する．atan2 は，正しい象限でアーク・タンジェントの値を返す関数である．直接に成分の比を計算しないので玉砕せずにすむ．

9.4.3 評価

1. 4次元の駆動関数をもつ連立2階 ODE (9.26) (9.27) を解くのに rk4 メソッドを適用する．
2. 初期条件として (a) 入射粒子の速度が y 成分だけとし (b) 衝突パラメータ b (x 座標の初期値) は値を変える．初期位置の y を変える必要はないが，十分に大きな値とする．具体的には $\mathrm{PE}/\mathrm{KE} \leq 10^{-10}$ となるようにするが，これは $\mathrm{KE} \simeq E$ を意味する．
3. パラメータの大きさとしては $m = 0.5, v_y(0) = 0.5, v_x(0) = 0.0, \Delta b = 0.05, -1 \leq b \leq 1$ が適切である．断面積の変化が急な領域を見つけたら，エネルギーを小さくし，ステップ幅を狭めるのがよいだろう．
4. 普通の振る舞いや特殊な振る舞いの軌跡 $[x(t), y(t)]$ をたくさんプロットする．とくに，後方散乱が起きる場合と，結果として多重散乱がたくさん起きる場合をプロットする．
5. 相空間の軌跡 $[x(t), \dot{x}(t)]$ と $[y(t), \dot{y}(t)]$ をたくさんプロットする．束縛状態に対する軌跡とどのように違うだろうか．
6. 散乱された粒子が相互作用領域を離れたあと，すなわち $\mathrm{PE}/\mathrm{KE} \leq 10^{-10}$ となったあとの速度から散乱角 $\theta =$ atan2($\mathbf{v_x}$, $\mathbf{v_y}$) を求める．
7. 相空間の軌跡がどのような特徴を持つときに $\mathrm{d}b/\mathrm{d}\theta$ したがって $\sigma(\theta)$ が特異的にふるまうかを定める．
8. 反発力または引力を与えるポテンシャルの両方について，また入射粒子のエネルギーが $V_{\max} = \exp(-2)$ より大きい場合と小さい場合についてシミュレーションを行う．
9. 時間遅れ：入射粒子が相互作用領域を通り抜けるのにかかった時間，すなわち時間遅れ $T(b)$ は衝突パラメータ b の関数だが，その計算が散乱の様子の異常性を知るひとつの方法となる．$T(b)$ の片対数プロットが激しく振動する領域を見つける．その領域でより細かく変数を動かし ($\simeq b/10$) シミュレーションを繰り返す．ここで見られる構造はフラクタルである (16章参照)．

9.5 課題：上空から落ちてくるボール

ゴルフや野球の選手に聞くと，ボールが最終的には直線軌道で落ちてくると言う (図 9.5 の実線). 課題は，この現象に対して単純な物理的説明があるか，あるいは彼らが「心の目」でそう見ているのかを見極めることである．上空から物体が落ちてくる様子を調べる一方，惑星が太陽に落ちていかない理由を新しく手に入れた計算ツールを使って説明できるか調べる．

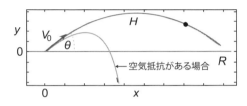

図 9.5 初速 V_0，仰角 θ で射出された物体の軌跡．下側の曲線は空気抵抗を考慮した場合である．

9.6 理論：空気抵抗を受ける放物体の運動

図 9.5 は，初速 V_0，仰角 θ で原点から射出された物体を示す．空気抵抗を無視すれば，物体には地球からの重力だけが作用し y 軸負方向に等加速度 $g = 9.8\,\mathrm{m/s^2}$ で運動する．そのときの運動方程式に対する厳密解は次のとおりである：

$$x(t) = V_{0x}t, \quad y(t) = V_{0y}t - \frac{1}{2}gt^2 \tag{9.37}$$

$$v_x(t) = V_{0x}, \quad v_y(t) = V_{0y} - gt \tag{9.38}$$

ここで $(V_{0x}, V_{0y}) = V_0(\cos\theta, \sin\theta)$ である．t を x の関数として表し $y(t)$ の式に代入すると，軌道が放物線であることがわかる：

$$y = \frac{V_{0y}}{V_{0x}}x - \frac{g}{2V_{0x}^2}x^2 \tag{9.39}$$

同様に，空気抵抗がないとき (図 9.5 の上側の実線) の射程が $R = 2V_0^2 \sin\theta\cos\theta/g$，到達高度が $H = \frac{1}{2}V_0^2 \sin^2\theta/g$ となることを示すのは容易である．

空気抵抗無しの運動の放物線はその中点に対して対称であり，上空から落ちるボールの動きを説明していない．もしかすると，空気抵抗でこれが違ってくるのだろうか？いずれにしても，基本の物理はニュートンの第 2 法則であり，力は運動を妨げる空気抵抗 $\boldsymbol{F}^{(\mathrm{f})}$ と鉛直方向の重力 $-mg\hat{\boldsymbol{e}}_y$ による鉛直面内の運動である：

$$\boldsymbol{F}^{(\mathrm{f})} - mg\hat{\boldsymbol{e}}_y = m\frac{\mathrm{d}^2\boldsymbol{x}(t)}{\mathrm{d}t^2} \tag{9.40}$$

$$\Rightarrow F_x^{(\mathrm{f})} = m\frac{\mathrm{d}^2 x}{\mathrm{d}t^2}, \quad F_y^{(\mathrm{f})} - mg = m\frac{\mathrm{d}^2 y}{\mathrm{d}t^2} \tag{9.41}$$

ここで，第1式の太字斜体はベクトル量を表す．

空気抵抗 $\boldsymbol{F}^{(\mathrm{f})}$ は，自然界の基本的な力ではなく，複雑な現象をかなり単純化したモデルである．経験から，空気抵抗は常に運動に逆らう，すなわち速度と逆向きに働くことを知っている．また，抵抗力の大きさが放物体の速さの n 乗に比例するというモデルを使う (Marion and Thornton, 2003; Warburton and Wang, 2004)：

$$\boldsymbol{F}^{(\mathrm{f})} = -km|\boldsymbol{v}|^n \frac{\boldsymbol{v}}{|\boldsymbol{v}|} \tag{9.42}$$

ここで，因子 $-\boldsymbol{v}/|\boldsymbol{v}|$ によって抵抗力が常に速度と逆向きであることが保証される．実際の測定によると n は整数ではなく速さにより変化するので，経験的に決めた速度依存性 $n(\boldsymbol{v})$ を用いることで数値的モデルがより高精度なものになるだろう．ここでは n を一定とするので，運動方程式が次のようになる：

$$\frac{\mathrm{d}^2 x}{\mathrm{d}t^2} = -k|v|^n \frac{v_x}{|v|}, \quad \frac{\mathrm{d}^2 y}{\mathrm{d}t^2} = -g - k|v|^n \frac{v_y}{|v|}, \quad |v| = \sqrt{v_x^2 + v_y^2} \tag{9.43}$$

ただし空気抵抗のモデルを速さによって変え，n の値を3通り考慮する：(1) 低速のとき $n = 1$, (2) 中速のとき $n = 3/2$, (3) 高速のとき $n = 2$.

9.6.1　連立2階ODE

(9.43) は連立2階 ODE であるが，次のようにして標準形に書き直すと，これまでの通常の ODE ソルバーがここでも利用できる：

$$\frac{\mathrm{d}\boldsymbol{y}}{\mathrm{d}t} = \boldsymbol{f}(t, \boldsymbol{y}) \quad (\text{標準形}) \tag{9.44}$$

$$y^{(0)} = x(t), \quad y^{(1)} = \frac{\mathrm{d}x}{\mathrm{d}t}, \quad y^{(2)} = y(t), \quad y^{(3)} = \frac{\mathrm{d}y}{\mathrm{d}t} \tag{9.45}$$

この標準形を得るために，各座標と速度をあわせてベクトル $\boldsymbol{y}$ と書き，$\boldsymbol{y}$ の成分について運動方程式を書き直す：

$$\frac{\mathrm{d}y^{(0)}}{\mathrm{d}t} = y^{(1)}, \quad \frac{\mathrm{d}y^{(1)}}{\mathrm{d}t} = \frac{1}{m}F_x^{(\mathrm{f})}(y) \tag{9.46}$$

$$\frac{\mathrm{d}y^{(2)}}{\mathrm{d}t} = y^{(3)}, \quad \frac{\mathrm{d}y^{(3)}}{\mathrm{d}t} = \frac{1}{m}F_y^{(\mathrm{f})}(y) - g \tag{9.47}$$

ここまで来れば，駆動関数 $\boldsymbol{f}(t, \boldsymbol{y})$ が次の成分を持つとするだけでよい：

$$f^{(0)} = y^{(1)}, \quad f^{(1)} = \frac{1}{m}F_x^{(\mathrm{f})}, \quad f^{(2)} = y^{(3)}, \quad f^{(3)} = \frac{1}{m}F_y^{(\mathrm{f})} - g \tag{9.48}$$

リスト 9.3 に $n = 1$ の場合の実装 `ProjectiveAir.py` を示す．

リスト 9.3 ProjectileAir.py は，空気抵抗が無い場合の放物運動の厳密解とともに，空気抵抗が在る場合を解く．

```python
# ProjectileAir.py: Numerical solution for projectile with drag

from visual import *
from visual.graph import *

v0 = 22.;    angle = 34.;    g = 9.8;    kf = 0.8;    N = 5;    dt=v0/g/N
v0x = v0*cos(angle*pi/180.);    v0y = v0*sin(angle*pi/180.)
T = 2.*v0y/g;    H = v0y*v0y/2./g;    R = 2.*v0x*v0y/g
graph1 = gdisplay( title='Projectile with & without Drag',
         xtitle='x', ytitle='y', xmax=R, xmin=-R/20., ymax=8,ymin=-6.0)
funct = gcurve(color=color.red)
funct1 = gcurve(color=color.yellow)
print('No Drag T =',T,', H =',H,', R =',R)

def plotNumeric(k):
    vx = v0*cos(angle*pi/180.)
    vy = v0*sin(angle*pi/180.)
    x = 0.0
    y = 0.0
    print("\n       With Friction      ")
    print("      x             y")
    for i in range(N):
        rate(30)
        vx = vx - k*vx*dt
        vy = vy - g*dt - k*vy*dt
        x = x + vx*dt
        y = y + vy*dt
        funct.plot(pos=(x,y))
        print("  %13.10f  %13.10f  "%(x,y))

def plotAnalytic():
    v0x = v0*cos(angle*pi/180.)
    v0y = v0*sin(angle*pi/180.)
    print("\n        No Friction       ")
    print("      x             y")
    for i in range(N):
        rate(30)
        t = i*dt
        x = v0x*t
        y = v0y*t -g*t*t/2.
        funct1.plot(pos=(x,y))
        print("  %13.10f  %13.10f"%(x,y))

plotNumeric(kf)
plotAnalytic()
```

9.6.2 評　　価

1. 空気抵抗 ($n = 1$) があるときの放物体の運動に対する連立 ODE (9.43) を解けるようにプログラム rk4 を修正する．
2. 図 9.5 と同様のグラフが得られるか，確認する．

3. 低速では (9.42) で $n=1$ とするモデルで支障ない. プログラムを修正して $n=3/2$ (中速のときの抵抗) と $n=2$ (高速のときの抵抗) を扱えるようにする. 3通りの場合について, 初速に対する抵抗力 kv_0^n がすべて同じになるよう k の値を調整する.
4. 上空から落ちてくるボールについて, どんな結論になっただろうか？

9.7　演習：惑星運動の2体および3体問題とカオス的天候

ニュートンの法則と惑星の運動　ニュートンが万有引力の法則により惑星の運動を説明したことは科学におけるもっとも偉大な成果のひとつである. ニュートンは, 惑星の軌道は太陽を焦点とする楕円であることを証明し, その運動の周期も予見できた. そこで仮定する必要があったのは, 質量 m の惑星と質量 M の太陽の間に働く力が

$$F^{(g)} = -\frac{GmM}{r^2} \tag{9.49}$$

となることだけであった. ここで, r は太陽から惑星までの距離, G は万有引力定数であり, この引力は惑星と太陽を結ぶ線の方向である (図 9.6a). 運動を記述する微分方程式を解くのが難しかったために, ニュートンは微積分法を発明しなければならなかった. その難しさに比べると数値解法は単純明快である. なぜなら, 惑星の運動方程式とはいえ, 他と同じ

$$F = ma = m\frac{d^2x}{dt^2} \tag{9.50}$$

という形をしているからである. ここで (9.49) の力は, 直交座標系で

$$F_x = F^{(g)}\cos\theta = F^{(g)}\frac{x}{r} = F^{(g)}\frac{x}{\sqrt{x^2+y^2}} \tag{9.51}$$

$$F_y = F^{(g)}\sin\theta = F^{(g)}\frac{y}{r} = F^{(g)}\frac{y}{\sqrt{x^2+y^2}} \tag{9.52}$$

と成分表示される (図 9.6). 運動方程式 (9.50) は2本の連立2階 ODE となる：

$$\frac{d^2x}{dt^2} = -GM\frac{x}{(x^2+y^2)^{3/2}}, \quad \frac{d^2y}{dt^2} = -GM\frac{x}{(x^2+y^2)^{3/2}} \tag{9.53}$$

1. $GM = 4\pi^2$ となる単位系を使い (地球の公転半径 a を距離の単位, 公転周期 T を時間の単位とすると $GM = 4\pi^2 a^3/T^2 = 4\pi^2$), 初期条件は次のように設定する：

$$x(0) = 0.5, \quad y(0) = 0, \quad v_x(0) = 0.0, \quad v_y(0) = 1.63 \tag{9.54}$$

2. ODE ソルバーのプログラムを (9.53) を解くように修正する.
3. 軌道が閉じて運動がもとの位置に戻るように時間のステップ幅を十分小さくする.
4. 初期条件を変え, 円軌道 (楕円軌道の特殊な場合) になるものが見つかるまで試す.
5. 良い精度を得られるようになったら, 初速度をだんだん大きくしたときの効果を観察する. 軌道が開き惑星が放物体になるだろう.

6. 楕円軌道となる初期条件を用い，(9.49) の距離依存性が $1/r^{2+\alpha}, \alpha \neq 0$ となるときの効果を調べる．α が小さくても楕円が回転ないし首ふり運動をするはずである (図 9.6) (一般相対性理論により，太陽のすぐ近くを通る水星に対し α は小さいが観測にかかる程度の値となると予測された．)

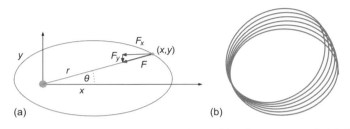

図 9.6 (a) 太陽から距離 r だけ離れた惑星に加わる重力．力の x および y 成分を示した．(b) $\alpha \neq 0$ のとき楕円のような軌道が次第に向きを変えていく様子．

3 体問題：海王星の発見 天王星は 1781 年にハーシェルにより発見されその軌道周期は約 84 年である．発見されてから 1846 年までに天王星は太陽のまわりの軌道をほぼ完全に 1 周したが，ニュートンの万有引力の法則が予測する位置には正確に従っていないように見えた．だが，太陽から天王星までの距離よりさらに 50% 遠いところに未発見の惑星があれば，天王星の軌道がそれから受ける摂動の効果として，法則との不一致を説明できることが理論計算により示された．海王星はこのようにして理論的に発見され，その後に実際に観測された．(冥王星が準惑星に分類され太陽系外縁天体となったので，海王星が太陽系の最も外側の惑星となった．)

海王星と天王星の軌道が円形で同一平面内にあり (図 9.7)，諸元および初期位置が x 軸となす角を次の表に示す値とする：

	質量 ($\times 10^{-5}$ 太陽の質量)	距離 (天文単位)	軌道周期 (年)	位置 (角) (1690 年)
天王星	4.366 244	19.1914	84.0110	~ 205.640
海王星	5.151 389	30.0611	164.7901	~ 288.380

これらのデーターと rk4 を用いて，海王星 (添え字 n) が軌道をちょうど 1 回まわる間に，太陽 (s) から見た天王星 (u) の移動する角度が海王星の影響によりどれだけ変更を受けるかを求める．天王星に加わる力は太陽と海王星からだけとする．天文単位を採用し $M_s = 1, G = 4\pi^2$ とする．

この計算は，上に示した概略に従って実行できる．解くべき問題は xy 座標系での連立 ODE に還元され，力の x および y 成分が計算される．他のアプローチとして，メソッド rk4 で用いられる仕方で微分係数の値を直接に計算してみてもよいだろう

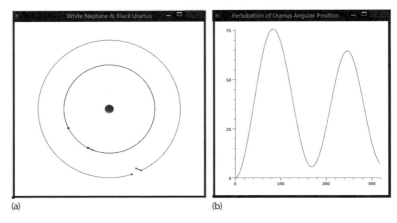

図 9.7 UranusNeptune.py (先生用のサイト) のアニメーション出力画面. (a) 太陽を中心にして天王星の軌道 (内側の円) と海王星の軌道 (外側の円) である. 矢印は軌道に対する摂動を引き起こす天王星と海王星の間の力を示す. (b) 横軸は天王星の位置を角度で表し, 縦軸は海王星による摂動をとった.

(http://spiff.rit.edu/richmond/nbody/OrbitRungeKutta4_fixed.pdf):

$$\boldsymbol{k}_{1v} = \frac{\boldsymbol{F}_T(\boldsymbol{r}_{su}, \boldsymbol{r}_{nu})}{m_u}, \quad \boldsymbol{k}_{1r} = \boldsymbol{v}_u \tag{9.55}$$

$$\boldsymbol{k}_{2v} = \frac{\boldsymbol{F}_T(\boldsymbol{r}_{su} + \boldsymbol{k}_{1r}\frac{\mathrm{d}t}{2}, \boldsymbol{r}_{nu})}{m_u}, \quad \boldsymbol{k}_{2r} = \boldsymbol{v}_u + \boldsymbol{k}_{2v}\frac{\mathrm{d}t}{2} \tag{9.56}$$

$$\boldsymbol{k}_{3v} = \frac{\boldsymbol{F}_T(\boldsymbol{r}_{su} + \boldsymbol{k}_{2r}\frac{\mathrm{d}t}{2}, \boldsymbol{r}_{nu})}{m_u}, \quad \boldsymbol{k}_{3r} = \boldsymbol{v}_u + \boldsymbol{k}_{3v}\frac{\mathrm{d}t}{2} \tag{9.57}$$

$$\boldsymbol{k}_{4v} = \frac{\boldsymbol{F}_T(\boldsymbol{r}_{su} + \boldsymbol{k}_{3r}\mathrm{d}t, \boldsymbol{r}_{nu})}{m_u}, \quad \boldsymbol{k}_{4r} = \boldsymbol{v}_u + \boldsymbol{k}_{4v}\mathrm{d}t \tag{9.58}$$

$$\boldsymbol{v}_u = \boldsymbol{v}_u + (\boldsymbol{k}_{1v} + 2\boldsymbol{k}_{2v} + 2\boldsymbol{k}_{3v} + \boldsymbol{k}_{4v})\frac{\mathrm{d}t}{6} \tag{9.59}$$

$$\boldsymbol{r} = \boldsymbol{r} + (\boldsymbol{k}_{1r} + 2\boldsymbol{k}_{2r} + 2\boldsymbol{k}_{3r} + \boldsymbol{k}_{4r})\frac{\mathrm{d}t}{6} \tag{9.60}$$

力は互いに逆向きだが同じ大きさなので, 海王星に対しても同様の k の組を用いる.

このプログラムで使った定数のいくつかを示すので, 自分で実行するときに参照されたい:

```
G = 4*pi*pi              # AU, Msun=1
mu = 4.366244e-5         # Uranus mass
M = 1.0                  # Sun mass
mn = 5.151389e-5         # Neptune mass
du = 19.1914             # Uranus Sun distance
dn = 30.0611             # Neptune sun distance
Tur = 84.0110            # Uranus Period
Tnp = 164.7901           # Neptune Period
```

9.7 演習：惑星運動の 2 体および 3 体問題とカオス的天候

```
omeur = 2*pi/Tur              # Uranus angular velocity
omennp = 2*pi/Tnp             # Neptune angular velocity
omreal = omeur
urvel = 2*pi*du/Tur           # Uranus orbital velocity UA/yr
npvel = 2*pi*dn/Tnp           # Neptune orbital velocity UA/yr
radur = (205.64)*pi/180.      # in radians
urx = du*cos(radur)           # init x uranus in 1690
ury = du*sin(radur)           # init y uranus in 1690
urvelx = urvel*sin(radur)
urvely = -urvel*cos(radur)
radnp = (288.38)*pi/180.      # Neptune angular pos.
```

10 ハイ・パフォーマンス・コンピューティングのためのハードウェアと並列計算機

　この章では，ハイ・パフォーマンス・コンピューティング (HPC) と並列計算に関連した多くのトピックスについて議論する．これは専門家のみが読めばよいもののように聞こえるかもしれないが，歴史の示すところによれば，現在の HPC のハードウェアとソフトウェアも 10 年以内にデスクトップに使われるようになるだろうから，このようなことを今から知っておいた方がよいと思う．ハイ・パフォーマンス・コンピュータのメモリと中央処理装置の設計からはじめ，続いて並列計算に関する様々な一般的事項について解説する．第 11 章では HPC および並列計算に関して具体的なプログラミングにかかわるいくつかの議論をする．HPC とは幅広い概念だから，解説は簡略にして，HPC を実践している者としての観点から説明する．テキストとしてはコンピュータ科学の観点から並列計算とメッセージ・パッシング・インターフェース (MPI) について解説した Quinn (2014) がある．並列計算に関する他の参考文献としては van de Velde (1994), Fox (1994) に Pancake (1996) をあげておく．

10.1 ハイ・パフォーマンス・コンピュータ

　スーパーコンピュータは，入手可能な最高速・最強力なコンピュータと定義され，現在では何万ものプロセッサから成るマシンである．それはハイ・パフォーマンス・コンピュータの中の「スーパースター」である．現時点において「スーパーコンピュータ」は，ほとんどの場合に並列計算機を意味する．サイズが十分小さくコスト的に個人が使う計算機として優れたパーソナルコンピュータ (PC) でも，先端的な科学技術計算に十分なものならハイ・パフォーマンス・コンピュータと言えるであろう．ここでは「ハイ・パフォーマンス・コンピュータ」を，以下の要素がうまくバランスのとれたマシンとして定義する．

- 機能ユニットが (パイプライン化された) マルチステージになっている
- 中央処理装置 (CPU) が複数個ある
- 複数のコアがある
- 中央レジスタが高速である
- 非常に大容量で高速なメモリをもつ

- 機能ユニット間のコミュニケーション・スピードが非常に速い
- ベクトル・プロセッサ，グラフィック・プロセッサあるいはアレイ・プロセッサを持つ
- これらを効果的に統合して効率的に利用するソフトウェアがある

以上を考慮すると，簡単な例として，非常に高速な CPU があったとしてもメモリシステムやソフトウェアがそれに追いつかなければ何の意味もない．

10.2 メモリの階層構造

計算機アーキテクチャの理想化されたモデルでは，CPU が一連の命令を順次実行し，メモリブロックからは連続的に読み込みをする．例えば，図 10.1 に示したものは，メモリにロードされ，まさにこれから処理されるベクトル A[ ] および行列 M[⋯,⋯] の配列要素である．しかし，現実はもっと複雑である．まず，行列は 2 次元のブロックのようにではなく，むしろ 1 列に並べて記憶される．例えば，Python, Java, C では**行優先順で並べる**：

$$M(0,0)M(0,1)M(0,2)M(1,0)M(1,1)M(1,2)M(2,0)M(2,1)M(2,2) \tag{10.1}$$

Fortran では，**列優先順で並べる**：

$$M(1,1)M(2,1)M(3,1)M(1,2)M(2,2)M(3,2)M(1,3)M(2,3)M(3,3) \tag{10.2}$$

つぎに，図 10.2 と 10.3 に示したように，同じ行列の要素だからと言って，物理的に

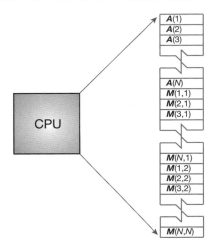

図 **10.1** CPU とメモリの論理配置．メモリ上に置かれる Fortran の配列 $A(N)$ と行列 $M(N,N)$ を示す．

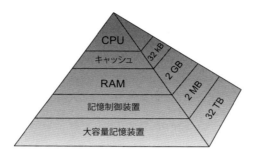

図 10.2 シングルプロセッサのハイ・パフォーマンス・コンピュータでの典型的なメモリ構造 (B = bytes, k, M, G, T = kilo, mega, giga, tera).

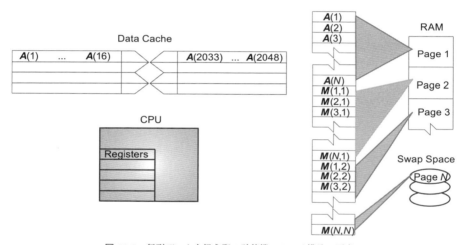

図 10.3 行列データを扱う際の計算機のメモリ構造の要素.

同一の機器に値が記憶されるとは限らない．RAM, ディスク，キャッシュ，CPU に分かれて記憶されるかもしれないのである．このことの意味を理解するために，図 10.2 と図 10.3 にハイ・パフォーマンス・コンピュータの複雑なメモリ・アーキテクチャを単純化してモデル的に示した．スピードとコストをうまくバランスさせる努力をした結果，このように階層的な配置となっている．速いが高価なメモリを，遅いが廉価なメモリで補完しているのである．メモリ・アーキテクチャには次の要素が含まれる：

中央演算処理ユニット (CPU)：コンピュータの中で最も高速な部分である．CPU は非常に高速なレジスタと呼ばれるメモリ・ユニットを有する．そこにはハードウェアに送られる命令，たとえばデータに対する読み出し，書き込み，演算が格納される．レジスタは何個もあり，命令，番地，オペランド (処理中のデータ) ごとにレジスタが別

になっているのが普通である．多くの場合，CPU は浮動小数点演算処理を高速化するための特別なレジスタも有している．

キャッシュ：非常に高速であるが小さいメモリで，高速バッファとも呼ばれる．非常に高速な CPU レジスタとこれより遅いメイン・メモリの RAM の間にあって，命令，番地，データなどを一時的に保管する．図 10.2 では，ピラミッドの上から 2 番目の階層を占めている．メイン・メモリがダイナミック **RAM** (DRAM) と呼ばれるのに対し，キャッシュは**スタティック RAM** (SRAM) と呼ばれる．キャッシュが適切に使われていれば，メモリからデータを呼び出すまでの CPU の待ち時間を大幅に短縮できる．

キャッシュライン：キャッシュと CPU の間のデータ転送はキャッシュラインとデータラインに分類される．メモリからキャッシュにデータを送り込むまでの時間をレイテンシ (待ち時間) という．

ランダム・アクセス・メモリ (RAM)：メイン・メモリとも呼ぶ．これは図 10.2 のメモリの階層構造の中央に位置している．RAM に書き込まれた情報に対しては，物理的な順序によらず直接に (すなわちランダムな順で) アクセスできる．また，そのアクセスは (ディスクのように機械的な装置を仲介せずに) 速やかに行われる．実行中のプログラムとデータが格納されるのがこの場所である．

ページ：仮想メモリシステムのためにメイン・メモリはいくつかの物理ページから構成されている．ページは決まった長さのメモリ・ブロックである．OS は物理ページにラベルを付けて管理する．CPU が扱うアドレスは仮想アドレスであるが，対応する物理アドレスがメイン・メモリにあれば，そこにアクセスする．もしなければ，対応するデータを含むページをハードディスクからコピーした後にアクセスする．そのために必要な未使用のページがなければ，OS はあるアルゴリズム (最も長くアクセスされなかったとか) に従ってページを選び，ハードディスクにページ単位でコピーしてメイン・メモリのページを解放する．典型的なページのサイズは 4〜16 kB だが，スーパーコンピュータでは MB ほどになることがある．

ハードディスク：最後に，メモリのピラミッドの一番下の磁気ディスクあるいは光ディスクが恒久的な記憶となる．ディスクは RAM に比べると著しく遅いが，記憶できるデータの量は膨大であり，場合によってはディスク装置に付属するキャッシュ，記憶制御装置を用いて，スピードが遅いのを補えるようになっている．

仮想メモリ：図の中には出てこない．仮想メモリシステムをとるコンピュータでは，CPU が扱うアドレスは仮想アドレスであり，実際にはハードディスクなどの大容量記憶装置に置かれる．ページのところで説明したように，メイン・メモリ上には最近アクセスされたデータ (命令も含む) だけが置かれる．CPU は仮想アドレスでデータをアクセスするが，OS はそれをメイン・メモリ上の物理アドレスに変換する．

メモリが「速い」とか「遅い」とかいうとき CPU のクロック単位で測った時間が使われる．具体的に言うと，コンピュータのクロックの速さ，あるいはサイクルタイムが

1 ns であり，メモリから十分に速く必要なデータを集めるなら，1 秒間に 10 億個の命令を処理することになる (典型的には 1 つの命令を実行するためには 10 サイクル以上は必要)．キャッシュから CPU までのデータ転送には 1 サイクル必要だが，他のメモリではもっと遅い．ということは，命令を実行させようとするときに，CPU に必要なデータをすべて持たせておけば，利用者はプログラムをスピードアップすることができる (この目的で仮想メモリが使われることになる)．一方データをすべて持っていなければ，そのデータを下層のメモリから転送する間，CPU はプログラムによる計算から離れ他の仕事をすることになる．(これについてはパイプラインやキャッシュの再利用のところでもう少し詳しく議論する．) コンパイラはプログラムを最適な状態にしようとするが，成功するかどうかはプログラミングのスタイルによる．

図 10.3 に示したように，仮想メモリはプログラムが，RAM が 1 度に使える物理的な容量よりも多くのメモリを使うことを可能にする．OS とハードウェアの連携した働きによって，この仮想メモリは，典型的には長さが 4〜16 KB のページ単位にマップされる．使われていないページはより遅いハードディスク領域に蓄えられ，必要になったときのみ早いメモリへ持ってくる．遅いメモリ上の特定の領域が，この切り替えのために確保されていて，スワップ・スペースと呼ばれる (図 10.3)．

アプリケーションが $M[i,j]$ の記憶されているメモリ上の位置にアクセスするときは，そのアドレスを保持しているメモリのページ番号がコンピュータによって決定され，そのページ内での $M[i,j]$ の位置も決定される．必要とするページが RAM 領域ではなくディスク上にあるときは，ページフォールトが起こる．そのとき，問題のページ全体がディスクから RAM 上にコピーされるとともに，最も長時間使用されなかったページがメモリからディスク上に書き戻される．仮想メモリのおかげで，大きなマシンを必要とするような (あるいは相当にプログラミングしなおす必要がある) 場面でも，小さなコンピュータでもプログラムを実行することができる．ページフォールトが頻繁に起ると，プログラムのスピードが 1 桁ほど低下するというのが，プログラマが支払う代償である．だが，これはプログラマが RAM の大きさに合うようなプログラムに書き換えたり，プ

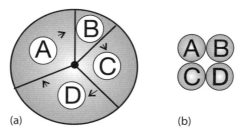

図 **10.4** (a) メモリ上で 1 度に 4 つのプログラムを実行しているときのマルチタスクの様子．SISD 計算機上で，プログラムはラウンドロビンに実行される．(b) MIMD 計算機上では 4 つのプログラムが別々のメモリ上に分散される．

ログラムを実行するのに十分な RAM を購入する費用に比べれば格安といえよう．

仮想メモリは，コンピュータの RAM より大きなプログラムの実行を可能にするばかりでなく，マルチタスクをも可能にする．つまり物理的に RAM の中に入るより多くのプログラムを同時に仮想メモリ上に常駐させることができるのである．アプリケーション間の切替には何サイクルかの時間が使われる．それでも，次のアプリケーション全体をメモリ上にロードするのに比べて待ち時間をなくすことができるから，マルチタスキングは全体として見れば効率を上げ，ユーザが使いやすい計算機環境を作るものである．例えば，ウィンドウシステム (Linux, Apple OS, Windows など) を使っているとき，複数のウィンドウが使えるが，これを可能にしているのはマルチタスキングである．各ウィンドウ・アプリケーションがかなりのメモリを使うような場合も，現在インプットを受け付けているアプリケーション 1 個だけは実際にメモリ上になければならない．その場合は，他のアプリケーションはディスクへページアウトする．アイドリング中のウィンドウへ移ったときになぜ遅れが出るのかは，これで説明できる．つまり，新たに動作状態に入ったプログラムのページが RAM 上へおかれると同時に，直前まで使われていたアプリケーションがページアウトするからである．

10.3　中央演算処理ユニット (CPU)

CPU はなぜそれほど高速に命令の処理ができるのか？ CPU はプリフェッチまたはパイプライン処理を行うのが普通である．つまり，実行中の命令が終わらないうちに，次の命令を実行するのに必要なステップを始めることができるのである．それは組み立てラインもしくはバケツリレーのようなものである．列の一端でバケツに水を汲んで送るとき，それが他端に着くのを待たずに次のバケツに水を汲むようなものである．同様に，プロセッサは他の命令が実行されている間に，別の命令を取りに行き (フェッチ)，それを読み込み，デコードする．こうすると，1 サイクルより多くを必要とする作業があるとしても，1 サイクルの間に CPU にデータを取り込み，かつ出力することが可能となる．その説明として，表 10.1 に演算 $c = (a+b)/(d \times f)$ の処理の仕方を示す．

表 10.1　$c = (a+b)/(d \times f)$ の計算と各 ALU の動作．

	ステップ 1	ステップ 2	ステップ 3	ステップ 4
A1	a を呼び出す	b を呼び出す	加える	—
A2	d を呼び出す	f を呼び出す	かける	—
A3	—	—	—	割る

ここで，パイプライン化された算術論理演算装置 (ALU) A1 と A2 はデータの取り込みとオペランドに対する演算を同時に実行する．しかし A3 は割り算の前に，前の 2 個の ALU がそのタスクを完了するのを待たなければならない (A3 が何かを実行中なら，

他の 2 個の ALU は待機状態になるか次の仕事をする).

10.4　CPU の設計：RISC

RISC (reduced instruction set computer) アーキテクチャはスーパ・スカラとともに，ハイ・パフォーマンス・コンピュータのための CPU に対する設計指針であり，現在広く用いられている．これは CPU 内部で実行される命令の種類を減らすことによって計算スピードを上げるものである．RISC を理解するため，これを CISC (complex instruction set computer) アーキテクチャと対比する．1970 年代後半にプロセッサの設計者は VLSI (大規模集積回路) を利用し始め，CPU の 1 個のチップの中に数百万個のトランジスタを配置することが可能になった．これら初期のチップ上のスペースはチップの設計者が書いたマイクロコードプログラムのために使われた．機械語の実行命令はマイクロコードで構成され，どれほど複雑な命令があるかということが計算機の特徴であった．1000 種以上もの実行命令を利用でき，多くは Pascal や Forth のような高級なプログラム言語と同等なほど複雑であった．複雑な実行命令が多数あることの代償がスピードの低下であった．典型的な実行命令を実行するのに 10 サイクル以上もかかったのである．さらに，1975 年に IBM System/360 のための XLP コンパイラの研究が行われ (Alexander and Wortman)，約 30 の低レベルな実行命令で実務の 99%をカバーし，たった 10 の実行命令でも 80%をカバーしてしまうことが示された．

RISC の設計思想は，チップレベルでは少数の実行命令だけを使えるようにして，通常のプログラマが使う Fortran や C といった高級言語が (計算機のアーキテクチャに合わせて) 効率的な機械語の実行命令に翻訳するというものである．より単純なこの図式により，設計・製造のコストが下がり，プロセッサの速度が向上する．マイクロコードを切り捨てることで空いたチップ上のスペースを算術演算のパワーを増加させることに用いるが，特に RISC では，内部の CPU レジスタの数を増し，データの流れのための長いパイプライン (やキャッシュ) を作り，メモリ競合の発生を顕著に下げ，命令レベルである程度の並列化を可能にする．

RISC の設計思想の裏にある理論は，プログラムの実行時間を記述する次の単純な方程式である:

$$\text{CPU 時間} = \text{命令数} \times \text{1 命令あたりのサイクル数} \times \text{サイクル時間} \qquad (10.3)$$

ここで「CPU 時間」はプログラムの実行に必要な時間のことであり，「命令数」はプログラムが必要とする機械語レベルの命令の総数である (パスの長さとも呼ばれる)．「1 命令あたりのサイクル数」は各命令が必要とする CPU クロックサイクルの数であり，「サイクル時間」は 1 CPU サイクルに要する実際の時間である．式 (10.3) を見ると，命令数を減らすことによって CPU 時間を減じようとしている CISC の思想を理解できるし，CPU 時間を減らすために「1 命令あたりのサイクル数」を (望むらくは 1 に) 減らす RISC の

思想も理解できる．RISC によりパフォーマンスが改善するには，命令数の増加を埋め合わせる以上に，サイクル時間と 1 命令あたりのサイクル数をより大幅に減少させる必要がある．

RISC の要素を以下にまとめる：

演算は 1 サイクルで実行：固定語長の機械語命令を用いる．
少数の命令セット：100 命令以下．
レジスタ間の演算：レジスタ群の内部だけで演算する．メモリにアクセスする命令はロードとストアだけ．
多数のレジスタ：普通は 32 個以上．メモリへのアクセス回数を減らす．
パイプライン構造：いくつかの命令を同時に準備し次々と実行する．
高度なコンパイラ：パフォーマンスの向上のため．

10.5　CPU 設計：マルチコア・プロセッサ

コンピュータの計算エンジンとしてマルチコアのコア数が現在は急速に増加しつつあり (128 個までに達する)，さらに増加すると期待される．図 10.5 に示したように，デュアルコアチップは 1 個の IC 上に 2 個の CPU があり，共通のインターコネクトと L2 キャッシュを持つ．2 個以上の全く同じプロセッサが 1 個のメイン・メモリを共有して繋がれたこのタイプの構成は対称型マルチプロセッシング (SMP) と呼ばれる．

もともとマルチコアチップはゲーム用で単精度の計算用に設計されたものだが，新しいツールやアルゴリズムまたプログラミング法が用いられるとともに科学技術計算にも

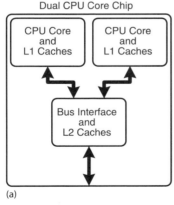

図 **10.5**　(a) Intel core-2 デュアルコアプロセッサの外観．各 CPU コアに L1 キャッシュ，チップ上に共有 L2 キャッシュがある (D. Schmitz の厚意による)．(b) AMD Athlon64 X2 3600 デュアルコア CPU (Wikimedia Commons より)．

使われはじめている．これらのチップは1コアのチップに比べクロックを下げることで発熱量を減らせる．1コアで高速化しようとしても熱の発生によりクロックスピードが4 GHz 以下に制限される．多数のシングルコアを組み合わせるより，マルチコアチップの場合は CPU あたりのトランジスタ数が少なく，作るのが簡単で動作中に冷却しやすい．

各コアは異なるタスクを実行できるから，マルチコアチップには並列処理の機能が組み込まれているようなものである．しかし，普通は複数のコアが同じ通信チャンネルと L2 キャッシュを共有するため，2個の CPU が同時にバスを使うと，それが通信のボトルネックになる可能性がある．通常はこれをユーザが心配する必要はないが，コンパイラやソフトウェアの開発時には必ず考慮しなければならない．最近のコンパイラはマルチコアの利用に特別な指定は不要であり，各コアを独立したプロセッサとして取り扱うことにより，MPI も使える．

10.6　CPU 設計：ベクトル・プロセッサ

科学技術計算で最も要求が厳しいのは行列の演算であることが多い．古典的な (フォン・ノイマン型の) スカラー計算機の上で，物理的長さ 99 の 2 個のベクトルの加算を行い 3 番目のベクトルを求めるとき，結局は 99 回の加算を続ける必要がある (表 10.2)．実際は，かなり多くの仕事が裏にある．すなわち，各要素 i について $a(i)$ をメモリ上のその位置から読み込み，さらに $b(i)$ をメモリ上のその位置から読み込み，これら 2 個の要素の数値の加算を行い，その和を $c(i)$ のメモリ上に記憶させる．このデータの読み込みが時間を消費し，計算機に同じことを何度も繰り返させるという意味で無駄である．

計算機がベクトル処理をするという意味は，行列の個々の要素にではなく，行あるいは列全体について数学演算を行うハードウェア・コンポーネントがあることを指す．(このハードウェアは添え字 1 個の行列，つまり数学の定義としてのベクトルも取り扱える)．$[A] + [B] = [C]$ のベクトル処理では，要素 A と要素 B を次々と呼び出し加算する演算

表 10.2　行列計算 $[C] = [A] + [B]$.

Step 1	Step 2	$\cdots$	Step 99
$c(1) = a(1) + b(1)$	$c(2) = a(2) + b(2)$	$\cdots$	$c(99) = a(99) + b(99)$

表 10.3　行列 $[A] + [B] = [C]$ のベクトル処理.

Step 1	Step 2	$\cdots$	Step Z
$c(1) = a(1) + b(1)$			
	$c(2) = a(2) + b(2)$		
		$\cdots$	
			$c(Z) = a(Z) + b(Z)$

がグループ化され重ならないように行われ，データセクション (同時に計算の対象となる) のサイズ $Z \cong 64 \sim 256$ 個の要素が 1 命令で処理される (表 10.3)．配列の大きさにもよるが，この方法によりベクトルの処理が約 10 倍スピードアップするようである．もちろん，もし仮に Z 個の要素のすべてが同時に処理されるなら，スピードアップは約 64 ~ 256 倍となる．

ベクトル処理の全盛期は，コンピュータメーカが科学技術や軍事の分野のために大型メインフレームコンピュータを設計した時代といえよう．これらのコンピュータは専用のハードウェアとソフトウェアを持っており，企業や軍の研究所にしか購入できないほど高価であった．Unix とその後の PC の革新的な発展があり，これらの大型ベクトル計算機はほとんど姿を消したが，一部はまだ残っている．PC の内部にもビデオカードでベクトル処理が使われている．その未来が何をもたらすかなど，誰が語れようか？

10.7　並列計算入門

並列計算のためのハードウェアの進歩は素晴らしいことに疑いはない．残念ながらハードウェアに付随するソフトウェアは 1960 年代のままであるように見える．私たちから見ると，メッセージ・パッシングや GPU プログラミングにはアプリケーション側の研究者が心配しなければならない細かなことがありすぎる．それに，(不幸なことに) 計算機の黎明期を思い起こすような初歩的レベルのコーディングを求めているようにも見える．しかし，対称型マルチプロセッサがノードとなるクラスタの増加は，洗練されたコンパイラの開発を促してきた．これは，より単純なプログラミング・モデル (ハードウェアを抽象的にモデル化したもの) から生れるものであり，その例として，分割型グローバルアドレス空間 (PGAS) プログラミング・モデルのコンパイラである Co-Array Fortran, Unified Parallel C や Titanium などがあげられる．これらのアプローチでは，プログラマは，計算ノード間にまたがるグローバルな配列上のデータを，あたかも連続であるかのように取り扱う．もちろん，そのデータは実際には分割されているが，プログラマから見えないところでソフトウェアがそれを処理する．このようなプログラムは，人間が注意深く書いたプログラムに比べて，プロセッサの利用効率は高くないが，使おうとするプログラムを再設計するよりずっと楽である．プログラムをより効率的にするための時間に意味があるかは，現在直面している問題によるし，そのプログラムを実行する回数とタスクのために使える計算資源の量による．いずれにせよ，コンピュータの各ノードが複数のプロセッサと共有メモリを持ち，ノード数も複数あれば，何かしらのタイプのハイブリッド・プログラミング・モデルが必要になる．

10.8　並列計算のセマンティクス (理論)

ハイ・パフォーマンス・コンピュータにより行われる多くのタスクは，パイプライン

化され分割された CPU，階層メモリや独立した I/O プロセッサなどの内部構造を用いて並列に実行されることを見てきた．これらのタスクが「並列に」実行されるというとき，現代的な意味で並列計算もしくは並列化とは，複数のプロセッサを用いて 1 つの問題を解くことを指す (Quinn, 2004)．それは，いくつかの CPU が非同期的に動き，中間結果を互いに交換し動作を調整するために，互いに通信する計算機環境のことである．

例えば，次の行列の掛け算を考える：

$$[B] = [A][B] \tag{10.4}$$

数学的には，この式は $[A]$ が単位行列 $[I]$ でない限り意味がないが，右辺の B の古い値を使って左辺の B の新しい値を作るというアルゴリズムとしては意味がある：

$$[B^{\mathrm{new}}] = [A]\,[B^{\mathrm{old}}] \tag{10.5}$$

$$\Rightarrow B_{i,j}^{\mathrm{new}} = \sum_{k=1}^{N} A_{i,k} B_{k,j}^{\mathrm{old}} \tag{10.6}$$

ある i と j に対して決まる $B_{i,j}^{\mathrm{new}}$ の計算は他のどの $B_{i,j}^{\mathrm{new}}$ の計算とも独立だから，$B_{i,j}^{\mathrm{new}}$ は並列に計算できる．言い換えると $[B^{\mathrm{new}}]$ の各行や各列は並列に計算できる．もし仮に B が行列でなければ，ただ単に $B = AB$ の計算をするだけのことである．しかし，行列 $[B]$ の要素を使い，計算して出てくる新しい値で古い値を置換えながら計算を実行するのならば，(10.6) の右辺の $B_{k,j}$ は行列の「掛け算をする前」の $[B]$ の値であるように何らかの設定をしなければならない．

これはデータ依存性 (ある命令の実行結果を別の命令が利用するとき，一方の命令の実行が終了してからでないと別の命令を実行できないこと) の例である．ここでは，計算に使われるデータ要素が，使われる順序に依存している．この依存性を考慮する方法として，$[B^{\mathrm{new}}]$ に関する一時的な行列を使う方法がある．すなわち，すべての掛け算が終了した後，これを B に代入する：

$$[\mathrm{Temp}] = [A][B] \tag{10.7}$$

$$[B] = [\mathrm{Temp}] \tag{10.8}$$

これとは対照的に，行列の掛け算 $[C] = [A][B]$ はデータをどんな順番でも使うことができるデータ並列演算である．このときは，すでに見た通信や同期の重要性と並列計算のアルゴリズムの裏にある数学を理解することの重要性がわかる．

並列計算機のプロセッサは通信ネットワークのノードに配置される．各ノードは 1 個もしくは少数の CPU で構成され，通信ネットワークは計算機に含まれることもあるが付加されることもある．並列計算機を類別する 1 つの方法は，命令とデータを扱うとき用いるアプローチの違いである．この観点から 3 タイプの計算機がある：

単一命令単一データ (SISD)　これらは古典的 (von Neumann 型) な逐次処理の計算機である．1 つのデータを単一の命令ストリームで操作し，それが終わってから次のデー

タを次の命令ストリームが操作する.

単一命令複数データ (SIMD)　ここでは単一の命令ストリームを複数のデータ要素に対して同時に実行する.一般にノードは単純で比較的遅いが数は非常に多い.

複数命令複数データ (MIMD)　各プロセッサが,他とは独立な命令とデータをもって,独立に動くものである.これらは MPI のようなメッセージ・パッシングを使いプロセッサ間で通信する計算機である.たとえば,ネットワークを通して結合された PC を集めたものであったり,10.15 節で述べる Blue Gene のように何千というプロセッサをボード上に持つ計算機を集積したものなどがある.これらの計算機には共有メモリがなく,マルチコンピュータともいう.このタイプの計算機はプログラミングが最も難しいもののひとつだが,コストが低いのと,ある種の問題には効果的なことから,並列計算機のタイプとして現在は主流になっている.

並列計算機上で異なるプログラムを同時に動かすことは,Unix や PC で使われるマルチ・タスキングと似ている.マルチタスキング (図 10.4a) では,いくつかの独立したプログラムが計算機のメモリ上に同時に存在し,ラウンドロビンや優先順により処理時間を分配する.SISD 計算機上では,1 度に 1 つだけプログラムが動くが,もし他のプログラムがメモリ上にあれば切替にさほど時間はかからない.マルチプロセッシング (図 10.4b) では,これらのジョブはメモリの異なる部分や別の計算機のメモリ上で,すべて同時に実行できる.別のプロセッサが 1 つのプログラムの異なる部分を処理する場合,同期や各プロセッサの負荷バランス (全てのプロセッサが同程度の負荷を割り当てる) が関係するので,明らかにマルチ・プロセッシングは複雑になる.

命令とデータ・ストリームに加え,粒度を使って並列計算を類別する方法がある.粒度は通信や同期なしに実行できる計算処理量のことである.

粗粒度並列　別個のプログラムがそれぞれ異なる計算機上で動くが,このシステムは標準的な通信ネットワークを通して結合されている.例えば,6 台の Linux PC がネットワークを通して同じファイルを共有するが,各 PC はそれぞれ自分の中央メモリシステムを使うというイメージである.各計算機は 1 つの問題の異なる部分,しかも互いに独立な部分を,同時に実行する.

中粒度並列　いくつかのプロセッサがプログラム (別のものでもよい) を同時に実行しつつ,共通のメモリを参照する.プロセッサは共通バス (通信チャンネル) 上に配置されるのが普通であり,互いにメモリシステムを通して通信する.中粒度プログラムは別個の独立な並列サブルーチンを異なるプロセッサで動かす.コンパイラはプログラムのどの部分をどこで動かすかを考えだすほど賢くないので,ユーザがマルチタスキングのルーチンをプログラムの中に含めておかなければならない[1].

---

[1] 私たちが中粒度並列と呼ぶものを粗粒度並列と定義する専門家がいるかもしれないが,この区別は時とともに変わる.

細粒度並列 粒度が減りノード数が増加するにつれ，ノード間の高速通信が一層求められる．このために，細粒度並列システムでは特注設計のマシンとなる傾向がある．少数のノード間では中央バスあるいは共有メモリを通して通信し，大規模並列マシンではある種の高速ネットワークを介して通信する．後者の場合，ユーザがプログラム構文によって計算処理を分割し，コンパイラは単にプログラムをコンパイルするだけというのが典型的である．従ってプログラムはユーザが指定した数のノード上で同時に実行される．例えば，プログラムの別の FOR ループが別のノードで実行される．

10.9　分散メモリ・プログラミング

粗粒度から中粒度並列システムとして，もっぱら受け入れられている並列処理の方法は，分散メモリシステムである．その理由は，市販されている PC のパーツを使って作れるからである．このシステムでは各プロセッサがそれぞれメモリを持ち，プロセッサ間を結ぶ高速スイッチやネットワークを通してデータが交換され，また通過する．プロセッサ間で交換あるいは通過するデータには始点と終点の番地が書き込まれ，メッセージと呼ばれる．PC のクラスタで構成された **Beowulf** 型[*2)]やワークステーションのクラスタは，分散メモリ計算機の例である (図 10.6 参照)．ほぼ同じ規格の部品 (計算と通信の両方) を使ってひとつのシステムにまとめながら，各ノードが独立に演算を行えるところが，クラスタに共通する特徴である．Beowulf 型クラスタでは，部品類は一般市場向けに設計された市販品だし，通信ネットワークやその高速スイッチもそうである (製造大手は特別なインターコネクトを使うが高価である)．注意：単一のネットワークに接続された計算機群のこともクラスタと呼ぶかもしれない．だが，並列計算のために設計され，同じ型のプロセッサをノードとして多数用い，そのクラスタにログインできるの

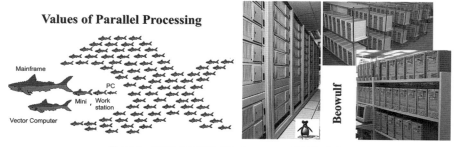

図 10.6　並列計算の強さ (Yuefan Deng の厚意による)

[*2)] ベーオウルフ (Beowulf) は古いイギリスの叙事詩に登場するエッジセーオウ (Ecgtheow) の息子．ヒゲラーク (Hygelac) の甥であり，西暦 1000 年頃の叙事詩で英雄的な偉業を成し遂げるが，この話と私たち庶民が汎用部品を使って並列計算機を組み立てるという冒険がどこか似ているのだろう．庶民の並列計算機は大企業が所有している数百万ドル規模のスーパーコンピュータの性能を凌駕してしまったのだ．

は限定された数のプロセッサ (フロントエンド) というのでないかぎり, Beowulf 型とは呼ばない.

　文献では, クラスタ, 市販品クラスタ, Beowulf, SMP クラスタ型並列計算機, 大規模並列システムなどの違いについて頻繁に議論されている (Dongarra et al., 2005). トップ 500 にリストアップされているクラスタと大学の研究者が自分の研究室で作り上げたクラスタには大きな違いがあることは認識しておくが, 本書の入門的な内容では, このような詳細な差異を論じるつもりはない.

　メッセージ・パッシング・プログラムがうまく機能するには, データがノード間で分配され, 少なくとも暫くは, 各ノードが独立なサブタスクを実行するのに必要なすべてのデータを持っていなければならない. プログラムの実行が始まると, それら全ノードにデータが送り込まれる. そしてサブタスクがみな完了すると, 次のサブタスクを実行するのに必要な全く新しいデータセットを各ノードに送るため, ノード間でデータの交換が再開される. データ交換・処理の繰り返しのサイクルは, 全タスクが完了するまで続けられる. プログラマが単一プログラムを全ノードで実行するように書くなら, メッセージ・パッシング MIMD プログラムは**単一プログラム, 複数データプログラム**にもなる. 多くの場合, 別にホスト・プログラムがあって, ノード上のプログラムを開始し, インプットファイルを読み, 出力を整理することになる.

10.10　並 列 性 能

　カフェテリアにいろいろな調味料入れが並んでいるところを想像しよう. ほかの調味料はスムーズなのに, ケチャップの入れ物だけはピクルスの切れ端みたいなものが邪魔して出にくい. ケチャップの好きな人が何人も前にいると, かれらが食べ物をケチャップでベトベトにして出ていくまで, 列にならんだ全員が待たされる. これは, 複雑なプロセス中の最も遅い段階が全体を律速する例である. 並列処理でも同様のことが起こり, プログラムの比較的小さな部分であっても順番に逐次ステップとしてしか実行できないような個所があると, そこがケチャップの入れ物である. これらの逐次ステップが完了するまで計算を進めることができないので, プログラムのこの小さな部分がボトルネックになってしまうことがある.

　すぐに実例を示すが, 並列で実行できる箇所が全体の 90％ 程度ないとプログラムは顕著には高速にならないし, それができたとしても, スピードアップが起きるのは少数のプロセッサの場合だけだろう. つまり, 並列化する価値がある計算集約的 (計算量が多く入出力が少ない) プログラムでなければ意味がない. 数千個のプロセッサを持つような並列計算機の推進者から「新しいマシンには, 古い問題を解かせるのではなく, 新しい問題を見つけなければならない」と聞くことがあるが, これがその理由のひとつである. その新しい問題とは, 十分に大きく, かつ大規模並列処理のための努力に値するものである.

プログラムの逐次処理と並列処理の部分のバランスによって得られるスピードアップの効果を記述する方程式はアムダールの法則として知られている (Amdahl, 1967; Quinn, 2004). p = CPU の個数として,

$$T_1 = 1 \text{ 個の CPU 上で走る時間}$$
$$T_p = p \text{ 個の CPU 上で走る時間} \quad (10.9)$$

のとき, 並列処理で達成されるスピードアップの最大値 S_p は

$$S_p = \frac{T_1}{T_p} \to p \quad (10.10)$$

となる. 実際には, この上限値に届くことはない. それにはいくつかの理由がある：プログラムの一部分は逐次的処理であること, データおよびメモリの競合が発生すること, プロセッサ間の通信と同期に時間がかかること, すべてのプロセッサ間の完全な負荷バランスが達成されることは稀であることなど. とりあえず, これらのやっかいな状況を無視し, コードの逐次処理の部分がスピードアップにどのように影響するかを考える. f を複数のプロセッサ上で実行できるはずの部分がプログラム中に占める割合とする. $1 - f$ は並列に実行できないコードの割合であり, 逐次処理で実行される時間は次式となる：

$$T_s = (1 - f)T_1 \quad (\text{逐次処理の時間}) \quad (10.11)$$

p 個の並列プロセッサが使う時間 T_p と T_s の関係は

$$T_p = f\frac{T_1}{p} \quad (10.12)$$

となるから, スピードアップの最大値を与えるアムダールの法則が f とプロセッサの数の関数として次式で表される：

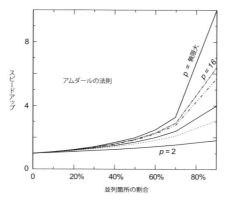

図 **10.7** スピードアップの理論的最大値とプログラム内で並列に実行できる部分の割合. p はプロセッサ数.

$$S_p = \frac{T_1}{T_\mathrm{s} + T_p} = \frac{1}{1-f+f/p} \quad (アムダールの法則) \tag{10.13}$$

様々なプロセッサ数 p についてスピードアップの理論値を図 10.7 に示した．明らかに，コードの大部分が並列で実行できなければスピードアップを図ることができない (並列箇所が 90％必要という概略値の根拠である)．プロセッサ数が無限であったとしても，逐次処理の部分の実行速度は向上しないので，1 個のプロセッサの速度になってしまう．実際のところ，これが意味することは，多くの問題の計算速度は少数のプロセッサしか使えないということであり，実際の応用プログラムでは計算機のピーク性能のたった 10 ～20％しか使われていないことも少なくない．

10.10.1 通信のオーバーヘッド

アムダールの法則を見るとがっかりするかもしれないが，さらに悪いことに，これでもまだスピードアップを過大評価している．なぜなら並列計算のためのオーバーヘッドを無視しているからである．通信のオーバーヘッドについて考えよう．完全に並列なコードを仮定すると，そのスピードアップは次式で与えられる：

$$S_p = \frac{T_1}{T_p} = \frac{T_1}{T_1/p} = p \tag{10.14}$$

この分母は，プロセッサが通信するために時間はかからないという仮定に基づく．しかし現実には，メモリからデータを取出してキャッシュに入れ，あるいは通信ネットワークへ持っていくためのレイテンシと呼ばれる有限の時間がかかる (ただし，これは並列処理に限らない)．これに加え，通信チャンネルのバンド幅は有限，つまりデータが転送される最大速度に限界があり，これもまた転送されるデータの量が増えるにつれ**通信時間を増加させる**．通信時間 T_c を含めるとスピードアップは低下し

$$S_p \cong \frac{T_1}{T_1/p + T_\mathrm{c}} < p \quad (通信時間を含む) \tag{10.15}$$

となる．通信時間がスピードアップに影響しないためには

$$\frac{T_1}{p} \gg T_\mathrm{c} \Rightarrow p \ll \frac{T_1}{T_\mathrm{c}} \tag{10.16}$$

が必要である．その意味は次のとおりである．プロセッサの数 p を増やしていくと，どこかで計算に費やす時間 T_1/p と通信に必要な時間 T_c が等しくなり，これ以上プロセッサを増やしても通信の待ち時間の方が増えてしまい，結局は実行時間が増える．これは，何かしら 1 つの問題を解くために使えるプロセッサの最大数に関して上限があるという別の制約であり，通信速度の増加なしにプロセッサのスピードを増加させても効果がないという制限でもある．

計算に使われるプロセッサの数が劇的な増加を続けているため，アルゴリズムのスピードを判定する方法について見方が変わりつつある．特に，処理の中で最も遅いステップが通常は速度を決定するステップだが，利用できる CPU パワーが増えているので，プ

ロセッサへのアクセスやプロセッサ間の通信が最も遅いステップとなることも少なくない．このような事情のため，アルゴリズムの速度を決めるうえで計算ステップ数が重要だということは今でも正しいのだが，メモリ・アクセスとプロセッサ間通信の頻度と量も，スピードアップの式中に入れなければならない．現在これはアルゴリズム開発の中で活発に研究されている領域である．

10.11 並列化の戦略

　逐次処理と並列処理のタスクの両方を有するプログラムの典型的な構造を表 10.4 に示した．ユーザは計算処理をタスクと呼ばれる単位にまとめ，各タスクは 1 個のプロセッサに仕事 (スレッド) を割り振る．メインタスクは全体を通してプログラム実行を制御し，サブタスクはプログラムの独立な部分 (並列サブルーチン，スレーブ，ゲスト，サブタスクとも呼ばれる) を実行する．これらの並列サブルーチンは特殊なサブプログラムであったり，同じサブプログラムのコピーであったり，Python の繰返しループであったりする．

　コードを並列化サブルーチンに分割し数学的にも科学的にも正しく，元のプログラムと等価に作り上げるのはプログラマの責任である．その好例として，プログラムで最も計算量を必要とする部分が大きなハミルトニアン行列の評価であり，ユーザはこの行列の各行を別々のプロセッサに評価させたいとしよう．そうすると，このときの並列化プログラミングの鍵は，並列化して実行すると恩恵を受けるプログラムの部分の特定である．そのためには，プログラマはプログラムのデータ構造 (後ほど議論する) を理解し，

表 10.4　逐次処理と並列処理を含むプログラムの典型的な構成．

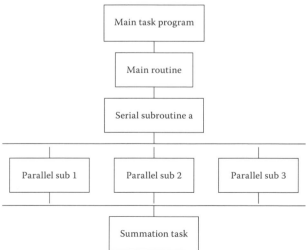

計算のステップがどんな順で実行されるべきかを知り，異なるプロセッサにより生成された結果の組合せ方も知っておくべきである．

プログラマは実行のスピードアップのためには，多くのプロセッサが同時に休みなく働き続けるようにし，異なる並列サブプログラムどうしの記憶領域の競合が起きないようにする必要がある．この負荷バランスをとるには，プログラムを数値計算量がほぼ均等となるようにサブタスクに分解し，それらが異なるプロセッサで同時に走るようにすればよい．大まかにいうと，最も大きな粒度（作業負荷）のタスクを第一に実行させて，またタスクの数をプロセッサの数の整数倍とすることで全プロセッサが稼働し続けるようにする．もちろんいつも可能というわけではない．

個々の並列化スレッドには共有データあるいはローカルデータが割り当てられている．共有データはすべてのマシンが使うだろうが，ローカルデータはそのスレッド専用である．記憶領域の競合を避けるには，プログラムの設計において，並列サブタスクの用いるデータがメインタスクや他の並列処理タスクで用いるデータから独立しているようにすればよい．これらのローカルデータを，異なるタスクが同時にアクセスして変更することなく，読み出すことさえ避けるべきである．これらの複数のタスクを設計するときは，通信と同期を制限することにより，通信オーバーヘッドのコストを削減しなければならない．細粒度プログラミングでは互いの連携作業が頻繁に必要なため，これらのコストが高くなる傾向にある．しかし科学的・数学的な妥当性を確保するために必要な通信を省いてはならない．偽物の科学は害になる！

10.12 並列処理から見た MIMD メッセージ・パッシング

並列計算機を動かして意味があるのは数値計算が大部分のコードである．多くの場合，このようなプログラムは大規模であり，何年あるいは何十年もかけて多くの人が関わり作り上げたものである．そのことからして，並列計算機のためのプログラム言語が，まず第一に Fortran や C であっても驚くことはない．現在の Fortran はコンパイラに並列化のための明示的な指示を書くことができる．（過去において，JAVA と MPI を使ったコードでは良好なスピードアップは得られていない．FastMPJ や MPJ Express では問題を解決している．）

効率の良い並列化プログラミングをしようとすると，プロセッサの数が増えるにつれて課題も多くなる．逐次コードを修正するのではなく，並列アーキテクチャに合わせて最適なアルゴリズムやサブルーチン・ライブラリを使い，最初から書き直すのが一番だというのがコンピュータ科学者の提言である．だが，それには数カ月あるいは数年かかるかもしれないし，コンピュータ科学の研究者はその約 70% が現存するコードを改良して使っているという調査結果もある (Pancake, 1996)．

現在の並列計算のほとんどは MPI を用いたメッセージ・パッシング経由の MIMD 計算機上で実行されている．以下にユーザとしての経験に基づく，実用的な意味での注意

点を説明する (Dongarra *et al.*, 2005; Pancake, 1996).

並列処理には代償がある 並列処理の学習曲線は急峻で並列化のための集中した努力が必要である．失敗には様々な理由があるが，とくに並列環境が頻繁に変わる傾向があり，プログラムのミスにより「動かなくなる」現象を起すからである．さらに面倒なことに，複数のコンピュータと複数の OS が関係するため，身についているデバック技術が通用しない可能性がある．

並列処理に移行する前に考慮すべきこと もし同じプログラムを続けて何千回も実行し1回の実行に日単位の時間がかかるなら，そして計算結果の解像度 (メッシュの細かさなど) を飛躍的に上げる必要があるとか，もっと複雑なシステムを研究する必要があるのなら，並列化を考える価値がある．それくらいの違いがなければ，コードを並列化する価値はないかもしれない．

問題の性質から並列化が必要か考える 自分の問題の中で，データ (入力データや中間データ) がいつ，いかに利用されるかを分析する必要がある．一回のデータ利用に対して必要な計算と，問題の構造がどのような種類のものかも分析すべきである．

完全な並列性処理 同じアプリケーションが同時に異なったデータセット上で実行され，かつ各データセットについて独立に計算できるときである (例えば，異なった乱数の種を使った複数のバージョンのモンテカルロシミュレーションを実行するとき，あるいは独立な検知器から得られるデータの解析をするときなど)．このような場合，並列化は明快であり期待される満足な性能を発揮するだろう．

完全な同期計算 同じデータセット内の複数の個所で同じ演算が並列に実行されるときでも，ある程度の待ち時間が必要なことがある (例えば，分子動力学計算においていくつもの粒子の位置と速度を決めるときなどである)．多大な努力が必要であり，計算量のバランスを取らなければ，スピードアップのために努力する価値はないだろう．

大まかな同期 異なるプロセッサが，断続的にデータを共有しながら，小さく分割した部分の計算を行う (例えば，ある場所から別の場所への地下水の拡散など)．このような小粒度の場合，並列化は難しく，その努力も恐らく報われないであろう．

パイプライン並列処理 前のステップのデータを後のステップで処理するが，いくつかを重ねて処理できる (例えば，データを画像にしてから動画を作る場合)．非常に多くの作業が予想され，計算量のバランスを取らなければ，スピードアップは努力する価値がないだろう．

10.12.1　高級言語から見たメッセージ・パッシング

並列計算プログラムが非常に複雑になりうることは事実だが，基本的なアイデアはどれも非常に単純である．必要なのは，Python, C あるいは Fortran のような普通のプログラミング言語に加え 4 つの通信命令だけである[3]．

---

[3] 私信, Yuefan Deng.

10.12 並列処理から見た MIMD メッセージ・パッシング

- send：1つのプロセッサがメッセージをネットワークに送る．
- receive：1つのプロセッサがネットワークからメッセージを受取る．
- myid：各プロセッサを一意的に特定する整数を返す．
- numnodes：システムの全ノード数を示す整数を返す．

プログラムを計算機クラスタで実行することを決めたら，MPIなどのメッセージ・パッシング・システムの仕様を学ばなければならない．その概要をここに示そう．メッセージ・パッシング・プログラムを書くとき，普通のPython, Fortran, もしくはCで書かれたプログラムを使いメッセージパッシング・ライブラリの呼び出しを頻繁に行う．その基本的な手順は次のようになる．

1. コマンドラインから，もしくはジョブ制御システムからジョブを投入する．
2. 付加的なプロセスをそのジョブから起動させる．
3. これらのプロセスにデータを交換させ，その動作を調整させる．
4. これらのデータを集め，各プロセスをそれぞれ終了させる．

図10.8に図解で示したが，一番上でマスター・プロセスが2個のスレーブ・プロセスを生成し，それらがすべき仕事を割り振っている(矢印)．各プロセスは互いにメッセー

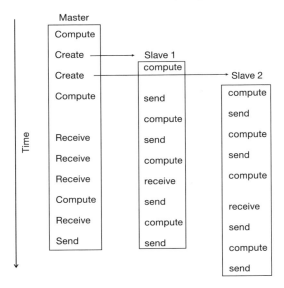

図 **10.8** マスター・プロセスとメッセージ・パッシングを行う2個のスレーブ・プロセス．このプログラム上では送信が受信より多く，どの送信とどの受信が対応しているかも不明であり，よく設計されているとは言えないことに注意すること．そのため，計算結果が実行順で変わるかもしれないし，プログラムが止まってしまうかもしれない．

ジ・パッシングを経由して通信し，それらのデータをファイルに出力し，最後に終了する．どんな間違えがありうるか．図 10.8 を使って難しいところいくつか説明する．

- プログラマは，プロセスが協調して動くようにし，仕事を適切に分割する責任がある．
- プログラマは，処理を行うべきデータを正しく得ているか，それが均等に分配されているか確認する責任がある．
- 用いる通信命令は，コンパイルされる言語の命令より低レベルである．このために，より詳細な事項について心配することが必要になる．
- 複数の計算機と複数の OS があるため，ユーザはエラーメッセージを受け取っていないこともあるし，受け取っても理解しないかもしれない．
- メッセージが想定とは異なる順で送信あるいは受信されることもありうる．
- プログラムの結果がメッセージの特定の順番に依存して競合状態が発生するかもしれない．スレーブ 1 が早く仕事を開始したとしても，1 が 2 より前に仕事を終えるという保証はない（図 10.8 参照）．
- 図 10.8 で，各プロセッサが他のプロセッサからの信号を待たなければならない様子に注意する；これは明らかに時間の無駄であり，デッドロックを起こす可能性がある．
- プロセッサはデッドロックを起こし，決して届かないメッセージを待つことになるかもしれない．

10.12.2　メッセージ・パッシングの例と演習

自分で書いたプログラムで単純な逐次的なものがあれば並列化の手始めとしてそれがよい候補となる．特に，ステップ毎にパラメータ空間を進むことで結果が生成されるものがよい．というのは，パラメータ空間の異なった領域で作業するように並列タスクを生成できるからである．別の候補として，同じステップを多数回繰り返すようなモンテカルロ計算もよい候補である．異なったプロセッサでプログラムのコピーを実行し，計算の最後で結果を加え合わせればよいからである．例として，C 言語で書かれたモンテカルロ法により π を計算をする逐次プログラムをリスト 10.1 に示す．

リスト 10.1　モンテカルロ法による積分で π を求める逐次処理の計算

```
// pi.c: *Monte-Carlo integration to determine pi

#include <stdio.h>
#include <stdlib.h>

// if you don't have drand48 uncomment the following two lines
//      #define drand48 1.0/RAND_MAX*rand
//      #define srand48 srand

#define max 1000            // number of stones to be thrown
#define seed 68111          // seed for number generator
```

10.12 並列処理から見た MIMD メッセージ・パッシング

```
main() {
  int i, pi = 0;
  double x, y, area;
  FILE *output;                               // save data in pond.dat
  output = fopen("pond.dat","w");
  srand48(seed);                              // seed the number generator
  for (i = 1; i <= max; i++){
    x = drand48()*2-1;                        // creates floats between
    y = drand48()*2-1;                        //   1 and -1
    if ((x*x + y*y)<1) pi++;                  // stone hit the pond
    area = 4*(double)pi/i;                    // calculate area
    fprintf(output, "%i\t%f\n", i, area);
  }
  printf("data stored in pond.dat\n");
  fclose(output);
}
```

リスト 10.2 MPI.c：MPI を使った並列計算で π を求めるモンテカルロ法の積分を行う．

```
/* MPI.c uses a monte carlo method to compute PI by Stone Throwing */
/* Based on http://www.dartmouth.edu/~rc/classes/soft_dev/mpi.html */
/* Note: if the sprng library is not available, you may use rnd   */

#include <stdlib.h>
#include <stdio.h>
#include <math.h>
#include <string.h>
#include <stdio.h>
#include <sprng.h>
#include <mpi.h>
#define USE_MPI
#define SEED 35791246

main(int argc, char *argv[])
{
  int niter=0;
  double x,y;
  int i,j,count=0,mycount;  /* # of points in the 1st quadrant of unit circle */
  double z;
  double pi;
  int myid,numprocs,proc;
  MPI_Status status;
  int master =0;
  int tag = 123;
  int *stream_id;           /* stream id generated by SPRNGS */

  MPI_Init(&argc,&argv);
  MPI_Comm_size(MPI_COMM_WORLD,&numprocs);
  MPI_Comm_rank(MPI_COMM_WORLD,&myid);

  if (argc <=1) {
    fprintf(stderr,"Usage: monte_pi_mpi number_of_iterations\n");
    MPI_Finalize();
    exit(-1);
  }

  sscanf(argv[1],"%d",&niter); /* 1st argument is the number of iterations */
```

```
/* initialize random numbers */
stream_id = init_sprng(myid,numprocs,SEED,SPRNG_DEFAULT);
mycount=0;
for ( i=0; i<niter; i++) {
    x = (double)sprng(stream_id);
    y = (double)sprng(stream_id);
    z = x*x+y*y;
    if (z<=1) mycount++;
}
if (myid ==0) { /* if I am the master process gather results from others */
    count = mycount;
    for (proc=1; proc<numprocs; proc++) {
        MPI_Recv(&mycount,1,MPI_REAL,proc,tag,MPI_COMM_WORLD,&status);
        count +=mycount;
    }
    pi=(double)count/(niter*numprocs)*4;
    printf("\n # of trials= %d , estimate of pi is %g
          \n",niter*numprocs, pi);
}
else { /* for all the slave processes send results to the master */
    printf("Processor %d sending results= %d to master
           process\n",myid,mycount);
    MPI_Send(&mycount,1,MPI_REAL,master,tag,MPI_COMM_WORLD);
}
MPI_Finalize();       /* let MPI finish up */
}
```

自分が書いた逐次処理のプログラムを修正し，異なるプロセッサが使われて独立に計算し，その結果が統合されるようにする．例えば，リスト 10.2 は pi.c の並列版であり，メッセージ・パッシング・インターフェース (MPI) を利用する．この時点では，MPI に関する命令ではなく算術命令に集中するとよい．

この小さなプログラムは，プログラムの実行時間を短縮するために努力する価値はないが，並列計算について何かしら経験を得るための時間の投資として意味がある．

10.13 スケーラビリティ

過去の HPC とスーパーコンピューティングの会議で幾度も目にした議論がある：信じられないほど多数のプロセッサをもつ最新の計算機について報告があったあと，応用分野の科学者が立ち上がり「しかしこのようなマシンを私の問題にどう使えばいいのですか？ 私の計算は何時間もかかりますが，ここで示された例のようには並列性が自明ではないのですが」と質問する．コンピュータ科学の研究者からの反応は，たいていの場合「最新のマシンにあった問題を何か考え出す必要があるということに尽きます．今のラップトップ上で解けるような問題になぜスーパーコンピュータを使うのですか？」この逸話のような会話は，今では並列計算の 1 項目であるスケーラビリティというタイトルのところに含まれるようである．最も一般的な意味では，スケーラビリティはコンピュータやアプリケーションのサイズが大きくなったときに増大する作業を処理する能

10.13 スケーラビリティ

力と定義される.

これまで説明してきたように,並列計算の最重要課題は,問題の各部分が独立に計算されるような最善の分解の仕方を決めることである.理想的な世界の問題ならば比例関係が成り立つ,つまり N 個のノードを持つマシン上である問題を走らせると N 倍にスピードアップするだろう. (もちろん $N \to \infty$ のとき通信時間がある点で支配的になるはずなので,比例関係は維持できなくなる.) 今日の用語では,このタイプのスケーリングはストロング・スケーリングと呼ばれ,**問題のサイズを変えずにノード数 (マシンのスケール) を増やしたときの実行時間の短縮**を指す.ストロング・スケーリングでは,より強力なコンピュータを使用して,問題を解くための時間を減少させるのがゴールとなるのは明らかである.これが実現するのは典型的な CPU バウンドの問題であるが,ノード数に比例したスピードアップに近い状態を実現することは一番難しい問題である.

問題のサイズを変えないでノード数を増やすストロング・スケーリングに対して,コンピュータ科学の研究者は早い段階からウィーク・スケーリングというタイプのアプリケーションがあることを認識している.つまりプロセッサが増えるにつれて扱える問題の大きさをどんどん増やすタイプのアプリケーションである.そうすると,ノード数 N に比例して解く問題のサイズを大きくできるならば,これは線形すなわち完全なスケーリングとなる可能性がある.

ストロング・スケーリングとウィーク・スケーリングの違いを説明するために図 10.9 を考える (Thomas Sterling の講演に基づく).完全なストロング・スケーリングのプログラムでは,マシンのノード数が大きくなるにつれて各ノードで実行する作業量は減少する.これは,もちろん問題を解き終わるまでの時間がノード数に反比例して減少することを意味する.それに対して完全なウィーク・スケーリングのアプリケーションでは,

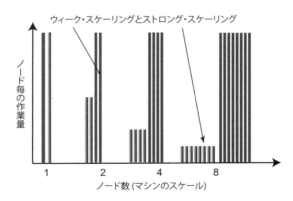

図 10.9 ウィーク・スケーリングとストロング・スケーリングの図解.ウィーク・スケーリングでは,問題が大きくなっても各ノードに同じ作業量の仕事をさせ続ける.ストロング・スケーリングでは,ノード数が大きくなるにしたがって各ノードの作業量が減少する (作業時間が減る).

マシンのノード数が大きくなっても各ノードで実行される作業量は同じままである．これは，小さなマシンで小さな問題を解くときと同じ時間で，マシンのスケールの拡大につれてより大きな問題が解けることを意味する．

ウィーク・スケーリングとストロング・スケーリングの概念は一つの理想であり実際には達成されにくく，現実のアプリケーションでの計算はこれら2つのミックスである．さらに，発生するスケーリングのタイプを決めるのは，アプリケーションとコンピュータ・アーキテクチャとの組み合わせである．例えば，共有メモリシステムと分散メモリのメッセージ・パッシング・システムではスケールのしかたが異なる．またデータ並列のアプリケーション (各ノードでの計算は他から独立したデータセット上で行う) では，その性質から当然ウィーク・スケーリングになる．

先に進んでスケーリングの例題について実際作業をする前に，ひとつ警告しておくべきことがある．実際のアプリケーションでは様々なレベルの複雑さが混在する傾向にあるので，問題の「サイズ」の増加を定量化する方法が自明ではないかもしれない．例えば，ガウスの消去法では N 本の連立1次方程式を解くのに $O(N^3)$ の浮動小数点演算 (FLOPS) が必要であることが知られているが，これは方程式の数が2倍になって「問題」が2倍大きくなるのではなく，実に8倍大きくなることを意味する．同様に，偏微分方程式を3次元空間グリッドと1次元時間グリッドで解く場合，問題のサイズは N^4 で大きくなる．この場合，N を $2^{1/4} \cong 1.19$ 倍にしただけで問題のサイズが2倍になることを意味する．

10.13.1 スケーラビリティ (演習)

すでにリストに掲載した (プログラムを収録したディレクトリにもある) 逐次処理のプログラム pi.c は四分円の面積をモンテカルロ法で積分して $\pi/4$ を求めるものである．また，プログラム MPIpi.c は同じアルゴリズムに対する MPI を使った並列計算で π を求めるものである．演習は，このアプリケーションがどの程度うまくスケールするか (ノード数と作業量の関係) を見ることである．与えられたプログラムを修正してもよいし，自分で書きなおしてもよい．

1. 1000回の繰り返し計算 (石投げ) を用いた逐次処理で π を計算するのに必要な CPU 時間を求める．求めるのは実際の実行時間であり，システム時間は含まれていないことに注意する (この種の情報を得るには，OS によるが，プログラムにタイマーコールを入れる．)．
2. 同じ回数 (1000回) の繰り返し計算を MPI のプログラムで実行する．
3. 最初に，ストロング・スケーリングのテストのためにプログラムを何回か実行する．ストロング・スケーリングなので問題サイズを一定にしておく ($N_{\text{iter}} = 1000$ に固定する)．まず，1プロセッサだけで MPI のプログラムを動かしてこの数値計算を実行することから始める．これと逐次処理の計算との比較から，MPI に付

随するオーバーヘッドについて情報を得ることができる.
4. 再び $N_{iter} = 1000$ のままで,計算ノード数を 2, 4, 8, 16, · · · と変えて MPI のプログラムを動かす.いずれにしても,システムがスケールしなくなるまでノード数を上げる.ノード数ごとに実行時間を記録する.
5. 収集したデータからノード数に対して実行時間をプロットする.
6. このストロング・スケーリングならば双曲線のグラフになるはずだが,得られた結果について考察しコメントする.
7. 今度はウィーク・スケーリングのテストのためにプログラムを何度か実行する.問題のサイズを大きくすると同時に使われるノード数を増やすということである.ここでは,問題のサイズを大きくするのに繰返し数 N_{iter} を増加させる.
8. 計算ノード数を 2, 4, 8, 16 と変えて MPI のプログラムを動かす.このとき,それぞれに比例して N_{iter} を大きくする (2000, 4000, 8000, 16 000, etc.).いずれにしても,システムがスケールしなくなるまでノード数を上げる.
9. 各ノード数に対して実行時間を記録し,計算ノード数に対する実行時間をプロットする.
10. ウィーク・スケーリングならば,問題サイズと計算ノードが比例して増加させても実行時間は一定になるはずである.
11. この問題にはウィーク・スケーリングとストロング・スケーリングのどちらが適切か?

10.14 データ並列と領域分割

　この時点ですでに気付いていると思うが,並列で動作するプログラムを作るには 2 つの基本的なアプローチがあり,それらはかなり異なる.まずタスク並列では,プログラムをタスクごとに分割し,異なるタスクは異なるプロセッサに割り振り,すべてのプロセッサが均等に仕事をするよう負荷バランスに対し細心の注意を払う.これを行うには,自分のプログラム内部での動作を十分に理解する必要があるし,様々な場所でどれだけ時間が費やされるかを知るためにプログラムの正確なプロファイルをとる必要がある.
　つぎにデータ並列では,作成されるデータあるいは処理されるデータに基づいてプログラムを分割し,異なるデータ空間 (ドメイン) を異なるプロセッサに割り振る.データ並列ではデータ空間の境界でデータの共有が必要なことがよくあり,このためデータ空間の間の同期が必要となる.データ並列は最もよく使われるアプローチであり,各ノードが独自のデータ空間を持つメッセージパッシング・マシンに適している.ただし,大容量のデータ転送が起きることもある.
　プログラム全体で使うデータを並列処理に適した部分空間に分解する方法を考えるとき重要なのは,データを分割して連続的なブロックにすることにより,物理的に異なるステージのメモリを経由してデータを動かすこと (ページフォールト) に費やす時間を最

小にすることである．一部のコンパイラや OS ではこれに関係して**空間的局所性**を利用する機能がある．すなわち，データ空間のある場所にあるデータ要素を使うならその付近にある要素も近い将来使う可能性があると仮定し，それらの要素もすぐに使えるように準備させる．また**時間的局所性**を利用する機能を持つものもある．すなわち，ある時にあるデータ要素を使うなら近い将来にそれを再び使う確率が高いであろうと仮定し，それを手元に置いておく．これらの局所性の利点を考慮しながらプログラミングすると，自分のプログラムの最適化の助けとなる．

　領域分割の例として，差分法による偏微分方程式の解を求めることを考えてみよう．内容は 19.4 節で議論するが，古典電磁気学によると，電荷がない 2 次元空間の静電ポテンシャル $\mathcal{U}(\boldsymbol{x})$ は次のラプラスの方程式を満たす：

$$\frac{\partial^2 \mathcal{U}(x,y)}{\partial x^2} + \frac{\partial^2 \mathcal{U}(x,y)}{\partial y^2} = 0 \tag{10.17}$$

このポテンシャルは変数 x と y に同時に依存しているので，偏微分方程式となっている．電荷は，場の発生源であるが，この方程式には現れていない．境界や帯電体上でのポテンシャル値を特定することによって，その影響が間接的に入る．

　図 10.10 に示したように，各軸方向に有限の間隔 Δ で分離された格子点 (x,y) での解を求める．

$$x = x_0 + i\Delta,\ y = y_0 + j\Delta,\ i,j = 0,\ldots,N_{\max-1} \tag{10.18}$$

微分係数を差分法で表した式を (10.17) に代入し，方程式を整理すると，ラプラス方程

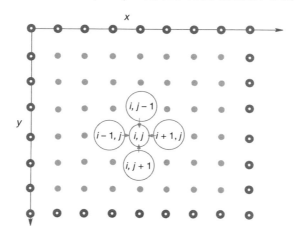

図 **10.10**　ラプラス方程式を差分法により求める 2 次元直交空間での正方格子の様子．白丸の格子点は物理系の境界を表す．方程式の解が一意に求まるには，これらの位置で境界条件が与えられる必要がある．中央付近の大きな円はラプラスの方程式を解くために使われるこのアルゴリズムを示す．すなわち，格子点 $(x,y) = (i,j)\Delta$ でのポテンシャルは 4 個の最近接点での値の平均値とする．

10.14 データ並列と領域分割

式の解を求める差分法が得られる：

$$\mathcal{U}_{i,j} = \frac{1}{4}\left[\mathcal{U}_{i+1,j} + \mathcal{U}_{i-1,j} + \mathcal{U}_{i,j+1} + \mathcal{U}_{i,j-1}\right] \tag{10.19}$$

この式は，正しい解が得られたとき，ある点の値は4個の最近接点におけるポテンシャルの平均値であることを示す (図 10.10)．計算の手順としては，(10.19) はラプラス方程式に対する直接の解を与えるのではなく，解に収束するまで何度も繰り返し計算しなければならない．このポテンシャルを得るには，まず初期推定値を設定し，各格子点で最近接点での平均を求める操作を全空間にわたって行う．そして解が予め決めた精度の範囲で変化しなくなるまでこれを繰返す．もちろん失敗が明らかなときはこの繰返しは中止する．収束したとき，初期推定値が解に緩和したという．

リスト 10.3 に示す逐次プログラム laplace.c は，2 次元のラプラス方程式を緩和アルゴリズム (10.19) を使って解き，接地された箱内の直線の導線を 100 V に保つときのポテンシャルを求める．プログラムの基本的な要素は次の5つである：

1. 格子点上でポテンシャル値を初期化する．
2. ポテンシャルの初期推定値を与える．ここでは 100 V の導線を除きすべて $\mathcal{U} = 0$ である．
3. 境界値 (ポアソン方程式であればポテンシャルの発生源の項の値も) をいつも同じ値に保つ．
4. 解が収束するまで ((10.19) が予め決めた精度内に収まるまで) この操作を繰返す．
5. 3 次元プロットに適する形でポテンシャルを出力する．

見てのとおり，このプログラムは教育目的の例題であり，基本構造は配列 p[40][40] で表される等間隔の (小さな) 正方格子である．実用的なアプリケーションでは，格子点の数をずっと多くするだけでなく，適合格子 (必要な解像度に適合した切り方の格子) や階層的マルチグリッド (粗い格子と細かい格子を使いわけることで異なる空間波長の誤差を減衰させる) の技術も使われる．

このプログラムの並列化を考えるにあたり，データ点の空間に適用するアルゴリズムに注目するが，そこでは領域を部分空間に分割してそれぞれにプロセッサを割り当てることができる．これは領域分割あるいはデータ分割である．本質的には，大きな境界値問題をそれと等価な小さな境界値問題のセットに分割し，最終的には元に戻してデータを統合する．隣接するプロセッサと通信して得たデータ値を保持するために，追加の記憶領域が各プロセッサに割り当てられることが多い．これらの記憶領域は，ゴーストセル (非実体行，非実体列，ハローセル，あるいはオーバーラップ領域) と呼ばれる．

領域分割では次の2点が本質的である：(i) 負荷分散が決定的に重要であり，それを実現するために各領域に同じ数の格子点を持たせる．(ii) プロセッサ間の通信は遅いので最小化する．プロセッサが領域境界でのポテンシャル値を一致させるために通信しなければならないことは明らかである (接地して 0 V に保たれた箱の縁である境界は除く)．

しかし，計算を必要とする格子点は境界の格子点よりずっとたくさんあるから，大きな格子では通信が深刻な速度低下をもたらすことはありえない．

これがどのように実行されているか例を見よう．次の演習で参照する逐次方式のプログラム poisson_1d.c は 1 次元のラプラス方程式を解き，poisson_parallel_1d.c は同じ 1 次元の方程式を並列で解くものである (Michel Vallières の厚意による)．このプログラムはパラメータ Ω を使い繰り返し計算を加速するアルゴリズムを用いている．領域分割に関する別の手法であり，またゴーストセルを用いて境界での通信を行っている．

リスト 10.3 laplace.c 差分法を使ったラプラス方程式の逐次方式による解法．

```
/* laplace.c: Solve Laplace equation with finite differences */
#include <stdio.h>
#define max 40                  /* number of grid points */
main()
{
   double x, p[max][max];
   int i, j, iter, y;
   FILE *output;       /* save data in laplace.dat */
   output = fopen("laplace.dat","w");
   for(i=0; i<max; i++)                      /* clear the array */
   {   for (j=0; j<max; j++) p[i][j] = 0;}
   for(i=0; i<max; i++) p[i][0] = 100.0;     /* p[i][0] = 100 V */
   for(iter=0; iter<1000; iter++)            /* iterations */
   {   for(i=1; i<(max-1); i++)              /* x-direction */
      {for(j=1; j<(max-1); j++)              /* y-direction */
         { p[i][j] = 0.25*(p[i+1][j]+p[i-1][j]+p[i][j+1]+p[i][j-1]); }
      }
   }
   for (i=0; i<max; i++)         /* write data gnuplot 3D format */
   {   for (j=0; j<max; j++)
      { fprintf(output, "%f\n",p[i][j]);   }
      fprintf(output, "\n");    /* empty line for gnuplot */
   }
   printf("data stored in laplace.dat\n");
   fclose(output);
}
```

10.14.1 領域分割 (演習)

1. 逐次方式で計算を行う laplace.c あるいは laplace.f のどちらかを実行する．
2. 格子のサイズを 1000 まで増し 6 桁の精度で収束するのに要する CPU の時間を求める．これは実際の実行時間でシステム時間は一切含まないことを確認する．(この種の情報を得るためには，OS にもよるが，タイマーコールをプログラムに挿入するとよい．)
3. 領域を 4 個の部分空間に分割し 4 ノードを用いて MPI を用いたプログラムを実行する．[どのようにすべきかの例として，先生用のサイトに，逐次方式の poisson_1d.c と MPI を実装した poisson_parallel_1d.c (Michel Vallières 提供のコード) がある．]

4. 逐次方式のプログラムを3次元に変更する．これによりアプリケーションがより現実的になるが，複雑にもなる．変更すべき内容について述べる．
5. 3次元領域を4個の部分空間に分解し，MPI版のプログラムを4ノードで動かす．これは2次元問題よりかなり複雑になる．
6. 2次元もしくは3次元のプログラムについてウィーク・スケーリングのテストを実施せよ．
7. 2次元もしくは3次元のプログラムについてストロング・スケーリングのテストを実施せよ．

10.15　例：IBM Blue Gene スーパーコンピュータ

最新のスーパーコンピュータを説明する図は，どんなものでも読者が見るときには時代遅れになっている．しかし，完全を期すため，また現時点での基準を設定するために，ともかく図で説明をすることにしよう．この教科書を書いている時点では，最速の計算機の1つとしてIBMのBlue GeneシリーズのBlue Gene/Qがある．その最も大きなものは96ラックに98 304個の計算ノードがあり，プロセッサ・コア数は160万，メモリは1.6 PBである (Gara et al., 2011)．2012年7月にピーク性能20.1 PFLOPSを達成した．

Blue Geneという名前は，このコンピュータが遺伝子研究用として出発したことを反映しているが，現在ではBlue Geneは汎用スーパーコンピュータである．Blue Geneの名前で呼ばれる一群のコンピュータは様々な観点でバランスをとるための議論を経て作られた．その観点とは，費用，冷却，計算速度，既存技術の利用，通信速度などである．好例として，Blue Gene/Qの計算チップは18コアを有するが，うち16個が計算用，1

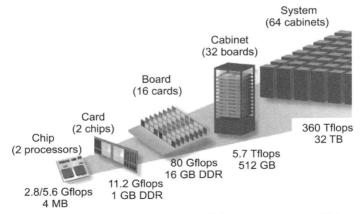

図 10.11　元祖の Blue Gene/L のブロック構成 (Gara et al. (2005) より)．

個が通信のための OS 支援用，1 個が代理機能のためのスペアとして他のコアが損傷したときのためである．チップ上に通信機構を持つことは，分散メモリ計算における通信の重要性を反映している (オンチップの通信機構の他にオフチップの通信機構もある)．CPU の速度は 1.6 GHz で 204.8 GFLOPS と高速である．より高速のものを作ることもできるが，非常に多くの熱が発生するので計算ノード 98 304 個までの極限的なスケーラビリティを得ることはできないであろう．Blue Gene は 2.1 GFLOPS/W の高い効率をもつので「環境にやさしい」計算機と考えられている．分かりやすい図を入手できた (Gara *et al.*, 2005) ので，元祖の Blue Gene の 1 つをもっと詳細にみていくことにする．図 10.11 はその構成を示すブロック図である．1 個のチップ上に複数のコア，カード上に複数のチップ，複数のカードを載せたボード，複数のボードが入ったキャビネットがあり，複数のキャビネットが設置される．各プロセッサでは Linux OS が稼働し (Windows なら時間と費用がどれほどかかるか想像せよ!)，分散メモリ MPI を C，C++，および Fortran90 コンパイラで実行することで，ハードウェアを活用する．

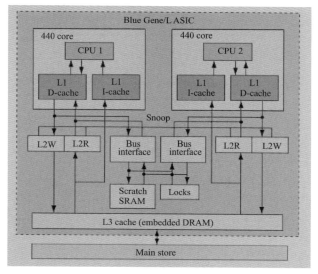

図 **10.12** 単ノードでのメモリシステム (Gara *et al.* による発表の資料 (2005))

Blue Gene は 3 つの別個の通信ネットワークをもつ (図 10.13)．ネットワークの心臓部には，すべてのノードを接続する 3 次元トーラスがある．図 10.13 は 2×2×2 ノードのトーラスのサンプルである．リンクも特別なリンクチップにより作られており計算もする；隣接するノード間と直接通信と，ネットワーク越しにカットスルー方式 (パケット通信において，パケット全体を受信し終わる前に，送り先を解析して転送を開始する方式) で通信ができる．この手の込んだ通信ネットワークの結果として，すべてのノード

10.15 例：IBM Blue Gene スーパーコンピュータ

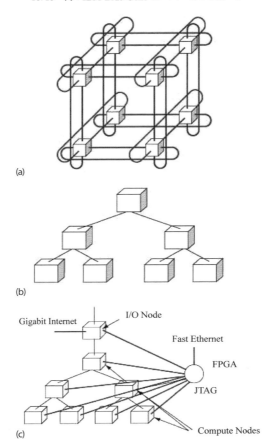

図 10.13 (a) $2 \times 2 \times 2$ の計算ノードを繋ぐ 3 次元トーラス．(b) 大域的なコレクティブ・メモリシステム．(c) 制御用イーサーネットとギガビット・イーサーネット・システム (Gara et al. (2005) より)．

間でほぼ等しい有効バンド幅とレイテンシが得られる．しかし，バンド幅はメッセージ間の干渉により影響を受ける可能性があるし，実際のレイテンシはあるノードから別のノードをとらえるホップ数にも依存する[4]．ノード間通信では $1.4\,\mathrm{Gb/s}$ の速度が得られている．図 10.13b に示したコレクティブ・ネットワーク (集合ネットワーク，集団ネットワークともいう) は，一斉通信などプロセッサ間のコレクティブ通信に使われる．最後に制御用イーサーネットとギガビット・イーサーネット (図 10.13c) がスイッチ (ハードウェアの通信センタ) との通信，イーサーネット・デバイスとの通信の I/O に用いら

---

[4] ホップ数とは，ある 1 つのデータパケットが通過するデバイスの数である．

れる.

　Blue Gene の計算の心臓部はその集積回路とそれに付随するメモリシステムである (図 10.12). これは，本質的には 1 個のチップ上のコンピュータシステム全体だが，厳密な仕様はモデルにより異なるし，変遷している.

10.16　マルチノード・マルチコア GPU を使ったエクサスケールの計算

　トップエンドのスーパーコンピュータの現在のアーキテクチャ (図 10.14) は，非常に多くのノードを持っており，各ノードは複数のコアがあるチップセットだけでなくグラフィカル・プロセッシング・ユニット (GPU) も含んでいる[*5]. 近い将来，テラフロップス (1 秒間に 10^{12} 回浮動小数点演算ができる) の処理能力を持ったラップトップコンピュータ，ペタフロップスのデスク・サイド・コンピュータも現れると期待している. スーパーコンピュータではフロップスとメモリの両方でエクサスケールとなり，ノード数はおそらく 100 万程度となるだろう.

　図 10.14 の概略図を見てみよう. Blue Gene のときと同様に，多くの数のチップボードと多数のキャビネットが実際にはあるが，ここで示すのは 1 ノードと 1 キャビネットだけでありコアは一部だけ示した. 図 10.14 の破線は通信経路を表しており，それがコンピュータの構成要素の全体に広がっているのがわかる. 実際，数十万の CPU を搭載した現在のスーパーコンピュータでは通信機構が不可欠な要素になっているので，ネットワー

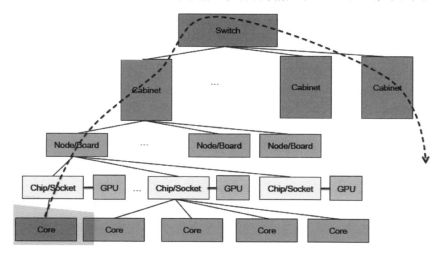

　図 10.14　エクサスケール計算機の概略図. 各チップセットがマルチコアとなることに加え，GPU が付随している (Dongarra (2011) から引用).

[*5]　GPU とそのプログラミングについては 11 章で議論する.

ク・インターフェース「カード」はチップボード上に直接配置されることも多い．この種の計算機にはノードレベルでは共有メモリがあり，キャビネットもしくはもっと高いレベルでは分散メモリが配置されるので，必要なデータ転送を複数の要素間で行うためのプログラミングは重大なチャレンジであり，相当な資源の投入が必要になる (Dongarra *et al.*, 2014).

11 HPC (応用編)：最適化，チューニング，GPU プログラミング

> コンピューティングにおいては，単に無知だというような理由よりも，効率化という名目で (それも必ずしも達成されるわけでもなく) 犯す罪の方がはるかに多い． *W.A. Wulf*
>
> 細かいことは忘れて，計算時間の 97%ほどを占める部分の効率について考えるべきである：未熟な最適化が諸悪の根源なのだ． *Donald Knuth*
>
> 最善は善の敵． *Voltaire*

この章は，前章で学んだハイ・パフォーマンス・コンピューティング (HPC) について議論を続ける．まず，HPC ハードウェア用に最適化したプログラムを書くテクニックと，最適化の効果が異なるコンピュータ言語でどのように違うかを，演習をとおして体験する．そのあとで，マルチコアのコンピュータにおけるプログラミングの秘訣を述べる．最後に，グラフィクス・プロセッシング・カード上の CUDA (Compute Unified Device Architecture) におけるプログラミングの例である．これは本書で扱う概論的なテーマの範囲を超えるが，関心が非常に高まっているものである．

11.1 プログラムの最適化 (一般論)

ルール 1　止めておく．

ルール 2　(専門家用)：まだ止めておく．

ルール 3　いきなり最適化を始めない：最適化より重要なことは，自分のプログラムがすっきりしているか，正しいか，そして理解しやすいかを確認することである．そのあとで，プログラムが大きすぎたり遅すぎるなら，最適化を考えてもよい．

ルール 4　80/20 の法則を思い出す：成果の 80%は労力の 20%から得られる，というのが多くの分野で経験されている (話す相手によるが—— 90/10 の法則ともいう)．コードの最適化を始めようとするときはいつも，実行時間の 80%が費やされるのはどこかを見つけ出すためにプロファイリングを行い，集中的に努力するべき個所を知る．

ルール 5　最適化の「前」と「後」のベンチマーク・テストを必ず実行する．最適化の作業により実際に差が出たか，他に知る方法がない．最適化されたプログラムが「前」よりほんの少し早くなっただけ，ほんの少し小さくなっただけなら，「前」のすっきり

したプログラムに復元する.

ルール6　正しいアルゴリズムとデータ構造を使う：1000個のデータ点をフーリエ変換するとき，計算量のオーダーが $\mathcal{O}(n\log n)$ の FFT アルゴリズムがあるのに，$\mathcal{O}(n^2)$ の DFT を使ってはならない．同様に検索のために 1000 個の要素を記憶するとき，検索の計算量が $\mathcal{O}(\log n)$ の 2 分木探索や $\mathcal{O}(1)$ のハッシュ・テーブル (Hardwich, 1996) があるのに，探索に $\mathcal{O}(n)$ 回の比較を要する 1 個の配列に格納してはならない．

ハイパフォーマンス・コンピューティングやそれを使った大規模数値計算での最適化のタイプとしては，プログラムの一部を書き換え再構成して高速化を目指すことが多い．この最適化作業の総合的な価値については，特にコンピュータが高速になり使う機会も増えるにつれ，コンピュータ科学者と計算科学者の間でしばしば論争となっている．両陣営はコンパイラの最適化オプションを利用することが良いということでは意見は一致している．だが一方で，コンピュータ科学者の方は最適化をコンパイラにすべて任せるのが良いと考えがちなのに対し，計算科学者の方は実問題を解くために大きなデータを取り扱う大きなプログラムを実行しようとするので，コンパイラに最適化のすべてを任せられるとは信じていないことが多い．

11.1.1　仮想メモリを使うときのプログラミング (手法)

ページングは小さなメモリを大きく見せることができるが，ページフォールトが起こるたびにプログラムが走る時間が余計にかかるという代償を払う．もしプログラム全体が RAM に収まらなければ著しく遅くなる．複数のプログラムを同時に動かすために仮想メモリが共有されるなら，全部は一度に RAM に収まりきらなくなり，メモリ・アクセスの競合が発生してパフォーマンスが低下する．仮想メモリを使うときのプログラミングの基本ルールを記す：

1. 使われているメモリの量 (ワーキング・セット・サイズ) を減らすのに気を遣うような時間の無駄はやめる．これはプログラムが大きいときだけ考えれば十分であり，プログラム全体を見て一番大きい配列を扱う箇所の最適化を実施する．
2. ページフォールトを避ける．それには，データをサブセットに分けて RAM に収まるようにし，そのサブセットに対して順次計算するようにプログラムを構成する．
3. プログラムの中で同時に複数の計算をするのを避ける．メモリの奪い合いと，その結果起きるページフォールト避けるためである．プログラム内の大きな計算は，1 つを終わらせてから次のものを始める．
4. 計算の中で一緒に用いられるデータ要素は，メモリ・ブロック内の近い位置においてグループ化する．

11.1.2　最適化 (演習)

Fortran や C のために開発された最適化技術の多くが Python プログラムにも適用で

きる．Python は計算科学のプログラミングに適した言語であり Java のように普遍的で移植性がよいが，現在の Python プログラムは Fortran や C より遅いし Java と比べてすら遅い．これは Fortran や C コンパイラが長く使われてきた結果として，コンピュータのハードウェアを最大限に活用するようにかなり洗練されてきたからである．この点，Python はスピードを追求するために設計されたのではない．現代のコンピュータは非常に高速なので，ことにプログラムの高速化のための修正に何時間や何日も必要かもしれないのと比べると，実行時間が 1 秒か 3 秒かといったことは大した問題ではない．しかし，計算終了まで何時間や何日も掛かり，それを何度も繰り返す場合には，プログラムを C に変換するのがよいかもしれない (C の命令体系は Python と似ている)．

コンパイラは，そう指示されたときは特に，プログラムの全体を 1 つの統一体としてみて，より速く実行できるように書換える．ことに Fortran と C コンパイラは，配列をメモリ上に展開する仕方によく注意してプログラムをスピードアップさせる．また，注意深くキャッシュラインに必要なデータを置くようにして，CPU が待機状態になることや他の作業に移ることが無いようにする．そう言われてはいるが，私たちの経験ではコンパイラはまだ，腕の良い慎重なプログラマがプログラムの順序と構造を理解して行うような最適化はできない．

Java や Python で書かれたプログラムがコンパイルされて非常に効率的にならない根本的な理由はない．実際，そのようなコンパイラが開発され利用可能になりつつある．しかし，そのようなコードは特定のコンピュータ・アーキテクチャに対して最適化されたもので，移植性がない．対照的に，コンパイラから生成されるバイトコード (Java では .class, Python では .pyc ファイル) は Java や Python の仮想マシン (という別のプログラム) によって解釈され再コンパイルされるように設計されている．例えば，Unix から Windows に変えたとしても仮想マシン・プログラムは変わるが，バイトコードは全く同じである．ここが移植性の最も重要なところである．

Java や Python のパフォーマンスを向上させるために，コンピュータとブラウザの多くはジャスト・イン・タイム (JIT) コンパイラを実行する．JIT があれば，仮想マシンは Prog.class や Prog.pyc などのバイトコードを JIT に処理させ再コンパイルし，使用するマシンに適合したネイティブ・コードに仕上げることができる．JIT を使うと，追加のステップも含まれるが，1 行ごとに解釈するのに比べて通常 10〜30 倍高速にプログラムを実行できる．JIT は各 OS 上の仮想マシンの中に組み込まれているので，この過程は通常は自動的に行われる．

以下の実験では，Fortran と，Java または Python のプログラムの両方を最適化するための手法を調べ，同じ計算を異なる言語で実行したときの速度を比較する．様々なマシンで同じプログラムを実行すると，コンピュータによる速度の違いを比較できるはずである．これらの演習には Fortran や C の知識は必要ではないことに注意する：先入観を持たなければ，プログラムを見てどんな変更が必要か推察できるはずである．

11.1 プログラムの最適化 (一般論)

11.1.2.1　仮想メモリの使い方，良い例と悪い例 (実験)

仮想メモリを用いた効果を見るため，次の簡単な擬似コード (リスト 11.1 と 11.2) を自分の得意な言語に変換し，自分のコンピュータで実施する．それぞれの例題にかかる時間を測定するには time, time.clock() などのコマンドを使う．例題では関数 force12 と force21 を呼びだすので，大量のメモリを要求するようにこれらの関数を書く．

リスト **11.1** 悪いプログラム (同時にすることが多すぎる)

```
for j = 1, n; {   for i = 1, n; {
   f12(i,j) = force12(pion(i), pion(j))     // Fill   f12
   f21(i,j) = force21(pion(i), pion(j))     // Fill   f21
   ftot = f12(i,j) + f21(i,j) }}            // Fill   ftot
```

リスト 11.1 を見ると，1 回の for ループの中で，この関数に関するすべてのデータとコード，それに行列と配列のすべての要素へのアクセスが必要である．この計算のワーキング・セット・サイズは配列 f12(N,N), f21(N,N) および pion(N) に加えて関数 force12 と force21 のサイズの和となる．

同じ計算を実行するもっと良い方法は，それをいくつかの部分に分割することである (リスト 11.2)：

リスト **11.2** 良いプログラム (ループの分割).

```
for j = 1, n;
   { for i = 1, n;   f12(i,j) = force12(pion(i), pion(j)) }         2
for j = 1, n;
   { for i = 1, n;   f21(i,j) = force21(pion(i), pion(j)) }         4
for j = 1, n;
   { for i = 1, n;   ftot = f12(i,j) + f21(i,j) }                   6
```

ここでは別個の計算が独立に行われ，ワーキング・セット・サイズ，すなわち実際に稼動するメモリのサイズが減少している．だが，余計に for ループを作ったことに伴うオーバーヘッドのコストを余分に支払うことになる．はじめの for ループのワーキング・セット・サイズは，配列 f12(N,N) と pion(N) および関数 force12 の合計だから，悪い例の約半分となる．最後の for ループのサイズは 2 個の配列の合計である．もちろんプログラム全体のワーキング・セット・サイズはそれぞれの for ループより大きい．

計算中でいくつかのデータ要素がいっしょに使われるとき，それらをメモリ領域中あるいはコモンブロック中で近接した位置に置く必要があるという例を示す (リスト 11.3)：

リスト **11.3** 悪いプログラム (メモリの不連続な配置)

```
Common zed, ylt(9), part(9), zpart1(50000), zpart2(50000), med2(9)
   for j = 1, n;
   ylt(j) = zed * part(j)/med2(j)                    // Discontinuous variables
```

ここでは，変数 zed, ylt と part が同じ計算の中で使われている．プログラマが Common

文の中でそれらの変数をグループ化している (大域変数) ので，メモリ配置としても隣接している．このプログラムは，後で配列 med2 が必要になって Common の最後にこれを付け加えた．変数 zed, ylt と part のデータはすべてが 1 つのページに収まるが，med2 の変数はそれとは異なるページ上にある．なぜなら，大きな配列 zpart2(50000) が他の変数との間にあって，分離されているからである．実際，システムでは変数 med2 の 72 バイトのデータを持ってくるだけのために新たに 4 KB のページ全部を作らざるをえないだろう．もちろん，Fortran や C のプログラマが変数をすべてページの境界内に配置するのは難しいが，データ要素をグループ化することで，ページフォールトが起きる確率を減らせる：

リスト 11.4 良いプログラム (メモリの連続な配置)

```
Common zed,   ylt(9), part(9), med2(9), zpart1(50000), zpart2(50000)
       for j = 1, n;
           ylt(j) = zed*part(j)/med2(j)             // Continuous
```

11.2 NumPy を使った行列の最適化プログラミング

6 章では Python で行列を扱う方法をいくつか示し，特に配列構造と NumPy のパッケージの利用を推奨した．この節では，その議論を少し拡張して，NumPy によりプログラムを高速化できる場合があるので，その 2 つの方法を実際に示す．第 1 は Python のままで配列を使うのではなく，NumPy の配列を使って配列を扱う方法である．第 2 は Python のスライス機能をもちいてストライド (stride:次のメモリ要素を得るまでにジャンプして読み飛ばしたバイト数) を減らす方法である．

リスト 11.5 TuneNumPy.py は配列の各要素の関数を評価するのに要する時間を，for ループを使った場合と NumPy によるベクトル化された呼び出しを使った場合について比較する．変動の影響を見るため比較は 3 回繰り返す．

```
# TuneNumpy.py: Comparison of NumPy op versus for loop

from datetime import datetime
import numpy as np

def f(x):                       # A function requiring some computation
    return x**2-3*x + 4
x = np.arange(1e5)              # An array of 100,000 integers

for j in range(0, 3):           # Repeat comparison three time

    t1 = datetime.now()
    y = [f(i) for i in x]       # The for loop
    t2 = datetime.now()
    print ('For for loop,       t2-t1 =', t2-t1)
    t1 = datetime.now()
    y = f(x)                    # Vectorized evaluation
    t2 = datetime.now()
```

```
print ('For vector function, t2-t1 =', t2-t1)
```

NumPy の強力な機能のひとつはその高レベルのベクトル化 (vectorization) である．それは，1 つの関数を呼び出すとき，1 個の変数についてではなく配列オブジェクト全体に対する演算となる機能である．このとき，NumPy は自動的に配列のすべての要素にわたって演算命令をブロードキャスト (broadcast) し，メモリを有効に利用する．あとで分かるが，その結果として 1 桁以上の高速化の可能性がある！ 説明は複雑に聞こえるかもしれないが，NumPy がこれを自動的に行うのでユーザとしては実際にかなり簡単である．

例えば，リスト 11.5 のプログラム TuneNumPy.py は，配列の 100000 個の要素の各々について関数を評価するために for ループを使うときの速度と，配列オブジェクトについて NumPy のベクトル化した関数評価を行うときの速度とを比較する (Perez et al., 2010)．バックグラウンド・プロセスなどの結果として生じる変動の影響を見るため，比較を 3 回繰り返す．得られた結果は次のとおりである：

```
For for loop,           t2-t1 = 0:00:00.384000
For vector function,    t2-t1 = 0:00:00.009000
For for loop,           t2-t1 = 0:00:00.383000
For vector function,    t2-t1 = 0:00:00.009000
For for loop,           t2-t1 = 0:00:00.387000
For vector function,    t2-t1 = 0:00:00.008000
```

簡単な計算だが，これらの結果からベクトル化による計算の高速化が約 50 倍となったことが示される；嘘ではない！

さて，10 章で議論したストライドのことを思い出そう．これは次の計算に使う配列の要素へ到達するためにスキップするメモリの量のことである．プログラムのストライドを最小にすることが重要なのは，メモリ内を飛び回って時間を無駄にしないため，また不必要なデータをメモリ上に配置しないためである．例えば，(1000, 1000) の配列について，次の列までは 1 ワード離れているが，次の行までは 1000 ワード離れている．列番号の順に計算する方が行番号の順に計算するより明らかに良い．

最初の例として，整数の 3 × 3 の配列を用意して NumPy の arange を使い 1 次元配列を生成する．次に，それを 3 × 3 の配列に戻し，この行列の行と列についてストライドを求める：

```
>>> from numpy import *
>>> A = arange(0,90,10)
>>> A
array([ 0, 10, 20, 30, 40, 50, 60, 70, 80])
>>> A = A.reshape((3,3))
>>> A
array([[ 0, 10, 20],
       [30, 40, 50],
       [60, 70, 80]])
>>> A.strides
(12, 4)
```

第 11 行の出力表示から，次の行の同じ位置へ行くのに 12 バイト (数値 3 個分) 要したが，次の列の同じ位置に行くのには 4 バイト (数値 1 個分) でしかないことがわかる．列から列へ行く方が明らかに低コストである．では，それを実行する非常に簡単な方法を示そう．

Python のスライス (slice) 演算は，リストの必要な部分を取り出す (あんドーナツの中心を通る「スライス」を作るような) ものであることを思い出そう：

$$\text{ListName[start: stop: step]}.$$

これにより引数が start 以上 stop 未満を step おきにスライスしてリスト ListName の部分要素を取り出す．引数を書かないときスライスは 0 から始まってリストの最後で行って止まる．例を次に示す：

```
>>> A = arange(0,90,10).reshape((3,3))
>>> A
array([[ 0, 10, 20],
       [30, 40, 50],
       [60, 70, 80]])
>>> A[:2,:]                       # First two rows (start at 2, go to end)
array([[ 0, 10, 20],
       [30, 40, 50]])
>>> A[:,1:3]                      # Columns 1-3 (start at 1, end at 4)
array([[10, 20],
       [40, 50],
       [70, 80]])
>>> A[::2,:]                      # Every second row
array([[ 0, 10, 20],
       [60, 70, 80]])
```

Python の変数はデータの値を格納するのではなく，データへの参照 (オブジェクトに割り当てられたメモリのアドレス) を格納しており，関数の呼び出しは参照渡しという方式である (C の「ポインタ」を考えればよい)．したがって，スライスで指定した部分要素について作業をするとき，Python はメモリ内を飛びまわる必要はないし，その部分要素を格納する別の配列をつくる必要もない．これは速度の向上につながるが，新しい配列を変更した場合，それが指す元の配列をも変更していることを覚えておく必要がある (C の「ポインタ」と同様)．

例えば，微分係数を求めるための前進差分と中心差分の計算は，かなり手際よく最適化することができる (Perez *et al.*, 2010)：

```
>>> x = arange(0,20,2)
>>> x
array([ 0, 2, 4, 6, 8, 10, 12, 14, 16, 18])
>>> y = x**2
>>> y
array([ 0, 4, 16, 36, 64, 100, 144, 196, 256, 324], dtype=int32)
>>> dy_dx = ((y[1:]-y[:1])/(x[1:]-x[:-1]))   # Forward difference
>>> dy_dx
array([ 2., 8., 18., 32., 50., 72., 98., 128., 162.])
>>> dy_dx_c = ((y[2:]-y[:-2])/(x[2:]-x[:-2]))   # Central difference
```

```
>>> dy_dx_c
array([  4.,   8.,  12.,  16.,  20.,  24.,  28.,  32.])
```

(微分係数の値がかなり違うように見えるが，前進差分は差分間隔の初めで求めており，中心差分は差分間隔の中央で値を求めていることに注意する．)

11.2.1　NumPyにおける最適化(演習)

1. NumPyのベクトル化された関数が行う評価が，どのように計算速度を50倍もスピードアップできるのかを実際に見てきた．それは，配列内の個々の要素ひとつずつに演算を行うのではなく，配列に対して演算命令をブロードキャストすることで成し遂げられた．ここでは，行列の掛け算 $[\mathbf{A}][\mathbf{B}]$ に対するスピードアップを計測する．ただし行列のサイズは少なくとも 10^5 であり，浮動小数点数で構成されている．各要素に対して行列演算の基本ルールを適用する直接乗算と比較する:

$$[\mathbf{AB}]_{ij} = \sum_k a_{ik} b_{kj} \tag{11.1}$$

2. Pythonのスライス演算は，微分係数の計算におけるストライドを減少させるのに使えることを実際に見てきた．少なくとも 10^5 個の浮動小数点数をもつ配列上で前進差分と中心差分により微分係数を求めるとき，ストライドを減らす除去処理を行うことで得られるスピードアップがどの程度かを求める．同じ計算を除去処理なしで行い比較する．

11.3　ハードウェアのパフォーマンス (実験)

　この節では実験として，いくつかの言語で書かれた完全なプログラムを，利用可能なできるだけ多くのコンピュータで実行する．この方法により，コンピュータのアーキテクチャとソフトがプログラムのパフォーマンスにどのように影響するかを探索する．最適化の最初のステップとして，プログラムを最適化するようにコンパイラに指示を出してみる．コンパイル・コマンドに**最適化オプション**を追加することで，どの程度完全にコンパイラが最適化を試みようとするかの制御ができる．例えばFortran コンパイラでは (Pythonよりも良く制御できる):

> f90 --O tune.f90

ここで --O は最適化をオンにする (Oはゼロではなく大文字のO)．実際にオンになる最適化はコンパイラによって異なる．FortranとC コンパイラは，プログラムを本当に好みに合わせてコンパイルできるように一連のオプションや指示命令を持っている．最適化オプションはコードの実行をスピードアップさせることもあれば，そうでないこともあり，より高速で実行されるコードが間違えた結果を出すこともある．

計算科学者がコンパイルされたコードを実行させる時間は相当に長いので，コンパイラ・オプションは非常に詳細なものになりがちである．好例として，ほとんどのコンパイラは，試みる最適化のレベルを何段階もそろえている (が保証の限りではない)．得られるスピードアップはプログラムの詳細によるが，高いレベルのほうが大きなスピードアップを得る可能性がある．しかし，私たちの経験によると，高いレベルの最適化は時として間違った答えを与える (おそらく，文法に完全には従っていないプログラムだったのが理由かもしれない)．

いくつかの典型的な Fortran コンパイラ・オプションを次に記す：

--O デフォルトの最適化レベル (--O3) を使う
--O1 最小のステートメント・レベルの最適化
--O2 基本ブロックレベルの最適化が可能
--O3 ループのループ展開と全体にわたる最適化を付加
--O4 同じソースファイルからのルーチンを自動的にインライン化する機能を付加
--O5 積極的な最適化を試みる (プロファイルのフィードバックも伴う)

Gnu のコンパイラ gcc, g77, g90 では--O オプションのほかに以下のオプションも許容する．

--malign--double 倍精度変数を 64 ビット境界に整列
--ffloat--store コードに IEEE-854 の拡張精度を使う
--fforce--mem, --fforce--addr ループの最適化を改善
--fno--inline ステートメント関数をインラインでコンパイルしない
--nffast--math 浮動小数点数の非 IEEE の取扱を試みる
--funsafe--math--optimizations 浮動小数点演算の高速化．正しくない結果の可能性あり
--fno--trapping--math 非浮動小数点閉じ込めの生成を仮定
--fstrength--reduce ループを更に速くする
--frerun--cse--after--loop ループの最適化後の処理，共通部分の除去
--fexpensive--optimizations マイナーな部分の最適化，時間がかかる
--fdelayed--branch 遅延分岐命令を利用した命令の並べ替え
--fschedule--insns 命令の順序変更で効率化向上
--fschedule--insns2 レジスタレベルでの命令順序の変更
--fcaller--saves レジスタレベルでのデータ保存
--funroll--loops DO ループの積極的なアンロール
--funroll--all--loops DO や WHILE ループでのアンロール

11.3.1 Python と Fortran/C のスピード競争

Code/HPC のディレクトリに収録したプログラム tune の様々なバージョンは，行列

11.3 ハードウェアのパフォーマンス (実験)

の固有値問題

$$\mathbf{H}c = Ec \tag{11.2}$$

を解くものである．ここで，$\mathbf{H}$ はハミルトニアン行列，E は固有値，c は固有ベクトルである．ハミルトニアン行列の各要素の値を次のように与える：

$$\mathbf{H}_{i,j} = \begin{cases} i & \cdots i = j \\ 0.3^{|i-j|} & \cdots i \neq j \end{cases} \tag{11.3}$$

$$= \begin{bmatrix} 1 & 0.3 & 0.09 & 0.027 & \cdots \\ 0.3 & 2 & 0.3 & 0.09 & \cdots \\ 0.09 & 0.3 & 3 & 0.3 & \cdots \\ & & & & \ddots \end{bmatrix} \tag{11.4}$$

リスト 11.6 tune.f90 は，様々なタイプの最適化の結果を示すのに十分な規模の数値計算ではあるが，さらにサイズを増やして規模を大きくする必要があるかもしれない．このプログラムは，近似的に対角行列のハミルトニアンの固有値問題を，デビッドソン法の一種を用いて逐次的に解く．

```
!    tune.f90: matrix algebra program to be tuned for performance

Program tune

  parameter (ldim = 2050)
  Implicit Double precision (a-h, o-z)
  dimension ham(ldim, ldim), coef(ldim), sigma(ldim)
                                         ! set up H and starting vector
  Do i = 1, ldim
    Do j = 1, ldim
      If ( abs(j - i) > 10) then
        ham(j, i) = 0.
      else
        ham(j, i) = 0.3**Abs(j - i)
      Endif
    End Do
    ham(i, i) = i
    coef(i) = 0.
  End Do
  coef(1) = 1.
                                                    ! start iterating
  err = 1.
  iter = 0
20  If (iter< 15 .and. err >1.e-6) then
  iter = iter + 1
                                    ! compute current energy & normalize
  ener = 0.
  ovlp = 0.
  Do   i = 1, ldim
    ovlp = ovlp + coef(i)*coef(i)
    sigma(i) = 0.
    Do    j = 1, ldim
      sigma(i) = sigma(i) + coef(j)*ham(j, i)
    End Do
    ener = ener + coef(i)*sigma(i)
```

```
      End Do
      ener = ener/ovlp
      Do   I = 1, ldim
        coef(i) = coef(i)/Sqrt(ovlp)
        sigma(i) = sigma(i)/Sqrt(ovlp)
      End Do
                                     ! compute update and error norm
      err = 0.
      Do  i = 1, ldim
        If (i == 1) goto 22
        step = (sigma(i) − ener*coef(i))/(ener − ham(i, i))
        coef(i) = coef(i) + step
        err = err + step**2
22    Continue
23    End Do
      err = sqrt(err)
      write(*, '(1x, i2, 7f10.5)') iter, ener, err, coef(1)
      goto 20
      Endif
      Stop
End Program tune
```

このハミルトニアンは，ほとんど対角行列とみなせるので，固有値は対角要素に近い値でなければならず，固有ベクトルは N 次元の単位ベクトルの組に近いものとなるはずである．例えば，$\mathbf{H}$ の次元を $N \times N$ ($N = 2000$) としよう．行列の要素数は $2000 \times 2000 = 4\,000\,000$ となるので，たくさんあるこの倍精度の数値を格納するのに 4 百万 $\times 8\,\mathrm{B} = 32\,\mathrm{MB}$ を必要とする．現代の PC は 4 GB もしくはそれ以上の RAM を持っているので，この小さな行列にはメモリ・サイズの問題はない．そこで，使っているコンピュータの RAM のサイズを調べて，それを超えるまで行列 $\mathbf{H}$ の次元のサイズを増す．(Windows で RAM のサイズを調べるには，「コンピュータ」の「プロパティ」の 1 つとして見るか，コントロールパネルから「システム」に関する情報を見る．)

ここではデビッドソン法から派生した繰返し計算法により (11.2) の最小の固有値とそれに対応する固有ベクトルを見つける．まず初期値を

$$c_0 = \begin{pmatrix} 1 \\ 0 \\ \vdots \\ 0 \end{pmatrix}, \quad E_0 = \frac{c_0^\dagger \mathbf{H} c_0}{c_0^\dagger c_0} \tag{11.5}$$

とする[*1]．$c_0^\dagger$ は c_0 の随伴ベクトルである．$\mathbf{H}$ は近似的に対角行列で左上隅の対角要素が 1 だから，この初期値は解に近い．次の推定値 c_1 を

$$c_1 = \frac{\bar{c}_1}{\sqrt{\bar{c}_1^\dagger \bar{c}_1}}, \quad \bar{c}_1 = c_0 + d_0, \quad d_0|_1 = 0, \quad d_0|_k = -\frac{(\mathbf{H} - E_0 \mathbf{I}) c_0|_k}{E_0 - H_{kk}} \ (k \neq 1) \tag{11.6}$$

とし，この操作を繰り返す．最急降下法から $c_1 = c_0 + \alpha (\mathbf{H} - E_0 \mathbf{I}) c_0$ であり，重み α を

[*1] プログラムでは固有ベクトルを coef と書いている．

11.3 ハードウェアのパフォーマンス (実験)

適切な値にして収束させるのだが,ここでは成分ごとに異なる重み $(E_0 - H_{kk})^{-1}$ を与える.実際,c_0 が求める固有ベクトルに近く,第 2 成分以下の修正は少なくてよい (H_{kk} の k 依存性を用いて具体化する).この場合,固有値の精度は 11 回の繰返しのあと 6 桁の精度となるはずである.以下,この最適化チューニングの手順を示す.

1. tune のなかで精度を制御する err の値を変え,必要な反復回数にどのように影響するかを記録する.
2. 固有ベクトル (11.6) に対する初期推定値をいくつか選び,このアルゴリズムで他の固有値に収束させることができるかを試す.
3. 用いた技と実行時間の関係を表にしておく.
4. tune.f90 をコンパイルして実行し,実行時間を記録する (リスト 11.6).Unix システムでは,コンパイルされたプログラムはファイル a.out に置かれる.コンパイル,時間計測,実行のすべてを Unix シェルのコマンドで行える.

```
> F90 tune.f90        # Fortran compilation
> cc —lm tune.c       # C compilation, (or gcc instead of cc)
> time a.out          # Execution
```

ここで,コンパイルされた Fortran のプログラムは (デフォルトで) a.out という名前が付けられる.time コマンドは a.out の実行 (ユーザ) 時間とシステム時間を秒単位で与える.

5. 11.3 節で示したように,プログラムをスピードについて最適化したバージョンの生成をコンパイラに命じることができる.そのコンパイラ・オプションは:

```
> f90 --O tune.f90
```

最適化されたコードを実行し時間を計測するが,同じ答えが出ているかもチェックし,スピードアップのどんな結果でもメモを研究日誌に記す.

6. 最適化オプションを最高レベルまですべて試し,得られた実行時間と計算結果の精度を記録する.通常は,--O3 がなかなか良い.とくに,tune と同程度に簡単でメインメソッドが 1 つだけのときは良好である.プログラムユニットが 1 個だけのときは,--O4 や--O5 による改善が--O3 を超えるのを期待はできない.--O3 は,ループ展開があるので,--O2 より改善が期待できる.
7. プログラム tune4 は,いくつかのループ展開が行われている (すぐに調べることになる).Fortran で最大限できることを見るために,tune4.f95 の最も最適化したバージョンで実行時間を記録する.
8. リスト 11.7 のプログラム Tune.py は,Fortran プログラム tune.f90 と等価な Python 版である.
9. Tune.py が何をしているか知るために (かわいそうなコンピュータがいかにつらい思いをしているか感じるために),ldim=2 として Tune の繰返し 1 回を手で計算する.繰り返し計算のループが収束したと仮定し,プログラムに従って完了手続

きに入り，変数に割当てられた値を書きだす．
10. Tune.py をコンパイルし実行する．Python プログラムにタイマーを入れてあるので，time コマンドを発行する必要はない．Fortran で出したのと全く同じ答えを得たか，そして Python ではどれぐらい余計に時間がかかるかを確認する．Fortran に比べると Python がどれほど遅いか驚くと思う．
11. ここで，ちょっとした実験をして，コンピュータのメモリを満杯にしたときパフォーマンスに何が生じるかを見る．これを信頼できる実験にするには，他のユーザとコンピュータを共有しないのが最も良い．Unix システムであれば，who-a コマンドで他のユーザを表示できる (どう交渉して追い出すか考えるのはお任せする)．
12. この小さなプログラムのどの側面が実行速度の低下を引き起こしているか知るために，行列のサイズ ldim を 10, 100, 250, 500, 750, 1025, 2500 および 3000 として Tune.py をコンパイルし実行する．3000 のとき Python がメモリ不足とのエラーメッセージを出すかもしれないが，これは仮想メモリの使用をオンにしていないからである．

リスト **11.7** Tune.py の数値計算としての規模は，様々な種類の最適化の結果を示すに十分であるが，より大規模にするにはサイズを増やす必要があるかもしれない．このプログラムは，近似的に対角行列であるハミルトニアン行列の固有値問題を，デビッドソン法の一種を用いて繰返し計算で解く．

```python
# Tune.py Basic tuning program showing memory allocation

import datetime; from numpy import zeros; from math import (sqrt, pow)

Ldim = 25;            iter = 0;                step = 0.
diag = zeros((Ldim, Ldim), float);    coef = zeros( (Ldim), float)
sigma = zeros((Ldim, Ldim), float);   ham = zeros( (Ldim, Ldim), float)
t0 = datetime.datetime.now()                  # Initialize time
for i in range(1, Ldim):                      # Set up Hamiltonian
    for j in range(1, Ldim):
        if (abs(j - i) >10): ham[j, i] = 0.
        else : ham[j, i] = pow(0.3, abs(j - i) )
    ham[i,i] = i ;          coef[i] = 0.;
coef[1] = 1.;          err = 1.;          iter = 0 ;
print("iter    ener     err ")
while (iter < 15 and err > 1.e-6):      # Compute current E & normalize
    iter = iter + 1; ener = 0. ; ovlp = 0.;
    for i in range(1, Ldim):
        ovlp = ovlp + coef[i]*coef[i]
        sigma[i] = 0.
        for j in range(1, Ldim): sigma[i] = sigma[i] + coef[j]*ham[j][i]
        ener = ener + coef[i]*sigma[i]
    ener = ener/ovlp
    for i in range(1, Ldim):
        coef[i] = coef[i]/sqrt(ovlp)
        sigma[i] = sigma[i]/sqrt(ovlp)
    err = 0.;
    for i in range(2, Ldim):                                  # Update
        step = (sigma[i] - ener*coef[i])/(ener - ham[i, i])
        coef[i] = coef[i] + step
        err = err + step*step
    err = sqrt(err)
```

```
            print" %2d %9.7f %9.7f "%(iter, ener, err)
delta_t = datetime.datetime.now() − t0                    # Elapsed time
print" time = ", delta_t
```

13. 実行時間と行列のサイズの関係をグラフに表す．図 11.1 の様になるはずだが，プログラムの実行中にそのコンピュータに複数のユーザが存在する場合は，不安定な結果を得るかもしれない．行列のサイズが $\sim 1000 \times 1000$ よりも大きくなると，実行時間の曲線の傾きが急に増加し，私たちの場合は行列のサイズの **3** 乗で増加している．計算の対象となる要素の数は配列の大きさの **2** 乗で増加するので，何か別のことが起きている．この余分な減速が，メモリにアクセスする際のページフォールトの結果だと考えるのは妥当である．特に 2 次元配列へのアクセスのとき，要素がメモリ全体に散在していると，非常に遅くなりうる．

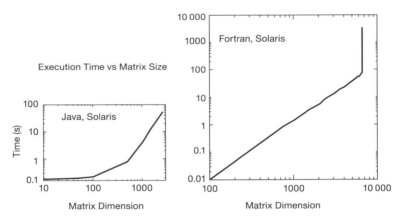

図 **11.1** 実行時間と行列サイズの関係．Tune.java と tune.f90 による固有値探査の結果を示す．

リスト 11.8 Tune4.py のループ展開は，for ループの 2 つのステップを明示的に書くことにより行われる (2 つおき)．その結果，メモリ・アクセスがよくなり実行速度が速くなる．

```
# Tune4.py Model tuning program

import datetime
from numpy import zeros
from math import (sqrt,pow,pi)
from sys import version
if int(version[0]) >2: #raw_input deprecated in Python 3
    raw_input=input
Ldim = 200;           iter1 = 0;            step = 0.
ham = zeros( (Ldim, Ldim), float);    diag = zeros( (Ldim), float)
coef = zeros( (Ldim), float);          sigma = zeros( (Ldim), float)
t0 = datetime.datetime.now()                     # Initialize time
```

11. HPC (応用編)：最適化，チューニング，GPU プログラミング

```
for i in range(1, Ldim):                          # Set up Hamiltonian
    for j in range(1, Ldim):
        if abs(j - i) >10: ham[j, i] = 0.
        else : ham[j, i] = pow(0.3, abs(j - i) )
for i in range(1, Ldim):
    ham[i, i] = i
    coef[i] = 0.
    diag[i] = ham[i, i]
coef[1] = 1.;           err = 1.;              iter = 0;
print ("iter      ener         err  ")
while (iter1 < 15 and err > 1.e-6):               # Compute E & normalize
    iter1 = iter1 + 1
    ener = 0.
    ovlp1 = 0.
    ovlp2 = 0.
    for i in range(1, Ldim - 1, 2):
        ovlp1 = ovlp1 + coef[i]*coef[i]
        ovlp2 = ovlp2 + coef[i + 1]*coef[i + 1]
        t1 = 0.
        t2 = 0.
        for j in range(1, Ldim):
            t1 = t1 + coef[j]*ham[j, i]
            t2 = t2 + coef[j]*ham[j, i + 1]
        sigma[i] = t1
        sigma[i + 1] = t2
        ener = ener + coef[i]*t1 + coef[i + 1]*t2
    ovlp = ovlp1 + ovlp2
    ener = ener/ovlp
    fact = 1./sqrt(ovlp)
    coef[1] = fact*coef[1]
    err = 0.                                      # Update & error norm
    for i in range(2, Ldim):
        t = fact*coef[i]
        u = fact*sigma[i] - ener*t
        step = u/(ener - diag[i])
        coef[i] = t + step
        err = err + step*step
    err = sqrt(err)
    print (" %2d %15.13f %15.13f "%(iter1, ener, err))
delta_t = datetime.datetime.now() - t0            # Elapsed time
print(" time = ", delta_t)
```

リスト 11.9 tune4.f95 のループ展開は，Do ループの 2 つのステップを明示的に書くことにより行われる (2 つおき)．その結果，メモリ・アクセスがよくなり実行速度が速くなる．

```
! tune4.f95: matrix algebra with RISC tuning
                                !
Program   tune4
PARAMETER (ldim = 2050)
Implicit Double Precision (a–h, o–z)
Dimension ham(ldim, ldim),coef(ldim),sigma(ldim),diag(ldim)
!     set up Hamiltonian and starting vector
Do  i = 1,ldim
    Do  j = 1,ldim
        If( Abs(j-i) > 10) Then
            ham(j,i) = 0.0
        Else
```

```fortran
               ham(j,i) = 0.3**Abs(j-i)
            EndIf
         End Do
      End Do
!     startiterating towards the solution
      Do   i = 1,ldim
         ham(i,i) = i
         coef(i) = 0.0
         diag(i) = ham(i,i)
      End Do
      coef(1) = 1.0
      err = 1.0
      iter = 0
20    If(iter <15 .and. err >1.0e-6) Then
         iter = iter +1
         ener = 0.0
         ovlp1 = 0.0
         ovlp2 = 0.0
         Do    i = 1,ldim-1,2
            ovlp1 = ovlp1+coef(i)*coef(i)
            ovlp2 = ovlp2+coef(i+1)*coef(i+1)
            t1    = 0.0
            t2    = 0.0
            Do    j = 1,ldim
               t1 = t1 + coef (j)*ham(j,i)
               t2 = t2 + coef(j)*ham(j,i+1)
            End Do
         sigma(i)   = t1
         sigma(i+1) = t2
         ener       = ener + coef(i)*t1 + coef(i)*t2
         End Do
         ovlp = ovlp1 + ovlp2
         ener = ener/ovlp
         fact = 1.0/Sqrt(ovlp)
         coef(1) = fact*coef(1)
         err = 0.0
         Do    i = 2,ldim
            t     = fact*coef(i)
            u     = fact*sigma(i) - ener*t
            step  = u/(ener - diag(i))
            coef(i) = t + step
            err   = err + step*step
         End Do
         err = Sqrt(err)
         Write(*, '(1x,i2,7f10.5)') iter,ener,err,coef(1)
         GoTo 20
      EndIf
      Stop
      End Program tune4
```

14. tune.f90 で行った前回の実験を繰返す．ham 行列のサイズを大きくした影響を測定するため，今度は ldim= 10, 100, 250, 500, 1025, 3000, 4000, 6000, ... とする．図 11.1 と同様のグラフになるはずである．Fortran の実装では自動的に仮想メモリを持つようになるが，それを使ってディスクアクセスが多くなると非常に遅くなる．特にこの問題ではそれが著しい (恐らく 50 倍の時間がかかる！)．というこ

とは，プログラムを実行してスクリーンには何も表示が出なくなれば (ディスクの回転音が聞こえるか，アクセスランプの点滅が見える)，恐らく仮想メモリ使用状態となっている．もしできるなら，計算を 1 回か 2 回だけ繰返してプロセスを止め，その時間から計算が完全に終了するまでにかかる時間を推測する．

15. 2 次元配列 ham[i,j] の要素へのアクセスがプログラムを遅くしているという仮説をテストするために，Tune.py を修正して Tune4.py とし，これをリスト 11.8 に載せた (Fortran でも同様の修正版をつくった)．

16. Tune4 では，i と j について多重の for ループが $\Delta i = 2$ (2 つおき) のステップとなっていることに注意する (Tune.py では 1 つずつのステップだった)．期待どおりに動作するなら，Tune4.py のメモリ・アクセスは改善され，実行時間が半分近くになるはずである．Tune4.py をコンパイルして実行し，結果を表に記録する．

17. 2 次元配列への呼び出しの数を半分に削減するため，ループの展開として知られている手法を採用した．そこでは，もし明示的に指示しないと for ループのカウンターが順に総てを数え上げるようプログラムがあり，そこの何行かを明示的に書き出した．こうすると，以前に比べてプログラムの一部が読みにくくなるが，より速い実行ファイルをコンパイラに生成させることが可能になるのは明らかである．Tune と Tune4 が実際に同じことをしているか確認するため，ldim=4 として Tune4 の繰返し 1 回分を手で計算する．手計算の結果を報告する．

11.4　データキャッシュのためのプログラミング (手法)

データキャッシュは，キャッシュメモリ (超高速の CPU レジスタと高速なメインメモリとの間にある一時的な記憶領域として，小さいがとても速いメモリ) の一部でデータを一時的に保管する．このキャッシュメモリは，ハイ・パフォーマンス・コンピュータの普及につれてその重要性を増している．データキャッシュを使うシステムでプログラミングを行なうときには，他には考えられないほどの重要課題となる：キャッシュに入っていないデータを続けて参照すれば，キャッシュミスによって CPU 時間が 1 桁も増加する可能性がある．

図 10.3 と 11.2 に示したように，データキャッシュにはメモリ上のデータの一部がコピーされている．基本はどのキャッシュでも同じだが，そのサイズはメーカ毎に異なる．CPU がメモリの位置を特定しようとするとき，キャッシュ・マネージャはそのデータがキャッシュ内にあるかを確認する．もしなければ，キャッシュ・マネージャはメモリからデータを読み取りキャッシュの中に入れ，CPU はキャッシュ上のデータを直接に扱う．キャッシュ・マネージャを使って RAM の中を見たときの様子を図 11.2 に示す．

ある行列演算がどのようにメモリを使うかを考えるときは，その演算のストライド，つまり演算が繰り返されるときに通過する配列要素の数を考えるのが重要である．例えば，行列の対角要素の和をとるトレース

11.4 データキャッシュのためのプログラミング (手法)

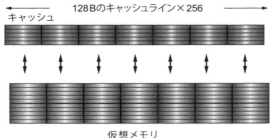

図 11.2 キャッシュ・マネージャから見た RAM. キャッシュラインのサイズが 128 B の場合を示す. そのサイズのデータが 1 つのキャッシュラインに読み込まれる.

$$\mathrm{Tr}\,\mathbf{A} = \sum_{i=1}^{N} a(i,i) \tag{11.7}$$

はストライドが大きい. なぜなら N が大きいときには, 対角要素が離れて格納されているからである. しかし, 次の和

$$c(i) = x(i) + x(i+1) \tag{11.8}$$

は, 配列 x の隣接要素だけが計算に現れるので, ストライドは 1 である. キャッシュを使ったプログラムでの基本則は以下の通りである:

・メモリ上のストライドを小さくする. できれば 1 にするのが望ましい. 実際問題としてその意味は:
  - Fortran の配列では, はじめに (すなわち一番内側の Do ループで) 動かす変数を一番左の添え字にする.
  - C や Python の配列では, 一番右の添え字を最初に動かす.

11.4.1 キャッシュミス (演習 1)

必要とするデータが仮想メモリ内にあり RAM にはないとき, プログラムのスピードが低下することを何度も述べてきた. 同様に, CPU が求めるデータがキャッシュにない場合もプログラムのスピードが低下する. ハイ・パフォーマンス・コンピューティングのためには, 処理中のデータをできるだけ多くキャッシュ内に保持するようにプログラムを書くべきである. これを実行するために思い出すべきことは, Fortran の行列では連続したメモリ配置に格納されるのが行添え字 (2 次元配列の第 1 添え字) でありこれが一番速く変化するが (列優先), Python や C の行列ではそれが列添え字となる (行優先) ことである. 一方, コンピュータ・アーキテクチャの他の要因と, キャッシュの効果とを切り分けることは難しいが, 行列要素を行ごとに参照するときの時間と, 列ごとに参照するときの時間を比較することで, キャッシュミスの重要性を見積もるべきである.

手元にあるコンピュータを実際に動かして，リスト 11.10 および 11.11 にある簡単なプログラムを比較する．両方とも代数演算の個数は同じだが，計算時間が大幅に異なるはずである．それは，一方では，キャッシュに読み込んでいないメモリ番地への大きなジャンプをしなければならないからである．

リスト **11.10** 列の連続参照

```
for j = 1, 999999;
    x(j) = m(1,j)                    // Sequential column reference
```

リスト **11.11** 行の連続参照

```
for j = 1, 999999;
    x(j) = m(j,1)                    // Sequential row reference
```

11.4.2　キャッシュ内のデータの動き (演習 2)

リスト 11.12 と 11.13 には，プログラムの断片だが簡単なものを 2 つ示したが，これらを取り込んだ完全なプログラムを，それぞれについて作成する．計算機言語は自分が使っているものでよい．2 つのプログラムを走らせて計算時間を比較し，使っているマシンにおけるキャッシュ内のデータの動き (キャッシュ・フロー) が重要であることを確認する．列のサイズ idim を増加させてプログラムを走らせ，ループ A とループ B のどちらの処理時間が増すか比較する．キャッシュのサイズが非常に小さいと，ストライドの大きさに非常に敏感である．

リスト **11.12** ループ A：良い f90 プログラム (最小のストライド)，悪い Python/C プログラム (最大のストライド)

```
Dimension Vec(idim,jdim)                      // Stride 1 fetch (f90)
    for j = 1, jdim; { for i =1, idim;  Ans = Ans +
        Vec(i,j)*Vec(i,j)}
```

リスト **11.13** ループ B：悪い f90 プログラム (最大のストライド)，良い Python/C プログラム (最小のストライド)

```
Dimension Vec(idim, jdim)                     // Stride jdim fetch (f90)
    for i = 1, idim; {for j =1, jdim; Ans = Ans + Vec(i,j)*Vec(i,j)}
```

ループ A は行列 Vec の行添え字を先に変化させる．ループ B は逆に列添え字を先に変化させる．行のサイズ (Python では最も左の添え字) を変えると，次のデータを探すのにメモリの中で跳ぶバイト数 (ストライド) が大きくなる．A と B 両方とも行列要素をすべて走査するが，ストライドは異なる．どの言語でもストライドを大きくすると，すでにキャッシュ内にあるデータのうちわずかな部分しか計算に利用できず，キャッシュのメモリ・スワッピングとデータ読み込みの回数が増え，全体のプロセスのスピードが低下する．

11.4.3　大きな行列の乗算 (演習 3)

プログラムで用いる配列の次元が増えるにつれ，メモリをべき級数的に増加させて使うので，効率的にメモリを使っているかを適切な折によく考えるべきである．メモリ使用量についてあと 2 つ例をあげる．まず大きな行列の乗算である：

$$[\mathbf{C}] = [\mathbf{A}] \times [\mathbf{B}] \tag{11.9}$$

$$c_{ij} = \sum_{k=1}^{N} a_{ik} \times b_{kj} \tag{11.10}$$

リスト **11.14**　悪い f90 プログラム (最大のストライド)，良い Python/C プログラム (最小のストライド)

```
for i = 1, N; {                              // Row
    for j = 1, N; {                          // Column
        c(i,j) = 0.0                         // Initialize
        for k = 1, N; {
            c(i,j) = c(i,j) + a(i,k)*b(k,j) }}}   // Accumulate
```

これはすべてメモリの取り扱いが異なっていることに起因する．式 (11.9) のコードをつくる自然な方法は行列の乗算の定義 (11.10) に従って計算をする．すなわち **A** の行と **B** の列の対応する要素の積を作った後に和をとる．Fortran では，最初のコードにおける行列 **B** のストライドが 1 だが，行列 **C** のストライドは N である．次のコードではこれが改善されている．すなわち，初期化が別のループとして実行されている．Python や C 言語では問題はちょうど逆になる．我々のマシンでは，演算の回数は同じなのに処理速度に 100 倍もの違いが生じたものが 1 台あった！

リスト **11.15**　良い f90 プログラム (最小のストライド)，悪い Python/C プログラム (最大のストライド)

```
for j = 1, N; {                              // Initialization
    for i = 1, N; {
        c(i,j) = 0.0 }
    for k = 1, N; {
        for i = 1, N; {c(i,j) = c(i,j) + a(i,k)*b(k,j) }}}
```

11.5　ハイパフォーマンス・コンピューティングのための GPU

10.16 節では，エクサスケール・コンピュータへのトレンドがマルチノード・マルチコア GPU コンピュータの利用であるように見えるという議論をし，構成の概略を図 10.14 に示した．この図の GPU という構成要素がスーパーコンピュータのアーキテクチャをさらに拡大し，IBM の Blue Gene などのコンピュータを凌駕しようとしている．こうした将来のスーパーコンピュータに使われる GPU は，もともと画像イメージの作成を加速するために設計された電子デバイスである．GPU の高い効率は，画像のたくさんの異なる部分を同時に作成する能力によるものであり，同時に表示する画素が数百万個も

あるのでこれは非常に重要な能力である．実に，このプロセシング・ユニットはポリゴンを1秒間に数億個も処理できる．GPUは，パーソナルコンピュータ，ゲーム機，携帯電話など日用品の装置の画像処理を支援するために設計されているという背景のもと，安価で高性能な並列計算機としてそれ自体が興味の対象になってきた．だが，GPUはビデオ処理の支援用に設計されているので，そのアーキテクチャとプログラミングは通常の科学的アプリケーションにふつう使われる汎用CPUとは異なり，科学計算用には少し作業を要する．

　GPUのプログラミングは，使用しているGPUアーキテクチャに固有の特化されたツールを必要とする．本書では11.6.2項でその議論をするが，GPUの基本的な詳細の説明はこの本の範疇を超える．しばしば「CUDA (Compute Unified Device Architecture)」と呼ばれるものは，Nvidia社が開発したアーキテクチャのためのプログラミング環境だが，これがGPUプログラミングへのアプローチとして現在ではたぶん一番よく知られているものだろう (Zeller, 2008)．C，Fortran，Python，Java，Perlなどの一般的に使われるプログラミング言語用に開発された拡張機能やラッパーを経由することで，ある程度その複雑さは減ってはいる．しかし，その作業における一般的原則は，既に本書で用い議論した内容を拡張しただけである．これら一般的原則のいくつかの例をしっかりと勉強してもらった後で，11.6節ではマルチノード・マルチコアGPUコンピュータのプログラミングの実用的なヒントをいくつか提供する．

　10章では，並列計算に関して高級言語 (CUDAと比べれば高級) の側面からいくつか議論した．この節では，マルチコアのGPUプログラミングのための実用的なヒントをいくつか論じる．次節でNvidiaの**CUDA**言語を用いたGPUプログラミングの実例をいくつか提供する．そこでは，**PyCUDA** (Klöckner, 2014) を使いPythonプログラム内からそれにアクセスする．だが，Pythonに別のパッケージに追加しただけと考えてはならない．その節には自由選択の記号がついているが，その理由はCUDAの使用が本書の通常のレベルを超えているし，私たちの経験では，通常の科学者が助けを借りずにCUDAを自分のPCで実行するのは難しいからである．並列計算であまりにも頻繁に経験することだが，低レベルのコマンドで自分の手を汚さなければならない．本書を読むことで，CUDAについてある程度の一般的な理解を得てくれればと願う．もっと詳細を読みたい人には，CUDAのチュートリアル (Zeller, 2008) ならびにKirk and Wen-Mei (2013); Sanders and Kandrot (2011); Faber (2010) を勧める．

11.5.1　GPUカード

　GPUはハードウェア構成機器であり，画像イメージの保存と操作および表示を加速するように設計されている．マルチコア中央処理装置 (CPU) と比較すると，GPUにはより多くのコアとより多くの演算データ処理ユニットを持たせる傾向があり，本質的に高速だが，限定的な並列計算機である．GPUは，ほとんどのPCに載せる一般的な商品であり (ゲーム用を思い出せばよい)，非常に強力だが安価な並列計算環境を提供してくれ

る．現在，GPU に適合する科学的なアプリケーションが増えつつあり，プログラムの逐次処理の部分を CPU に，GPU に並列処理の部分を行わせるという使い方をしている．

一番よく知られている GPU プログラミング言語が CUDA である．CUDA は Nvidia の GPU 上で並列計算をするため，同社が作った開発環境でありプログラミング・モデルである．このプログラミング・モデルで定義しているのは：

1. スレッド，クロック，グリッド，
2. レジスタ，ローカルメモリ，共有メモリ，グローバルメモリ，および
3. スレッドのスケジューリングとスレッドのブロックを含む実行環境

である．典型的な Nvidia カードの構造を図 11.3 に示す．このカードは 4 個のストリーミング・マルチプロセッサ (SM) と，各 SM に 8 個のストリーミング・プロセッサを持つ．さらに 2 個の特殊機能ユニット (SFU) と 16 kB の共有メモリがある．SFU は時間を要する正弦や余弦などの超越関数，あるいは逆数や平方根などの値の評価に使う．2 個がペアとなった SM の各グループはテクスチャ処理クラスタ (TPC) を構成し，ピクセルシェーディングや汎用のグラフィック処理のために使用される．また図に示すように GPU 上の 3 種類メモリ構造間のデータ転送とホストとのデータ転送がある (図 11.3a)．チップ上にメモリを持っているのでリモートメモリ構造にアクセスするよりもはるかに高速である．

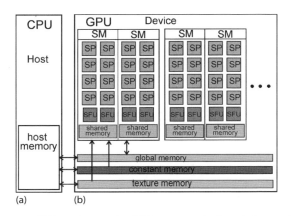

図 11.3　GPU の構造 (b) と CPU との関係 (a)．GPU には，ストリーミング・マルチプロセッサ (SM)，特殊関数ユニット，いくつかのメモリ階層があることが分かる．また各メモリレベルとホスト CPU の間の通信も示している．

11.6 マルチコアと GPU プログラミングのための実用的なヒント ⊙

10.16 節でエクサスケール・コンピューティングの基本的な要素について述べてきた.マルチノード・マルチコア GPU 計算機のプログラミングについて実用的なヒントを以下に記す.これまで議論してきたのと同一線上にあるが,通信コストを最小にすることに重点を置くことになる[*2).最適化に関する従来の見解とは対照的に,2 つのアルゴリズムのうち「より速い」のは,計算のステップ数が多くても,通信が頻繁でないほうとなりうることを意味する. GPU を直接にプログラミングする労力は甚大になりうるので,多くのアプリケーション・プログラマはコンパイラのエクステンションやラッパに GPU の扱いを任せたがる.だが,する必要があれば,以下の方法を参照するとよい.

エクサスケール・コンピュータとエクサスケールの計算は,以前のコンピュータと計算のモデルから劇的な変化引き起こすという意味で「破壊的 (既存の技術を打ち砕く) 技術」と期待されている.対照的なのが,CPU のクロック速度を継続的に増加させるという発展的な技術であり,電力消費とそれに付随する熱の発生が障害になるまでは,これが実行されていた.新たな変化にともない,ソフトウェアとアルゴリズムは間違えなく変化するはずである (アプリケーションを書き直さなければならなくなるであろう).スーパーコンピュータが専用の CPU を用いる大型ベクトルマシンから汎用 CPU とメッセージ・パッシングを使ったクラスタマシンへ変わったときにも,こうした変化があったことを考えれば当然である.

- エクサスケールでは,データ移動は高くつく.浮動小数点演算用とデータ転送のための時間はほぼ同じといえる.だが,転送が局所的でないときは,図 10.13 および図 10.14 に示すように,通信が律速段階になることが多い.
- エクサスケールでは,フロップスは安く手に入れやすい.GPU とローカル・マルチコアチップにより非常に高速な処理速度を手に入れられる.将来のコンピュータではもっと多くの GPU やマルチコアが使われると期待できるので,通信は気にする必要はあるが,フロップスを気にすることはない.
- 同期を減らすアルゴリズムが不可欠.多くのプロセッサを同期のために止めるのは,適切な計算を保証するため不可欠ではあるが,処理速度を低下させ更には (文字通り) 停止させてしまう.同期の必要性を減らすアルゴリズムを発見あるいは導出することが望ましい.
- **fork-join モデルの打破.** fork-join モデルは,1 つのマスタースレッドでスタートし,並列化して複数のスレッドに分岐し,終了時にマスタースレッドだけに戻るという並列化のモデルである.入ってくるジョブのキューをサブジョブに分割し様々なサーバー

[*2) この節で使った資料の大部分は John Dongarra の講演をもとにしている (Dongarra, 2011).

のサービスとして並列処理し，最終的な結果を得るために結合する．明らかに，このタイプのモデルは計算機の様々な部分に展開しているサブジョブが総て完了するのを待たなければならない．資源の大きな無駄である．

通信を減らすアルゴリズム． 既に議論したように，プロセッサ間の通信の必要性が少ない方法を使用するのが最善である．そのためにフロップスがもっと必要になったとしてもその方がよい．

混合精度演算の使用． ほとんどの GPU はネイティブの倍精度浮動小数点数を持たない (せいぜい 32 ビット単精度)．これにともない，倍精度の計算や倍精度のデータ移動には 2 倍以上の速度の低下が生じる．したがって単精度を使うことができれば，その方が好ましいアプローチである．その 1 つの方法が摂動法の利用である．すなわち計算を (倍精度の) 主要部分と (単精度の) 小さな補正部分に分割し，主要部分は既知か別途計算とし，補正部分の計算に集中する．要求される精度を達成するのに必要な最低限の精度を用いよ，というのが経験則である．

自動チューニングの推進． コンピュータの製造会社はハードウェアを信じられないほど高速化させたが，科学者がそれを十分に活用するために必要なソフトウェアをいっしょに作ってはいない．新しいマシンに乗せるため大規模なプログラムを書換えるのに何年もかかるのが普通であり，途方もない投資となるので，その余裕がある科学者は多くない．このような複雑なマシンを扱うためのもっと賢いソフトウェアが必要だし，プログラムを経験的に最適化することができる道具も必要である．

障害に強いアルゴリズム． 何百万または何十億のコンポーネントを含むコンピュータは，時々は間違いを起こす．ビットフリップのような軽微な誤動作が起きたとき，最初から計算を再開しなければならなかったり，お手上げ状態で停止されたのでは意味がない．アルゴリズムはこのような障害から回復できなければいけない．

結果の再現性． 科学で肝心なことは，科学的真理の探求であり，その解が数学的に一意

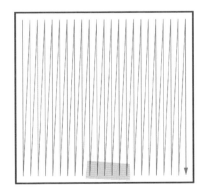
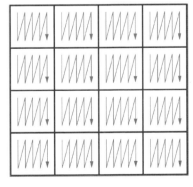

図 **11.4** 行列の連続的な要素を並列処理のためにタイルに割り振る方法の概説 (Dongarra, 2011 より引用).

である問題を解く場合は答えは 1 つだけのはずである．しかし，ときには時間短縮という大義のもとで近似が行われ，結果について厳密な再現性を保証できない可能性がある．(もちろん，モンテカルロ計算は同一の乱数を使わない限り偶然性が入るので厳密な再現性は期待されない．)

データの配置が決め手．図 10.3, 11.2, 11.4 の関連で議論したように，HPC では行列とそのメモリ配置の取り扱いが大半をしめる．並列計算では，データをタイル分割し各タイルをメモリ内で連続させなければならない．そうするとタイルは細粒度計算で処理することができる．演習で見てきたが，タイルの最も良いサイズは使っているキャッシュのサイズに依存し，一般的には小さい．

11.6.1 CUDA におけるメモリの利用

CUDA コマンドは C プログラミング言語の拡張であり，GPU を構成するコンポーネント間の相互作用の制御に使用される．たとえば dim3 は CUDA のベクトル型変数の宣言で，グリッドやブロックのサイズを指定するのに用いる．また，texture は 3 次元グラフィクスで使うテクスチャ (陰影付け) の参照を高速化するためのメモリの参照に必要な宣言である．一方，PyCUDA (Klöckner, 2014) は，Python プログラムから CUDA へのアクセスを提供するとともに，C の拡張を追加している．CUDA のプログラミングに関する主要な用語と概念は以下の通りである：

カーネル　カーネルはホスト (CPU) から呼び出され，デバイス (GPU) 上で実行されるプログラムである．プログラムを起動するとデバイスにカーネルがロードされ，ホストで作成したデータがデバイスに渡される．ホストはカーネルの起動をデバイスに命令 (キック) し，指定した度合の並列処理が GPU で始まり，計算結果はホストに戻される．1 度に実行されるカーネルは 1 つ，指定した数のスレッドが各カーネルを実行する．

スレッド　CUDA では，CPU と異なり，カーネルが指定する数千ものスレッドで並列処理を行える．どのスレッドでも同一のカーネルが非同期で実行される．スレッドの数が膨大なので後述のブロック，グリッドという階層構造により扱う．カーネルが実行されるときスレッドとブロックにそれぞれ最大 3 次元と 2 次元のインデックス (ID) が付く．

インデックス　ローカルのスレッドおよびブロック ID はグローバルな ID に変換して配列の添え字などに使用できる．

実例として，配列 a と b の和をカーネルで求めて結果を配列 c に割り当てたとする：

$$c_i = a_i + b_i \tag{11.11}$$

もし仮に，これらを逐次計算モデルを用いて計算した場合，for ループでインデックス i をカウンターとして動かし和を作るだろう．しかし，CUDA ではその必要がない．各

スレッドは同じカーネルが動くが異なる ID が割り当てられている．したがって1つのスレッドで

$$c_0 = a_0 + b_0 \tag{11.12}$$

となり，他のスレッドでは異なる ID が割り当てられ

$$c_1 = a_1 + b_1 \tag{11.13}$$

となるなどして，GPU が並列に和を実行する．

既に図 11.3 で見たように，CUDA の GPU アーキテクチャには SM (ストリーミング・マルチプロセッサ) のスケーラブルな配列がある．各 SM には 8 個の SP (ストリーミング・プロセッサ) があり CUDA コアと呼ばれ，これらが GPU でカーネルを実行する構成要素である．SP は CPU と同様の演算装置だがより単純である．これらは GPU の ALU として，データ処理だけに特化して作られ 1 クロックサイクル内により多くの演算ができるところが，CPU と異なる．専用 SM の速度とその並列処理があるので GPU の処理能力は，マルチコア CPU のコンピュータと比較しても，相当なものとなる．

CUDA ではコアへの割り当ての単位をブロックとしている (ブロック数を 1 に指定してしまうと 1 つのコアしか動作しない．一方，指定できるブロック数の上限は最大スレッド数で決まる．) 例えば GeForce GT540M はブロックあたり最大 1024 個のスレッドを処理し，96 個の CUDA コアを持つ．なお，32 個の CUDA コアが 1 クロックサイクルで 1 スレッド動くので，32 スレッドを単位 (ワープ) として扱うのが効率的である．また，グリッドは 2 次元で，グリッドを集めたブロックは 3 次元で管理される．

グリッドを作成または起動すると，ブロックは任意の順序での SM に割り当てられる．各ブロックはワープの集まりとなり，各スレッドは異なるコアへ行くことになる．1 個の SM に一度に処理できないワープ数が割り当てられたとき，残ったブロックは次回の処理にスケジューリングされる．例えば，GT200 では 1 個の SM で 8 ブロック (1024 スレッド) の処理を行うことができ，SM が 30 個ある．すなわち，$8 \times 30 = 240$ 個の CUDA コアが $30 \times 1024 = 30720$ スレッドを並列に処理することができることを意味し，16 コア CPU の比ではない！

11.6.2 CUDA プログラミング (演習)⊙

CUDA 開発ツールのインストールは次の順で行う：

1. 使用するシステムのビデオカードに Nvidia の CUDA が動く GPU が確かに搭載されていることを確認する．すべての Nvidia カードが CUDA アーキテクチャを持っているとは限らないから，単に Nvidia カードがあるだけでは駄目である．
2. 自分が使う OS が CUDA と PyCUDA をサポートしていることを確認する (Linux が良いようである)．

3. Linux では gcc がインストールされていることを確認する．Window では Microsoft Visual Studio コンパイラが必要となる．
4. Nvidia CUDA Toolkit をダウンロードする．
5. Nvidia CUDA Toolkit をインストールする．
6. インストールしたソフトウェアを実行し CPU との通信ができるかテストする．
7. Python 環境が PyCUDA を含んでいるかを確認し，なければインストールする．

ここで，2個の配列の和を求めて結果を格納する問題，すなわち a[i]+b[i]=c[i] に戻る．ホスト (CPU) とデバイス (GPU) を使ってこの問題を解くために必要なステップはつぎのようになる：

1. ホストで単精度配列を宣言し，配列を初期化する．
2. 配列を収容するデバイスのメモリ空間を確保する．
3. 配列をホストからデバイスへ転送する．
4. 配列の和を求めるカーネルがデバイス上で実行されるように，ホスト上で定義する．
5. デバイス上で総和を実行し，その結果をホストに転送してプリントアウトする．
6. 最後に，デバイス上のメモリ空間を解放する．

リスト **11.16** PyCUDA のプログラム SumArraysCuda.py は GPU を用いて配列の和を求める．

```python
# SumArraysCuda.py: sums arrays a + b = c

import pycuda.autoinit
import pycuda.driver as drv
import numpy
from pycuda.compiler import SourceModule

                    # The kernel in C
mod = SourceModule("""
__global__ void sum_ab(float *c, float *a, float *b)
{ const int i = threadIdx.x;
  c[i] = a[i] + b[i]; }
                    """)
sum_ab = mod.get_function("sum_ab")
N = 32
a = numpy.array(range(N)).astype(numpy.float32)
b = numpy.array(range(N)).astype(numpy.float32)
for i in range (0, N):
   a[i] = 2.0*i
   b[i] = 1.0*i
c = numpy.zeros_like(a)              # intialize c
a_dev = drv.mem_alloc(a.nbytes)      # reserve memory in device
b_dev = drv.mem_alloc(b.nbytes)
c_dev = drv.mem_alloc(c.nbytes)
drv.memcpy_htod(a_dev, a)            # copy a to device
drv.memcpy_htod(b_dev, b)            # copy b to device
sum_ab( c_dev, a_dev, b_dev, block=(32,1,1), grid =(1,1))
print("a" + \n + a + \n + "b"+ \n + b)
drv.memcpy_dtoh(c,c_dev)             # copy c from device
print("c" +\n + c)
```

リスト 11.16 は，GPU 上で配列の総和を求める PyCUDA のプログラム SummArraysCuda.py を示す．プログラムの開始は 3 行目のコマンド import pycuda.autoinit でカーネルを受け入れるための CUDA の初期化である．4 行目の import pycuda.driver as drv は PyCUDA が利用可能な GPU を見つけるために必要である．7 行目の from pycuda.compiler import SourceModule は Nvidia カーネル・コンパイラ nvcc を準備する．nvcc がコンパイルするソース・モジュールは 10～14 行目に CUDA C で書かれている．

以前に示したが，インデックス付きの配列の加算をするのに，ループカウンタ i をもつ明示的な for ループはない．これは CUDA とハードウェアが配列について十分把握しており，インデックスが自動的に配慮されているからである．すべてのスレッドが同じカーネルを実行すること，各スレッドプロセスに異なる i の値を持たせることで，これが実現する．とくにソース・モジュールの 11 行目のコマンド const int i = threadIdx.x に注目する．この拡張子 .x はスレッドの 1 次元的な集りがあることを示している．2 次元的あるいは 3 次的な場合は threadIdx.y や threadIdx.z も命令に含める必要がある．同じ SourceModule の 11 行目のプレフィックス __global__ に注目する．これは，それに続く総和の計算処理をデバイス上のプロセッサに分散させ実行することを意味する．

Python では配列が倍精度の浮動小数点数であるが，これと対照的に CUDA 配列は単精度である．これにともない，リスト 11.16 の 16 行と 17 行では，配列の型をコマンド

```
a=numpy.array(range(N)).astype(numpy.float32)
```

で特定する．プレフィックス numpy は配列データの型が定義されている場所を表すが，拡張子は配列が単精度 (32 bit) であることを示す．次の 22～24 行にステートメント drv.mem_alloc(a.nbytes) があり，これはデバイス上に配列のためのメモリを確保するのに必要である．事前に定義した a に対し a.nbytes が配列中のバイト数になる．その後，コマンド drv.memcp_htod() によってデバイスに a と b をコピーする．和の計算はコマンド sum_ab() で実行し，結果をホストに戻してプリントする．

これらのステップのいくつかは，PyCUDA に特有のコマンドを使って圧縮できる．ことに 22～28 行目のメモリ割り当て，総和実行と，結果の送信文は次の命令で置き換えられる：

```
sum_ab(
        drv.Out(c), drv.In(a), drv.In(b),
        block=(N,1,1), grid=(1,1))      # a, b sent to device, c to host
```

他の部分には変更がない．ここで，ステートメント grid=(1,1) はグリッドの次元が x 方向に 1 ブロック，y 方向に 1 ブロックであることを示すが，グリッドが 1 つのブロックからなると言うのと同じである．コマンド block(N,1,1) は，スレッドが N (= 32) 個あり，その次元が $N \times 1 \times 1$ すなわち x 方向だけであることを示す．

リスト 11.17 PyCUDA プログラム SumArraysCuda2.py は GPU により配列の和 $a+b=c$ を求めると

き，グリッド (4,1) で 4 ブロックを使う．

```
# SumArraysCuda2.py: sums arrays a + b = c using a different block structure
import pycuda.autoinit
import pycuda.driver as drv
import numpy
from pycuda.compiler import SourceModule
                       # kernel in C language
mod = SourceModule("""
__global__ void sum_ab(float *c, float *a, float *b)
{ const int i = threadIdx.x+blockDim.x*blockIdx.x;
  c[i] = a[i] + b[i];
}
""")
sum_ab = mod.get_function("sum_ab")
N=32
a = numpy.array(range(N)).astype(numpy.float32)
b = numpy.array(range(N)).astype(numpy.float32)
for i in range (0,N):
   a[i] = 2.0*i               # assign a
   b[i] = 1.0*i               # assign b
c = numpy.zeros_like(a)       # sum on device
sum_ab( drv.Out(c), drv.In(a), drv.In(b), block=(8,1,1), grid=(4,1) )
print("a" + \n + a + \n+ "b" + \n + "c" + \n + c)
```

ここで示した例は，32 スレッドからなる単一の 1 次元ブロックからなる 1×1 グリッドという単純な構成である (図 11.5a)．しかし，より複雑な問題では，たくさんの異なるブロックにスレッドを分散させ，各ブロックに異なる演算をするのが合理的なこともよくある．たとえば，リスト 11.17 のプログラム SumArraysCuda2.py は図 11.5b に示す 4 ブロックの構造に対して同じ総和を求めるものである．プログラムの差異は，23 行目のステートメント，block=(8,1,1)，grid=(4,1) であり，これは 1 次元 x 方向に並んだ 4 ブロックがグリッドを構成し，各 1 次元ブロックが 8 スレッドからなるという

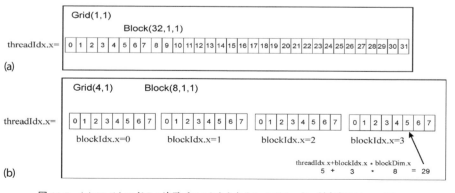

図 11.5 (a) 32 スレッドの 1 次元ブロックからなる 1×1 グリッド．対応する threadIdx.x が 0 から 31．(b) 各 8 スレッドの 4 ブロックからなる 4×1 グリッド．

指定である．このプログラムの構造を用いるために，10 行目のコマンド `const int i = threadIdx.x+blockDim.x*blockIdx.x;` がある．ここで `blockDim.x` は各ブロック中に何スレッドあるかという次元 (この例では 8，番号は 0,1, . . . ,7)，`blockIdx.x` はブロックの ID である．各ブロックに含まれるスレッド ID は `treadIdx.x` (0,1,. . . ,7) であり，対応するブロック ID は `blockIdx.x`= 0, 1, 2, 3 となる．

12 フーリエ解析：信号とフィルタ

　本章はフーリエ級数とフーリエ変換の議論から始める．これらは，それぞれ周期的および非周期的な運動を周波数成分に分解するときの標準的なツールである（信号処理では慣用的に「振動数」を「周波数」と言う場面が多い）．フーリエ級数と変換を数値計算に実装する場合，両方とも同じ離散フーリエ変換 (DFT) となることが分かる．DFT のプログラムは単純で美しい．つぎに，これらのツールを使って測定やシミュレーションで得た信号のノイズを減らす方法を見ていく．本章の終わりに，高速フーリエ変換 (FFT) を論じる．FFT は非常に効率の良い計算法であり，いろいろなコンピュータで DFT の計算をほとんど瞬時にやってのける．

12.1　非線形振動のフーリエ解析

　ある粒子が次の非調和ポテンシャル (8.5) のもとで運動するとしよう：

$$V(x) = \frac{1}{p}k|x|^p, \quad p \neq 2 \tag{12.1}$$

あるいは (8.2) 調和振動子のポテンシャルに摂動を入れてもよい：

$$V(x) = \frac{1}{2}kx^2\left(1 - \frac{2}{3}\alpha x\right) \tag{12.2}$$

これらのポテンシャルによる自由な運動は周期的だが，位置と時間の関係はサイン関数にならない．**課題**は，どちらか一方の非線形振動について，その解をフーリエ基底を使って展開することである．運動が単振動ならば

$$x(t) = A_0 \sin(\omega t + \phi_0) \tag{12.3}$$

となり，フーリエ・スペクトルには 1 つの振動数だけにピークが現れる．しかし，たとえば，振動子がのこぎり波のように (図 12.1a) きわめて非線形な変位を示すとしよう．そのときのフーリエ・スペクトルは図 12.1b のようになるはずである．

　一般に，このようなスペクトル解析は，系の定常状態での振る舞いの解析を目的として行われる．すなわち運動を開始した直後に系が示す過渡的な振る舞いが終わるまで待つことになる．線形系ではどこが過渡的状態かを見定めるのは容易だが，非線形系では「定常状態」が複数の状態間を飛び移るようになるので見極めは易しくないだろう．後者の場合には，異なる時刻で異なるフーリエ・スペクトルとなる．

12.2 フーリエ級数 (数学)

非線形振動は，伝統的な物理のカリキュラムではほとんど学ぶことがないから，とくに興味をそそられる面もあるだろう．線形の調和振動子の運動は，単に非線形振動の第1近似なのだが，学ぶ機会が非常に多い．粒子に働く力がいつも平衡点に向いているなら (復元力)，その結果として生じる運動は周期的だが，かならずしも**単振動** (調和振動) にはならない．その良い例が，(12.1) で $p \simeq 10$ としたときのように強い非線形性をもつ井戸の中の運動である．このとき $x(t)$ のグラフはピラミッドが並んでいるように見える．これは周期的だが単振動ではない．

伝統的なアプローチでは，非線形系を解析するときには，まず系を線形近似することで**基本振動**を厳密に決め，そのうえで高い周波数の**倍音**を摂動論的に決定する (Landau and Lifshitz, 1976)．しかしここでは逆に，高調波を含む「ありのままの振動」を数値解として与え，それを単振動に分解する．ここで基本振動，倍音あるいは高調波というときは，たとえばバイオリンの弦をはじいたときの波動のような，**境界値問題**に対するいろいろな解を指しているのである．バイオリンの奏法にはフラジオレットといって，適切な条件の下で (十分な演奏の腕前があるとき) だけ可能なものがある．それは，弦の振動の中から特定の高調波だけを励起したり，周波数成分の和

$$y(t) = b_0 \sin \omega_0 t + b_1 \sin 2\omega_0 t + \cdots \tag{12.4}$$

を作り出したりする．**非調和振動子**が一定の周期で振動していても (振幅が変われば周期も変わる)，その波形はサイン波ではない．非線形振動をフーリエ級数に展開することが数学的にできるといっても，その成分のなかの1個の単振動だけを励起 (演奏) できるという意味ではない．

古典力学で学んだように，複雑な分子のような多粒子系であってもそれが調和振動子の集まりとみなせるときは，その運動の様子は**基準振動モード**の和で表せる．言い換えると，個々の単振動が互いに独立に生じていると理解できる．運動方程式を表す演算子が

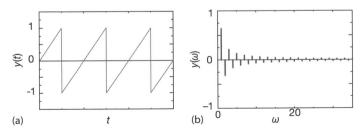

図 **12.1** (a) 無限に繰り返す「のこぎり波」．横軸は時間．(b) この関数のフーリエ・スペクトル．図 1.9 には，このスペクトルの一部分すなわち有限項の成分の和で再現した波形を示した．

線形演算子であり，解に対する**重ね合わせの原理**が成り立つからである．つまり，$y_1(t)$ と $y_2(t)$ がある1次方程式の解ならば $\alpha_1 y_1(t) + \alpha_2 y_2(t)$ も解だからである．一方，この線形の重ね合わせの原理は，非線形の問題の解法には適用できない．だが単振動の組は周期現象を表すための完全な展開基底をつくるので，非線形振動を単振動の重ね合わせで表すことには全く支障がないのである．すなわち**非線形問題**を解いて得られた**周期解**を三角関数で展開することはいつでも可能である．そこに現れる三角関数の周波数は，その非線形振動子の基本周波数(最も低い周波数)の整数倍である[*1]．これは，1価の周期関数(有限個の不連続点を含んでも良い)に対しては，フーリエの定理をいつでも適用できることの帰結である．関数 y の周期が T であるとしよう：

$$y(t+T) = y(t) \tag{12.5}$$

このとき基本周波数 ω は次式で与えられる：

$$\omega \equiv \omega_1 = \frac{2\pi}{T} \tag{12.6}$$

正確には $1/T$ を周波数，$2\pi/T$ を角周波数というが，混乱が起きない限り後者も周波数ということにする．

周期関数(信号と呼ぶ)を，基本周波数の整数倍の周波数をもつ単振動で展開することを式で表すと次のようになる：

$$y(t) = \frac{a_0}{2} + \sum_{n=1}^{\infty}(a_n \cos n\omega t + b_n \sin n\omega t) \tag{12.7}$$

周波数 $n\omega$ の純音が同時に存在するとして重ね，信号 $y(t)$ を表したのがこの式である．係数 a_n と b_n は $\cos n\omega t$ と $\sin n\omega t$ が $y(t)$ のなかにどれだけ含まれているかを示す．各周波数成分の強度あるいはパワーは $a_n^2 + b_n^2$ に比例する．

フーリエ級数 (12.7) は，7章で学んだ最小2乗法の意味で最良の当てはめとも考えられる．すなわち，(12.7) の無限和を第 i 項で打ち切った関数を S_i として，誤差 $\int_0^T |y(t) - S_i(t)|^2 \, dt$ を最小とするように a_n, b_n を決めるのである．信号が周期的であれば項数を増やすほど誤差が減り (12.7) の右辺が信号波形の平均値に収束する(不連続な個所ではその中央値に近づく)．一般的には $y(t)$ のフーリエ成分の個数は無限大であるが，少数の単振動の加え合わせだけでも品質は劣るが信号の再生が可能である．

係数 a_n と b_n は最小2乗法で決まり，それぞれ $y(t)$ と $\cos n\omega t$ あるいは $\sin n\omega t$ の積の1周期にわたる積分により与えられるが，(12.7) に三角関数の直交関係を適用しても全く同じ結果を導くことができる：

$$\begin{pmatrix} a_n \\ b_n \end{pmatrix} = \frac{2}{T} \int_0^T dt \begin{pmatrix} \cos n\omega t \\ \sin n\omega t \end{pmatrix} y(t), \quad \omega \stackrel{\text{def}}{=} \frac{2\pi}{T} \tag{12.8}$$

[*1] どんな周期運動をする系も，定義からして周期 T を持ち，その周期の逆数の 2π 倍が ω であり系の基本の周波数となることを思い出してほしい．

図 12.1b の例には b_n しか含まれないが，そこでも見られるように，周波数の高いフーリエ成分ほど係数は小さくなるのが普通である．また，係数は a_n と b_n の比が第 n 成分の位相の $\tan$ を表すので，この図のように ($a_n = 0$，かつ) 異なる周波数成分の係数の符号が異なるならそれらの振動の位相が逆である．

関数 $y(t)$ の対称性に注目すると全部の展開係数を計算しなくて済むことがある．

- a_0 は y の値の平均値の 2 倍である：

$$a_0 = 2\langle y(t) \rangle \tag{12.9}$$

- 奇関数すなわち $y(-t) = -y(t)$ のときは $a_n = 0$ であり，b_n を求める積分の区間を半分にできる：

$$b_n = \frac{4}{T} \int_0^{T/2} dt\, y(t) \sin n\omega t \tag{12.10}$$

しかし，$t < 0$ で入力信号が無いときは奇関数にも偶関数にもならないので，このような議論はできない．

- 偶関数すなわち $y(-t) = y(t)$ のときは $b_n = 0$ であり，a_n を求める積分の区間も半分にできる：

$$a_n = \frac{4}{T} \int_0^{T/2} dt\, y(t) \cos n\omega t \tag{12.11}$$

12.2.1　例：のこぎり波と半波整流波

のこぎり波 (図 12.1) の 1 周期を数式で表すと次のようになる：

$$y(t) = \begin{cases} \dfrac{t}{T/2} & \cdots\ 0 \leq t \leq \dfrac{T}{2} \\ \dfrac{t-T}{T/2} & \cdots\ \dfrac{T}{2} \leq t \leq T \end{cases} \tag{12.12}$$

これが非調和かつ不連続な周期関数であることは明らかである．定義区間を左にシフトして原点に対称な区間にすると，これは奇関数として簡単に表せる：

$$y(t) = \frac{t}{T/2}, \quad -\frac{T}{2} \leq t \leq \frac{T}{2} \tag{12.13}$$

奇関数なのでフーリエ・サイン級数となり (12.8) から b_n の値が求まる：

$$b_n = \frac{2}{T} \int_{-T/2}^{+T/2} dt\, \sin n\omega t \, \frac{t}{T/2} = \frac{2}{n\pi}(-1)^{n+1} \tag{12.14}$$

$$\Rightarrow y(t) = \frac{2}{\pi}\left[\sin\omega t - \frac{1}{2}\sin 2\omega t + \frac{1}{3}\sin 3\omega t - \cdots\right] \tag{12.15}$$

この関数の概形は数項のフーリエ成分だけで再現できるが，尖ったところを表そうとすると多くの成分が必要になる．実際，$b_n = \pm 1/n$ であり n とともにゆっくりと減少する．これは波形が不連続だからであり，不連続点付近の再現波形は大きく振動してしまう．

半波整流波形の 1 周期は

$$y(t) = \begin{cases} \sin \omega t & \cdots \ 0 < t < \dfrac{T}{2} \\ 0 & \cdots \ \dfrac{T}{2} < t < T \end{cases} \qquad (12.16)$$

と定義される．この周期関数は非調和 (サイン波の上半分だけ) かつ連続，だが微分係数は不連続である．のこぎり波のような不連続性はないので，有限項のフーリエ成分でよく再現できる．(12.8) から次の結果を得る：

$$a_n = \begin{cases} \dfrac{-2}{\pi(n^2-1)} & n = 0,\ \text{偶数} \\ 0 & n = \text{奇数} \end{cases} ,\quad b_n = \begin{cases} \dfrac{1}{2} & n = 1 \\ 0 & n \neq 1 \end{cases} \qquad (12.17)$$

$$\Rightarrow y(t) = \frac{1}{2}\sin\omega t + \frac{1}{\pi} - \frac{2}{3\pi}\cos 2\omega t - \frac{2}{15\pi}\cos 4\omega t + \cdots$$

12.3 演習：フーリエ級数の部分和

ヒント：Oscar Restrepo が書いたプログラム FourierMatplot.py はのこぎり波形のフーリエ係数を求め図 1.9b の可視化を提供する．このプログラムを用いると演習の助けになるだろう．

1. のこぎり波形：フーリエ級数を最初の $n = 2, 4, 10, 20$ 項で打ち切り，その結果を2周期分プロットする．
    a) 各場合について，関数の不連続点では有限項級数の値が平均値を与えることを確認する．
    b) いずれの場合も，不連続点では，その上下に約 9% のオーバーシュートがあることを確認する (ギブス現象)．
2. 半波整流波形：フーリエ級数を最初の $n = 2, 4, 10, 50$ 項で打ち切り，その結果を2周期分プロットする．(かなりよく収束するだろう．)

12.4 フーリエ変換 (理論)

フーリエ級数は周期関数を解析もしくは近似するのにふさわしいツールだが，フーリエ変換あるいはフーリエ積分は非周期関数にふさわしい．フーリエ級数からフーリエ変換への変化を理解するには，系を構成する周波数成分が連続になると想像してみるとよい．それにより，離散的でなく連続な周波数成分をもつ**波束**を扱うのである[*2)]．フーリエ級数とフーリエ変換が数学的に異なることは明らかだと思うかもしれないが，フーリエ積分をリーマン和で近似すると両者は等価になる．

[*2)] 慣例に従い入力信号を表す関数の変数を時間 t とし，フーリエ変換の変数を ω とする．だが，変数の記号を交換したり，位置 x と波数 k のように他の変数の組を用いることもできる．

12.4 フーリエ変換 (理論)

(12.7) との類比により，連続的に周波数が分布する一連の単振動で信号 $y(t)$ が表されるとする (逆フーリエ変換):

$$y(t) = \int_{-\infty}^{+\infty} d\omega\, Y(\omega) \frac{e^{i\omega t}}{\sqrt{2\pi}} \tag{12.18}$$

ここで，式を簡潔にするため複素指数関数を用いた[*3]．展開の振幅 $Y(\omega)$ はフーリエ係数 (a_n, b_n) に対応し，$y(t)$ のフーリエ変換と呼ばれる．(12.18) の積分はフーリエ変換 $Y(\omega)$ を信号 $y(t)$ に戻すものだから，逆変換である．$y(t)$ から $Y(\omega)$ を導くのは次の積分である:

$$Y(\omega) = \int_{-\infty}^{+\infty} dt \frac{e^{-i\omega t}}{\sqrt{2\pi}} y(t) \tag{12.19}$$

右辺の積分操作も，その結果である左辺も，ともにフーリエ変換と呼ばれる．(12.18) と (12.19) の $1/\sqrt{2\pi}$ は物理ではよく使う規格化因子だが，工学では一方の積分だけに因子を集めて $1/2\pi$ を使うかもしれない．同様に，複素指数関数の肩の符号は逆転する定義もあるが，どちらかに統一して使っていれば問題は起きない．

系の応答を時間の関数として測定した信号が $y(t)$ のとき，信号に含まれる周波数 ω の成分の量が $Y(\omega)$ でありスペクトル関数となる．多くの場合，$Y(\omega)$ は複素量でその実部と虚部は正にも負にもなり，大きさの変化は何桁にもなりうる．そういうわけで，$Y(\omega)$ の表現が複雑になるのを緩和するために，絶対値の 2 乗 $|Y(\omega)|^2$ と ω の関係をグラフに表すのが通例である (対数軸で表すことも多い)．このグラフをパワー・スペクトルと呼ぶが，これを見ると周波数 ω の成分のパワーあるいは強度 $|Y(\omega)|^2$ が直ちに分かるからである．

同じ信号に対するフーリエ変換と逆変換については，(12.18) を (12.19) に代入すれば次の恒等式を得る:

$$Y(\omega) = \int_{-\infty}^{+\infty} dt \frac{e^{-i\omega t}}{\sqrt{2\pi}} \int_{-\infty}^{+\infty} d\omega' \frac{e^{i\omega' t}}{\sqrt{2\pi}} Y(\omega') \tag{12.20}$$

$$= \int_{-\infty}^{+\infty} d\omega' \left\{ \int_{-\infty}^{+\infty} dt \frac{e^{i(\omega'-\omega)t}}{2\pi} \right\} Y(\omega') \tag{12.21}$$

これが恒等式だから，中カッコの中はディラックのデルタ関数である:

$$\int_{-\infty}^{+\infty} dt\, e^{i(\omega'-\omega)t} = 2\pi \delta(\omega' - \omega) \tag{12.22}$$

デルタ関数は理論物理では最も一般的で有用な関数だが，数学的な意味では穏やかに振る舞わないので数値計算では恐ろしく素行不良である．$\delta(\omega' - \omega)$ に対する数値的な近似を作ることはできるが，それは病的と言えなくもない．デルタ関数の部分は手で計算して，特異的でない残りの部分を数値計算にまわすのが間違いなく良好である (26 章に実例がある)．

[*3] $\exp(i\omega t) = \cos \omega t + i \sin \omega t$ および線形重ね合わせの原理を思い出すと，これは y の実部がフーリエ・コサイン級数を，虚部がフーリエ・サイン級数を意味することがわかる．

12.5 離散フーリエ変換

$y(t)$ あるいは $Y(\omega)$ の関数形が分かっているときは，すでに学んだ手法を用いて (12.18) と (12.19) の積分を算出できる．しかし現実には，信号 $y(t)$ は t 軸上の N 点でサンプリングされたものしかなく，それを用いてフーリエ変換を近似的に計算する．その結果および計算法を**離散フーリエ変換** (DFT) と呼ぶが，信号が離散的にしかなく積分が数値的だから DFT は近似的なものになる (Briggs and Henson, 1995)．逆に，この (近似的な) フーリエ変換の値の離散的なセットを用いて，任意の時刻の信号を計算することができるから，DFT は信号を補間，外挿，圧縮する手法とも考えられる．だが一般的には，$y(t)$ をサンプリング点以外で再現するものとはならないことに注意しよう．

信号 $y(t)$ を等間隔 $\Delta t = h$ で $(N+1)$ 回 (間隔の個数が N) サンプリングしたとする：

$$y_k \stackrel{\text{def}}{=} y(t_k), \quad k = 0, 1, 2, \ldots, N \tag{12.23}$$

$$t_k \stackrel{\text{def}}{=} kh, \quad h = \Delta t \tag{12.24}$$

言い換えると，測定時間 T の間に信号 $y(t)$ を時間 h ごとに 1 回測定する．測定間隔 h の逆数をサンプリング・レートといい s で表す：

$$T \stackrel{\text{def}}{=} Nh, \quad s = \frac{N}{T} = \frac{1}{h} \tag{12.25}$$

実際の信号の周期とは無関係に，測定時間 T の後は同じ信号が繰り返すと仮定する．すなわち，以後の数学的取り扱いでは $y(t)$ を周期 T の周期関数とする：

$$y(t + T) = y(t) \tag{12.26}$$

この周期性を認めることにして，最初と最後の y の値が同じであると決め，変換に使われる独立な測定値が N 個だけであるとする：

$$y_0 = y_N \tag{12.27}$$

解析する対象が周期関数でその周期を T とするから，N 点で張る測定時間がちょうど 1 周期である．仮定をさらに加えないかぎり，N 個の独立なデータ $y(t_k)$ からちょうど N 個の変換の値 $Y(\omega_n), n = 0, \ldots, N-1$ を得る．逆に，N 個の独立な変換 Y の値から N 個の信号 y の値が再構築される．

時間 T は $y(t)$ の変化を測定する最大時間である (人為的に設定した周期関数の周期)．したがって，$y(t)$ のフーリエ表示に現れる周波数の最小値が次のように決まる：

$$\omega_1 = \frac{2\pi}{T} \tag{12.28}$$

スペクトルの周波数の範囲は，最小が 0，最大がサンプリング・レートの逆数と一致する $(N \simeq N-1)$：

12.5 離散フーリエ変換

$$\omega_n = n\omega_1 = n\frac{2\pi}{Nh}, \quad n = 0, 1, \ldots, N-1 \tag{12.29}$$

ここで,測定間隔の合計が $T = Nh$ であることを用いた.最小値の $\omega_0 = 0$ は直流成分,すなわち信号の中の振動しない成分を表す.

DFT は 2 種類の近似に由来するアルゴリズムである.第 1 に (12.19) の積分区間 $(-\infty, \infty)$ を $[0, T]$ すなわち信号の測定時間で近似し,第 2 に積分を台形則で近似している[*4]:

$$Y(\omega_n) \stackrel{\text{def}}{=} \int_{-\infty}^{+\infty} dt \frac{e^{-i\omega_n t}}{\sqrt{2\pi}} y(t) \simeq \int_0^T dt \frac{e^{-i\omega_n t}}{\sqrt{2\pi}} y(t) \tag{12.30}$$

$$\simeq \sum_{k=0}^{N-1} h y(t_k) \frac{e^{-i\omega_n t_k}}{\sqrt{2\pi}} = h \sum_{k=0}^{N-1} y_k \frac{e^{-2\pi i k n/N}}{\sqrt{2\pi}} \tag{12.31}$$

この式の最後の表記の対称性をよくするため,ステップ幅 h を Y に因子として含め,あらためて離散フーリエ変換 Y_n を次のように定義する:

$$\boxed{Y_n \stackrel{\text{def}}{=} \frac{1}{h} Y(\omega_n) = \sum_{k=0}^{N-1} y_k \frac{e^{-2\pi i k n/N}}{\sqrt{2\pi}}, \quad n = 0, 1, \ldots, N-1} \tag{12.32}$$

Y_n の逆変換についても全く同様の注意を払い,$d\omega \to 2\pi/Nh$ とすると次式のようになる:

$$y(t) \stackrel{\text{def}}{=} \int_{-\infty}^{+\infty} d\omega \frac{e^{i\omega t}}{\sqrt{2\pi}} Y(\omega) \tag{12.33}$$

$$\Rightarrow \quad y(t) \simeq \sum_{n=0}^{N-1} \frac{2\pi}{Nh} \frac{e^{i\omega_n t}}{\sqrt{2\pi}} Y(\omega_n) \tag{12.34}$$

DFT の N 個の値 Y_n から逆変換 (12.34) を用いてもとの信号の値 y_k が再現される.任意の時刻 t についても $y(t)$ を計算できるが,それらは信号を補間した値であり,サンプリングする前のアナログ信号と一致する保証はない.このため,(12.34) で $\simeq$ とした.また,n の値は N を超えても悪くはないが,周期関数を仮定したのだから,新しい情報は何も出てこない.Y_n についても,N より大きな n では三角関数の周期性によりもとの値に戻る:

$$y(t_{k+N}) = y((k+N)h) = y(t_k) \tag{12.35}$$

$$Y(\omega_{n+N}) = Y((n+N)\omega_1) = Y(\omega_n) \tag{12.36}$$

別の言い方をすると,(12.32) は $\omega_n t_k = 2\pi k n/N$ を $\omega_n t_k + 2\pi k$ で置き換えても変わらず,(12.34) は $\omega_n t_k + 2\pi n$ で置き換えても変わらない.N 個の独立な入力に対し N 個の独立な出力しかなく,Y_n も再構築された y_k も周期的である.

[*4] 注意深い読者は,台形則の重みが区間の両端で $h/2$ となっていたのはどうしたのか,気がかりかもしれない.実は,$y_0 \equiv y_N$ だから $h/2$ の項が 2 個あり合算して h となっている.

(12.29) から，信号のサンプリングの継続時間 $T = Nh$ を長くするほどスペクトルにおける周波数の間隔が狭まり分解能が高くなる[*5]．言いかえると，周波数スペクトルを滑らかにしたければ，間隔 $2\pi/T$ を小さくする必要があり，測定時間 T が長くなる．入力信号を全時間にわたり測定するのが一番良いのだろうが，現実にはどこかで測定を打ち切り，データ長を整えるために測定した信号 $y(t)$ の後にゼロを詰めることもある．こうすると測定時間が見かけ上長くなるが，解析すべき情報は何も増えない．単に，そこから先はデータがないことを確認するといった意味でしかない．これにより人為的な高周波数の成分を付け加えてしまうことがある．それは，たとえば全波整流波形 ($|\sin(\omega t)|$) を1つおきにゼロにして半波整流波形を作り，そのフーリエ・スペクトルを考察すればわかるだろう．フーリエ級数は信号の周期性が前提となるが，フーリエ変換こそ非周期的な信号の解析にふさわしい道具だと唱えられるのを聞くと少し驚かされる．DFTでは信号の持続時間である有限の T で積分を終え，信号が周期 T で繰り返すと仮定する．T が長いほどこの周期が長くなり，ついには繰り返しのことを考えなくてもよくなるのは明らかだが，有限の T では注意が必要だろう．もちろん，信号が本当に周期関数で，その周期がちょうど $T = Nh$ なら DFT はフーリエ係数を得る素晴らしい方法となる．だが非周期的な信号のときは，測定時間より長い周期の変化が含まれるので，低周波数側で DFT の近似が悪くなる可能性がある．また，離散的なサンプリングに起因して高周波数側の近似も悪くなる可能性があることは後に述べる．

DFT とその逆変換は，簡潔で見通しがよく計算もしやすい書き方がある．それは，指数関数のところを複素変数 Z で置き換え，そのべき乗を用いて書くものである：

$$Y_n = \frac{1}{\sqrt{2\pi}} \sum_{k=0}^{N-1} Z^{nk} y_k, \quad Z^{nk} \equiv [(Z)^n]^k \tag{12.37}$$

$$y_k = \frac{\sqrt{2\pi}}{N} \sum_{n=0}^{N-1} Z^{-nk} Y_n, \quad Z = e^{-2\pi i/N} \tag{12.38}$$

この定式化では，コンピュータは Z のべき乗だけを計算すればよい．リスト12.1にDFTを実行するプログラムを示す．もし複素数の使用を避けたいなら，$\theta \stackrel{\text{def}}{=} 2\pi/N$ として次のようにオイラーの式を用い，(12.37)(12.38) に現れる Z を実部と虚部に分けて書き直せばよい：

$$Z = e^{-i\theta} \Rightarrow Z^{\pm nk} = e^{\mp ink\theta} = \cos nk\theta \mp i\sin nk\theta \tag{12.39}$$

$$\Rightarrow Y_n = \frac{1}{\sqrt{2\pi}} \sum_{k=0}^{N-1} [\cos(nk\theta)\operatorname{Re} y_k + \sin(nk\theta)\operatorname{Im} y_k$$
$$+ i(\cos(nk\theta)\operatorname{Im} y_k - \sin(nk\theta)\operatorname{Re} y_k)] \tag{12.40}$$

[*5] 12.5.1 項でもエイリアシングに関係する議論があるので参照せよ．

12.5 離散フーリエ変換

$$y_k = \frac{\sqrt{2\pi}}{N} \sum_{n=0}^{N-1} [\cos(nk\theta)\operatorname{Re} Y_n - \sin(nk\theta)\operatorname{Im} Y_n$$
$$+ \mathrm{i}(\cos(nk\theta)\operatorname{Im} Y_n - \sin(nk\theta)\operatorname{Re} Y_n)] \tag{12.41}$$

DFT を初めて学ぶ人は,これらの式を実際の信号に対して用いると,信号 y が実数なのに Y が虚数部をもつので驚くことが多い.(12.40) から,信号が実数 ($\operatorname{Im} y_k \equiv 0$) のとき $\sum_{k=0}^{N-1} \sin(nk\theta)\operatorname{Re} y_k = 0$ でない限り Y に虚部が現れることが明らかである.この事情は DFT だけでなくフーリエ変換でも同じであり,$-\infty < t < +\infty$ にわたって $y(t)$ が実数で偶関数のときに限りフーリエ変換が実数となる.DFT では積分を近似的に行うため,$y(t)$ が実数で偶関数であっても Y が小さな虚部を持つ可能性がある.これはプログラミングの誤りではなく,全体の処理における近似誤差を評価する適切な量となる.

DFT の計算時間は,12.9 節で論じるように,高速フーリエ変換 (FFT) を使うとさらに短縮できる.(12.37) を調べると,DFT では Z のべき乗を並べた $N \times N$ の行列と長さ N のベクトル y の積を計算し,その計算時間は N^2 に比例して増える.だが,FFT では $N \log_2 N$ に比例して増える.$N = 10^2 \sim 10^3$ ならば計算時間に大差はないが,$N = 10^3 \sim 10^5$ だと 1 分と 1 週間の違いが出てくる.このため,オンラインで実行するスペクトル解析には FFT が用いられるのが常である.

リスト 12.1 (numbers=none) DFTcomplex.py は Python に組み込まれた複素数を用いて DFT を計算する.入力信号はメソッド f(signal) で取り込む.

```
# DFTcomplex.py: Discrete Fourier Transform with bui l t in complex from        visual
    import * from

visual.graph import * import cmath    # complex math

signgr = gdisplay(x=0, y=0, width=600, height=250, title ='Signal',\
         xtitle='x', ytitle = 'signal', xmax = 2.*math.pi, xmin = 0,\
    ymax = 30, ymin = 0)
sigfig = gcurve(color=color.yellow, display=signgr)
imagr = gdisplay(x=0,y=250,width=600,height=250,title ='Imag Fourier TF',
    xtitle = 'x',ytitle='TF.Imag',xmax=10.,xmin=-1,ymax=100,ymin=-0.2)
impart = gvbars(delta = 0.05, color = color.red, display = imagr)

N = 50;                Np = N
signal = zeros( (N+1), float )
twopi = 2.*pi;         sq2pi = 1./sqrt(twopi);         h = twopi/N
dftz = zeros( (Np), complex )                  # Complex elements
def f(signal):                                 # Signal
    step = twopi/N;        x = 0.
    for i in range(0, N+1):
        signal[i] = 30*cos(x*x*x*x)
        sigfig.plot(pos = (x, signal[i]))      # Plot
        x += step

def fourier(dftz):                             # DFT
    for n in range(0, Np):
        zsum = complex(0.0, 0.0)
        for k in range(0, N):
            zexpo = complex(0, twopi*k*n/N)    # Complex exponent
```

```
            zsum  +=  signal[k]*exp(-zexpo )
      dftz[n] = zsum * sq2pi
      if  dftz[n].imag != 0:
            impart.plot(pos = (n, dftz[n].imag) )                    # Plot
f(signal);              fourier(dftz)            # Call  signal, transform
```

12.5.1　エイリアシング (評価)

DFT では，信号のサンプリング間隔 ($h = \Delta t$) が大きいと，もとの信号の速く変動する成分すなわち高周波数の成分の検出精度に限界が生じる．非常に高い周波数の成分について正しい情報を得るには，細かな変動をすべて捉えるよう小さなステップ幅でサンプリングする必要があることは明らかである．低周波数の成分だけに興味があるので高周波数の導出が不正確でもよいと考える場合があるかもしれないが，エイリアシングと呼ばれる効果があって，高周波数成分の情報が不正確だとその影響が低周波数側にも及ぶ可能性がある．これはデジタル画像にモアレパターンが生じてゆがみを生じる原因ともなるものである．

図 12.2 は，例として，$0 \leq t \leq 8$ における 2 個の関数 $\sin(\pi t/2)$ と $\sin(2\pi t)$ の重なった点を黒丸で示す．もし，たいへん不幸なことに，$t = 0, 2, 4, 6, 8$ でこれらの関数を含む信号のサンプリングをしたとすると，測定値は $y \equiv 0$ であり信号が来なかったことになる．一方，図 12.2 の黒丸のところ，すなわち $\sin(\pi t/2) = \sin(2\pi t)$, $t = 0, 12/10, 4/3$ でサンプリングすると 2 個の関数は見分けがつかず，高周波数側の関数が含まれていることが全くわからない．通常はサンプリング間隔が一定なので，後者は特別な例になるが，離散的サンプリングに含まれる問題点を示していることに変わりない．

もっと正確に述べよう：サンプリング・レートを $s = N/T$ とすると，**標本化定理 (ナイキストの定理)** から，周波数 $f > s/2$ ($s/2$ をナイキスト周波数という) の信号を離散的

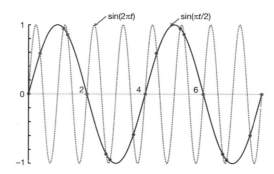

図 12.2　$\sin(\pi t/2)$ と $\sin(2\pi t)$ のプロット．サンプリングの仕方によっては両方の信号とも存在しないことになったり，両方が同じ信号に見えたりする．サンプリング・レートが低すぎるときの DFT では，高周波数成分が低周波数のところに偽の成分を作り出し，低周波数側のスペクトルにも歪が生じる．

にサンプリングしたときの DFT スペクトルには周波数 $s-f$ の偽成分が含まれる．すなわち，エイリアシングが起きたときの DFT スペクトルは，$s/2$ より高周波数側の成分が折り返されて低周波数側に重なり，低周波数側のスペクトルが変形する (エイリアシングは折り返しノイズ，折り返し歪ともよばれる)．ただし，先にも述べたことだが，逆変換により信号 y_k の組を正確に再構築するには偽成分も含む DFT の組 Y_k を用いる必要がある．また $k=t_k/h$ を連続変数とみなし逆変換を補完式として使うと，偽の信号が現れる．

エイリアシングは画像だけでなくデジタル化された音楽データでも音質劣化の原因となる．これが起きないようにするには，入力信号に含まれる最高の周波数の 2 倍以上のサンプリング・レートを採用する．それを実現するために，入力信号に高周波数の成分を除去するフィルタをかけ，残りの低周波数成分だけを解析することもある (12.8.1 項で論じる sinc フィルタがよく用いられる)．フィルタをかけると高周波数側の情報は失われるが，低周波数成分の歪みを減らせる可能性がある．

測定時間 T を一定に保ったまま高周波数のスペクトルを正確に知りたければ，サンプル数 N を増やしサンプリング・レート $s=N/T=1/h$ を大きくしなければならない．すなわち，サンプリング間隔 h を小さくしてより高い周波数成分を拾う必要がある．周波数成分の数 N を増やしていくと，以前にはスペクトルのグラフの端にあった高周波数成分が中央付近に寄ってきて，信号に含まれていた最大の周波数をナイキスト周波数より低くすることができる．

一方，サンプリング間隔 h を一定に保ち測定時間 $T=Nh$ を増やすと，$\omega_1 = 2\pi/T$ だから，より低い周波数を測定できてスペクトルは滑らかになる．すでに述べたことだが，測定して得た信号の後に人為的にゼロをたくさん詰め込む (パディング) と，見かけ上は測定時間を延ばすことができる．

リスト 12.2 DFTreal.py はメソッド f(signal) で与えられた信号 (cos 成分を含まない) の離散フーリエ変換を実数を用いて計算する．

```
# DFTreal.py: Discrete Fourier Transform using real numbers

from visual.graph import *

signgr = gdisplay(x=0,y=0,width=600,height=250, \
        title='Signal y(t)= 3 cos(wt)+2 cos(3wt)+ cos(5wt)',\
    xtitle='x', ytitle='signal',xmax=2.*math.pi, xmin=0,ymax=7,ymin=-7)
sigfig = gcurve(color=color.yellow, display=signgr)
imagr  = gdisplay(x=0,y=250,width=600,height=250,\
        title ='Fourier transform imaginary part', xtitle='x',\
        ytitle='Transf.Imag',xmax=10.0, xmin=-1,ymax=20, ymin=-25)
impart = gvbars(delta=0.05, color=color.red,display=imagr)

N = 200
Np = N
signal = zeros((N+1),float)
twopi  = 2.*pi
sq2pi  = 1./sqrt(twopi)
```

```
h = twopi/N
dftimag = zeros((Np),float)                     # Im. transform

def f(signal):
    step = twopi/N
    t= 0.
    for i in range(0,N+1):
        signal[i] = 3*sin(t*t*t)
        sigfig.plot(pos=(t, signal[i]))
        t += step

def fourier(dftimag):                           # DFT
    for n in range(0,Np):
        imag = 0.
        for k in range(0 , N):
            imag += signal[k]*sin((twopi*k*n)/N)
        dftimag[n] = -imag*sq2pi                # Im transform
        if dftimag[n] !=0:
            impart.plot(pos=(n,dftimag[n]))
f(signal)
fourier(dftimag)
```

12.5.2　フーリエ級数を入力とする DFT (例)

簡単な場合として，たとえば周期運動する振動子の位置 $y(t)$ が次のフーリエ・コサイン級数で表される場合を考える：

$$y(t) = \sum_{n=0}^{\infty} a_n \cos(n\omega t), \quad a_k = \frac{2}{T}\int_0^T dt \cos(k\omega t) y(t) \tag{12.42}$$

ここで $T \stackrel{\text{def}}{=} 2\pi/\omega$ は振動子の実際の周期である (一般には微小振動における単振動の周期とは異なる). $y(t)$ を時間の関数とし間隔 h で離散的にサンプリングする：

$$y(t=t_k) \equiv y_k, \quad k=0,1,\ldots,N \tag{12.43}$$

周期関数を解析するので，先の DFT の議論のときの設定をすべてそのままにして，周期 $T = Nh$ で繰り返しが起き，とくに (12.43) の最初と最後が同じ値である：

$$y_0 = y_N \tag{12.44}$$

そうすると，入力として用いる y の独立な値は N 個しかない．これら N 個の y_k の値に対して N 個の係数の値 a_n の組を一意的に決めることができる．実際，(12.31) と同様に (12.42) の積分を次のように台形則で近似できる：

$$a_n \simeq \frac{2h}{T}\sum_{k=0}^{N-1} \cos(n\omega t_k) y(t_k) = \frac{2}{N}\sum_{k=0}^{N-1} \cos\left(\frac{2\pi n k}{N}\right) y_k, \quad n=0,\ldots,N-1 \tag{12.45}$$

N 個の独立な信号値 $y(t)$ からちょうど N 個のフーリエ係数を決めることができたので，そこから逆に求まるフーリエ級数は N 個の a_n の値だけで書かれているはずである：

$$y(t) \simeq \sum_{n=0}^{N-1} a_n \cos(n\omega t) = \sum_{n=0}^{N-1} a_n \cos\left(\frac{2\pi n t}{Nh}\right) \tag{12.46}$$

(12.45)(12.46) の組と (12.40)(12.41) の組を比較すると，分母の N が異なる．これは，フーリエ係数がその周波数成分の振幅を表すのに対し，フーリエ変換が振幅の単位周波数あたりの密度を表すことによる．

要約すると，$y(t)$ を $t_0, t_1, \ldots, t_{N-1}$ の N 点でサンプリングし，すべての値が各 a_n に寄与する．もっとたくさんの周波数成分を求めるために N を増やすときは，すべての a_n を計算しなおす必要がある．これに比べて 13 章で学ぶウェーブレット解析では，理論を定式化しなおし，サンプリングを追加して高周波数成分を決めても，低周波数の成分は影響されないようにしている．

12.5.3 評　　価

簡単な入力信号　どんなときも，より複雑な問題を扱う前に簡単な例で確認するのがよい．パッケージのフーリエ変換のツールを使っているときでもそうである．

1. 次の偶関数の信号をサンプリングする：
$$y(t) = 3\cos(\omega t) + 2\cos(3\omega t) + \cos(5\omega t) \tag{12.47}$$
   a) この信号を周波数成分に分ける．
   b) 各フーリエ成分が本質的には実数となり振幅の比が 3:2:1 (パワー・スペクトルなら 9:4:1) となることを確かめる．
   c) 各成分の周波数が (比だけでなく) しかるべき値となっていることを示す．
   d) 成分を加え合わせると入力信号が再現するか確かめる．
   e) ステップ幅 h の値を変えたための効果と，測定時間 $T = Nh$ を広げたときの効果を別々に試す．

2. 次の奇関数の信号をサンプリングする：
$$y(t) = \sin(\omega t) + 2\sin(3\omega t) + 3\sin(5\omega t) \tag{12.48}$$
この信号をフーリエ成分に分解し，それらが本質的には純虚数であり，大きさの比が 1:2:3 (パワー・スペクトルをプロットしたときの比は 1:4:9) となること，また成分を加え合わせると入力信号が再現するか確かめる．

3. 次の信号は奇関数と偶関数を混合したものだが，これをサンプリングする：
$$y(t) = 5\sin(\omega t) + 2\cos(3\omega t) + \sin(5\omega t) \tag{12.49}$$
この信号を成分に分解し，大きさのが比 5:2:1 (パワー・スペクトルをプロットしたときの比は 25:4:1) の 3 成分が含まれ，また成分を加え合わせると入力信号が再現するか確かめる．

4. 次の信号をサンプリングする：
$$y(t) = 5 + 10\sin(t+2)$$
(a) 定数項 5 が無いとき，(b) 2 が無いとき，(c) 5 も 2 もないときについて，サンプリングの結果の違いについて比較しその理由を説明する．

5. エイリアシングの議論において，図 12.2 で $\sin(\pi t/2)$ と $\sin(2\pi t)$ を重ねて描き調べた．ここでは両者の重ね合わせ
$$y(t) = \sin\left(\frac{\pi}{2}t\right) + \sin(2\pi t) \tag{12.50}$$
を考え，エイリアシングが起きる様子を調べる．離散的ではない本物の積分によるフーリエ変換スペクトルは $\omega = \pi/2$ と $\omega = 2\pi$ の成分を持っている．この関数を，エイリアシングが起きない高いサンプリング・レートと，それが起きるようなサンプリング・レートで離散化する．それぞれの場合について得られる DFT を比較し，標本化定理と合致する結論を得るか確認する．

非線形性が著しい振動子　ばねの復元力のポテンシャル (12.1) による振動運動で，べきが $p = 12$ のときの数値解を思い出そう．その解をフーリエ級数で表し，少なくとも 10%は寄与する高調波成分，すなわち $|b_n/b_1| < 0.1$ となるものを求める．それらの成分を加え合わせるともとの信号が再現されるか確かめる．

非線形な摂動を受ける振動子　非線形な摂動を受ける調和振動子のポテンシャル (8.2) を思い出そう：
$$V(x) = \frac{1}{2}kx^2\left(1 - \frac{2}{3}\alpha x\right), \quad F(x) = -kx(1 - \alpha x) \tag{12.51}$$
振幅が非常に小さければ $(x \ll 1/\alpha)$，解 $x(t)$ は本質的にはフーリエ級数の第 1 項だけである．

1. ここでは「非線形性を約 10%」含む信号を求めようと思うので，振幅の最大値を $x_{\max}$ として $\alpha x_{\max} \simeq 10\%$ となるように α の値を決め，そのあとは α を一定に保つことにする．
2. 得られた数値解を離散フーリエ・スペクトルに分解する．
3. フーリエ成分の定数項を除く最初の 2 項の寄与 (振幅に占める割合を%で表す) を，それぞれ初期変位 $(0 < x_0 < 1/2\alpha)$ の関数としてグラフに表す．振幅の増加にともない高次の周波数成分の重要性が増して来るはずである．奇関数と偶関数が混ざっているので Y_n は複素数になる．振幅について 10%の寄与があるときパワーでは 1%だから，パワー・スペクトルには片対数プロットを用いること．
4. いつもと同様に，成分からもとの信号が再現するかを調べる．

(注意：級数に現れる ω は，微小振動の ω_0 ではなく，系の真の周波数に対応していなければならない．)

12.5.4 非周期関数の DFT (発展課題)

時間の経過とともに空間を移動する「局在した」電子を表す簡単なモデル (波束) を考える．初期条件として $x = 5$ 付近に局在する電子を平面波とガウス関数の積でモデル化するのは悪くないだろう：

$$\psi(x, t=0) = \exp\left[-\frac{1}{2}\left(\frac{x-5.0}{\sigma_0}\right)^2\right] e^{ik_0 x} \tag{12.52}$$

この波束は運動量演算子[*6)] $p = \mathrm{id}/\mathrm{d}x$ の固有状態ではないし，実際に運動量は広がりを持っている．そこで，課題は次のフーリエ変換

$$\psi(p) = \int_{-\infty}^{+\infty} \mathrm{d}x \frac{e^{ipx}}{\sqrt{2\pi}} \psi(x) \tag{12.53}$$

の計算をして (12.52) に含まれる運動量の成分を求めることである．

12.6 ノイズを含む信号にフィルタをかける

測定する信号 $y(t)$ が明らかにノイズを含んでいるとしよう．そこで，課題は，ノイズを除去した信号のスペクトルに含まれる周波数成分を求めることである．もちろん，ノイズを除去したフーリエ変換からは，逆変換によりノイズを含まない信号 $s(t)$ が得られる．

この課題の解決にあたり，自己相関関数の利用とフィルタの利用というふたつの単純なアプローチを試みる．両者はともに広範囲の科学的な応用があるので，ここでの議論は課題のためだけにあるわけではない．13 章のウェーブレットのところでも再度フィルタを論じる．

12.7 自己相関関数を利用したノイズの除去 (理論)

測定されたものが，ノイズを含まない求めたい信号 $s(t)$ と邪魔になるノイズ $n(t)$ の和であるとする：

$$y(t) = s(t) + n(t) \tag{12.54}$$

ノイズを除去する処方の第 1 は，ノイズがランダムな過程であり信号と無相関という事実に依存するものである．だが，ふたつの関数に相関があるとは何を意味するのだろう？両者が同じようなところでゼロになったりピークになったりすれば，明らかに相関がある．関数 $y(t)$ と $x(t)$ の間の相関を式で表すのが相関関数

$$c(\tau) = \int_{-\infty}^{+\infty} \mathrm{d}t\, y^*(t) x(t+\tau) \equiv \int_{-\infty}^{+\infty} \mathrm{d}t\, y^*(t-\tau) x(t) \tag{12.55}$$

[*6)] $\hbar = 1$ となる自然単位を用いた．

であり,ここで,変数 τ は遅れあるいはラグと呼ばれる.信号 $x(t)$ と $y(t)$ の時間依存性が同じなら (前後にずれていてもよい),両者の大きさが異なっていても,(12.55) の被積分関数は全ての t において正となるように τ を選ぶことができる.このとき,ふたつの信号が強め合うように干渉するので相関関数の値が大きくなるのである.一方,関数が互いに無関係に振動しているときは,τ をどのように変えても被積分関数の正負が均等に起きて積分の値が小さくなる.

相関関数をこの課題に適用する前に,その性質を調べよう.まず,(12.18) を用いて c, y^*, x をそれらのフーリエ変換で表す:

$$c(\tau) = \int_{-\infty}^{+\infty} d\omega'' C(\omega'') \frac{e^{i\omega'' t}}{\sqrt{2\pi}}, \quad y^*(t) = \int_{-\infty}^{+\infty} d\omega\, Y^*(\omega) \frac{e^{-i\omega t}}{\sqrt{2\pi}} \qquad (12.56)$$
$$x(t+\tau) = \int_{-\infty}^{+\infty} d\omega' X(\omega') \frac{e^{+i\omega'(t+\tau)}}{\sqrt{2\pi}}$$

これらの式を相関関数の定義式 (12.55) に代入し,$\omega, \omega', \omega''$ が積分内で記号を変えても結果が変わらないこと,およびデルタ関数の定義 (12.22) に注意して整理すると

$$\int_{-\infty}^{\infty} d\omega\, C(\omega) e^{i\omega t} = \int_{-\infty}^{\infty} \frac{d\omega}{\sqrt{2\pi}} \int_{-\infty}^{\infty} d\omega'\, Y^*(\omega) X(\omega') e^{i\omega\tau} 2\pi \delta(\omega' - \omega)$$
$$= \sqrt{2\pi} \int_{-\infty}^{\infty} d\omega\, Y^*(\omega) X(\omega) e^{i\omega\tau} \qquad (12.57)$$
$$\Rightarrow C(\omega) = \sqrt{2\pi} Y^*(\omega) X(\omega)$$

となる (広義積分はきちんと収束すると仮定した).式 (12.57) は「ふたつの信号の相関関数のフーリエ変換は,各信号のフーリエ変換の積に比例する」と読める.ただし,一方は変換の複素共役である.(これはたたみ込み積分のフーリエ変換に関する定理だが,フィルタについても関連する定理を学ぶ.)

相関関数 $c(\tau)$ の特別なものとして**自己相関関数** $A(\tau)$ があるが,これはある信号の時間波形とそれ自身の相関をとり,その信号に含まれる繰り返しパターンを抽出する:

$$\boxed{A(\tau) \stackrel{\text{def}}{=} \int_{-\infty}^{+\infty} dt\, y^*(t) y(t+\tau) \equiv \int_{-\infty}^{+\infty} dt\, y(t) y^*(t-\tau)} \qquad (12.58)$$

自己相関関数の計算は,ある時間のあいだ測定した信号 $y(t)$ に対して $y(t+\tau)$ を重みとして乗じ平均する.この処理は,ある関数とそれ自身とのたたみ込みあるいはコンボルーション,重畳積,合成積という名前でも知られている.たたみ込みによりどのようにしてノイズが除去されるかを見るため,(12.54) の表記すなわち信号とノイズの和 $s(t) + n(t)$ にもどる.例として,滑らかな信号にランダムなノイズを加えて作った信号を図 12.3a に示した.この信号の自己相関関数を求めると図 12.3b の関数となり,滑らかになることがわかる.

$s(t) + n(t)$ のフーリエ変換は,各項の変換の和であり,これを用いると自己相関関数

12.7 自己相関関数を利用したノイズの除去 (理論)

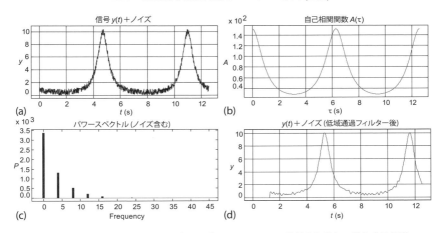

図 **12.3** (a) ノイズを含む信号を表す関数 $s(t) + n(t)$. (b) 信号を処理して得た自己相関関数とラグの関係. (c) 自己相関関数から得たパワー・スペクトル. (d) ノイズを含む信号を低域通過フィルタに通した後の波形.

によるノイズ除去を理解できる：

$$Y(\omega) = S(\omega) + N(\omega) \tag{12.59}$$

$$\begin{bmatrix} S(\omega) \\ N(\omega) \end{bmatrix} = \int_{-\infty}^{+\infty} dt \begin{bmatrix} s(t) \\ n(t) \end{bmatrix} \frac{e^{-i\omega t}}{\sqrt{2\pi}} \tag{12.60}$$

$N(\omega)$ の振幅は ω によらず一定で，位相は一様ランダムに変化するとしよう (白色ノイズ)．自己相関関数のスペクトルは (12.57) から $|S(\omega) + N(\omega)|^2 = |S(\omega)|^2 + 2\text{Re}(S^*(\omega) \cdot N(\omega)) + |N(\omega)|^2$ となるが，第 3 項は定数，第 2 項は位相が激しく変動するために近似的にゼロとなる．こうして，自己相関関数のスペクトルはノイズが除去された信号のパワー・スペクトルとみなせる．同じことを自己相関のラグ依存性から観察しよう．$y(t) = s(t) + n(t)$ の自己相関関数 (12.58) は，y の 2 乗が含まれるので線形ではなく，$A_y \neq A_s + A_n$ であることに注意する：

$$A_y(\tau) = \int_{-\infty}^{+\infty} dt \, [s(t)s(t+\tau) + s(t)n(t+\tau) + n(t)n(t+\tau)] \tag{12.61}$$

測定された信号に含まれるノイズ $n(t)$ は真にランダムだと仮定するから，その長時間平均はゼロで，ラグ $\tau \neq 0$ なら自己相関もないし $s(t)$ とも相関が無い．こうして (12.61) の $n(t)$ を含む第 2 項と第 3 項が消える：

$$A_y(\tau) \simeq \int_{-\infty}^{+\infty} dt \, s(t) s(t+\tau) = A_s(\tau) \tag{12.62}$$

すなわち，自己相関関数の中からランダムなノイズが平均化されて消え，ノイズを含まない信号の自己相関関数が残る．

以上をまとめると，白色ノイズを含む信号では，$Y(\omega) = X(\omega)$ とおき (12.57) と (12.58) から自己相関関数のフーリエ変換は次のように書ける：

$$A(\omega) \simeq \sqrt{2\pi}|S(\omega)|^2 \tag{12.63}$$

右辺の $|S(\omega)|^2$ はノイズを含まない信号のパワー・スペクトルであり，ノイズを含む信号の自己相関関数からきれいな信号のパワー・スペクトルが求まる．こうして知りたい信号成分を容易に分離抽出できるので，多くの場合にはそれで十分である．図 12.3a はノイズを含む信号，図 12.3b は自己相関関数，図 12.3c は自己相関関数から得たパワー・スペクトルである．図 12.3b は滑らかである．これに対応して，パワー・スペクトルにおいてもノイズの高周波数成分を示すスペクトルは顕著ではない．

リスト 12.1 のサンプル `DFTcomplex.py` を変更して自己相関関数 $A(\tau)$ を計算し自己相関関数を求めるのは簡単である．これを実行するプログラムを先生用のサイトに `NoiseSincFilter.py` として掲載した．

12.7.1 自己相関関数の演習

1. ノイズを含まない次の信号をサンプリングしたとしよう：

$$s(t) = \frac{1}{1 - 0.9\sin t} \tag{12.64}$$

分母にサイン関数が 1 個しかないが，以下のように展開すると分かるように，高調波成分が無限に含まれる：

$$s(t) = 1 + 0.9\sin t + (0.9\sin t)^2 + (0.9\sin t)^3 + \cdots \tag{12.65}$$

   a) DFT により $S(\omega)$ を計算する．サンプリングは 1 周期だけでよいがそれを完全にカバーするようにする．十分な個数のサンプル点をとり (詳細なサンプリング)，高周波数成分に対する感度を確保する．
   b) パワー・スペクトル $|S(\omega)|^2$ を片対数でプロットする．
   c) 入力信号 $s(t)$ の自己相関関数 $A(\tau)$ を τ の全範囲について計算する (厳密解を求めてもよい)．
   d) 自己相関関数の DFT を求めて間接的にパワー・スペクトルを計算する．その結果と直接に求めた $|S(\omega)|^2$ とを比較する．

2. 乱数発生器を用いてこの信号にランダム・ノイズを加える：

$$y(t_i) = s(t_i) + \alpha(2r_i - 1), \quad 0 \leq r_i \leq 1 \tag{12.66}$$

α はノイズの大きさを調整するパラメータで，信号がほんの「けば立つ」程度の小さい値から，ほとんど隠れてしまうぐらいの大きな値まで，いくつか試す．

   a) ノイズが加わった信号とそのフーリエ変換，および変換から直接に求めたパワー・スペクトルをプロットする．
   b) 自己相関関数 $A(\tau)$ を求めそのフーリエ変換 $A(\omega)$ を計算する．

c) $A(\tau)$ の DFT と信号のフーリエ変換から直接に求めたパワー・スペクトルを比較し，自己相関関数を用いたノイズ除去の効率について意見を述べる．
d) 入力信号に関する情報が本質的に全て失われるのは α がどんな値のときか？

12.8 フーリエ変換を用いたフィルタ (理論)

フィルタ (図 12.4) とは，入力信号 $f(t)$ を何らかの特性をもつ出力信号 $g(t)$ に変換する装置である．より具体的には，アナログ・フィルタは次のように入力信号に対する積分として定義される (Hartmann, 1998)：

$$g(t) = \int_{-\infty}^{+\infty} d\tau\, f(\tau) h(t-\tau) \stackrel{\text{def}}{=} f(t) * h(t) \tag{12.67}$$

(12.67) はすでに学んだたたみ込み積分だが，しばしば現れる操作であり最右辺のように星印 * で示される．関数 $h(t)$ はフィルタのインパルス応答と呼ばれ，入力がデルタ関数のときにフィルタからの出力がインパルス応答 $h(t)$ となる：

$$h(t) = \int_{-\infty}^{+\infty} d\tau\, \delta(\tau) h(t-\tau) \tag{12.68}$$

式 (12.67) と (12.68) のインパルス応答 $h(t-\tau)$ の引数に注目すると，入力信号 $f(t)$ から τ だけ時間の遅れがある．τ の積分区間が無限大となっているが実際の測定では有限となる．短いパルスの入力に対して検出器の応答が尾を引いたとしてもそれが無限になることはなく，また応答が入力より前に起きることはないので $\tau > t$ でインパルス応答は必ず 0 となる．後者は未来が現在に影響を与えないこと (因果律) による．

たたみ込み積分の定理によると，$f(t)$ と $h(t)$ のたたみ込み積分が $g(t)$ のとき，g のフーリエ変換 $G(\omega)$ は $f(\omega)$ のフーリエ変換と $h(\omega)$ のフーリエ変換の積である：

$$G(\omega) = \sqrt{2\pi} F(\omega) H(\omega) \tag{12.69}$$

ここで $H(\omega)$ は周波数領域での応答特性を表し，**周波数応答**とよばれる．(12.69) を証明するには，(12.67) にそれぞれの関数の逆変換の式を代入し，ディラックのデルタ関数を用いて積分を実行する (相関関数のところで論じたのと基本的に同じである)．

ここで用いるフィルタは，時間領域の (12.67)，周波数領域の (12.69)，いずれを見ても分かるが入力 f の 1 次しか含んでおらず線形な過程としている．そのため，出力信号

図 12.4 入力信号 $f(t)$ がフィルタ $h(t)$ を通過して出力 $g(t)$ となる．

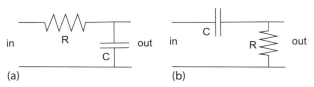

図 **12.5** RC 回路による (a) 低域通過フィルタ (b) 高域通過フィルタ

に含まれる周波数成分は入力の同じ周波数成分に比例し，その比例係数が周波数ごとに値が異なるかもしれない．また，(12.67) で h の引数が $(t-\tau)$ だから，インパルス応答の関数形が時間原点によらず，応答の時不変性を意味する．すなわち，入出力の同じ周波数成分間の比例係数は時間的に変化しないと仮定する．線形で時不変の応答特性をもつフィルタに入力する信号がいろいろな関数の和であるとき，出力のフーリエ変換は各関数のフーリエ変換の和である．

低周波数成分を残して高周波数成分を除去あるいは減衰させるフィルタを**低域通過フィルタ**あるいはローパス・フィルタといい，逆に低周波数成分を除去するものを**高域通過フィルタ**あるいはハイパス・フィルタという．図 12.5a に単純な低域通過フィルタをアナログの RC 回路で実現したものを示したが，この回路の周波数応答は

$$H(\omega) = \frac{1}{1+\mathrm{i}\omega\tau} = \frac{1-\mathrm{i}\omega\tau}{1+\omega^2\tau^2} = \frac{\mathrm{e}^{\mathrm{i}\phi(\omega)}}{\sqrt{1+\omega^2\tau^2}}, \quad \tan\phi(\omega) = -\omega\tau \tag{12.70}$$

となる．$\tau=RC$ はこの回路の時定数である．分母の ω^2 により高周波数側の応答が減少するので低域通過フィルタとなる (それとともに位相が ω により変化する)．図 12.5(b) は同じく RC 回路による高域通過フィルタであり，次式がその周波数応答である：

$$H(\omega) = \frac{\mathrm{i}\omega\tau}{1+\mathrm{i}\omega\tau} = \frac{\mathrm{i}\omega\tau+\omega^2\tau^2}{1+\omega^2\tau^2} = \frac{\omega\tau\mathrm{e}^{\mathrm{i}\psi(\omega)}}{\sqrt{1+\omega^2\tau^2}}, \quad \tan\psi(\omega) = \frac{1}{\omega\tau} \tag{12.71}$$

ω が大きくなると $H=1$ に近づき，$\omega\to 0$ で H が 0 になるので高域通過フィルタとなっている．

アナログ信号の処理には抵抗とコンデンサで作ったフィルタが使える．一方，ここではデジタル回路による信号処理のために，各周波数領域で欲する応答特性をもつデジタル・フィルタの設計をしたい．(12.67) は $g(t) = \int_{-\infty}^{+\infty} f(t-t')h(t')\mathrm{d}t'$ とも書けるので「信号に時間遅れを与え応答関数で決まる重みで加え合わせたのが出力」とも言える．こ

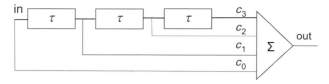

図 **12.6** 遅延線を伝わる信号を異なる時刻で取り出し，それぞれに異なる倍率 c_n を掛けて合成する．

12.8 フーリエ変換を用いたフィルタ (理論)

れをデジタル的に実現する遅延素子として，遅延線 (伝送ケーブル) 上の時間間隔 τ のタップから信号を取り出すものをイメージする (図 12.6) (Hartmann, 1998).

n 番目のタップで読んだ信号は，入力信号を時間 $n\tau$ だけ遅らせたものであり，遅延時間のステップ幅 τ のとりかたは個々のフィルタの性質を規定する．タップ n からの出力を c_n 倍し，図 12.6 の三角形で示すように，すべてのタップからの信号を最終的に加えあわせて求める出力とする．この一連の作業を (12.67) のインパルス応答として表すと，タップ n で信号をピックアップする操作が $\delta(t - n\tau)$ であること注意して，次式となる：

$$h(t) = \sum_{n=0}^{N-1} c_n \delta(t - n\tau) \tag{12.72}$$

(12.27) を周波数領域で表すと，デルタ関数のフーリエ変換が複素指数関数になるので，周波数応答が次式となる：

$$H(\omega) = \sum_{n=0}^{N-1} c_n \mathrm{e}^{-\mathrm{i}n\omega\tau} \tag{12.73}$$

ここで，指数関数の部分は各タップからの寄与の位相シフトを示す．

連続な入力信号 $f(t)$ をデジタル・フィルタに通したときの出力は，次式のように離散的な和となる：

$$g(t) = \int_{-\infty}^{+\infty} \mathrm{d}t' f(t') \sum_{n=0}^{N-1} c_n \delta(t - t' - n\tau) = \sum_{n=0}^{N-1} c_n f(t - n\tau) \tag{12.74}$$

もちろん，この式は入力信号が離散的なときにも適用される．いずれにせよ，係数 c_n がデジタル・フィルタに関して必要なすべての知識を与えてくれる．12.5 節で行った DFT に関する操作と対応させると，(12.73) はフーリエ積分を N 点の和で近似したフーリエ変換と見ることができる (因子 $\sqrt{2\pi}$ を除く)．そのときの c_n は，積分の重みであり積分点におけるインパルス応答の値である．(12.74) は信号を周波数成分に分けてフィルタの周波数応答を掛けたものとみなせる.

12.8.1 sinc フィルタ (発展課題) ⊙

課題 高域通過あるいは低域通過フィルタのデジタル版をつくる．どちらのフィルタがどのようなノイズを除去するのに適するかを考える．

sinc フィルタを利用して信号に含まれる特定の周波数帯域だけを切り出す方法はよく知られている (Smith, 1999). このフィルタの考え方の基礎になっているのは，理想的な**低域通過**フィルタは遮断周波数 ω_c より下側の全ての周波数成分を通し，上側の周波数成分は全て遮断するという事実である．ノイズが高周波数側に目立つことが多く，それを除去するために低域通過フィルタを用いるのだが，もちろん信号の損失もさけられない．sinc フィルタの用途には，DFT におけるエイリアシングの削減がある．すなわちフーリエ変換をする前の信号から高い周波数成分を除去する．図 12.3d のグラフはノイズを含んだ信号を sinc フィルタに通した後の波形である (プログラム `NoiseSincFilter.py`

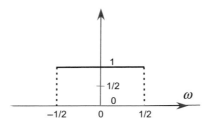

図 **12.7** 周波数軸上の矩形パルス rect(ω) は有限の周波数範囲だけで定数値をとる．このフーリエ逆変換は sinc(t) を用いて書かれる．

を使用)．

複素指数関数を用いて実数の振動を表すため，負の周波数を許すことにしよう．遮断周波数が ω_c の理想的な低域通過フィルタは周波数領域の矩形パルスと見ることができ (図 12.7)，次式で表せる：

$$H(\omega, \omega_c) = \text{rect}\left(\frac{\omega}{2\omega_c}\right), \quad \text{rect}(\omega) = \begin{cases} 1 & \cdots \ |\omega| \leq \frac{1}{2} \\ 0 & \cdots \ \text{その他} \end{cases} \quad (12.75)$$

rect(ω) は箱型の関数である．$H(\omega, \omega_c)$ は遮断周波数 ω_c より下の全成分を振幅を変えずに通し，それより上の成分は完全に遮断するので，そのフーリエ変換である時間軸上の sinc 関数の重要性がわかる (Smith, 1991)：

$$\int_{-\infty}^{+\infty} d\omega\, e^{j\omega t} \text{rect}\left(\frac{\omega}{2\omega_c}\right) = \frac{\sin(\omega_c t)}{t} = \omega_c \text{sinc}(\omega_c t),$$
$$\text{sinc}(t) \stackrel{\text{def}}{=} \frac{\sin t}{t},\ \text{sinc}(t) \stackrel{\text{def}}{=} \frac{\sin(\pi t)}{\pi t} \quad (12.76)$$

第 3 式は π を入れた sinc 関数の定義 (正規化 sinc 関数) があるというメモだが，第 2 式のように π を含めない定義 (非正規化 sinc 関数) もある．時間軸上の信号波形と sinc($\omega_c t$) のたたみ込み積分を行うフィルタを実現すれば，高い振動成分を除去できる．離散フーリエ変換において，sinc フィルタの時間軸上の表現を (12.67) の第 1 式にあわせて次式としよう：

$$h[n] = \frac{\sin(\omega_c n)}{n} \quad (12.77)$$

実際上は，sinc 関数はフィルタとして使う上で問題が少なからずある．まず，因果律に従わない．すなわち，$t = 0$ から測定を始めるにもかかわらず，負の時間にも係数があるので物理的ではない．次に，時間軸上で無限回サンプリングしなければ周波数応答が完全な矩形とならないが，実際には sinc($\omega_c t$) の主要なピークの付近で対称に $(M+1)$ 点 (M は偶数) サンプリングをして，次式のように時間変数 n を 0 から正方向に動かす：

$$h[n] = \frac{\sin[2\pi B(n - M/2)]}{n - M/2}, \quad 0 \leq n \leq M \quad (12.78)$$

ここで B は時間ステップを単位とした遮断周波数 (角周波数ではない) である．このままだと，フィルタの時間波形を有限の時間幅 M で切断し終了するため，端で急激な変化が起き，周波数応答にはギブス振動と似た形のリップルが生じる．また離散的なサンプリングのために矩形ならぬ丸まった台形パルスとなって遮断の切れ味が悪くなる．

遮断特性をよくするにはサンプリング間隔を縮める必要があるが計算量が増える．また，切断による理想的なフィルタからのずれを回避する方法はふたつある．まず，フィルタのサンプリングの総時間を延長することだが，こちらも不可避的に計算時間が増える．他は，sinc 関数の切断で生じた急な変化を平滑化するための窓関数を掛ける (ただし遮断特性は良くならない)．たとえばハミング窓は次式で与えられる：

$$w[n] = 0.54 - 0.46 \cos\left(\frac{2\pi n}{M}\right) \tag{12.79}$$

この窓関数の形状は，$0 \leq n \leq M$ の両端で 0，中央に 1 個のなだらかなピークを持つ．次式はこうして得られる低域通過の窓付き **sinc** フィルタである：

$$h[n] = \frac{\sin[2\pi B(n - M/2)]}{n - M/2} \left[0.54 - 0.46 \cos\left(\frac{2\pi n}{M}\right)\right] \tag{12.80}$$

遮断周波数 B の逆数と sinc 関数の中央のピークの幅がほぼ等しいから，サンプリング・レートは B より十分に大きくとる必要がある．M を大きくするほど 0 から 1 への変化が理想的なフィルタに近づく．

演習 前出の演習では既知の信号にランダム・ノイズを加えたが，今度は sinc フィルタによるノイズの除去により再度これを実行する．ノイズを除去できる限界の信号強度がどの程度かを観察する．

12.9 高速フーリエ変換 (FFT) ⊙

すでに (12.37) において離散フーリエ変換が次の簡潔な形に書けることを学んだ：

$$Y_n = \frac{1}{\sqrt{2\pi}} \sum_{k=0}^{N-1} Z^{nk} y_k, \quad Z = e^{-2\pi i/N}, \quad n = 0, 1, \ldots, N-1 \tag{12.81}$$

Z は複素数なので，信号 y_k が実数であっても変換を計算するとき実部と虚部の演算をする必要がある．n と k はともに N 個の整数値をとるから，(12.81) で $(Z^n)^k y_k$ の計算を行うには N^2 回程度の掛け算と複素数の和を実行しなければならない．現実的な系への応用では N が大きくなるが，そのとき計算ステップ数がどんどん大きくなり計算時間が長くなる．

1965 年に Cooley と Tukey が DFT の実行に必要な演算の回数を N^2 からほぼ $N \log_2 N$ に減らすアルゴリズム[*7)]を見つけた (Cooley, 1965; Donnelly and Rust, 2005)．大した

[*7)] 実は，このアルゴリズムは幾度も発見されてきた．たとえば，ずっと以前に Gauss が発見し，1942 に Danielson と Lanczos が発見している．

差ではないように見えるかもしれないが，データ点が 1000 になると 100 倍の高速化となることを表している．100 倍といえば丸 1 日と 15 分の差である．高速フーリエ変換 (FFT) は (携帯電話を含めて) 広範囲に利用されており，最重要アルゴリズムのベスト 10 に常時ランク入りすると考えられている．

FFT のアイデアは次のように要約できる．複素因子 $Z^{nk}\left[=((Z)^n)^k\right]$ は計算時間の観点で高くつくが，整数 n と k を順に変えていくと同じ値が繰り返し出てくることを利用して計算ステップの総数を減らす．要は，DFT (12.81) の定義において，N 点の DFT の Y を求める総和を y の偶数番目の和と奇数番目の和に分離すると，それぞれが $N/2$ 点の DFT となっていることを用いる．この段階で計算量が $N^2 \to 2 \times (N/2)^2$ となるが，さらに再帰的に総和の分解を繰り返すことで最終的に計算量がほぼ $N \log_2 N$ に近づく．

例として，$N = 8$ の場合は

$$Y_0 = Z^0 y_0 + Z^0 y_1 + Z^0 y_2 + Z^0 y_3 + Z^0 y_4 + Z^0 y_5 + Z^0 y_6 + Z^0 y_7,$$
$$Y_1 = Z^0 y_0 + Z^1 y_1 + Z^2 y_2 + Z^3 y_3 + Z^4 y_4 + Z^5 y_5 + Z^6 y_6 + Z^7 y_7,$$
$$Y_2 = Z^0 y_0 + Z^2 y_1 + Z^4 y_2 + Z^6 y_3 + Z^8 y_4 + Z^{10} y_5 + Z^{12} y_6 + Z^{14} y_7,$$
$$Y_3 = Z^0 y_0 + Z^3 y_1 + Z^6 y_2 + Z^9 y_3 + Z^{12} y_4 + Z^{15} y_5 + Z^{18} y_6 + Z^{21} y_7,$$
$$Y_4 = Z^0 y_0 + Z^4 y_1 + Z^8 y_2 + Z^{12} y_3 + Z^{16} y_4 + Z^{20} y_5 + Z^{24} y_6 + Z^{28} y_7,$$
$$Y_5 = Z^0 y_0 + Z^5 y_1 + Z^{10} y_2 + Z^{15} y_3 + Z^{20} y_4 + Z^{25} y_5 + Z^{30} y_6 + Z^{35} y_7,$$
$$Y_6 = Z^0 y_0 + Z^6 y_1 + Z^{12} y_2 + Z^{18} y_3 + Z^{24} y_4 + Z^{30} y_5 + Z^{36} y_6 + Z^{42} y_7,$$
$$Y_7 = Z^0 y_0 + Z^7 y_1 + Z^{14} y_2 + Z^{21} y_3 + Z^{28} y_4 + Z^{35} y_5 + Z^{42} y_6 + Z^{49} y_7$$

であるが，ここで，式を見やすくするために $Z^0 (\equiv 1)$ を残した．これら Z のべき乗を実際に計算すると，独立な値は 4 個しかないことが分かる：

$$\begin{aligned}
&Z^0 = \exp(0) = +1, &&Z^1 = \exp\left(-\frac{2\pi}{8}\right) = +\frac{\sqrt{2}}{2} - \mathrm{i}\frac{\sqrt{2}}{2}, \\
&Z^2 = \exp\left(-\frac{2 \cdot 2\mathrm{i}\pi}{8}\right) = -\mathrm{i}, &&Z^3 = \exp\left(-\frac{2\pi \cdot 3\mathrm{i}}{8}\right) = -\frac{\sqrt{2}}{2} - \mathrm{i}\frac{\sqrt{2}}{2}, \\
&Z^4 = \exp\left(-\frac{2\pi \cdot 4\mathrm{i}}{8}\right) = -Z^0, &&Z^5 = \exp\left(-\frac{2\pi \cdot 5\mathrm{i}}{8}\right) = -Z^1, \\
&Z^6 = \exp\left(-\frac{2 \cdot 6\mathrm{i}\pi}{8}\right) = -Z^2, &&Z^7 = \exp\left(-\frac{2 \cdot 7\mathrm{i}\pi}{8}\right) = -Z^3, \\
&Z^8 = \exp\left(-\frac{2\pi \cdot 8\mathrm{i}}{8}\right) = +Z^0, &&Z^9 = \exp\left(-\frac{2\pi \cdot 9\mathrm{i}}{8}\right) = +Z^1, \\
&Z^{10} = \exp\left(-\frac{2\pi \cdot 10\mathrm{i}}{8}\right) = +Z^2, &&Z^{11} = \exp\left(-\frac{2\pi \cdot 11\mathrm{i}}{8}\right) = +Z^3, \\
&Z^{12} = \exp\left(-\frac{2\pi \cdot 11\mathrm{i}}{8}\right) = -Z^0, &&\cdots
\end{aligned} \quad (12.82)$$

これを変換の定義に代入すると次式を得る：

$$Y_0 = Z^0 y_0 + Z^0 y_1 + Z^0 y_2 + Z^0 y_3 + Z^0 y_4 + Z^0 y_5 + Z^0 y_6 + Z^0 y_7 \tag{12.83}$$

$$Y_1 = Z^0 y_0 + Z^1 y_1 + Z^2 y_2 + Z^3 y_3 - Z^0 y_4 - Z^1 y_5 - Z^2 y_6 - Z^3 y_7 \tag{12.84}$$

$$Y_2 = Z^0 y_0 + Z^2 y_1 - Z^0 y_2 - Z^2 y_3 + Z^0 y_4 + Z^2 y_5 - Z^0 y_6 - Z^2 y_7 \tag{12.85}$$

$$Y_3 = Z^0 y_0 + Z^3 y_1 - Z^2 y_2 + Z^1 y_3 - Z^0 y_4 - Z^3 y_5 + Z^2 y_6 - Z^1 y_7 \tag{12.86}$$

$$Y_4 = Z^0 y_0 - Z^0 y_1 + Z^0 y_2 - Z^0 y_3 + Z^0 y_4 - Z^0 y_5 + Z^0 y_6 - Z^0 y_7 \tag{12.87}$$

$$Y_5 = Z^0 y_0 - Z^1 y_1 + Z^2 y_2 - Z^3 y_3 - Z^0 y_4 + Z^1 y_5 - Z^2 y_6 + Z^3 y_7 \tag{12.88}$$

$$Y_6 = Z^0 y_0 - Z^2 y_1 - Z^0 y_2 + Z^2 y_3 + Z^0 y_4 - Z^2 y_5 - Z^0 y_6 + Z^2 y_7 \tag{12.89}$$

$$Y_7 = Z^0 y_0 - Z^3 y_1 - Z^2 y_2 - Z^1 y_3 - Z^0 y_4 + Z^3 y_5 + Z^2 y_6 + Z^1 y_7 \tag{12.90}$$

$$Y_8 = Y_0 \tag{12.91}$$

このままだと，変換に必要な計算は $8 \times 8 = 64$ 回の複素数の掛け算と，それよりは短時間ですむ足し算となっている．そこで，次のように y の再グループ化を行ってこれらの式を再編する：

$$Y_0 = Z^0(y_0 + y_4) + Z^0(y_1 + y_5) + Z^0(y_2 + y_6) + Z^0(y_3 + y_7) \tag{12.92}$$

$$Y_1 = Z^0(y_0 - y_4) + Z^1(y_1 - y_5) + Z^2(y_2 - y_6) + Z^3(y_3 - y_7) \tag{12.93}$$

$$Y_2 = Z^0(y_0 + y_4) + Z^2(y_1 + y_5) - Z^0(y_2 + y_6) - Z^2(y_3 + y_7) \tag{12.94}$$

$$Y_3 = Z^0(y_0 - y_4) + Z^3(y_1 - y_5) - Z^2(y_2 - y_6) + Z^1(y_3 - y_7) \tag{12.95}$$

$$Y_4 = Z^0(y_0 + y_4) - Z^0(y_1 + y_5) + Z^0(y_2 + y_6) - Z^0(y_3 + y_7) \tag{12.96}$$

$$Y_5 = Z^0(y_0 - y_4) - Z^1(y_1 - y_5) + Z^2(y_2 - y_6) - Z^3(y_3 - y_7) \tag{12.97}$$

$$Y_6 = Z^0(y_0 + y_4) - Z^2(y_1 + y_5) - Z^0(y_2 + y_6) + Z^2(y_3 + y_7) \tag{12.98}$$

$$Y_7 = Z^0(y_0 - y_4) - Z^3(y_1 - y_5) - Z^2(y_2 - y_6) - Z^1(y_3 - y_7) \tag{12.99}$$

$$Y_8 = Y_0 \tag{12.100}$$

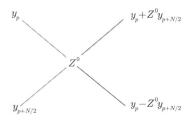

図 **12.8** 第 1 段階のバタフライ演算．左側の要素 y_p と $y_{p+N/2}$ が右側の $y_p + Z^0 y_{p+N/2}$ と $y_p - Z^0 y_{p+N/2}$ に変換される．第 2 段階では $(y_p + y_q)$ と $(y_r + y_s)$ が $(y_p + y_q) \pm Z^t(y_r + y_s)$ などに変換される．

$(Y_0 + Y_4), (Y_2 + Y_6), (Y_1 + Y_5), (Y_3 + Y_7)$ と $(y_0 \pm y_4), (y_2 \pm y_6)$ のペア，および $(Y_0 - Y_4), (Y_2 - Y_6), (Y_1 - Y_5), (Y_3 - Y_7)$ と $(y_1 \pm y_5), (y_3 \pm y_7)$ のペアが，それぞれ閉じた形で 4 点の DFT 変換となるので，掛け算は $4 \times 4 + 4 \times 4 = 32$ 回である．この段階では $y_0 \pm y_4$ のような結合を作ったが，次の段階では $(y_0 - y_4) \pm Z^2(y_2 - y_6)$ のような結合を作り 2 点の DFT に縮小する (図 12.9)．この操作は FFT の各段階に現れ，一般化すると「2 項に Z のべき乗を掛けて和と差をつくる」ものであり，図式で表したパターンからの連想によりバタフライ演算と呼んでいる (図 12.8)．

12.9.1 ビットの逆転

図 12.9 を見ると，最初 8 個のデータが 0〜7 の順に並んで始まり，3 回のバタフライ演算の後に求まった変換の順番が 0, 4, 2, 6, 1, 5, 3, 7 である．鋭い読者は，これらが 0〜7 のビットを逆転 (LSB と MSB を交換，etc) した数に対応していることに気づいたかもしれない．これについて考察しよう．8 個の入力データの順番 (0〜7) を表すには 2 進の 3 ビットが必要である．具体的には，表 12.1 の右表左側に 10 進数 0〜7 の 2 進表現とその逆転，逆転の 10 進表現を示した．16 個の入力データの順番を 2 進数で表すには，同図の右表右側に示すように 4 ビット必要である．8 個のときと比べると，逆転後の数値が異なることに注意しよう．また逆転後の前半が全て偶数，後半が全て奇数となることにも注意しよう．

離散フーリエ変換の順番が 0〜7 をビット逆転した順になることから，入力データを

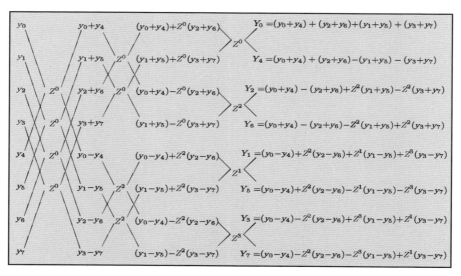

図 12.9 左端の 8 個のデータの FFT を実行し右端の変換を求めるバタフライ演算．各変換は入力データの線形結合だがそれぞれ係数が異なる．

12.9 高速フーリエ変換 (FFT) ⊙

表 12.1 16 個の複素データの並べ替え

順序	入力データ	逆転したデータ		2 進逆転 (0〜7)			2 進逆転 (0〜15)	
			10 進	2 進	逆転 (2 進)	逆転 (10 進)	逆転 (2 進)	逆転 (10 進)
0	0.0 + 0.0i	0.0 + 0.0i						
1	1.0 + 1.0i	8.0 + 8.0i	0	000	000	0	0000	0
2	2.0 + 2.0i	4.0 + 4.0i	1	001	100	4	1000	8
3	3.0 + 3.0i	12.0 + 12.0i	2	010	010	2	0100	4
4	4.0 + 4.0i	2.0 + 2.0i	3	011	110	6	1100	12
5	5.0 + 5.0i	10.0 + 10.0i	4	100	001	1	0010	2
6	6.0 + 6.0i	6.0 + 6.0i	5	101	101	5	1010	10
7	7.0 + 7.0i	14.0 + 14.0i	6	110	011	3	0110	6
8	8.0 + 8.0i	1.0 + 1.0i	7	111	111	7	1110	14
9	9.0 + 9.0i	9.0 + 9.0i	8	1000	–	–	0001	1
10	10.0 + 10.0i	5.0 + 5.0i	9	1001	–	–	1001	9
11	11.0 + 11.0i	13.0 + 13.0i	10	1010	–	–	0101	5
12	12.0 + 12.0i	3.0 + 3.0i	11	1011	–	–	1101	13
13	13.0 + 13.0i	11.0 + 11.0i	12	1100	–	–	0011	3
14	14.0 + 14.0i	7.0 + 7.0i	13	1101	–	–	1011	11
15	15.0 + 15.0i	15.0 + 15.0i	14	1110	–	–	0111	7
			15	1111	–	–	1111	15

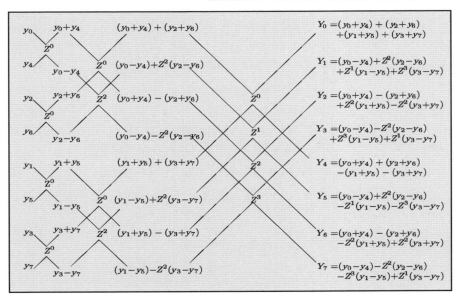

図 12.10 左端の 8 個の入力データは順番が変更されている．これに演算をおこない右端の 8 個の変換を得る．入力信号が自然な順番に並んだ図 12.9 と結果は全く同じだが，出力された変換は自然な順番になる．

ビット逆転すなわち 0, 4, 2, 6, 1, 5, 3, 7 の順で処理すれば変換は普通の順番で出力されるだろうと示唆される (入力データの並べ替えの例を表 12.1 左表に示した). この推測を確認したのが図 12.10 である. 図から明らかなように, 8 個のデータのフーリエ変換を求めるために 3 回のバタフライ演算が行われる. 3 回というのは $2^3 = 8$ に由来する. 一般に, 正しい順で変換を求めるには入力データをビット逆転の順に並べ直す. リスト 12.3 のサンプル・プログラムでは表 12.1 左表の 16 個 ($= 2^4$) のデータを並べ替え, そのあとでバタフライ演算を 4 回行い, 出力を正しい順で生成している.

12.10 FFT の実装

筆者の知る限り, 最初の FFT のプログラムは MIT リンカーン・ラボの Normann Benner が Fortran IV で書いたものであり (Higgins, 1976), プログラムを追いかけるのが難しかった. リスト 12.3 は Python で書いた (分かりやすい) プログラムである. 変換される入力データ点の数は $N = 2^n$ である. (ここで学んだアルゴリズムの FFT に渡されるデータ点数は常に 2 のべき乗だが, 素因数 FFT ではこの制約が取り払われる.) 測定の時点でデータ点数を 2 のべき乗にするのがよいが, そうなっていないときは, たとえばデータの初めの方をコピーして後ろに繋げ総点数を 2 のべき乗にするなどの方法がある. DFT では入力データが周期的であると仮定しているので, このようにしても高周波数成分については少し前から振動が始まっただけのことである. しかし低周波数成分については人為的な成分を導入することになる場合もあるだろう. サンプル・プログラムのテスト用の入力データは次の 16 個の複素数

$$y_m = m + mi, \quad m = 0, \ldots, 15 \tag{12.101}$$

である. これをビット逆転の順で記憶し, バタフライ演算を 4 回行う. データは配列 dtr[max,2] に格納する. 第 2 の添え字は実部と虚部の区別である. さらに高速化するため, メモリ・アクセスをより直接的に行う 1 次元配列データを用いる:

$$\text{data}[1] = \text{dtr}[0,1], \quad \text{data}[2] = \text{dtr}[1,1], \quad \text{data}[3] = \text{dtr}[1,0], \ldots \tag{12.102}$$

この配列には出力も格納する. バタフライ演算を用いて得た FFT 変換の出力データを格納するのは, もとの入力データが入っていた dtr[,] である.

12.11 FFT プログラムの評価

1. FFT.py をコンパイルし実行する. 出力が正しい値となるか確認する.
2. FFT.py の出力を逆変換して入力信号と比較する. (変換と逆変換を続けておこなった結果がもとの信号と比例していれば十分である. (12.37) の規格化因子まで考慮すれば完全に一致するはずである.)

3. FFT で得られた変換と DFT で得られた変換を比較する (これまでに学んだどの関数を用いて入力としてもよい).

リスト 12.3 FFT.py は FFT あるいは逆変換をおこなう. いずれを選ぶかは isign の符号による.

```python
# FFT.py: FFT for complex numbers in dtr[][2], returned in dtr

from numpy import *
from sys import version
max = 2100
points = 1026                                    # Can be increased
data = zeros((max), float)
dtr = zeros((points,2), float)

def fft(nn,isign):                               # FFT of dtr[n,2]
    n = 2*nn
    for i in range(0,nn+1):                      # Original data in dtr to data
        j = 2*i+1
        data[j] = dtr[i,0]                       # Real dtr, odd data[j]
        data[j+1] = dtr[i,1]                     # Imag dtr, even data[j+1]
    j = 1                                        # Place data in bit reverse order
    for i in range(1,n+2, 2):
        if (i-j) < 0 :                           # Reorder equivalent to bit reverse
            tempr = data[j]
            tempi = data[j+1]
            data[j] = data[i]
            data[j+1] = data[i+1]
            data[i] = tempr
            data[i+1] = tempi
        m = n/2;
        while (m-2 > 0):
            if (j-m) <= 0 :
                break
            j = j-m
            m = m/2
        j = j+m;

    print(" Bit-reversed data ")

    for i in range(1, n+1, 2):
        print("%2d data[%2d] %9.5f "%(i,i,data[i]))   # To see reorder
    mmax = 2
    while (mmax-n) < 0 :                         # Begin transform
        istep = 2*mmax
        theta = 6.2831853/(1.0*isign*mmax)
        sinth = math.sin(theta/2.0)
        wstpr = -2.0*sinth**2
        wstpi = math.sin(theta)
        wr = 1.0
        wi = 0.0
        for m in range(1,mmax +1,2):
            for i in range(m,n+1,istep):
                j = i+mmax
                tempr = wr*data[j]   -wi *data[j+1]
                tempi = wr*data[j+1]+ wi *data[j]
                data[j]   = data[i]   -tempr
                data[j+1] = data[i+1]- tempi
                data[i]   = data[i]   +tempr
                data[i+1] = data[i+1]+ tempi
```

```
            tempr = wr
            wr = wr*wstpr - wi*wstpi + wr
            wi = wi*wstpr + tempr*wstpi + wi;
        mmax = istep
    for i in range(0,nn):
        j = 2*i+1
        dtr[i,0] = data[j]
        dtr[i,1] = data[j+1]
nn = 16                                         # Power of 2
isign = -1                    # -1 transform, +1 inverse transform
print('       INPUT')
print(" i    Re part    Im   part")
for i in range(0,nn ):                          # Form array
    dtr[i,0] = 1.0*i                            # Real part
    dtr[i,1] = 1.0*i                            # Im part
    print(" %2d %9.5f %9.5f" %(i,dtr[i,0],dtr[i,1]))
fft(nn, isign)                      # Call FFT, use global dtr [][]
print('     Fourier transform')
print(" i     Re       Im      ")
for i in range(0,nn):
    print(" %2d %9.5f %9.5f "%(i,dtr[i,0],dtr[i,1]))
print("Enter and return any character to quit")
```

13 ウェーブレット解析と主成分分析：非定常信号とデータ圧縮

　非周期的に変動する信号をフーリエ解析の拡張によって処理する手法はたくさんあるが，本章ではウェーブレット解析を紹介する．この手法はよく整備され，その応用範囲は脳波，株価の動向，重力波，画像圧縮というように広い．本章の第1部は基礎的な教材を扱い，ウェーブレットの基本を学ぶ．第2部は離散ウェーブレット変換を調べるが，デジタル信号処理の手法に関係する議論となるため，興味のある読者だけが読めばよい．しかし，なかなか美しい解析手法であるし，デジタル革命の多くの部分の基礎となっている．最後に主成分分析を論じるが，これは空間あるいは時間軸上の相関を用いて信号を分析する強力な手法である．

13.1　課題：非定常的な信号のスペクトル解析

課題　図 13.1 の信号をサンプリングしたとする．信号に含まれる周波数成分が時間とともに増えていくように見える．課題は，それぞれの周波数成分が各時刻においてどの程度含まれるかを出来るだけ簡潔に示すように，この信号のスペクトル解析を実行することである．　ヒント：数値的なデータを解析できるような一般性をもつ手法が欲しいのだが，教育的な立場からはこの信号が次式であることを知っておくのがよいだろう：

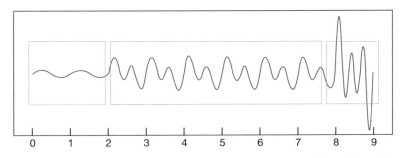

図 13.1　解析の対象となる入力信号 (13.1)．この信号は時間の経過とともに含まれる周波数成分が増えていくように見える．3個の箱は短時間フーリエ変換に用いる窓の位置の候補である．

$$y(t) = \begin{cases} \sin 2\pi t & \cdots\ 0 \leq t \leq 2 \\ 5\sin 2\pi t + 10\sin 4\pi t & \cdots\ 2 \leq t \leq 8 \\ 2.5\sin 2\pi t + 6\sin 4\pi t + 10\sin 6\pi t & \cdots\ 8 \leq t \leq 12 \end{cases} \quad (13.1)$$

13.2 ウェーブレットの基礎

12章で用いたフーリエ解析は，信号に含まれる単振動 $\sin(\omega t)$ と $\cos(\omega t)$ およびその高調波成分の量を明らかにするものであった．**定常的な信号** (同じパターンの繰り返し) ならば周期関数による展開はふさわしいが，これを今回の課題の信号 (13.1) のように非定常 (非周期的に変化する) 信号に適用するのがふさわしいとは言いにくい．たとえば，逆フーリエ変換で信号を再現するときは，全成分が未来永劫に成分比を変えず同時に振動している定式化だから，各成分がいつ生じたかというような**時間分解**の情報は含まれない．さらに，フーリエ解析では得られる全ての周波数成分に相関があるため，時間的に局在した波を表すのに非常に多くの成分を取り込む必要があるが，実際にはこの信号を再現するのにそんなに多くの情報は不要だろう．

単純なフーリエ解析を拡張して非定常信号に適合させる手法はたくさんある．ウェーブレット解析は，完全系をなす関数 (ウェーブレット) で信号波形を展開するが，各関数はそれぞれ異なる時刻を中心に有限な時間だけ振動する，というのが裏にある考え方である．詳細な議論に入る前の予告編ということで，図 13.2 にウェーブレットの 4 例を示

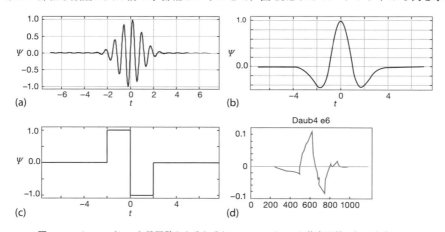

図 **13.2** ウェーブレット母関数からそれぞれのウェーブレット基底関数の組が生成される．(a) モルレ (複素モルレの虚部)，(b) メキシカン・ハット，(c) ハール，(d) ドブシー (Daub4e6，後述)．一連の基底関数は母関数のスケーリングとシフトにより生成される．

す．どのウェーブレットも時間的に局在化した波束であり[*1)]，時間軸上を移動しながらスペクトルの時間変化を追跡する．この波束が「ウェーブレット (さざ波)」と呼ばれるのは，それが短時間しか続かないからである (Polikar, 2001).

ウェーブレットは時間的に振動しなければならないが，その具体的な関数形は様々に選べる (Addison, 2002; Goswani and Chan, 1999; Graps, 1995). たとえば，ガウス関数を包絡線とする振動 (複素指数関数) を使うことがある (モルレ，図 13.2a)：

$$\Psi(t) = e^{2\pi i t} e^{-t^2/2\sigma^2} = (\cos 2\pi t + i \sin 2\pi t) e^{-t^2/2\sigma^2} \tag{13.2}$$

また，ガウス関数の 2 階微分係数を使うことがある (メキシカン・ハット，図 13.2b)：

$$\Psi(t) = -\sigma^2 \frac{d^2}{dt^2} e^{-t^2/2\sigma^2} = \left(1 - \frac{t^2}{\sigma^2}\right) e^{-t^2/2\sigma^2} \tag{13.3}$$

さらに，上下する階段関数 (ハール，図 13.2c) や，フラクタル図形 (ドブシー，図 13.2d) を用いることもある．これらのウェーブレットは全て時間軸上および周波数軸上で局在化している．すなわち，ある限られた時間内および周波数の範囲内だけで顕著な大きさをもつ．これから見ていくが，一連のウェーブレット基底関数は母関数から平行移動とスケーリングにより生成し，異なる基底関数はカバーする周波数領域と時間領域が異なる．

13.3 波束と不確定性原理 (理論)

波束は様々な周波数の波が重なり合って 1 個のパルスとなったものである．そのパルスの幅を Δt とする．後にわかるように，波束のフーリエ変換は周波数領域でもパルスとなるので，その幅を $\Delta \omega$ とする．このような波束をまず解析的に調べ，そのあとで数値的な取り扱いをする．波束の簡単な例として，周波数 ω_0 で振動するサイン波が時間原点を中心に N 周期だけ続いたもの (図 13.3a, Arfken and Weber, 2001) を考える：

$$y(t) = \begin{cases} \sin \omega_0 t & \cdots \quad |t| < N\dfrac{\pi}{\omega_0} \equiv N\dfrac{T}{2} \\ 0 & \cdots \quad |t| > N\dfrac{\pi}{\omega_0} \equiv N\dfrac{T}{2} \end{cases} \tag{13.4}$$

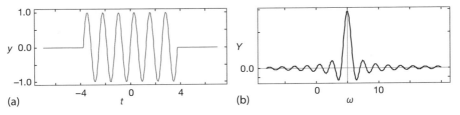

図 **13.3** (a) (13.4) で $\omega_0 = 5$ および $N = 6$ としたときの波束．(b) この波束のフーリエ変換．(13.6) の係数 $-i$ を取り除き，分子第 1 項だけを示した．

[*1)] 波束については 13.3 節でさらに論じる．

ここで周波数と周期は $\omega_0 = 2\pi/T$ という関係にある．これらのパラメータを用いると波束の幅は次のように書ける：

$$\Delta t = NT = N\frac{2\pi}{\omega_0} \tag{13.5}$$

この波束 (13.4) のフーリエ変換は公式 (12.19) により直ちに計算でき

$$Y(\omega) = \int_{-\infty}^{+\infty} dt \frac{e^{-i\omega t}}{\sqrt{2\pi}} y(t) = \frac{-2i}{\sqrt{2\pi}} \int_0^{N\pi/\omega_0} dt \sin\omega_0 t \sin\omega t$$

$$\Rightarrow \frac{(\omega_0+\omega)\sin\left[(\omega_0-\omega)\frac{N\pi}{\omega_0}\right] - (\omega_0-\omega)\sin\left[(\omega_0+\omega)\frac{N\pi}{\omega_0}\right]}{\sqrt{2\pi}(\omega_0^2-\omega^2)} \tag{13.6}$$

となる．ここで最終辺は，位相にしか関係しない因子 $-i$ を除いたので $\Rightarrow$ とした．(13.4) のフーリエ変換は $\pm\omega_0$ に主ピークをもつ 2 個の sinc 関数 (矩形窓のフーリエ変換) を逆位相で加えたものだが，図 13.3b には $+\omega_0$ のピークだけを示す．$y(t)$ は単一の周波数で振動しているように見えるかもしれないが，(13.3a) で明らかなように幅 $\Delta t = NT$ の矩形窓の縁で急に振幅が 0 となるので，$Y(\omega)$ にスペクトル幅 $\Delta\omega$ が生じる．

波束の時間的パルスの幅 Δt と周波数スペクトルの幅 $\Delta\omega$ の間には基本的な関係がある．「幅」の定義は半値半幅，半値全幅，1/e 幅などいくつもあり慣習により使い分けているが，理論的にはフーリエ変換対の幅を，統計の偏差と同様に，次の定義で与えるのが普通である：

$$(\widetilde{\Delta t})^2 = \frac{1}{A}\int_{-\infty}^{\infty}(t-t_0)^2|y(t)|^2 dt, \quad (\widetilde{\Delta\omega})^2 = \frac{1}{A}\int_{-\infty}^{\infty}(\omega-\omega_0)^2|Y(\omega)|^2 d\omega,$$

$$A = \int_{-\infty}^{\infty}|y(t)|^2 dt = \int_{-\infty}^{\infty}|Y(\omega)|^2 d\omega$$

このとき一般に $\widetilde{\Delta t} \cdot \widetilde{\Delta\omega} \geq 1/2$ となる．y がガウス関数のときに限り等号が成り立つ．実際 $y = e^{-\frac{t^2}{2\tau^2}}$ のとき $Y = \tau e^{-\frac{1}{2}\tau^2\omega^2}$，$\widetilde{\Delta t} = \frac{\tau}{\sqrt{2}}, \widetilde{\Delta\omega} = \frac{1}{\sqrt{2}\tau}$ となる．$\widetilde{\Delta t}$ と $\widetilde{\Delta\omega}$ は半値半幅に近い 1/2 程度である．

図 13.3b のスペクトル幅 $\Delta\omega$ を，主ピークからその直近のゼロまでの間隔とすると

$$\frac{\omega-\omega_0}{\omega_0} = \pm\frac{1}{N} \Rightarrow \frac{\Delta\omega}{2} \simeq \omega-\omega_0 = \frac{\omega_0}{N} \tag{13.7}$$

である．この $\Delta\omega$ が $\widetilde{\Delta\omega}$ と同程度としておこう (sinc 関数に対しては偏差の積分が収束しない)．また，$y(t)$ のパルス幅 Δt として全幅をとると，N は (13.4) の波束内の振動回数であり，1 回の振動の周期が T だから

$$\Delta t = NT = N\frac{2\pi}{\omega_0} \tag{13.8}$$

であり，これを $\widetilde{\Delta t}$ の数倍と考える．そうすると，たとえば，スペクトル幅 (13.7) とパルス幅 (13.8) の積は 4π であり，次の不等式が成り立つ：

$$\Delta t \Delta \omega \geq \widetilde{\Delta t} \cdot \widetilde{\Delta \omega} \geq \frac{1}{2} \tag{13.9}$$

一般の信号波形についても (13.9) の不等号が成り立つ．

(13.9) の形の関係は量子力学にも現れ**不確定性原理**と呼ばれる (量子論的な対象に内在する波動性により，時間波形とそのフーリエ変換の間に生じるこの数学的な関係が適用されるが，初めて不確定性関係を述べたハイゼンベルクは観測の問題としてこれを提起したので少し立場が違う)．Δt と $\Delta \omega$ を t と ω の不確定性ということもある．いずれにしても，波形の時間軸上での局所性が顕著なほど (小さな Δt) そのフーリエ変換によるスペクトルは広がる (大きな $\Delta \omega$)．逆に，サイン波 $y(t) = \sin \omega_0 t$ は周波数軸上で完全に局所的であり，その結果として時間軸上の波形は無限に広がる ($\Delta t \to \infty$)．

13.3.1 波束の評価

次の 3 個の波束を考える：

$$y_1(t) = e^{-t^2/2}, \quad y_2(t) = \sin(8t) e^{-t^2/2}, \quad y_3(t) = (1-t^2) e^{-t^2/2} \tag{13.10}$$

それぞれの波束について以下を実行する：

1. パルス幅 Δt を見積もる．幅の定義は $|y(t)|$ の半値全幅 (FWHM) でよしとする．
2. DFT のプログラムを用いてフーリエ変換 $Y(\omega)$ を計算しプロットする．片対数グラフと普通のグラフの両方でプロットする (小さな成分が重要となることが多いが，縦軸が線形だと目立たない)．$y(t)$ の周期性を見落とさないように，またエイリアシングの効果を避けるためサンプリングの間隔は十分に狭くすること．
3. 作成したプロットの横軸 ω と縦軸 $Y(\omega)$ の単位は何か？
4. それぞれの波束について，スペクトル幅 $\Delta \omega$ を見積もる．$|Y(t)|$ の幅の定義も半値半幅 (HWHM) でよしとする．
5. それぞれの波束について，次式の C の値を概算する：

$$\Delta t \Delta \omega = C \times \frac{1}{2} \tag{13.11}$$

13.4 短時間フーリエ変換 (数学)

関数 $\sin n\omega t$ と $\cos n\omega t$ の振幅が一定であることから，信号波形の再現におけるフーリエ解析の有用性に限界がでてくる可能性がある．基本周波数のサインとコサインおよびその高調波という一定の振幅のフーリエ成分を一定の位相差で重ね合わせて波形を表すので，全時間で成分間に相関が生じる．このことは，記憶する情報量や信号の圧縮には望ましくない．波形再現の品質を決め，それに必要となるデータ量を調整し，記憶する情報量を最小限にしたいのである[*2)]．一般に，波形を正確に再現できる無損失圧縮ない

[*2)] JPEG (Joint Photographic Experts Group) 2000 の標準がウェーブレットを基礎としていることから分かるように，ウェーブレットはデータ圧縮に対する効果的なアプローチであることが証明されている．

し可逆圧縮では，データの規則性あるいは偏りに注目する．たとえばゼロがいくつも続くときゼロの個数と開始位置だけを記録する．こうした偏りが極端なほど圧縮の効率がよい．非可逆圧縮では，冗長なデータの除去に加え，もとのデータに含まれる情報の削除や改変をして大幅な圧縮を可能とする．たとえば，再現したデータの時間的解像度が低くてもよければ，(13.9) の不確定性関係に基づき，低域通過フィルタを入れるなどしてスペクトル分解能を制限する．こうすると，波形の変動が少なくなり (ゼロが続くのと同様の意味で) さらに圧縮しやすくなる．

12.4 節では信号 $y(t)$ のフーリエ変換 $Y(\omega)$ を次のように定義した：

$$Y(\omega) = \int_{-\infty}^{+\infty} dt \frac{e^{-i\omega t}}{\sqrt{2\pi}} y(t) \equiv \langle \omega \mid y \rangle \tag{13.12}$$

最右辺は，基底関数 $\exp(i\omega t)/\sqrt{2\pi}$ と信号 $y(t)$ をヒルベルト空間のベクトルと考えたとき，これらのベクトルの内積が (13.12) であることを示す (左から作用するブラ・ベクトルは複素共役となって積分に現れることに注意)．内積は，$Y(\omega)$ は信号 y を ω 空間に射影したものとも言い換えられ，周期関数 $\exp(i\omega t)/\sqrt{2\pi}$ がどれだけ信号に含まれるかを求める演算である．さらに $y(t)$ と $\exp(i\omega t)/\sqrt{2\pi}$ の相関がフーリエ成分 $Y(\omega)$ ともいえ，信号 $y(t)$ を周波数 ω の成分だけ通過するフィルタに通した結果と全く同じである．もし信号が $\exp(i\omega t)$ という成分を含まないなら，積分はゼロとなり出力も無い．もし $y(t) = \exp(i\omega' t)$ ならば，信号はその周波数しか含まず，積分は $\delta(\omega - \omega')/\sqrt{2\pi}$ となる．

課題となっている図 13.1 の信号は，異なる時間の帯域で異なる周波数の振動をしているのは明らかである．以前には，このような信号の解析に**短時間フーリエ変換**が使われ，ウェーブレット解析の先駆的な手法であった．この手法では，信号 $y(t)$ を，時刻 $\tau_1, \tau_2, \ldots, \tau_N$ を中心とする隣接小区間に分断する．たとえば，図 13.1 の 3 個の箱がそのような小区間を示している．信号を分断した後に各小区間ごとフーリエ解析を実行して一連の変換 $(Y_{\tau_1}^{(\mathrm{ST})}, Y_{\tau_2}^{(\mathrm{ST})}, \ldots, Y_{\tau_N}^{(\mathrm{ST})})$ を得る．添え字 ST は「短時間 (short time)」を表す．

短時間フーリエ変換を数学的に表すには，信号を分断するというより，指定範囲外でゼロとなる窓関数 $w(t-\tau)$ を時間軸上を移動させて図 13.1 の信号の全体にかけ，そのうえで変換すればよい：

$$Y^{(\mathrm{ST})}(\omega, \tau) = \int_{-\infty}^{+\infty} dt \frac{e^{i\omega t}}{\sqrt{2\pi}} w(t-\tau) y(t) \tag{13.13}$$

ここで，移動量 τ は信号の窓を開ける位置に対応する．窓関数は本質的には不透明なスクリーンに小さなスリットを開けたものと言える．窓の幅の内側の信号はすべて変換されるが，外側の部分は見えない．短時間フーリエ変換で，時間分解能を上げるために窓の幅を狭めると，不確定性関係から周波数の分解能が制限されることに注意しよう．この変換には，窓の中心位置を表す余分な変数が加わり，合計 2 個の変数 ω と τ があるので，変換の値を表すには 3 次元プロットが必要となる．

13.5 ウェーブレット変換

信号波形 $y(t)$ のウェーブレット変換は

$$Y(s,\tau) = \int_{-\infty}^{\infty} dt\, \psi_{s,\tau}^*(t) y(t) \tag{13.14}$$

と定義され，短時間フーリエ変換と似た考え方だが，$\exp(i\omega t)$ ではなく図 13.2 に示すようなウェーブレットという直交系の関数 $\psi_{s,\tau}(t)$ を基底関数にする．ウェーブレットはそれぞれ時間的に局所化され窓関数の役割も果たす．また，それぞれが全面積が 0 となる振動関数であり周波数領域でも局在化されている．窓幅に相当する量 (スケール) を中心周波数に合わせて変えるところが短時間フーリエ変換と大きく異なる．

(13.14) から，ウェーブレット変換 $Y(s,\tau)$ は信号 $y(t)$ が基底関数 $\psi_{s,\tau}(t)$ をどれくらい含むかの目安といえる．移動量 τ は信号を分析する位置を示し，拡大のスケール s はその位置で信号が含む周波数の広がりを指定する変数といえる：

$$\Delta\omega = \frac{2\pi}{s}, \quad \Delta\omega \cdot s > \frac{1}{2} \tag{13.15}$$

以下の議論の鍵となることなので，この式に関して少し考えておくのがよいだろう．時間的な変化を詳細に知りたいときスケール s を小さな値にして窓幅を狭めるが，それは，(13.15) から，信号の高周波数成分に注目することに他ならない．

13.5.1 ウェーブレット基底の生成

以上がウェーブレットの基本概念であり，これから実際の作業にとりかかる．まずウェーブレット基底関数の作り方，次にその離散的な定式化を学ぶ必要がある．いつものことだが，最終の式が単純で簡潔になっても，そこに至る道のりは少し長くなる．

完全直交基底で任意の関数を展開するとき基底の選び方に制限はない．ウェーブレット変換でも基底の選び方は任意であるが，与えられた信号との相性はある．通常は，ウェーブレット**母関数**と呼ぶ関数 $\Psi(t)$ から一連の基底関数を生成する．(母関数の違いによりウェーブレットの種類が異なる．) 母関数は 1 個の実変数 t をもつ．例として次の母関数を見ることにしよう：

$$\Psi(t) = \sin(8t) e^{-t^2/2} \tag{13.16}$$

この母関数に対してスケーリングと移動および規格化を行って得られる

$$\psi_{s,\tau}(t) \stackrel{\text{def}}{=} \frac{1}{\sqrt{s}} \Psi\left(\frac{t-\tau}{s}\right) = \frac{1}{\sqrt{s}} \sin\left[\frac{8(t-\tau)}{s}\right] e^{-(t-\tau)^2/2s^2} \tag{13.17}$$

がウェーブレット基底であり，その 4 個の例を図 13.4 に示した．s の値を大きく (小さく) すると母関数が拡大 (縮小) され，τ の値がウェーブレットの中心位置を決めていることがわかる．ウェーブレットは本性的に振動関数であり，スケーリングの結果として

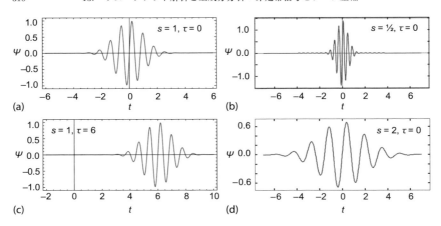

図 13.4 ガウス関数から作った母関数 (複素モルレの虚部) により生成した基底関数をスケール s と移動量 τ が異なる 4 個の例について示す：$(a\sim d)$ $(s=1, \tau=0$, 母関数), $(s=1/2, \tau=0)$, $(s=1, \tau=6)$, $(s=2, \tau=60)$. $s=1$ の母関数に比べて $s<1$ の基底が高い周波数をもち, $s>1$ が低い周波数を持つことに注意せよ. 同様に, $\tau=6$ の基底は $s=1$ であり, $\tau=0$ の母関数を平行移動しただけである.

同じ回数の振動が異なる時間内に生じるので，異なる基底は異なる周波数成分に対応することになる．同図で，母関数 ($s=1$) と比べて，$s<1$ は周波数が高く $s>1$ は低い．先に進むと分かることだが，信号の長時間構造 (緩慢な変化) の様子を再現するのにそれほど多くの情報は要らないが，短時間構造 (詳細) の特定にはより多くの情報が必要である．すなわち，信号のより詳細な分析には細部についての情報をもっと必要とするということである．定義式の $1/\sqrt{s}$ は異なるスケール s に対して同じ「パワー」(エネルギーあるいは強度) を保証するための因子である．この規格化の方式は文献により異なる場合がある．こうして作った基底関数によるウェーブレット変換 (13.14) および逆変換は

$$Y(s,\tau) = \frac{1}{\sqrt{s}} \int_{-\infty}^{+\infty} dt\, \Psi^*\left(\frac{t-\tau}{s}\right) y(t) \tag{13.18}$$

および

$$y(t) = \frac{1}{C} \int_{-\infty}^{+\infty} d\tau \int_{0}^{+\infty} ds \frac{\psi_{s,\tau}^*(t)}{s^{3/2}} Y(s,\tau) \tag{13.19}$$

と書ける (van den Berg, 1999). ここで，規格化定数 C はどの種類のウェーブレットを使ったかで異なる．以上をまとめると，ウェーブレット基底関数は時間 t を変数とし，2 個のパラメータ s と τ を持つ．信号と基底関数の積を変数 t で積分して得られる変換はスケール s (周波数 $2\pi/s$) と窓の位置 τ の関数となる．スケールは地図の縮尺のようなもの (また，16.5.2 項で論じるフラクタル解析との関連でとらえてもよい)，あるいは写真の解像度のようなものと考えてもよい．ウェーブレット基底を構成する関数は，どれ

をとってもスケールと中心位置が変わっただけで相似であり,一方で16章で学ぶようにフラクタル図形はどのようなスケールあるいは解像度で見ても同じ形にみえる自己相似なものであるから,ウェーブレットがフラクタルの研究に利用されるのが理解されるだろう.以下にウェーブレット母関数 Ψ の一般的な性質をまとめておく (Addison, 2002; van den Berg, 1999):

1. $\Psi(t)$ は実関数 (「複素モルレ」はガウス関数と複素指数関数の積)
2. $\Psi(t)$ はゼロのまわりに振動し平均値がゼロである:

$$\int_{-\infty}^{+\infty} \Psi(t)\,dt = 0 \tag{13.20}$$

3. $\Psi(t)$ は t 軸上で局在化した波束となり,L^2 の可積分関数である:

$$\Psi(|t| \to \infty) \to 0 \quad (\text{十分速やかに}), \quad \int_{-\infty}^{+\infty} |\Psi(t)|^2 dt < \infty \tag{13.21}$$

4. ある次数 p 未満のモーメントが全てゼロとなる条件を加えると,信号の概形ではなく波形の詳細な変動に敏感になる:

$$\int_{-\infty}^{+\infty} t^0 \Psi(t)\,dt = \int_{-\infty}^{+\infty} t^1 \Psi(t)\,dt = \cdots = \int_{-\infty}^{+\infty} t^{p-1}\Psi(t)dt = 0 \tag{13.22}$$

ウェーブレット変換における s と τ という自由度の使い方の例として,周波数が時間的に変わる信号 (チャープ信号という) $y(t) = \sin(60t^2)$ を考えよう (図 13.5).図の上段は,信号と第1の基底関数を比較している (両者のたたみ込み積分を実行した後の変数が τ であり,s を固定し τ を増して上段を右に移動する).この比較では高解像度,したがってスケールが小さいウェーブレットを用いている.次に下段では,s を増して広がった基底関数により前と同様の比較を行っており,低解像度の情報を得る.実際には,

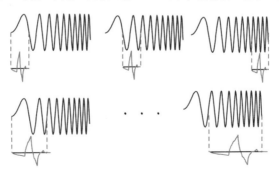

図 13.5 時間軸上の位置とスケールを変えて信号の全域でウェーブレット変換を実行する.左上は狭いウェーブレットと信号の始めの部分の重なりを解析している.積分で得られる係数は信号とウェーブレットの類似性の程度を与える.ウェーブレットの位置を少しずつ変えながら重なりを計算して右上に至る.信号の全域を解析したら,ウェーブレットのスケールを変えて同じ解析を繰り返す.

s と τ を全域にわたり動かして信号を解析する．スケールを大きく (低周波数，低解像度に) すると信号の詳細な変動は見えなくなるが，大局的な変化の様子が明らかになる．

13.5.2 連続ウェーブレット変換の実装

ウェーブレット変換を未知の状況に適用したり，離散変換のアルゴリズムを構築する前に，変換がどのように見えるかについてある程度の直観力を養っておきたい．そこで，すでに利用したフーリエ変換のプログラムを修正して連続ウェーブレット変換を計算できるようにする．

1. ウェーブレット母関数を変えたときの効果を見たいので，その関数を計算するメソッドを書く：
   a) モルレ (の虚部) (13.2)
   b) メキシカン・ハット
   c) ハール (図 13.2 の階段型)
2. 次の入力信号を変換し，意味のある結果になったか確認する：
   a) 純粋なサイン波 $y(t) = \sin 2\pi t$
   b) サイン波の和 $y(t) = 2.5 \sin 2\pi t + 6 \sin 4\pi t + 10 \sin 6\pi t$,
   c) 課題 (13.1) の非定常信号：
   $$y(t) = \begin{cases} \sin 2\pi t & \cdots\ 0 \leq t \leq 2, \\ 5\sin 2\pi t + 10\sin 4\pi t & \cdots\ 2 \leq t \leq 8, \\ 2.5\sin 2\pi t + 6\sin 4\pi t + 10\sin 6\pi t & \cdots\ 8 \leq t \leq 12 \end{cases} \quad (13.23)$$
   d) 半波整流波形：

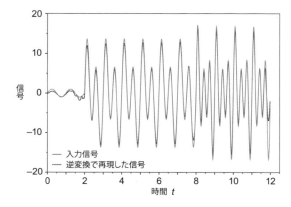

図 13.6 (13.23) の入力信号とモルレのウェーブレットを用いて再現された波形の比較 (ほとんど完全に重なっている)．窓関数を用いたフーリエ変換による信号の再構築でもそうだが，両端が不正確である．

$$y(t) = \begin{cases} \sin\omega t & \cdots \ 0 < t < \frac{T}{2}, \\ 0 & \cdots \ \frac{T}{2} < t < T \end{cases} \quad (13.24)$$

3. ⊙ (13.19) を用いてウェーブレット逆変換を行い，再現した波形と入力波形を比較する (規格化は適宜行う). 図 13.6 に筆者が行った比較を示す.

リスト 13.1 は連続ウェーブレット変換 CWT.py (Lang and Forinash, 1998) である. ウェーブレット変換は 2 変数関数であり，最初は少し分かりづらいから，確認用に逆変換を含めたプログラムを自分で作成することを勧める. 次節で離散フーリエ変換について述べるが，そこではスケール s と時間的な移動量 τ の 2 変数の最適な離散化をおこなう. 図 13.7 は (13.23) の入力波形 (図 13.1) のスペクトルを 3 次元プロットしたものである. 期待どおり，最初のほうでは周波数成分が 1 個，中間で 2 個，最後のほうでは 3 個となっている.

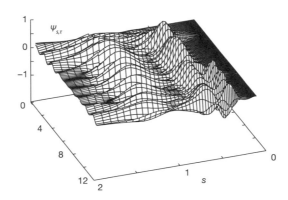

図 **13.7** 入力波形 (13.23) をモルレ基底関数で解析した連続ウェーブレット変換のスペクトル. 小さな τ では 1 個の周波数成分，次のところで高い周波数成分が，最後にさらに高い周波数成分が現れる様子を観察せよ (図は Z. Dimcovic の厚意による).

リスト **13.1** CWT.py は signal から入力する波形 (ここでは時間を追って変化するサイン関数) をモルレ・ウェーブレットで変換する (Dimcovic の厚意による). 離散ウェーブレット変換 (DWT) はより高速で，情報が圧縮されるが連続変換ほどすっきりと分かりやすくない.

```
# CWT.py Continuous Wavelet TF. Based on program by Zlatko Dimcovic
import matplotlib.pylab as p;
from mpl_toolkits.mplot3d import Axes3D ;
from visual.graph import *;

originalsignal=gdisplay(x=0, y=0, width=600, height=200, \
        title ='Input Signal',xmin=0,xmax=12,ymin=-20,ymax=20)
orsigraph=gcurve(color=color.yellow)
```

```python
invtrgr = gdisplay(x=0, y=200, width=600, height=200,
        title='Inverted Transform',xmin=0,xmax=12,ymin=-20,ymax=20)
invtr   = gcurve(x = list(range(0,240)), display= invtrgr, color=
      color.green)
iT = 0.0;              fT = 12.0;                W = fT - iT;
N = 240;               h = W/N
noPtsSig = N;          noS = 20;                 noTau = 90;
iTau = 0.;             iS = 0.1;                 tau = iTau;              s = iS

# Need *very* small s steps for high frequency;
dTau = W/noTau;        dS = (W/iS)**(1./noS);
maxY = 0.001;          sig = zeros((noPtsSig), float)             # Signal

def signal(noPtsSig, y):                                 # Signal function
    t = 0.0 ;     hs = W/noPtsSig;      t1 = W/6.;    t2 = 4.*W/s6.
    for i in range(0, noPtsSig):
        if t >= iT and t <= t1: y[i] = sin(2*pi*t)
        elif t >= t1 and t <= t2: y[i] = 5.*sin(2*pi*t) +
            10.*sin(4*pi*t);
        elif t >= t2 and t <= fT:
            y[i] = 2.5*sin(2*pi*t) + 6.*sin(4*pi*t) + 10.*sin(6*pi*t)
        else:
            print("In signal(...) : t out of range.")
            sys.exit(1)
        yy=y[i]
        orsigraph.plot(pos=(t,yy))
        t += hs
signal(noPtsSig, sig)                                    # Form signal
Yn = zeros( (noS+1, noTau+1), float)                     # Transform

def morlet(t, s, tau):                                   # Mother
    T = (t - tau)/s
    return sin(8*T) * exp( - T*T/2. )

def transform(s, tau, sig):                              # Find wavelet TF
    integral = 0.
    t = iT;
    for i in range(0, len(sig) ):
        t += h
        integral += sig[i]*morlet(t, s, tau)*h
    return integral / sqrt(s)

def invTransform(t, Yn):                                 # Compute inverse
    s = iS                                               # Transform
    tau = iTau
    recSig_t = 0
    for i in range (0, noS):
        s *= dS                                          # Scale graph
        tau = iTau
        for j in range (0, noTau):
            tau += dTau
            recSig_t += dTau*dS *(s**(-1.5))* Yn[i,j] * morlet(t,s,tau)
    return recSig_t

print("working, finding transform, count 20")
for i in range( 0, noS):
    s *= dS                                              # Scaling
    tau = iT
    print(i)
    for j in range(0, noTau):
```

```
            tau += dTau                              # Translate
            Yn[i, j] = transform(s, tau, sig)
print("transform found")
for i in range( 0, noS):
    for j in range(0, noTau):
        if Yn[i, j] > maxY or Yn[i, j] < -1*maxY:
            maxY = abs( Yn[i, j] )                   # Find max Y
tau = iT
s = iS
print("normalize")
for i in range( 0, noS):
    s *= dS
    for j in range( 0, noTau):
        tau += dTau
        Yn[i, j] = Yn[i, j]/maxY                     # Transform
    tau = iT
print("finding inverse transform")                   # Inverse TF
recSigData = "recSig.dat"
recSig = zeros(len(sig))
t = 0.0;
print("count to 10")
kco = 0;           j = 0;          Yinv = Yn
for rs in range(0, len(recSig) ):
    recSig[rs] = invTransform(t, Yinv)               # Find input signal
    xx=rs/20
    yy =4.6*recSig[rs]
    invtr.plot(pos=(xx,yy))
    t += h
    if kco %24 == 0:
        j += 1
        print(j)
    kco += 1
x = list(range(1, noS + 1))
y = list(range(1, noTau + 1))
X,Y = p.meshgrid(x, y)

def functz(Yn):                                      # Transform function
    z = Yn[X, Y]
    return z

Z = functz(Yn)
fig = p.figure()
ax = Axes3D(fig)
ax.plot_wireframe(X, Y, Z, color = 'r')
ax.set_xlabel('s: scale')
ax.set_ylabel('Tau')
ax.set_zlabel('Transform')
p.show()

print("Done")
```

13.6 離散ウェーブレット変換, 多重解像度解析 ⊙

時間波形を離散的に測定しデータ点を

$$y(t_m) \equiv y_m, \quad m = 0, \ldots, N-1 \tag{13.25}$$

として N 個だけにすると，DFT でもそうだったが，変換 Y の独立な成分は N 個しか決まらない．不確定性関係との整合性を保ちながら，波形を再現するのに必要な独立した N 個の成分だけを計算するというのがウェーブレットの技である．その実現のために，**離散ウェーブレット変換** (DWT) では 2 個のパラメータ，スケール s と移動量 τ をともに次のように離散化する：

$$\psi_{j,k}(t) = \frac{\Psi[(t-k2^j)/2^j]}{\sqrt{2^j}} \equiv \frac{\Psi(t/2^j - k)}{\sqrt{2^j}} \tag{13.26}$$

$$s = 2^j, \quad \tau = \frac{k}{2^j}, \quad k, j = 0, 1, \ldots \tag{13.27}$$

ここで j と k は整数だが上限は未定，また入力波形の全測定時間は $T=1$ と仮定しているので時刻は常に分数となる．このように 2 のべき乗によって s と τ を選ぶ方式を **2 進分割**あるいは **2 分割法**といい，スケールが変わると移動量もそれに応じて自動的に設定される．これがウェーブレット解析の心臓部となる[*3]．2 分割法を採用すると正規直交基底系を構成できることが知られている．離散ウェーブレットは次のようになる：

$$Y_{j,k} = \int_{-\infty}^{+\infty} dt\, \psi_{j,k}^*(t) y(t) \simeq \sum_m \psi_{j,k}^*(t_m) y(t_m) h \tag{13.28}$$

ここで最初の等号が離散ウェーブレット変換 DWT の定義であり，次の近似式は数値計算用である．この定義の「離散」という言葉は，ウェーブレット基底が離散的であることを意味する．近似式は時間変数を離散化しているが，DWT の名前の離散とは別である．正規直交ウェーブレット基底では，離散逆変換が次のようになる：

$$y(t) = \sum_{j,k=-\infty}^{+\infty} Y_{j,k} \psi_{j,k}(t) \tag{13.29}$$

この逆変換は，総和の項数を無限大にしたときだけ，入力波形の測定した N 点の値を完全に再現する (Addison, 2002)．したがって，実際の計算では厳密な再現にはならない．

(13.26) と (13.28) のウェーブレット基底関数で，s と τ は離散化しているが，時間変数 t は連続のままであることに注意しよう．基底の正規直交条件は，この連続な t による次の積分である：

$$\int_{-\infty}^{+\infty} dt\, \psi_{j,k}^*(t) \psi_{j',k'}(t) = \delta_{jj'} \delta_{kk'} \tag{13.30}$$

ここで $\delta_{m,n}$ はクロネッカーのデルタであり，対応する添え字が等しいとき 1，それ以外のときは 0 である．各基底関数の絶対値の 2 乗が 1 に規格化されているということは，どの基底も「単位のエネルギー」を持つこと意味する．また，直交は相互に独立であることを意味する．基底関数が時間的に局所化されているので，変換どうしの重なりの程

[*3] 文献によっては j を増やすとスケールが小さくなる．ここことは逆の設定もあるので注意せよ．

度が低い．これらを総合すれば，ウェーブレット変換は効率的かつ柔軟なデータの記録方法となる．

s と τ が離散化しているので，入力信号のサンプリングも整数 j と k で決まる離散的な値とすべきことは明らかであり，これが本節冒頭の議論にリンクする．一般論としては，欲する精度を得るために必要なサンプリング回数が各区間内で実現するよう，ステップ幅を決める．経験的には，主要な波形 1 個を 100 ステップでカバーするところから開始するのがよい．必要なサンプリング回数と信号のデータ点数が対応するのが理想だが，多少の用心は必要である．

図 13.8 について考えよう．縦線の位置は時刻を示すが，たとえばハール・ウェーブレットなら，最下の長方形は基底 Ψ_{00} がゼロでない時間区間 (窓)，その上の長方形は Ψ_{10} と Ψ_{11} の区間，さらにその上は $\Psi_{20} \sim \Psi_{23}$ の区間に相当するというように，時間軸上の縦線の位置が k または τ と j で指定される．上の長方形ほど j が大きく（スケールが小さく），波束 $\psi(t)$ の時間幅 Δt が小さいので，この基底から得られる変換 $Y(\omega)$ のスペクトル幅 $\Delta \omega$ が大きくなる．その理由は，13.3 節で論じたようにフーリエ変換の数学的性質として，次の不確定性関係が成り立つからである：

$$\Delta \omega \Delta t \geq \frac{1}{2}$$

この関係は，スペクトルと時間波形を同時に局所化できないという制限になる．この制限のもとで，記憶する情報量を最小限にして解像度の高い波形を再現したいなら，どのような情報を記憶すべきだろうか．信号波形の概略だけに注目するときは高い解像度を必要としないから，時間区間の幅を広げて低い周波数成分だけを記憶すればよい．一方，激しく変動する様子を再現するには高い解像度を必要とするので，区間の幅を狭め広い範囲の周波数成分を記憶する．前者は大きなスケール s の基底で変換を計算し，後者は小さな s の基底で計算することに対応する．s を区間の幅 Δt と読み替えると，基底によらず $\Delta \omega \Delta t \geq 1/2$ という関係になることを表すのが図 13.8 である．離散ウェーブレッ

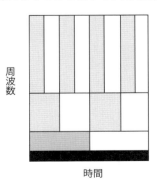

図 **13.8** 時間と周波数の解像度の関係 (不確定性関係) を表したもの．縦軸は周波数を，横軸は時間を表し，各長方形は高さと幅が異なるが同じ面積である．

ト変換はこの関係をふまえて冗長性の少ない情報を提供する．

実用的なウェーブレット解析では基底関数と信号の相関を直接に積分計算するかわりに，**多重解像度解析** (MRA) として知られる手法を適用する (Mallat, 1989)．その例を図 13.9 とリスト 13.2 の DWT.py に記した．離散的にサンプリングした信号とウェーブレット基底との相関をとることは，信号を適切なフィルタに通すことで実現できる．スケールと移動の異なる相関を求めるため，多層に重ねたフィルタに通していくが，各フィルタが離散ウェーブレット変換操作の表現となっている．

フィルタについて 12.8 節で論じたとき，(12.67) の応答関数と信号のたたみ込み積分の形で線形フィルタの定義を与えた．この定義と (13.14) のウェーブレット変換の定義を比較すると，両者が基本的には同じであることがわかる．すなわち，信号のサンプリング値に重みをつけて和をとったものが変換操作の結果である．重みは，数値積分法に由来する重みとウェーブレット基底関数の積分点における値の積である．ウェーブレット関数を数式で与えそれを数表にしなくても，フィルタ処理を表す係数の組さえあれば **DWT** は実行可能なのである．

図 13.9 のフィルタは，つぎつぎに異なる周波数成分を分離していくから，これらに信号を通して周波数領域ごとの成分を得ることは，ウェーブレットでいうスケール (従って解像度) ごとの信号の分解が等価である．これが「多重解像度解析」という名前の由来である．図 13.9 は，高域通過フィルタ (H) と低域通過フィルタ (L) に信号を次々と通していく，ピラミッド・アルゴリズムという方法を示す．○ はデシメータあるいはダウンサンプラ (サブサンプラ) であり，↓2 という記号でわかるように信号を半分に間引く操作をする．この間引きにより，図 13.8 で見た長方形の面積が一定という制限のもとで，冗長性を除去した情報が求まる．以下でピラミッド・アルゴリズムについて論ず

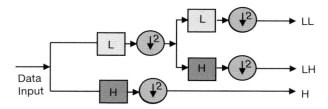

図 **13.9** 2 分割 (2 のべき乗) フィルタ・バンクにより信号を周波数帯域ごとに分解する 2 分木．離散ウェーブレット変換に用いられる．L は低域通過フィルタ，H は高域通過フィルタである．各フィルタは畳み込み積分 (変換) を行う．「↓2」を丸で囲ったものは信号をひとつおきに間引くフィルタであり，この操作をデシメーションあるいはサブサンプリング，ダウンサンプリングという．左から入力した信号は，1 層目の H で非常に高い周波数成分が下の分岐に抜け，残った低周波数成分の中から 2 層目の H により中程度に高い周波数成分が中の分岐に抜け，上の分岐にはもっとも低い周波数成分が残る．原信号の長さが 4 でフィルタの長さが 2 のとき，最終の出力は LL(1), LH(1), H(2) となる (忠実な再現をするときでも，低い周波数成分に対する情報は少なくてよい)．

るときダウンサンプラについてさらに考察する.

　要約すると，DWT による信号処理は，低周波数成分として波形を平滑化した近似的な情報を，また高周波数成分として詳細な情報を記憶する．信号を**高解像度**で再現するには，その概形だけを表すときよりも多くの情報が必要である．ピラミッド・アルゴリズムは解像度に応じた情報の圧縮を効果的に行う．さらにこのアルゴリズムでは，解像度を下げるとき，高解像度に対応する成分を消去するだけで他の成分に変更を加える必要が無いので，解像度変更をシステマティックに行える．最後に，階層的にスケールを変える多層のウェーブレット・フィルタを使う方法は，あたかもフラクタル図形を見ているように，表示の拡大率を上げると次々に詳細な波形が見えていくという再現の形式に特にふさわしいものである．

13.6.1　ピラミッド・アルゴリズムの実装 ⊙

　ここで図 13.9 に概要を示したピラミッド・アルゴリズムの実装を，長さ 4 のドブシー・ウェーブレット・フィルタを用いて行う．H および L フィルタは行列で表して積分の近似計算に使う．ダウンサンプラ ↓2 はデータをひとつおきに間引きする．ダウンサンプリングによりデータの数が半分，またスケールが倍になって解像度が半分になる．（以下の実装と異なるが，長さ 2 のハール・ウェーブレット・フィルタが分かりやすい：信号のデータ列を順に 2 個セットにし，L で各組の平均を，H で差を求めると L と H の出力からデータを完全に復元できるが，それぞれの冗長性が 2 倍になる．その長さを 1/2 にして冗長性を取り除くのがダウンサンプラである．12.5.1 項で学んだように，ダウンサンプリングでエイリアシングが生じないように L の遮断周波数が設定される．）図 13.10 に示すように，ピラミッド DWT アルゴリズムは以下のステップで構成される．実装上の注意点を記す：

1. すぐ後で導出する c 行列 (13.41) を全長 N の原信号 (ベクトル) の要素に順次適用する：

$$\begin{pmatrix} Y_0 \\ Y_1 \\ Y_2 \\ Y_3 \end{pmatrix} = \begin{pmatrix} c_0 & c_1 & c_2 & c_3 \\ c_3 & -c_2 & c_1 & -c_0 \\ c_2 & c_3 & c_0 & c_1 \\ c_1 & -c_0 & c_3 & -c_2 \end{pmatrix} \begin{pmatrix} y_0 \\ y_1 \\ y_2 \\ y_3 \end{pmatrix} \tag{13.31}$$

2. 平滑化された長さ $N/2$ の近似ベクトルに再度これを適用する．間引きの結果，隣り合う要素の時間間隔が 2 倍になるから，同じ行列でもスケールが 2 倍のフィルタになる．

3. 各層で出力される近似ベクトルにこの処理を繰り返し行う．近似ベクトルがフィルタ長 n になると最終処理が行われ，長さ $n/2$ のベクトルが 2 個だけ残る．

4. フィルタの各層で得たベクトルの要素を並び替える．最新の近似ベクトル ($\{s\}$) が上に，同じく最新の詳細ベクトル ($\{d\}$) がその次に，前層の詳細ベクトルがそ

の下に来る．

5. フィルタ長の半分の長さの近似ベクトルと詳細ベクトルが最上部に残るまで，この処理を続ける (これは 3 と同じ内容である)．

例として，2 層の長さ 4 のフィルタに長さ $N = 8$ の原信号を通し，出力を並べ替える過程を次に示す．1 層目の詳細ベクトル $\{d^{(1)}\}$ と 2 層目の詳細ベクトル $\{d^{(2)}\}$ および近似ベクトル $\{s^{(2)}\}$ がこの変換で得られた出力となる：

$$\begin{pmatrix} y_0 \\ y_1 \\ y_2 \\ y_3 \\ y_4 \\ y_5 \\ y_6 \\ y_7 \end{pmatrix} \xrightarrow{\text{フィルタ}} \begin{pmatrix} s_0^{(1)} \\ d_0^{(1)} \\ s_1^{(1)} \\ d_1^{(1)} \\ s_2^{(1)} \\ d_2^{(1)} \\ s_3^{(1)} \\ d_3^{(1)} \end{pmatrix} \xrightarrow{\text{並べ替え}} \begin{pmatrix} s_0^{(1)} \\ s_1^{(1)} \\ s_2^{(1)} \\ s_3^{(1)} \\ d_0^{(1)} \\ d_1^{(1)} \\ d_2^{(1)} \\ d_3^{(1)} \end{pmatrix} \xrightarrow{\text{フィルタ}} \begin{pmatrix} s_0^{(2)} \\ d_0^{(2)} \\ s_1^{(2)} \\ d_1^{(2)} \\ d_0^{(1)} \\ d_1^{(1)} \\ d_2^{(1)} \\ d_3^{(1)} \end{pmatrix} \xrightarrow{\text{並べ替え}} \begin{pmatrix} s_0^{(2)} \\ s_1^{(2)} \\ d_0^{(2)} \\ d_1^{(2)} \\ d_0^{(1)} \\ d_1^{(1)} \\ d_2^{(1)} \\ d_3^{(1)} \end{pmatrix}$$
(13.32)

具体的な例として，チャープ信号 $y(t) = \sin(60t^2)$ を 1024 点でサンプリングしたとしよう．この信号を図 13.10 のフィルタの層の上から下まで通す．原信号は長さ 1024 のベクトルで，これを最初の層の低域通過フィルタ L と高域通過フィルタ H に通す (どちらも数学的にはたたみ込みと等価)．それらの出力を ↓ で表したダウンサンプラでひとつおきに間引きベクトル長を 1/2 にする．こうして得られた H 経由の長さ 512 の詳細ベクトルを $\{d_i^{(1)}\}$ として記憶し最終出力の一部とする．上付き添え字で 1 層目を表す．$\{d_i^{(1)}\}$ は原信号の変動の最も詳細な変動の様子を示す．一方，L 経由の長さ 512 の近似ベクトル $\{s_i^{(1)}\}$ は，原信号から変動 $\{d_i^{(1)}\}$ を除去した滑らかな変化を表す．間引きの結果，サンプリングの時間間隔が 2 倍になり，最大の周波数が 1/2 となると同時に解像度が 1/2 になった．

長さ 512 の近似ベクトル $\{s_i^{(1)}\}$ が次層に送られ，ウェーブレット・フィルタを通して前層より低い周波数帯域の分析が行われる．ダウンサンプリングの後，長さ 256 の近似ベクトル $\{s_i^{(2)}\}$ と詳細ベクトル $\{d_i^{(2)}\}$ を得る．後者を最終出力の一部として記憶する．$\{s_i^{(2)}\}$ は次の層でさらに分析される．この過程を繰り返し，近似ベクトル $\{s_i^{(n-1)}\}$ と詳細ベクトル $\{d_i^{(n-1)}\}$ の長さがフィルタ長と等しくなると，$\{d_i^{(n-1)}\}$ を記憶して $\{s_i^{(n-1)}\}$ に対する最後の分析が行われる．このフィルタはスケールが最大である．ダウンサンプリングの後に得られる $\{d_i^{(n)}\}$ と $\{s_i^{(n)}\}$ を記憶して終了するが，そこに含まれる情報量は最小で分解能が最も悪い．

図 13.11 には，このチャープ信号のベクトル (図の 1 段目) をフィルタ処理の各層で実際にどのような $\{s\}$ と $\{d\}$ が現れるかを示した．(ここでの処理にはすぐ後で論じる長さ 4 の Daub4 ウェーブレットを用いた．) 最初の層では，ウェーブレットのスケールが一番小さい．このフィルタと原信号ベクトルのたたみ込みを行い，ベクトルの要素に

13.6 離散ウェーブレット変換，多重解像度解析 ☉

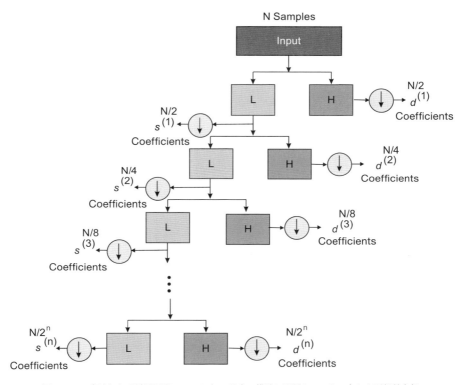

図 13.10 高域および低域通過フィルタを 2 分木の構造に配置して，上の方から原信号を処理する．どの層でもダウンサンプラで間引きデータ数を 1/2 にする．全階層における H の出力 (詳細ベクトル，1 層進むごとに長さが 1/2 倍) と，最後の H の出力と L の出力を合わせたものがこの処理で得た全データ．原信号の長さと出力したベクトルの要素の全個数が等しい ($N = N \times \{1/2 + 1/2^2 + \cdots + 1/2^n + 1/2^n\}$)．ウェーブレット解析の処理とフィルタ・バンクによる処理とは等価である．

順次フィルタ処理もする．図の 2 段目左は得られた 1 層目の近似ベクトルだが，未だたくさんの高い周波数成分が大きく残っている．同右は 1 層目の詳細ベクトルで強度が小さい．図の 3 段目は次の層のフィルタの出力であるが，ウェーブレットのスケールが広がって低い周波数領域の分析をする (上段左の近似ベクトルすなわち低周波数帯の部分だけとのたたみ込みを行う)．その出力は前層と似ているが，近似ベクトルのグラフが少しギクシャクと変動し，詳細ベクトルは大きな値になる．図の上のほうの段ではベクトルの要素を繋いで連続にしているが，下のほうの段では，要素の個数が少ないので各点を際立たせるため棒グラフで表した．各層でダウンサンプリングを行い，最終層の出力ベクトルは近似，詳細ともに長さ 2 となり，ここで処理を終える．

原信号を復元する (合成あるいは**逆変換**) には処理を逆に行っていく．最終層の出力

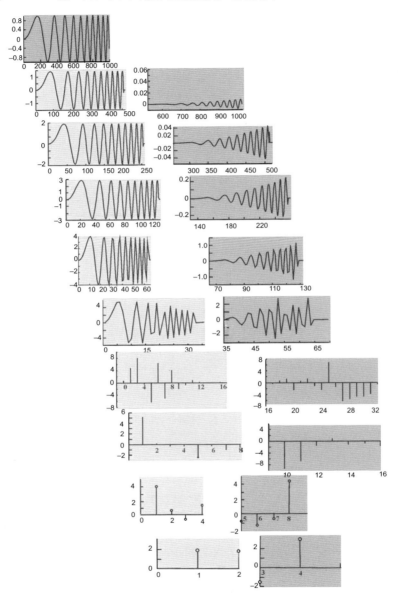

図 13.11 一番上の原信号をピラミッド・アルゴリズムに従って次々とフィルタにかけていくときの，各層の出力を示す．各層で出力ベクトルの長さは間引きされて 1/2 になる．図の上のほうの段ではベクトルの要素をつなげてプロットし連続性を見せるようにしたが，下のほうの段では個々の要素を棒グラフとして示した．

$\{d_i^{(n)}\}$ の要素間に 0 を挟み込み長さ 4 とし，$\{s_i^{(n)}\}$ についても同様にする．この操作をアップサンプリングという．アップサンプルされたベクトルは，それぞれフィルタを逆向きに通す．このときの逆変換の行列は (13.31) の c 行列の転置で与えられる：

$$\begin{pmatrix} y_0 \\ y_1 \\ y_2 \\ y_3 \end{pmatrix} = \begin{pmatrix} c_0 & c_3 & c_2 & c_1 \\ c_1 & -c_2 & c_3 & -c_0 \\ c_2 & c_1 & c_0 & c_3 \\ c_3 & -c_0 & c_1 & -c_2 \end{pmatrix} \begin{pmatrix} Y_0 \\ Y_1 \\ Y_2 \\ Y_3 \end{pmatrix} \tag{13.33}$$

逆変換の後，両方のベクトルを加え合わせると $\{s_i^{(n-1)}\}$ が再現される．$\{s_i^{(n-1)}\}$ および記憶してある $\{d_i^{(n-1)}\}$ とのペアにアップサンプリングと逆変換を行う．この処理を続け，最終的に長さ N の原信号が再現される．合成は図 13.10 に記した方式の向きを反転しただけである．

13.6.2 フィルタ係数からドブシー・ウェーブレットへ

ここまでくると，離散ウェーブレット解析では，各種のウェーブレット基底関数を (解析的な形ではなく) ウェーブレット・フィルタの係数の組として与えるのが標準的な方法になっていることが理解できるはずである．1988 年にベルギーの数学者イングリッド・ドブシーが，重要なフィルタ係数の種類を見つけた (Daubechies, 1995; Rowe and Abbott, 1995)．ここでは 4 個の正の係数 c_0, c_1, c_2, c_3 を用いた長さ 4 のフィルタ Daub4 だけを学ぶことにする．

原信号を長さ 4 のベクトルとしよう．すなわち信号のサンプリングを 4 回行い $\{y_0, y_1, y_2, y_3\}$ を得たとする．また，低域通過フィルタ L と高域通過フィルタ H の長さを 4 とする：

$$L = \begin{pmatrix} c_0 & c_1 & c_2 & c_3 \end{pmatrix} \tag{13.34}$$

$$H = \begin{pmatrix} c_3 & -c_2 & c_1 & -c_0 \end{pmatrix} \tag{13.35}$$

これらのフィルタがどのように作用するかを見るため，原信号のベクトルを縦ベクトルとして L および H との積をつくる：

$$L \begin{pmatrix} y_0 \\ y_1 \\ y_2 \\ y_3 \end{pmatrix} = \begin{pmatrix} c_0 & c_1 & c_2 & c_3 \end{pmatrix} \begin{pmatrix} y_0 \\ y_1 \\ y_2 \\ y_3 \end{pmatrix} = c_0 y_0 + c_1 y_1 + c_2 y_2 + c_3 y_3,$$

$$H \begin{pmatrix} y_0 \\ y_1 \\ y_2 \\ y_3 \end{pmatrix} = \begin{pmatrix} c_3 & -c_2 & c_1 & -c_0 \end{pmatrix} \begin{pmatrix} y_0 \\ y_1 \\ y_2 \\ y_3 \end{pmatrix} = c_3 y_0 - c_2 y_1 + c_1 y_2 - c_0 y_3$$

c_i の値の選択により L が与える数値が原信号の重みつき平均値となることが分かる．平均という処理はデータの変動を平滑にするのだから，低域通過フィルタは信号波形の概形ないし近似的な形を与える「近似 (平滑化)」フィルタと考えてよい．

また c_i の値の選択により，H が与える数値が原信号の重みつき差分となることが分かる．差分を与える処理はデータの変動を抽出するので，広域通過フィルタは信号波形が急激に変化するとき大きな値を与え，信号が穏やかに変化するとき小さな値を与える，すなわち「詳細」フィルタと考えてよい．

上で見た L および H フィルタは 1×4 の行列であり，入力信号 (長さ 4 の縦ベクトル) に作用して 1 個の数を出力する．フィルタ出力 Y の長さを (長さ 4 の) 入力と同じにするには，1 行の L および H フィルタを次のように重ねるだけである：

$$\begin{pmatrix} Y_0 \\ Y_1 \\ Y_2 \\ Y_3 \end{pmatrix} = \begin{pmatrix} L \\ H \\ L \\ H \end{pmatrix} \begin{pmatrix} y_0 \\ y_1 \\ y_2 \\ y_3 \end{pmatrix} = \begin{pmatrix} c_0 & c_1 & c_2 & c_3 \\ c_3 & -c_2 & c_1 & -c_0 \\ c_2 & c_3 & c_0 & c_1 \\ c_1 & -c_0 & c_3 & -c_2 \end{pmatrix} \begin{pmatrix} y_0 \\ y_1 \\ y_2 \\ y_3 \end{pmatrix} \tag{13.36}$$

ここで，フィルタ出力に対してある制約条件を課してフィルタ係数 c_i の値を決める作業にとりかかる．まず，変換が直交行列で表されるとする．直交変換は多次元空間の回転であり，2 個のベクトルの内積が変換の前後で変わらない．また，直交行列は転置をとると逆行列になる．すなわち，係数行列とその転置行列の積が単位行列になる．その結果，係数の間に次の関係式が得られる：

$$\begin{pmatrix} c_0 & c_1 & c_2 & c_3 \\ c_3 & -c_2 & c_1 & -c_0 \\ c_2 & c_3 & c_0 & c_1 \\ c_1 & -c_0 & c_3 & -c_2 \end{pmatrix} \begin{pmatrix} c_0 & c_3 & c_2 & c_1 \\ c_1 & -c_2 & c_3 & -c_0 \\ c_2 & c_1 & c_0 & c_3 \\ c_3 & -c_0 & c_1 & -c_2 \end{pmatrix} = \begin{pmatrix} 1 & 0 & 0 & 0 \\ 0 & 1 & 0 & 0 \\ 0 & 0 & 1 & 0 \\ 0 & 0 & 0 & 1 \end{pmatrix} \tag{13.37}$$

$$\Rightarrow c_0^2 + c_1^2 + c_2^2 + c_3^2 = 1, \quad c_2 c_0 + c_3 c_1 = 0$$

4 個の未知数に対して 2 個の条件式なので解が一意に決まらない．そこで，さらに滑らかな信号を入力したときに「詳細」フィルタ $H = (c_3, -c_0, c_1, -c_2)$ の出力がゼロになるという条件を課す．ここで「滑らか」とは，信号が一定値を保つか，一定の割合で変化することである．例で示そう：

$$\begin{pmatrix} y_0 & y_1 & y_2 & y_3 \end{pmatrix} = \begin{pmatrix} 1 & 1 & 1 & 1 \end{pmatrix} \quad \text{または} \quad \begin{pmatrix} 0 & 1 & 2 & 3 \end{pmatrix} \tag{13.38}$$

このような信号に対して出力がゼロになるとは，$p = 2$ 次未満のモーメントがゼロという条件と等価である (2 次の消失モーメント，(13.22) を参照)．具体的に書くと

$$H \begin{pmatrix} y_0 & y_1 & y_2 & y_3 \end{pmatrix} = H \begin{pmatrix} 1 & 1 & 1 & 1 \end{pmatrix} = H \begin{pmatrix} 0 & 1 & 2 & 3 \end{pmatrix} = 0$$

$$\Rightarrow c_3 - c_2 + c_1 - c_0, \quad 0 \times c_3 - 1 \times c_2 + 2 \times c_1 - 3 \times c_0 = 0,$$

$$\Rightarrow c_0 = \frac{1 + \sqrt{3}}{4\sqrt{2}} \simeq 0.483, \quad c_1 = \frac{3 + \sqrt{3}}{4\sqrt{2}} \simeq 0.837 \tag{13.39}$$

$$\Rightarrow c_2 = \frac{3-\sqrt{3}}{4\sqrt{2}} \simeq 0.224, \quad c_3 = \frac{1-\sqrt{3}}{4\sqrt{2}} \simeq -0.129 \tag{13.40}$$

であり，これらが基本の Daub4 フィルタ係数となる．原信号のベクトルがもっと大きな場合も，同じ係数を使って大きなフィルタ行列が作られる．(13.41) のように，その対角バンドには基本の L と H のペアを配するが，2 列ずつ右にずらしていく．たとえば，原信号の要素が 8 のときのフィルタ行列を記す：

$$\begin{pmatrix} Y_0 \\ Y_1 \\ Y_2 \\ Y_3 \\ Y_4 \\ Y_5 \\ Y_6 \\ Y_7 \end{pmatrix} = \begin{pmatrix} c_0 & c_1 & c_2 & c_3 & 0 & 0 & 0 & 0 \\ c_3 & -c_2 & c_1 & -c_0 & 0 & 0 & 0 & 0 \\ 0 & 0 & c_0 & c_1 & c_2 & c_3 & 0 & 0 \\ 0 & 0 & c_3 & -c_2 & c_1 & -c_0 & 0 & 0 \\ 0 & 0 & 0 & 0 & c_0 & c_1 & c_2 & c_3 \\ 0 & 0 & 0 & 0 & c_3 & -c_2 & c_1 & -c_0 \\ c_2 & c_3 & 0 & 0 & 0 & 0 & c_0 & c_1 \\ c_1 & -c_0 & 0 & 0 & 0 & 0 & c_3 & -c_2 \end{pmatrix} \begin{pmatrix} y_0 \\ y_1 \\ y_2 \\ y_3 \\ y_4 \\ y_5 \\ y_6 \\ y_7 \end{pmatrix} \tag{13.41}$$

最後の 2 個の要素を他と等しい重みで取り込むために，行列の最下 2 行のペアの後半が左端に移動したことに注意する．(13.41) の積を実行すると，計算結果には近似（平滑化）と詳細の情報が次々と並ぶことになる．この出力をピラミッド・アルゴリズムで処理する．

Daub4 ウェーブレットの時間波形の例を図 13.12 に示す．フィルタ係数からこれらの波形を求める過程を簡単に述べる．図 13.10 の第 1 層の H による処理を (13.41) で表すと，フィルタ出力が $Y_1 = 1, Y_3 = 0, Y_5 = 0, Y_7 = 0$ (他の出力はダウンサンプリングによりゼロ) となるとき，入力した原信号の波形が最小スケールのウェーブレット基底である．この波形は時間的に最初の 4 個のサンプリング点だけで 0 と異なる値をもち，そのベクトルが $(c_3, -c_2, c_1, -c_0, 0, \cdots)$ となる．つぎに，第 2 層の H による処理を全く同様

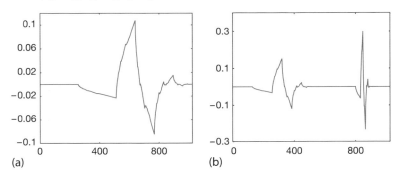

図 **13.12** (a) フィルタ係数の逆変換から構成したウェーブレット基底 Daub4 e6. この基底はウェーブレット解析に非常に有効であることが知られている．(b) スケールと移動が異なる Daub4 e10 と Daub4 1e58 の和．

に (13.41) で表し，$Y_1 = 1$ 以外は全てゼロとなるときの原信号はスケールが 1 段階大きくなった基底である．そこで，アップサンプリングと H の逆変換を行い，1 層目 H の出力に対応する成分を加えて正規直交関係を考慮し基底を構成する．

　図 13.12a と b にドブシー・ウェーブレット基底関数の例を示した．図 b はスケールと移動が異なる 2 個の基底関数の和である．ウェーブレット・フィルタ係数だけ見ていると基底関数の時間依存性はよくわからないかもしれないが，必要な情報はそこに書かれているのである．

13.6.3　DWT の実装と演習

　リスト 13.2 はチャープ信号 $y(t) = \sin(60t^2)$ に対して DWT を実行するプログラムである．メソッド pyram がメソッド daube4 を呼び出し，DWT あるいは逆 DWT を行う (sign の符号により切り替える)．

1. プログラムで読み込んだ入力信号の値をファイルに出力するようにプログラムを修正する．入力を確認することは常に重要である．
2. 変数 nend はフィルタ処理の停止を制御するが，この変数の値をさまざまに変更して図 13.11 の再現を試みる．nend=1024 に設定すると第 1 層のフィルタ処理の出力を生成し図 13.11 の 2 個横並びとなった最初の段を与える．nend=512 にすると次段，一方 nend=4 の出力は 2 個の近似および詳細係数である．
3. 図 13.11 は，上のグラフから順番にスケールが大きくなり，信号に含まれる主要な成分がいつ現れたかの情報を与える．どのプロットも横軸の全区間は同じ時間であり，同じ段の左右のプロットは横軸を重ね合わせて観察するとよい．
    a) 1 番上のグラフはもとの信号波形である．
    b) 次の段は nend=1024 の出力だが，低域通過フィルタの出力と高域通過フィルタの出力が，各 512 点のデータとなって，左右に配置してある．同様の出力が得られるか確認する．
    c) nend = 64, 32, 16, 8, 4 として解析を続ける．
4. 連続する 2 段 (4 個のプロット) について，左上の波形を平滑化したものが左下に，左上の波形の変動分を抽出したものが右下に現れる．
5. 最終段の出力と入力のチャープ信号の間に何らかの関係を見ることができるだろうか？
6. sign の符号を変えて逆 DWT が原信号を復元するか確認する．
7. このプログラムを用いてさまざまなスケールのドブシー・ウェーブレット関数の時間依存性をグラフで表す．
    a) 最初は長さ $N = 8$ の信号 [0,0,0,0,1,0,0,0] の逆変換をする．幅が約 5 単位の関数ができるはずである．
    b) つぎに，第 5 要素が 1 で他がすべて 0 の，長さ $N = 32$ のベクトルを逆変

換する．幅が約 25 単位になるはずである．スケールは大きいが，ベクトル全長が同じ時間をカバーするとすれば，時間幅は同じである．

c) ウェーブレットの幅が 800 単位になるまでこのプロセスを続ける．
d) 最後に，$N = 1024$ として得たウェーブレット基底の区間 $[590, 800]$ の部分を観察すると，フラクタルのような自己相似が見られるはずである．

リスト 13.2 DWT.py は f[ ] に記憶した長さ 2^n の信号に対してピラミッド・アルゴリズムによる DWT を行う（ここではチャープ信号 $\sin(60t^2)$ を用いる）．離散ウェーブレットの基底関数は Daub4 であり，sign $= \pm 1$ により変換か逆変換を選ぶ．

```
# DWT.py: Discrete Wavelet Transform, Daubechies type, global variables

from visual import *
from visual.graph import *

sq3 = sqrt(3);            fsq2 = 4.0*sqrt(2);     N = 1024       # N = 2^n
c0 = (1+sq3)/fsq2;        c1 = (3+sq3)/fsq2       # Daubechies 4 coeff
c2 = (3-sq3)/fsq2;        c3 = (1-sq3)/fsq2
transfgr1 = None                                  # Display indicator
transfgr1 = None

def chirp( xi ):                                  # Chirp signal
    y = sin(60.0*xi**2);
    return y;

def daube4(f, n, sign):       # DWT if sign >= 0, inverse if sign < 0
    global transfgr1, transfgr2
    tr = zeros( (n + 1), float )                  # Temporary
    if n < 4 : return
    mp = n/2
    mp1 = mp + 1                                  # midpoint + 1
    if sign >= 0:                                 # DWT
        j = 1
        i = 1
        maxx = n/2
        if n > 128:                               # Scale
            maxy = 3.0
            miny = -3.0
            Maxy = 0.2
            Miny = -0.2
            speed = 50                            # Fast rate
        else:
            maxy = 10.0
            miny = -5.0
            Maxy = 7.5
            Miny = -7.5
            speed = 8                             # Lower rate
        if transfgr1:
            transfgr1.display.visible = False
            transfgr2.display.visible = False
            del transfgr1
            del transfgr2
        transfgr1 = gdisplay(x=0, y=0, width=600, height=400,\
        title ='Wavelet TF, down sample + low pass', xmax=maxx,\
        xmin=0, ymax=maxy, ymin=miny)
        transf = gvbars(delta=2.*n/N,color=color.cyan,display=transfgr1)
        transfgr2 = gdisplay(x=0, y=400, width =600, height=400,\
```

```
            title ='Wavelet TF, down sample + high pass',\
                xmax=2*maxx, xmin=0, ymax=Maxy, ymin=Miny)
            transf2 = gvbars(delta =2.*n/N,color=color.cyan,display=transfgr2)
            while j <= n - 3:
                rate(speed)
                tr[i] = c0*f[j] + c1*f[j+1] + c2*f[j+2] + c3*f[j+3]    # low-pass
                transf.plot(pos = (i, tr[i]) )                          # c coefficients
                tr[i+mp] = c3*f[j] - c2*f[j+1] + c1*f[j+2] - c0*f[j+3]  # high
                transf2.plot(pos = (i + mp, tr[i + mp]) )
                i += 1                                                  # d coefficients
                j += 2                                                  # downsampling
            tr[i] = c0*f[n-1] + c1*f[n] + c2*f[1] + c3*f[2]             # low-pass
            transf.plot(pos = (i, tr[i]) )                              # c coefficients
            tr[i+mp] = c3*f[n-1] - c2*f[n] + c1*f[1] - c0*f[2]          # high-pass
            transf2.plot(pos = (i+mp, tr[i+mp]) )
        else:                                                           # inverse DWT
            tr[1] = c2*f[mp] + c1*f[n] + c0*f[1] + c3*f[mp1]            # low-pass
            tr[2] = c3*f[mp] - c0*f[n] + c1*f[1] - c2*f[mp1]            # high-pass
            j = 3
            for i in range (1, mp):
                tr[j] = c2*f[i] + c1*f[i+mp] + c0*f[i+1] + c3*f[i+mp1]  # low
                j += 1                                                  # upsample
                tr[j] = c3*f[i] - c0*f[i+mp] + c1*f[i+1] - c2*f[i+mp1]  # high
                j += 1;                                                 # upsampling
        for i in range(1, n+1):
            f[i] = tr[i]                                                # copy TF to array

def pyram(f, n, sign):                                                  # DWT, replaces f by TF
    if (n < 4): return                                                  # too few data
    nend = 4                                                            # indicates when to stop
    if sign >= 0:                                                       # Transform
        nd = n
        while nd >= nend:                                               # Downsample filtering
            daube4(f, nd, sign)
            nd //= 2
    else:                                                               # Inverse TF
        while nd <= n:      # Upsampling, fix thanks to Pavel Snopok
            daube4(f, nd, sign)
            nd *= 2

f = zeros( (N + 1), float)                                              # data vector
inxi = 1.0/N                                                            # for chirp signal
xi = 0.0
for i in range(1, N + 1):
    f[i] = chirp(xi)                                                    # Function to TF
    xi  += inxi;
n = N                                                                   # must be 2^m
pyram(f, n, 1)                                                          # TF
# pyram(f, n, - 1)                                                      # Inverse TF
```

13.7 主成分分析

　フーリエ解析はすべての単振動成分を干渉させた結果として信号波形を表すため，変換の計算に時間がかかり，データの圧縮や信号の再現がしにくいという短所があること

13.7 主成分分析

を見てきた．その一方，ウェーブレットではデータの圧縮は素晴らしいが，多次元ベクトルのデータセットの解析には向いていないし，物理現象の解析用として万能ではない．これに対して，主成分分析 (PCA) は多次元のデータを説明する変数間の相関を解析，ことに脳波や顔画像，海流などで見られる時間空間相関の解析に優れている．たくさんの分野で，基本的には同じ PCA のアプローチが異なる名前で用いられている．たとえば，カルーネン–レーベ変換，ホテリング変換，固有直交分解，特異値分解，因子分析，経験的直交関数，経験的モード分析などがそれである．

PCA では分散が最大となるように結合された説明変数を見出す．具体的には，各データ（多次元ベクトル）の要素の線形結合の値が最も広く分布する結合のしかたを選び，これを第 1 主成分とする．（たとえば，xy 平面上のデータの分布が楕円のように広がっているなら，その主軸の直線すなわち x と y の線形結合で与えられる変数が第 1 主成分である．）次に，第 1 主成分と無相関な第 2 主成を，さらに同様にして第 3 主成分以下を導出する．分散が大きい変数を使うと測定対象の状態を詳細に説明できるので，その変数に情報が集約されたことになる．言い換えると，多次元のデータ空間内の分布の様子（正確には共分散行列）を基底変換によって対角化するのが PCA の手法である．その意味では，力学で剛体の慣性主軸とそのまわりの慣性モーメントを使うと回転の記述が非常に簡単になるのと事情が似ている．

たとえば，脳波を磁気的にとらえる 32 個の検出器から 1/10 秒ごとに 1 時間のデータが来るとしよう．この場合は，空間変数と時間変数あわせて 33 次元の中に $10 \times 60 \times 60 \times 32 = 1152000$ 点のデータがある．検出器と時間という基底から主成分という基底に変換すると，いくつかの主成分に信号に関する情報が集中する (Jackson, 1991; Jolliffe, 1991; Smith, 2002)．最初の数個の主成分で情報が汲みつくされていれば，残りは無視してもよい．注目する主成分の結合係数が，もとの基底を構成する成分のあ

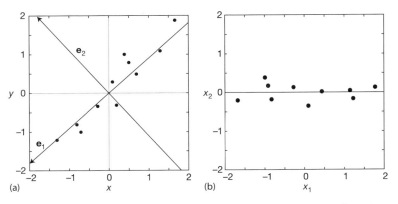

図 **13.13** (a) 規格化したデータと共分散行列の固有ベクトル．(b) PCA の固有ベクトルを基底として規格化したデータを表した．

いだの相関を示している.

すぐ後に作業することになるが,図 13.13a にはたくさんの 2 次元のデータとそれを PCA 解析して得られる 2 個の主成分を表す固有ベクトル e_1 と e_1 を示した.このデータの様子を説明するには,第 1 主成分 e_1 だけでほぼ十分なことが分かる.言い換えると,第 1 主成分に投影したデータの分散が最大である.第 2 主成分 e_1 は e_1 と直交し,第 1 主成分とは独立である.第 2 主成分はデータの変動をそれほど説明してはいないが,第 1 主成分と直交しているという条件の下で最大の分散をもつ.

13.7.1 PCA の実例

PCA の理論の導出や定理の証明は分かりにくいので,簡単な PCA 解析を実際にやってみるというアプローチでこのテーマを紹介する.例は (Smith, 2002) から採用する.このデータは 2 次元空間の点なので変数を x と y と書くが,これらが空間変数である必要はない.

1. **データ入力** 表 13.1 の左端 2 列をデータとして開始する.
2. **平均値を差し引く** PCA 解析では,データの各次元の平均値をゼロとするために,まず各列の平均値 $(\bar{x}, \bar{y})$ を計算してそれを差し引く.こうして補正されたデータを第 3 列と第 4 列に記し,次のデータ行列とする:

表 13.1 PCA を施したデータ

補正前		補正後		PCA 基底で変換	
x	y	x	y	x_1	x_2
2.5	2.4	0.69	0.49	−0.828	−0.175
0.5	0.7	−1.31	−1.21	1.78	0.143
2.2	2.9	0.39	0.99	−0.992	0.484
1.9	2.2	0.09	0.29	−0.274	0.130
3.1	3.0	1.29	1.09	−1.68	−0.209
2.3	2.7	0.49	0.79	0.913	0.175
2	1.6	0.19	−0.31	0.0991	−0.350
1.0	1.1	−0.81	−0.81	1.14	0.464
1.6	1.6	−0.31	−0.31	0.438	0.0178
1.1	0.9	−0.71	−1.01	1.22	−0.163

$$X = \begin{pmatrix} 0.69 & 0.49 \\ -1.31 & -1.21 \\ 0.39 & 0.99 \\ 0.09 & 0.29 \\ 1.29 & 1.09 \\ 0.49 & 0.79 \\ 0.19 & -0.31 \\ -0.81 & -0.81 \\ -0.31 & -0.31 \\ -0.71 & -1.01 \end{pmatrix} \tag{13.42}$$

3. 共分散行列の計算 N 個のデータから推定される分散は次式で与えられ，データの広がりの程度を表す量である：

$$\mathrm{var}(x) = \frac{1}{N-1}\sum_{i=1}^{N}(x_i - \bar{x})^2 = \frac{1}{N-1}\sum_{i=1}^{N}(x_i - \bar{x})(x_i - \bar{x}) \tag{13.43}$$

データが多次元 (多変数) のときは，異なる変数の間に依存関係があるかもしれない．共分散は，2 個の変数が関連して変化する程度を表す量で，データごとに各変数の平均値からのずれを求めて積をつくり和をとる：

$$\mathrm{cov}(x,y) = \frac{1}{N-1}\sum_{i=1}^{N}(x_i - \bar{x})(y_i - \bar{y}) \tag{13.44}$$

こうして，たとえば正の共分散は x と y が同じ向きに変化する傾向を表す．また，分散 (13.43) は共分散の特別な場合，すなわち $\mathrm{var}(x) = \mathrm{cov}(x,x)$ とみることができる．さらに，共分散には $\mathrm{cov}(x,y) = \mathrm{cov}(y,x)$ という対称性がある．変数の組み合わせ方が異なる共分散の値を全部並べて次のような対称行列をつくり共分散行列という．2 次元では 2×2 行列である：

$$\mathbf{C} = \begin{pmatrix} \mathrm{cov}(x,x) & \mathrm{cov}(x,y) \\ \mathrm{cov}(y,x) & \mathrm{cov}(y,y) \end{pmatrix} \tag{13.45}$$

PCA の次のステップは，全データに対する共分散行列の計算であり，この例では次のようになる：

$$\mathbf{C} = \begin{pmatrix} 0.6166 & 0.6154 \\ 0.6154 & 0.7166 \end{pmatrix} \tag{13.46}$$

4. **C** 行列の固有値と規格化された固有ベクトル．**NumPy** で簡単に計算できる：

$$\lambda_1 = 1.284, \quad \lambda_2 = 0.4908 \tag{13.47}$$

$$\boldsymbol{e}_1 = \begin{pmatrix} -0.6779 \\ -0.7352 \end{pmatrix}, \quad \boldsymbol{e}_2 = \begin{pmatrix} -0.7352 \\ -0.6789 \end{pmatrix} \tag{13.48}$$

ここで，固有値が大きいほうから順に，対応する固有ベクトルも並べた．固有値が最大の固有ベクトルが第1主成分となることが後に分かる．この例では第1主成分の**寄与率**が $100 \times \lambda_1/(\lambda_1 + \lambda_2) \simeq 72\%$ である．多次元の場合，寄与率の大きな成分から累積した寄与率が 70〜80% に達するまで成分を追加するのが一般的である．

図 13.13 には，規格化したデータと共分散行列の 2 個の固有ベクトルを示した (図の枠に合わせて大きさを変えた)．固有ベクトル e_1 を表す直線とデータに最良のフィッティングをした直線が非常に似ていることに注意せよ．もうひとつの固有ベクトル e_2 は，明らかに e_1 と直交し，フィットした直線から離れる方向であり，データに関する情報を少ししか含んでいないことは明白である．こうした分析をすることが PCA の基本的なアイデアである．

5. **主成分によるデータの表現** こうして得た主成分を使ってデータを表現したい．それには，固有値の小さな主成分 (ここの例では 1 個だけ) を無視するのがひとつの選択肢である．こうすると，データを理解する鍵となる情報に注意を集中するのに有効なだけでなく，データの圧縮にも役立つ．このあとは，保持しておきたい固有ベクトルを並べた**特徴ベクトル** F を作るのが普通である．たとえば

$$F_2 = \begin{pmatrix} -0.6779 & -0.7352 \\ -0.7352 & 0.6779 \end{pmatrix} \tag{13.49}$$

$$F_1 = \begin{pmatrix} -0.6779 \\ -0.7352 \end{pmatrix} \tag{13.50}$$

がそれであり，F_1 は主成分を 1 個だけ，F_2 は 2 個を保持している．保持しておきたい固有ベクトルを決めるとは，データについてどんな特徴を表したいかを決めることだから，特徴ベクトル (行列) と呼ぶのである．

つぎに，平均値で補正したデータ行列 X^T と特徴ベクトル (行列) F^T の転置をつくる：

$$F_2^T = \begin{pmatrix} -0.6779 & -0.7352 \\ -0.7352 & 0.6779 \end{pmatrix} \tag{13.51}$$

$$X^T = \begin{pmatrix} 0.69 & -1.31 & 0.39 & 0.09 & 1.29 & 0.49 & 0.19 & -0.81 & -0.31 & -0.71 \\ 0.49 & -1.21 & 0.99 & 0.29 & 1.09 & 0.79 & -0.31 & -0.81 & -0.31 & -1.01 \end{pmatrix} \tag{13.52}$$

主成分によるデータの表現は，F^T と X^T の積すなわち固有ベクトルとデータ・ベクトルの内積で与えられる：

$$X^{\mathrm{PCA}} = F_2^T \times X^T \tag{13.53}$$

$$= \begin{pmatrix} -0.6779 & -0.7352 \\ -0.7352 & 0.6779 \end{pmatrix} \tag{13.54}$$

$$\times \begin{pmatrix} 0.69 & -1.31 & 0.39 & 0.09 & 1.29 & 0.49 & 0.19 & -0.81 & -0.31 & -0.71 \\ 0.49 & -1.21 & 0.99 & 0.29 & 1.09 & 0.79 & -0.31 & -0.81 & -0.31 & -1.01 \end{pmatrix} \tag{13.55}$$

$$= \begin{pmatrix} 0.828 & 1.78 & -0.992 & -0.274 & -1.68 & -0.913 & 0.0991 & 1.15 & 0.438 & 1.22 \\ -0.175 & 0.143 & 0.384 & 0.130 & -0.209 & 0.175 & -0.350 & 0.464 & 0.178 & -0.162 \end{pmatrix} \tag{13.56}$$

表 13.1 には，もとのデータと並べて (13.56) の値をリストしている．図 13.13 (右) は，固有ベクトル e_1 と e_2 を基底として規格化したデータをプロットした．このプロットは，測定値の各点がデータのトレンドのどの辺に位置するかを示している．もし第 1 主成分だけを用いるなら，全データが直線上に並ぶ (これは演習に残す)．もちろん，PCA の能力を示すにはこの例は簡単すぎるが，データ点の個数が膨大なときそれらを少数の主成分で類別できるなら，非常に価値の高い分析法といえるだろう．

13.7.2　PCA の演習

直前で 2 個の固有ベクトルによる PCA が完了したが，同じデータを第 1 主成分だけで分析する．

15 章で学ぶカオス的振り子運動から，過渡的状態を除いて 10 サイクル分のデータを記録し，そのデータに PCA を行い主成分を軸として結果をプロットする．

文　献

Abarbanel, H.D.I., Rabinovich, M.I., and Sushchik, M.M. (1993) *Introduction to Nonlinear Dynamics for Physicists*, World Scientific, Singapore.

Abramowitz, M. and Stegun, I.A. (1972) *Handbook of Mathematical Functions*, 10th edn, US Govt. Printing Office, Washington.

Addison, P.S. (2002) *The Illustrated Wavelet Transform Handbook*, Institute of Physics Publishing, Bristol and Philadelphia. P.S. Addison 著，新誠一・中野和司 監訳 (2005) 図説ウェーブレット変換ハンドブック，朝倉書店.

Allan, M.P. and Tildesley, J.P. (1987) *Computer Simulations of Liquids*, Oxford Science Publications, Oxford.

Amdahl, G. (1967) *Validity of the Single-Processor Approach to Achieving Large-Scale Computing Capabilities*, Proc. AFIPS, p.483.

Ancona, M.G. (2002) *Computational Methods for Applied Science and Engineering*, Rinton Press, Princeton.

Anderson, E., Bai, Z., Bischof, C., Demmel, J., Dongarra, J., Du Croz, J., Greenbaum, A., Hammarling, S., McKenney, A., Ostrouchov, S., and Sorensen, D. (2013) *LAPACK Users' Guide*, 3rd edn, SIAM, Philadelphia, www.netlib.org (accessed 22 March 2015).

Anderson, J.A., Lorenz, C.D., and Travesset, A. (2008) HOOMD-blue, general purpose molecular dynamics simulations. *J. Comput. Phys.*, **227** (10), 5342, codeblue.umich.edu/hoomd-blue (accessed 22 March 2015).

Arfken, G.B. and Weber, H.J. (2001) *Mathematical Methods for Physicists*, Harcourt/Academic Press, San Diego. ジョージ・アルフケン，ハンス・ウェーバー著，権平健一郎・神原武志・小山直人訳 (1999–2002) 基礎物理数学 第 4 版 1〜4，講談社.

Argyris, J., Haase, M., and Heinrich, J.C. (1991) *Comput. Methods Appl. Mech. Eng.*, **86**, 1.

Armin, B. and Shlomo, H. (eds) (1991) *Fractals and Disordered Systems*, Springer, Berlin.

Askar, A. and Cakmak, A.S. (1977) *J. Chem. Phys.*, **68**, 2794.

Banacloche, J.G. (1999) A quantum bouncing ball. *Am. J. Phys.*, **67**, 776.

Barnsley, M.F. and Hurd, L.P. (1992) *Fractal Image Compression*, A.K. Peters, Wellesley. M.F. バーンスレィ，L.P. ハード著，蔡東生・江守正多訳 (1995) マルチメディア・フラクタル画像圧縮，トッパン.

Beazley, D.M. (2009) *Python Essential Reference*, 4th edn, Addison-Wesley, Reading, MA, USA.

Becker, R.A. (1954) *Introduction to Theoretical Mechanics*, McGraw-Hill, New York.

Bevington, P.R. and Robinson, D.K. (2002) *Data Reduction and Error Analysis for the Physical Sciences*, 3rd edn, McGraw-Hill, New York.

Bleher, S., Grebogi, C., and Ott, E. (1990) Bifurcations in chaotic scattering. *Physica D*, **46**, 87.

Briggs, W.L. and Henson, V.E. (1995) *The DFT, An Owner's Manual*, SIAM, Philadelphia.

Bunde, A. and Havlin, S. (eds) (1991) *Fractals and Disordered Systems*, Springer, Berlin.

Burgers, J.M. (1974) *The Non-Linear Diffusion Equation; Asymptotic Solutions and Stattistical Problems*, Reidel, Boston.

Car, R. and Parrinello, M. (1985) *Phys. Rev. Lett.*, **55**, 2471.

Cencini, M., Ceconni, F. and Vulpiani, A. (2010) *Chaos From Simple Models To Complex Systems*, World Scientific, Singapore.

Christiansen, P.L. and Lomdahl, P.S. (1981) *Physica D*, **2**, 482.

Christiansen, P.L. and Olsen, O.H. (1978) *Phys. Lett. A*, **68**, 185; Christiansen, P.L. and Olsen, O.H. (1979) *Phys. Scr.*, **20**, 531.

Clark University (2011) *Statistical and Thermal Physics Curriculum Development Project*, stp.clarku.edu/ (accessed 22 March 2015); *Density of States of the 2D Ising Model*.

CPUG, Computational Physics degree program for Undergraduates (2009), physics.oregonstate.edu/CPUG (accessed 22 March 2015).

Crank, J. and Nicolson, P. (1946) *Proc. Cambridge Philos. Soc.*, **43**, 50.

Cooley, J.W. and Tukey, J.W. (1965) *Math. Comput.*, **19**, 297.

Courant, R., Friedrichs, K., and Lewy, H. (1928) *Math. Ann.*, **100**, 32.

Critchley, S. (2014) *The Dangers of Certainty: A Lesson from Auschwitz*, New York Times, New York.

Danielson, G.C. and Lanczos, C. (1942) *J. Franklin Inst.*, **233**, 365.

Daubechies, I. (1995) *Wavelets and other phase domain localization methods*, Proc. Int. Congr. Math., **1**, **2**, Basel, 56, Birkhäuser, Basel.

DeJong, M.L. (1992) Chaos and the simple pendulum. *Phys. Teach.*, **30**, 115.

Dongarra, J. (2011) *On the Future of High Performance Computing: How to Think for Peta and Exascale Computing*, Conference on Computational Physics 2011, Gatlinburg; *Emerging Technologies for High Performance Computing*, GPU Club presentation, University of Manchester, www.netlib.org/utk/people/JackDongarra/SLIDES/gpu-0711.pdf (accessed 22 March 2015).

Dongarra, J., Sterling, T., Simon, H., and Strohmaier, E. (2005) High-performance computing. *Comput. Sci. Eng.*, **7**, 51.

Dongarra, J., Hittinger, J., Bell, J., Chacson, L., Falgout, R., Heroux, M., Hovland, P., Ng, E., Webster, C., and Wild, S. (2014) *Applied Mathematics Research for Exascale Computing*, US Department of Energy Report, http://www.osti.gov/bridge (accessed 22 March 2015).

Donnelly, D. and Rust, B. (2005) The fast Fourier transform for experimentalists. *Comput. Sci. Eng.*, **7**, 71.

Eclipse an open development platform (2014) www.eclipse.org (accessed 22 March 2015).

Ercolessi, F. (1997) A molecular dynamics primer, www.ud.infn.it/~ercolessi/md/ (accessed 22 March 2015).

Faber, R. (2010) CUDA, Supercomputing for the Masses: Part 15, www.drdobbs.com/architecture-and-design/cuda-supercomputing-for-the-masses-part/222600097 (accessed 22 March 2015).

Falkovich, G. and Sreenivasan, K.R. (2006) Lesson from hydrodynamic turbulence. *Phys. Today*, **59**, 43.

Family, F. and Vicsek, T. (1985) *J. Phys. A*, **18**, L75.

Feigenbaum, M.J. (1979) *J. Stat. Phys.*, **21**, 669.

Fetter, A.L. and Walecka, J.D. (1980) *Theoretical Mechanics of Particles and Continua*, McGraw-Hill, New York.

Feynman, R.P. and Hibbs, A.R. (1965) *Quantum Mechanics and Path Integrals*, McGraw-Hill, New York. R.P. ファインマン，A.R. ヒッブス著，D. スタイヤー校訂，北原和夫訳 (2017) 量子力学と経路積分 [新版]，みすず書房.

Fitzgerald, R. (2004) New experiments set the scale for the onset of turbulence in pipe flow. *Phys. Today*, **57**, 21.

Fosdick L.D., Jessup, E.R., Schauble, C.J.C., and Domik, G. (1996) *An Introduction to High Performance Scientific Computing*, MIT Press, Cambridge.

Fox, G. (1994) *Parallel Computing Works*! Morgan Kaufmann, San Diego.

Gara, A., Blumrich, M.A., Chen, D., Chiu, G.L.-T., Coteus, P., Giampapa, M.E., Haring, R.A., Heidelberger, P., Hoenicke, D., Kopcsay, G.V., Liebsch, T.A., Ohmacht, M., Steinmacher-Burow, B.D., Takken, T., and Vranas, P. (2005) Overview of the Blue Gene/L system architecure. *IBM J. Res Dev.*, **49**, 195; Feldman, M., IBM Specs Out Blue Gene/Q Chip, (2011) *HPC Wire*, August 22 2011.

Garcia, A.L. (2000) *Numerical Methods for Physics*, 2nd edn, Prentice-Hall, Upper Saddle River, NJ, USA. アレジャンドロ・ガルシア著，畑崎隆雄訳 (2003–04) MATLAB/C++で学ぶ物理学のための数値法 上・下，ピアソン・エデュケーション.

Gibbs, R.L. (1975) The quantum bouncer. *Am. J. Phys.*, **43**, 25.

Gnuplot (2014) gnuplot homepage www.gnuplot.info (accessed 22 March 2015).

Goldberg, A., Schey, H.M., and Schwartz, J.L. (1967) Computer-generated motion pictures of one-dimensional quantum-mechanical transmission and reflection phenomena. *Am. J. Phys.*, **35**, 177–186.

Goodings, D.A. and Szeredi, T. (1992) The quantum bouncer by the path integral method. *Am. J. Phys.*, **59**, 924.

Goswani, J.C. and Chan, A.K. (1999) *Fundamentals of Wavelets*, John Wiley & Sons, New York.

Gottfried, K. (1966) *Quantum Mechanics*, Benjamin, New York.

Gould, H., Tobochnik, J., and Christian, W. (2006) *An Introduction to Computer Simulations Methods*, 3rd edn, Addison-Wesley, Reading, USA.

Graps, A. (1995) An introduction to wavelets. *Comput. Sci. Eng.*, **2**, 50.

Gurney, W.S.C. and Nisbet, R.M. (1998) *Ecological Dynamics*, Oxford University Press, Oxford.

Haftel, M.I. and Tabakin, F. (1970) *Nucl. Phys.*, **158**, 1.

Hardwich, J. (1996) Rules for Optimization, www.cs.cmu.edu/~jch/java (accessed 22 March 2015).

Hartmann, W.M. (1998) *Signals, Sound, and Sensation*, AIP Press, Springer, New York.

Higgins, R.J. (1976) Fast Fourier transform: An introduction with some minicomputer experiments. *Am. J. Phys.*, **44**, 766.

Hildebrand, F.B. (1956) *Introduction to Numerical Analysis*, McGraw-Hill, New York.

Hinsen, K. (2013) Software development for reproducible research. *Comput. Sci. Eng*, **4** (15), 60–63, www.computer.org/portal/web/cise/home (accessed 22 March 2015).

History of Python (2009) The History of Python python-history.blogspot.com/2009/01/brief-timeline-of-python.html (accessed 22 March 2015).

Hockney, R.W. and Eastwood, J.W. (1988) *Computer Simulation Using Particles*, Adam Hilger, Bristol.

Hubble, E. (1929) A relation between distance and radial velocity among extra-galactic nebulae. *Proc. Natl. Acad. Sci. USA*, **15** (3), 168.

Huang, K. (1987) *Statistical Mechanics*, John Wiley & Sons, New York.

Jackson, J.D. (1988) *Classical Electrodynamics*, 3rd edn, John Wiley & Sons, New York. J.D. ジャクソン著，西田稔訳 (2002–03) 電磁気学 上・下，吉岡書店．

Jackson, J.E. (1988) *A User's Guide to Principal Components*, John Wiley & Sons, New York.

Jolliffe, I.Y. (2001) *Principal Component Analysis*, 2nd edn, Springer, New York.

José, J.V. and Salatan, E.J. (1988) *Classical Dynamics*, Cambridge University Press, Cambridge.

Kennedy, R. (2006) *The Case of Pollock's Fractals Focuses on Physics*, New York Times, 2, 5 December 2006.

Kirk, D. and Wen-Mei, W.H. (2013) *Programming Massively Parallel Processors*, 2nd edn, Morgan Kauffman, Waltham.

Kittel, C. (2005) *Introduction to Solid State Physics*, 8th edn, John Wiley & Sons, Inc., Hoboken. キッテル著，宇野良清・津屋昇・新関駒二郎・森田章・山下次郎訳 (2005) 固体物理学入門 第 8 版 上・下，丸善．

Klöckner, A. (2014) PyCUDA, mathema.tician.de/software/pycuda (accessed 22 March 2015).

Koonin, S.E. (1986) *Computational Physics*, Benjamin, Menlo Park, CA. Steven E. Koonin 著，阿部正典・篠塚勉・滝川昇訳 (1992) クーニン計算機物理学，共立出版．

Korteweg, D.J. and deVries, G. (1895) *Philos. Mag.*, **39**, 4.

Kreyszig, E. (1998) *Advanced Engineering Mathematics*, 8th edn, John Wiley & Sons, New York. E. クライツィグ著，北原和夫・堀素夫訳 (2006) 常微分方程式，培風館．

Lamb, H. (1993) *Hydrodynamics*, 6th edn, Cambridge University Press, Cambridge. H. ラム著，今井功・橋本英典訳 (1988) 流体力学 1〜3，東京図書．

Landau, D.P. and Wang, F. (2001) Determining the density of states for classical statistical models: A random walk algorithm to produce a flat histogram. *Phys. Rev. E*, **64**, 056101; Landau, D.P., Tsai, S.-H., and Exler, M. (2004) A new approach to Monte Carlo simulations in statistical physics: Wang–Landau sampling. *Am. J. Phys.*, **72**, 1294.

Landau, L.D. and Lifshitz, E.M. (1987) *Fluid Mechanics*, 2nd edn, Butterworth-Heinemann, Oxford. L.D. ランダウ，E.M. リフシッツ著，竹内均訳 (1970–71) 流体力学 1〜2，東京図書．

Landau, L.D. and Lifshitz, E.M. (1976) *Quantum Mechanics*, Pergamon, Oxford. L.D. ランダウ，E.M. リフシッツ著，好村滋洋・井上健男訳 (2008) 量子力学，ちくま学芸文庫．

Landau, L.D. and Lifshitz, E.M. (1976) *Mechanics*, 3rd edn, Butterworth-Heinemann, Oxford. L.D. ランダウ・E.M. リフシッツ著，水戸巌・恒藤敏彦・廣重徹訳 (2008) 力学・場の理論，ちくま学芸文庫．

Landau, R.H. (2008) Resource letter CP-2: Computational physics. *Am. J. Phys.*, **76**, 296.

Landau, R.H. (2005) *A First Course in Scientific Computing*, Princeton University Press, Princeton.

Landau, R.H. (1996) *Quantum Mechanics II, A Second Course in Quantum Theory*, 2nd edn, John Wiley & Sons, New York.

Lang, W.C. and Forinash, K. (1998) Timefrequency analysis with the continuous wavelet transform. *Am. J. Phys.*, **66**, 794.

Langtangen, H.P. (2008) *Python Scripting for Computational Science*, Springer, Heidelberg.

Langtangen, H.P. (2009) *A Primer on Scientific Programming with Python*, Springer, Heidelberg.

Li, Z. (2014) Numerical Methods for Partial Differential Equations – Finite Element Method, www4.ncsu.edu/~zhilin/ (accessed 22 March 2015).

Lorenz, E.N. (1963) Deterministic nonperiodic flow. *J. Atmos. Sci.*, **20**, 130.

Lotka, A.J. (1925) *Elements of Physical Biology*, Williams and Wilkins, Baltimore.

MacKeown, P.K. (1985) *Am. J. Phys.*, **53**, 880.

MacKeown, P.K. and Newman, D.J. (1987) *Computational Techniques in Physics*, Adam Hilger, Bristol. P.K. マッケオゥン・D.J. ニューマン著，阿部寛訳 (1993) 入門計算物理の手法，現代工学社．

Maestri, J.J.V., Landau, R.H., and Páez, M.J. (2000) Two-particle Schrödinger equation animations of wave packet-wave packet scattering. *Am. J. Phys.*, **68**, 1113; http://physics.oregonstate.edu/~rubin/nacphy/ComPhys/PACKETS/.

Mallat, P.G. (1982) A theory for multiresolution signal decomposition: The wavelet representation. *IEEE Trans. Pattern Anal. Mach. Intell.*, **11** (7), 674.

Mandelbrot, B. (1967) How long is the coast of Britain? *Science*, **156**, 638.

Mandelbrot, B. (1982) *The Fractal Geometry of Nature, Freeman*, San Francisco. B. マンデルブロ著，広中平祐監訳 (2011) フラクタル幾何学 上・下，ちくま学芸文庫．

Manneville, P. (1990) *Dissipative Structures and Weak Turbulence*, Academic Press, San Diego.

Mannheim, P.D. (1983) The physics behind path integrals in quantum mechanics. *Am. J. Phys.*, **51**, 328.

Marion, J.B. and Thornton, S.T. (2003) *Classical Dynamics of Particles and Systems*, 5th edn, Harcourt Brace Jovanovich, Orlando.

Mathews, J. (2002) *Numerical Methods for Mathematics, Science and Engineering*, Prentice-Hall, Upper Saddle River.

Metropolis, M., Rosenbluth, A.W., Rosenbluth, M.N., Teller, A.H., and Teller, E. (1953) *J. Chem. Phys.*, **21**, 1087.

Moon, F.C. and Li, G.-X. (1985) *Phys. Rev. Lett.*, **55**, 1439.

Morse, P.M. and Feshbach, H. (1953) *Methods of Theoretical Physics*, McGraw-Hill, New York.

Motter, A. and Campbell, D. (2013) Chaos at fifty. *Phys. Today*, **66** (5), 27.

Nelson, M., Humphrey, W., Gursoy, A., Dalke, A., Kalé, L., Skeel, R.D., and Schulten, K. (1996) NAMD – Scalable Molecular Dynamics. *J. Supercomput. Apps. High Perform. Comput.*, **10**, 251–268, www.ks.uiuc.edu/Research/namd (accessed 22 March 2015).

Nesvizhevsky, V.V., Borner, H.G., Petukhov, A.K., Abele, H., Baessler, S., Ruess, F.J., Stoferle, T., Westphal, A., Gagarski, A.M., Petrov, G.A., and Strelkov, A.V. (2002) Quantum states of neutrons in the Earth's gravitational field. *Nature*, **415**, 297.

NIST Digital Library of Mathematical Functions (2014) dlmf.nist.gov/ (accessed 22 March 2015).

Numerical Python (2013) NumPy numpy.scipy.org (accessed 22 March 2015).

NumPy Tutorial, Tentative (2015) Tentative NumPy Tutorial wiki.scipy.org/Tentative_NumPy_Tutorial (accessed 22 March 2015).

Oliphant, T.E. (2006) *Guide to NumPy*, csc.ucdavis.edu/~chaos/courses/nlp/Software/NumPyBook.pdf (accessed 22 March 2015).

Ott, E. (2002) *Chaos in Dynamical Systems*, Cambridge University Press, Cambridge.

Otto A. (2011) Numerical Simulations of Fluids and Plasmas, how.gi.alaska.edu/ao/sim (accessed 22 March 2015).

Pancake, C.M. (1996) Is parallelism for you?, *Comput. Sci. Eng.*, **3**, 18.

Peitgen, H.-O., Jürgens, H., and Saupe, D. (1992) *Chaos and Fractals*, Springer, New York.

Penna, T.J.P. (1994) *Comput. Phys.*, **9**, 341.

Perez, F., Granger, B.E. and Hunter, J.D. (2010) Python: An Ecosystem for Scientifc Computing. *Comput. Sci. Eng.*, **13** (2), www.computer.org/web/computingnow/cise (accessed 22 March 2015).

Perlin, K. (1985) An Image Synthesizer, *Computer Graphics* (Proceedings of ACM SIGGRAPH 85) **24**,

3.

Phatak, S.C. and Rao, S.S. (1995) Logistic map: A possible random-number generator. *Phys. Rev. E*, **51**, 3670.

Plischke, M. and Bergersen, B. (1994) *Equilibrium Statistical Physics*, 2nd edn, World Scientific, Singapore.

Polikar, R. (2001) The Wavelet Tutorial, users.rowan.edu/~polikar/WAVELETS/WTtutorial.html (accessed 22 March 2015).

Polycarpou, A.C. (2006) *Introduction to the Finite Element Method in Electromagnetics*, Morgan and Claypool, San Rafael.

Potvin, J. (1993) *Comput. Phys.*, **7**, 149.

(2013) Pov-Ray, Persistence of Vision Raytracer, www.povray.org (accessed 22 March 2015).

Press, W.H., Flannery, B.P., Teukolsky, S.A., and Vetterling, W.T. (1994) *Numerical Recipes*, CambridgeUniversity Press, Cambridge.

Python (2014) Python for Programmers, https://wiki.python.org/moin/BeginnersGuide/Programmers (accessed 22 March 2015).

LearnPython.org (2014) Interactive Python Tutorial, http://www.learnpython.org/ (accessed 22 March 2015).

(2014) The Python Tutorial, docs.python.org/2/tutorial/ (accessed 22 March 2015).

(2014) Python Index of Packages, pypi.python.org/pypi (accessed 22 March 2015).

(2014) Python Documentation, www.python.org/doc (accessed 22 March 2015).

Quinn, M.J. (2004) *Parallel Programming in C with MPI and OpenMP*, McGraw-Hill, New York.

Ramasubramanian, K. and Sriram, M.S. (2000) A comparative study of computation of Lyapunov spectra with different algorithms. *Physica D*, **139**, 72.

Rapaport, D.C. (1995) *The Art of Molecular Dynamics Simulation*, Cambridge University Press, Cambridge.

Rasband, S.N. (1990) *Chaotic Dynamics of Nonlinear Systems*, John Wiley & Sons, New York.

Rawitscher, G., Koltracht, I., Dai, H., and Ribetti, C. (1996) *Comput. Phys.*, **10**, 335.

Reddy, J.N. (1993) *An Introduction to the Finite Element Method*, 2nd edn, McGraw-Hill, New York.

Refson, K. (2000) Moldy, A General-Purpose Molecular Dynamics Simulation Program, cc-ipcp.icp.ac.ru/Moldy_2_16.html (accessed 22 March 2015).

Reynolds, O. (1883) *Proc. R. Soc. Lond.*, **35**, 84.

Richardson. L.F. (1961) Problem of contiguity: an appendix of statistics of deadly quarrels. *General Syst. Yearbook*, **6**, 139.

Rowe, A.C.H. and Abbott, P.C. (1995) Daubechies wavelets and mathematica. *Comput. Phys.*, **9**, 635.

Russell, J.S. (1844) *Report of the 14th Meeting of the British Association for the Advancement of Science*, John Murray, London.

Sander, E., Sander, L.M., and Ziff, R.M. (1994) *Comput. Phys.*, **8**, 420.

Sanders, J. and Kandrot, E. (2011) *Cuda by Example*, Addison Wesley, Upper Saddle River. Jason Sanders・Edward Kandrot 著．クイープ訳 (2011) CUDA BY EXAMPLE 汎用 GPU プログラミング入門，インプレスジャパン．

Satoh, A. (2011) *Introduction to Practice of Molecular Simulation*, Elsevier, Amsterdam.

Scheck, F. (1994) *Mechanics, from Newton's Laws to Deterministic Chaos*, 2nd edn, Springer, New York.

Shannon, C.E. (1948) A mathematical theory of communication. *Bell Syst. Tech. J.*, **27**, 379.

(2014) SciPy, a Python-based ecosystem, www.scipy.org (accessed 22 March 2015).

Shaw C.T. (1992) *Using Computational Fluid Dynamics*, Prentice-Hall, Englewood Cliffs, NJ.

Singh, P.P. and Thompson, W.J. (1993) *Comput. Phys.*, **7**, 388.

Sipper, M. (1997) *Evolution of Parallel Cellular Machines*, Springer, Heidelberg, cell-auto.com (accessed 22 March 2015).

Smith, D.N. (1991) *Concepts of Object-Oriented Programming*, McGraw-Hill, New York.

Smith, L.I. (2002) A Tutorial on Principal Components Analysis, www.cs.otago.ac.nz/cosc453/student_tutorials/principal_components.pdf (accessed 22 March 2015).

Smith, S.W. (1999) *The Scientist and Engineer's Guide to Digital Signal Processing*, California Technical Publishing, San Diego.

Stetz, A., Carroll, J., Chirapatpimol, N., Dixit, M., Igo, G., Nasser, M., Ortendahl, D., and Perez-Mendez, V. (1973) *Determination of the Axial Vector Form Factor in the Radiative Decay of the Pion*, LBL 1707.

Sullivan, D. (2000) *Electromagnetic Simulations Using the FDTD Methods*, IEEE Press, New York.

Tabor, M. (1989) *Chaos and Integrability in Nonlinear Dynamics*, John Wiley & Sons, New York.

Taflove, A. and Hagness, S. (2000) *Computational Electrodynamics: The Finite Difference Time Domain Method*, 2nd edn, Artech House, Boston.

Tait, R.N., Smy, T., and Brett, M.J. (1990) *Thin Solid Films*, **187**, 375.

Thijssen J.M. (1999) *Computational Physics*, Cambridge University Press, Cambridge. J.M. ティッセン著, 松田和典・道廣嘉隆・谷村吉隆・髙須昌子・吉江友照訳 (2003) 計算物理学, シュプリンガー・フェアラーク東京.

Thompson, W.J. (1992) *Computing for Scientists and Engineers*, John Wiley & Sons, New York.

Tickner, J. (2004) Simulating nuclear particle transport in stochastic media using Perlin noise functions. *Nucl. Instrum. Methods B*, **203**, 124.

Vallée, O. (2000) Comment on a quantum bouncing ball. *Am. J. Phys.*, **68**, 672.

van de Velde, E.F. (1994) *Concurrent Scientific Computing*, Springer, New York.

van den Berg, J.C. (ed.) (1999) *Wavelets in Physics*, Cambridge University Press, Cambridge.

Vano, J.A., Wildenberg, J.C., Anderson, M.B., Noel, J.K., and Sprott, J.C. (2006) Chaos in low-dimensional Lotka–Volterra models of competition. *Nonlinearity*, **19**, 2391–2404.

Visscher, P.B. (1991) *Comput. Phys.*, **5**, 596.

Vold, M.J. (1959) *J. Colloid Sci.*, **14**, 168.

Volterra, V. (1926) Variazioni e fluttuazioni del numero d'individui in specie animali conviventi. *Mem. R. Accad. Naz. Lincei. Ser. VI*, **2**.

Warburton, R.D.H. and Wang, J. (2004) Analysis of asymptotic projectile motion with air resistance using the Lambert W function. *Am. J. Phys.*, **72**, 1404.

Ward, D.W. and Nelson, K.A. (2005) Finite difference time domain, FDTD, simulations of electromagnetic wave propagation using a spreadsheet. *Comput. Appl. Eng. Educat.*, **13** (3), 213–221.

Whineray, J. (1992) An energy representation approach to the quantum bouncer. *Am. J. Phys.*, **60**, 948.

(2014) *Principal component analysis*, en.wikipedia.org/wiki/Principal_component_analysis (accessed 22 March 2015).

Williams, G.P. (1997) *Chaos Theory Tamed*, Joseph Henry Press, Washington.

Witten, T.A. and Sander, L.M. (1981) *Phys. Rev. Lett.*, **47**, 1400; Witten, T.A. and Sander, L.M. (1983)

Phys. Rev. B, **27**, 5686.

Wolf, A., Swift, J.B., Swinney, H.L., and Vastano, J.A. (1985) Determining Lyapunov exponents from a time series. *Physica D*, **16**, 285.

Wolfram S. (1983) Statistical mechanics of cellular automata. *Rev. Mod. Phys.*, **55**, 601.

Yang, C.N. (1952) The spontaneous magnetization of a two-dimensional Ising model. *Phys. Rev.*, **85**, 809.

Yee, K. (1966) *IEEE Trans. Ant. Propagat.*, **AP-14**, 302.

Yue, K., Fiebig, K.M., Thomas, P.D., Chan, H.S., Shakhnovich, E.I., and Dill, A. (1995) *Proc. Natl. Acad. Sci. USA*, **92**, 325.

Zabusky, N.J. and Kruskal, M.D. (1965) *Phys. Rev. Lett.*, **15**, 240.

Zeller, C. (2008) High Performance Computing with CUDA, www.nvidia.com/object/sc10_cuda_tutorial.htmlP (accessed 22 March 2015).

索　引

C

CFL 数　547
CPU　208, 213
　　CISC　214
　　CPU 時間 (CPU time)　214
　　RISC　214, 215
　　サイクル時間 (cycle time)　215
　　対称型マルチプロセッシング (SMP)　215
　　パイプライン (pipeliing)　217
　　フェッチ (fetch)　213
　　ベクトル・プロセッサ (vector processor)　216
　　マルチコア・プロセッサ (multiple core processor)　215

D

DWT　326

F

float　45

G

GPU
　　CUDA　266
　　CUDA プログラミング (CUDA programming)　267
　　GPU カード (GPU card)　262
　　Nvidia の CUDA (Nvidias CUDA)　262
　　インデックス (index)　266
　　カーネル (kernel)　266
　　グリッド (grid)　267
　　混合精度演算 (mixed precision)　265
　　ストリーミング・プロセッサ (streaming processor, SP)　267
　　ストリーミング・マルチプロセッサ (streaming multiprocessor, SM)　263, 267
　　スレッド (thread)　266
　　テクスチャ処理クラスタ (texture processing cluster, TPC)　263
　　デバイス (device)　266
　　ハイパフォーマンス・コンピューティング (high performance computing)　261
　　プログラミング (programming)　264
　　ブロック (block)　267
　　ホスト (host)　266
　　ワープ (warp)　267
GPU (graphical processing unit)　261

I

IEEE754　43

K

KdV 方程式
　　ソリトン　550

N

Numarray　10

索引

Numeric　10

O

OS (operating system)　34

P

Python
　　Canopy　11
　　linalg　128
　　Matplotlib　14, 17
　　Mayavi　26
　　Visual パッケージ　14
　　VPython　13
　　仮想マシン (virtual machine)　244
　　スライス演算子 (slice operator)　126
　　タプル (tuple)　122
　　ディストリビューション (distribution)　11
　　パッケージ (package)　8
　　ブロードキャスティング (broadcasting)　127
　　ユニバーサル関数 (universal function)　127
　　ライブラリ (library)　9
　　リスト (list)　122

S

SciPy　10
sinc 関数 (sinc function)
　　正規化―― (normalized ――)　294
　　非正規化―― (unnormalized ――)　294
sinc フィルタ (sinc フィルタ)　293

T

TEM (transverse electromagnetic) モード　513

あ 行

アーキテクチャ (architecture)　209
アップサンプリング (upsampling)　323
アナログ・フィルタ (analog filter)　291
アフィン変換 (affine transformation)　382

アルゴリズム (algorithm)　36
アルゴリズムによる誤差 (algorithmic error)　55
アンダーフロー (underflow)　43

イジングモデル (Ising model)
　　イジング鎖 (Ising chain)　404
　　強磁性体 (ferromagnet)　406
　　交換相互作用定数 (exchange energy)　405
　　磁化 (magnetization)　406
　　自発磁化 (spontaneous magnetization)　406
　　相転移 (phase transition)　406
　　2 次元イジングモデル (2D Ising model)　408
　　反強磁性体 (antiferromagnet)　406
一様 (uniform)　68
一般化ロジスティック　344
インパルス応答 (impulse response)　291

ウェーブレット (wavelet)　304
ウェーブレット・フィルタ (wavelet filter)　319, 323
ウェーブレット解析 (wavelet analysis)　303
　　多重解像度解析 (multi-resolution analysis, MRA)　318
ウェーブレット基底
　　スケーリング (scaling)　309
　　ドブシー (Daubechies)　305
　　ハール (Haal)　305
　　母関数 (mother wavelet)　305, 309
　　メキシカン・ハット (Mexican hat)　305
　　モルレ (Morlet)　305
ウェーブレット変換 (wavelet transform)　309
　　離散ウェーブレット変換 (discrete wavelet transform)　316
　　連続ウェーブレット変換 (continuous wavelet transform)　312
上・下三角 (LU) 分解 (lower-upper decomposition)　119
運動方程式 (equation of motion)　166
運動量空間 (momentum space)　578

エアリー関数 (Airy function)　435
永年方程式 (secular equation)　119
エイリアシング (aliasing)　282

索引

エネルギー保存 (energy conservation)　182
エノン–ハイレス系 (Henon-Heiles system)　376
エルゴード的 (ergodic)　409
円偏光 (circular polarization)　519

オイラー–マクローリンの公式 (Euler-McLaurin formula)　100
オイラー法 (Euler's rule)　171
オーバーフロー (overflow)　42
オブジェクトコード (object code)　35
オブジェクト指向プログラミング (object-oriented programming)　37
オペランド (operand)　210

か　行

カーネル (kernel)　34
カイ 2 乗　155
ガイガー・カウンター (Geiger counter)　79, 81
外挿 (extrapolation)　148
ガウス–ザイデル法 (Gauss-Seidel method)　460
ガウス求積法
　ガウス–ルジャンドル求積法 (Gauss Legendre)　96
　積分点 (integration point)　97
ガウス消去法 (Gaussian elimination)　119
ガウス分布 (Gaussian distribution)　110
カオス
　ウェーブレット解析 (wavelet analysis)　373
　フーリエ解析 (Fourier analysis)　373
カオス振り子 (chaotic pendulum)　359
科学計算 (scientific computing)　3
拡散 (diffusion)　75
拡張精度形式 (extended precision)　46
確率変数 (random variable)　69
確率密度関数 (probability density function)　69
可視化 (visualization)　13
　サーフェスプロット (surface plot)　462
　ベクトル場 (vector field)　467
過剰決定問題 (overdetermined problem)　118
過剰方程式問題 (overdetermined problem)　118
仮数 (mantissa)　43
仮想メモリ (virtual memory)　120, 211, 212

カットオフ (cutoff)　444
過渡的 (transient)　272
カノニカル (正準) 集団 (canonical ensemble)　407
環境収容力 (carrying capacity)　336
緩和法
　過緩和 (over-relaxation)　461
　逐次過緩和法 (successive over-relaxation, SOR)　461
　不足緩和 (under-relaxation)　461

機械語 (basic machine language)　33
擬似コード (pseudocode)　35, 38
基準振動モード (normal mode)　273, 483
擬似乱数 (pseudorandom number)　69
ギブス現象 (Gibbs phenomenon)　276, 457
基本振動 (fundamental oscillation)　273
逆行列 (inverse matrix)　117
逆フーリエ変換 (inverse Fourier transform)　277
球ベッセル関数 (spherical Bessel function)　60
キュリー温度 (Curie temperature)　144, 406
共分散 (correlation coefficient)　157
共鳴散乱断面積 (resonant scattering cross section)　146
行優先順 (row-major order)　121
近似誤差 (approximation errors)　55

空気抵抗 (drag)　201
クーラン条件 (Courant stability condition)　516
クラメルの公式 (Cramer's rule)　119
グリフ (glyph)　28
群速度 (group velocity)　549, 555

計算科学的思考 (computational scientific thinking)　2
計算機イプシロン (machine precision)　50
計算的思考 (computational thinking)　2
計算物理 (computational physics)　1
経路積分 (path integral)　426
　虚時間 (imaginary time)　426
　グリーン関数 (Green's function)　424
　格子上の経路積分 (lattice path integral)　427
　最小作用原理 (principle of least action)　423
　束縛状態 (bound state)　426

汎関数積分 (functional integration)　428
プロパゲータ (propagator)　424
プロパゲータの結合則 (composition theorem for propagators)　428
ホイヘンスの原理 (Huygens' principle)　424
桁落ち (cancellation of significant digits)　50, 57, 85
ケチビット (phantom bit)　45

高域通過フィルタ (high-pass filter)　292
高級言語 (high-level language)　33
高精度の中心差分法 (extended difference)　87
高速フーリエ変換 (fast Fourier transform, FFT)　281, 295
　バタフライ演算 (butterfly operation)　298
高調波 (harmonics)　273
コーシーの主値 (Cauchy principal-value)　584
個体数のダイナミクス (population dynamics)　335
固定小数点方式 (fixed point notation)　42
古典電磁気
　楕円積分 (elliptic integral)　105
古典力学散乱
　カオス的散乱 (chaotic scattering)　197
　ポテンシャルによる散乱　197
コマンドライン・インタプリタ (command-line interpreter)　34
ごみ (garbage)　55
固有値問題 (eigenvalue problem)　119
孤立波 (solitary wave)　543
コンパイラ (compiler)　35
　——の最適化オプション (optimization options of ——)　243
コンピュータ科学 (computer science)　1
コンピュータ言語
　Python　7

さ　行

最小 2 乗法 (least-squares fitting)　155
最適化 (optimization)
　プログラムの—— (program ——)　242
サイン–ゴルドン方程式 (sine–Gordon equation, SGE)

キンク (kink)　557
ソリトン (soliton)　557
作業レジスタ (working resister)　50
サブサンプリング (subsampling)　318
差分法 (finite-difference method, 有限差分法)　458
　陰解法 (implicit algorithm)　471
　クーラン条件 (Courant condition, Courant–Friedrichs–Lewy condition, CFL condition)　485
　クランク–ニコルソン法 (Crank–Nicolson method)　475, 480
　弦の波動方程式　484
　時間依存のシュレーディンガー方程式 (time-dependent Schroedinger equation)　499, 501
　熱伝導方程式　476
　フォン・ノイマンの安定性解析 (von Nuemann stability assessment)　471
　膜の波動方程式　497
　陽解法 (explicit algorithm)　471
　リープ・フロッグ法 (leapfrog method)　472
残差標準偏差 (residual standard deviation)　158
残差分散 (residual variance)　159
3 次スプライン法 (cubic spline)　148
3 重対角行列 (tridiagonal matrix)　477
算術論理演算装置 (ALU)　213
参照渡し (view-based indexing)　248
3 体問題 (three-body problem)　205
サンプリング (sampling)　282
サンプリング・レート (sampling rate)　278
散乱振幅 (scattering amplitude)　583
散乱問題 (scattering problem)　587

シェル (shell)　10, 34
磁化 (magnetization)　144
時間領域差分法 (finite difference time domain method, FDTD)　512
磁区 (magnetic domain)　404
試行錯誤 (trial-and-error)　137
自己相関関数 (autocorrelation function)　288
自己相似 (self-similarity)　380
指数 (exponent)　43
指数関数的減衰 (exponential decay)　79, 153

索引

磁性体 (magnetic material) 143
自然崩壊 (spontaneous decay) 79
自然スプライン法 (natural spline) 150
10 進 (decimal) 41
自発的な放射性崩壊 (spontaneous decay) 335
時不変性 (time invariance) 292
弱形式 (weak form) 525, 534
ジャスト・イン・タイム (JIT) コンパイラ (just-in-time compiler) 244
遮断周波数 (cutoff frequency) 293
周期関数 (periodic function) 274
周波数応答 (frequency response) 291
16 進 (hexadecimal) 41
主成分分析 (principal components analysis, PCA) 328
 共分散行列 (covariance matrix) 331
 寄与率 (proportion) 332
 特徴ベクトル (feature vector) 332
主値積分 (singular integral) 584
寿命 (life time) 81
シュレーディンガー方程式 (Schroedinger equation) 186
状態密度 (density of state) 416
常微分方程式 (ODE)
 アダムス–バシュフォースの式 (Adams-Bashforth predictor) 178
 アダムス–ムルトンの式 (Adams-Moulton corrector) 178
 階数 (order) 167
 境界条件 (boundary condition) 169
 境界値問題 (boundary value problem) 169
 駆動関数 (force function) 167
 固有値問題 (eigenvalue problem) 169
 初期条件 (initial condition) 168
 線形微分方程式 (linear differential equation) 168
 2 階—— (second-order ——) 167
 非線形微分方程式 (nonlinear differential equation) 168
 標準形 (standard form) 169
 予測子・修正子法 (predictor-corrector scheme) 178
情報落ち (cancellation of significant digits) 50

剰余 (remainder) 69
初期推定値 (initial guess) 138

数式処理ツール (algebraic tool) 31
数値求積 (numerical quadrature) 89
数値積分 (numerical integration) 89
 重み (weight) 90, 92
 ガウス求積法 (Gaussian quadrature) 95
 加重サンプリング法 (importance sampling) 107
 3 次スプライン法による積分 (cubic spline) 151
 サンプリング法 (sampling technique) 101
 シンプソン則 (Simpson's rule) 92
 数値積分の誤差 (error) 94
 制御変量法 (control variates) 107
 積分点 (integration point) 90
 台形則 (trapezoid rule) 91
 多次元モンテカルロ積分 (multidimensional Monte Carlo integration) 105
 ブールの公式 (Boole's rule) 101
 分散低減法 (variance reduction) 107
スーパーコンピュータ (super computer) 208
ストライド (stride) 121, 246, 247
スペクトル解析 (spectral analysis) 272
スペクトル関数 (spectral function) 277
スペクトル分解 (spectral decomposition) 535
スライス演算 (slice operator) 248
スワップ・スペース (swap space) 212

正規化数 (normal number) 45
正規分布 (normal distribution) 110
静電ポテンシャル (electrostatic potential, 電位) 455
 コンデンサ (capacitor) 462
セパラトリックス (separatrix) 182
セル・オートマトン
 コンウェイのライフ・ゲーム (Conway's game of life) 395
漸化式 (recursion relation) 61
線形回帰 (linear regression) 156
線形合同法 (linear congruent method, power residue method) 69
線形最小 2 乗法 (linear least-squares fitting) 156

前進差分 (forward difference) 85

相関 (correlation) 287
相関関数 (correlation function) 287
相関係数 157
相空間 (phase space) 362
相対誤差 (relative error) 43
速度ベルレ法 (velocity-Verlet algorithm) 445
束縛状態 (bound state) 138
ソリトン (soliton) 543
　KdV 方程式 (Kdv equation) 549, 550
　サイン–ゴルドン方程式 (sine–Gordon equation, SGE) 557
　セパラトリックス (separatrix) 554
　浅水波 (shallow-water wave) 549
　——の厳密解 (analytic —— solution) 550
　津波 (tsunami) 543
　分散関係 (dispersion relation) 543
　連成振り子を伝わる—— (——s on pendulum chain) 554

た 行

対角化 (diagonalization) 120
大数の法則 (law of large numbers) 103
ダウンサンプリング (downsampling) 318
楕円積分 (elliptic integral) 104
たたみ込み (convolution) 288
たたみ込み積分 (convolution) 288
短時間フーリエ変換 (short-time Fourier transform) 308
単振動
　固定点 (fixed point) 364
　楕円積分 (elliptic integral) 104
　リミット・サイクル (limit cycle) 365
単精度 (single) 45
単精度浮動小数点数 (single-precision floating-point number) 45
単振り子 (simple pendulum) 360
　セパラトリックス (separatrix) 362
　楕円積分 (elliptic integral) 361
断面積 (cross section) 583
　位相シフト (phase shift) 584

遅延線 (delay line) 293
中央演算処理ユニット (CPU) 210
中央差分 (central difference) 86
中心極限定理 (central limit theorem) 110
中心差分 (central difference) 86
チューブ (tube) 28
超越方程式 (transcendental equation) 138
超冷中性子 (ultra cold neutron) 434
調和振動子 (harmonic oscillator) 180, 273
　等時性 (isochronism) 180
直線フィッティング (straight-line fit) 156
直線偏光 (linear polarization, 直線偏波) 513

通信命令 (communication statement) 226

低域通過フィルタ (low-pass filter) 292
ディラックのデルタ関数 (Dirac delta function) 277
デジタル・フィルタ (digital filter) 292
デシメーション (decimation) 318
電磁波 (electromagnetic wave) 512
テント写像 (tent map) 345

統計力学 (statistical mechanics) 407
トップダウン・プログラミング (top-down programming) 37

な 行

ナイキスト周波数 (Nyquist frequency) 282
ナイキストの定理 (sampling theorem, Nyquist–Shannon sampling theorem) 282
ナビエ–ストークス方程式
　圧力項 (pressure term) 563
　移流項 (advection term) 563
　慣性項 (inertial term) 563
　対流項 (convection term) 563
　逐次過緩和法 (successive over-relaxation, SOR) 566
　粘性項 (viscous term) 563

2 階偏微分方程式 (PDE)
　境界条件 (boundary condition) 454

コーシー境界条件 (Cauchy boundary condition) 454
初期条件 (initial condition) 454
双曲型 (hyperbolic) 453
楕円型 (elliptic) 453, 455
ディリクレ境界条件 (Dirichlet boundary condition) 454
ノイマン境界条件 (Neumann boundary condition) 454
判別式 (discriminant) 453
放物型 (parabolic) 453, 469
2 重振り子 (double pendulum) 371
　分岐図 (bifurcation diagram) 373
2 乗平均 (root mean square) 74
2 乗平均平方根 (root mean square) 74
2 進小数点 (binary point) 45
2 進数 (binary) 41
2 進分割 (dyadic grid arrangement) 316
2 の補数 (two's complement) 42
2 分割法 (dyadic grid arrangement) 316
二分法 (bisection algorithm) 138, 193
ニュートン–ラフソンの探索手法 (Newton-Raphson search technique) 113

ヌメロフ法 (Numerov method) 190

熱伝導方程式 (heat equation) 469
　差分方程式 (difference equation) 471
　フーリエ級数展開 469

ノイズの除去 (noise reduction) 287
のこぎり波 (sawtooth function) 275, 276

は　行

ハーゲン–ポアズィユ流 (Hagen-Poiseuille flow) 567
ハードディスク (Hard disk) 211
パーリン・ノイズ (Perlin noise)
　イーズ関数 (ease function) 399
　コヒーレンス (coherence) 398
　テクスチャ (texture) 400
　レイ・トレーシング (ray tracing, 光線追跡) 400

バイアス (bias) 45
倍音 (overtone) 273
倍精度 (double) 45
倍精度浮動小数点数 (double-precision floating-point number) 45
バイト (byte) 41
バイトコード (byte code) 35
パイプライン (pipeliing) 213
ハウスドルフ–ベシコヴィッチ次元 (Hausdorff–Besicovitch dimension) 378
白色ノイズ (white noise) 289
波束 (wave packet) 499
　回折 (diffraction) 506
　散乱 (scattering) 506
　同種粒子 (identical particles) 507
波長板 (wave plate) 520
バックトラッキング (backtracking) 117, 143
8 進 (octal) 41
パディング (padding) 283
波動関数 (wavefunction) 186
波動方程式 (wave equation) 481
　基準振動モード (normal mode) 492
　弦 (string) 481
　懸垂線 (catenary) 490
　膜 (membrane) 494
　摩擦 (friction) 489
速さ (phase velocity) 482
パワー・スペクトル (power spectrum) 277, 290
半波整流波 (half wave function) 276
半波整流波 (half-wave function) 275

非可逆圧縮 (lossy compression) 308
非局所的なポテンシャル (nonlocal potential) 578
非正規化数 (subnormal number) 45
非線形写像 (nonlinear map) 336, 337
非線形振動子 (nonlinear oscillator) 166, 167, 181
　うなり (beating) 184
　共鳴 (resonance) 184
　摩擦 (friction) 183
非線形ダイナミクス
　アトラクタ (attractor) 339, 366
　カオス (chaos) 340
　カオス的な軌道 (chaotic path) 367

索引

周期点 (periodic point) 339
周期倍分岐 (period doubling bifurcation) 339
情報エントロピー (Shannon entropy) 346
ストレンジ・アトラクタ (strange attractor) 366
種 (seed) 338
ダフィング振動子 (Duffing oscillator) 375
同期, 引き込み (mode locking) 367
バタフライ効果 (butterfly effect) 367
ファン・デル・ポール方程式 (van der Pool equation) 374
不動点 (fixed point) 338
分岐 (bifurcation) 339
分岐図 (bifurcation diagram) 341
リアプノフ指数 (Lyapunov exponent) 345
リミット・サイクル (limit cycle) 352, 365
ローレンツ・アトラクタ (Lorenz attractor) 375
ロトカ–ボルテラ・モデル (Lotka-Volterra model, LVM) 350
非調和振動子 (anharmonic oscillator) 273
ビット (bit) 41
ビットシフト (bit-shift) 50
ビットの逆転 (bit reversal) 298
非定常的な信号 (nonstationary signal) 303
微分積分方程式 (integro-differential equation) 578
微分方程式
  重ね合わせの原理 (law of linear superposition) 168
標準偏差 (standard deviation) 159
標本化定理 (sampling theorem) 282
ピラミッド・アルゴリズム (pyramid algorithm) 318, 319
ビリアル定理 (virial theorem) 182

フィッティング (fitting) 118
フーリエ・スペクトル (Fourier spectrum) 272
フーリエ解析 (Fourier analysis) 272
フーリエ級数 (Fourier series) 273
  最小2乗法 (least-squares fitting) 274
フーリエ成分 (Fourier component) 274
フーリエ積分 (Fourier integral) 276
フーリエの定理 (Fourier's theorem) 274
フーリエ変換 (Fourier transform) 276

フォン・ノイマンの棄却法 (von Neumann rejection) 108
不確定性原理 (uncertainty principle) 307
複屈折性 (birefringence) 520
浮動小数点表現 (floating point notation) 43
部分波 (partial wave) 60
フラクタル (fractal) 378
フラクタル次元 (fractal dimension) 379, 380
フラクタル図形
  海岸線の長さ (length of coastline) 386
  拡散律速凝集 (diffusion-limited aggregation, DLA) 392
  球状クラスタ (globular cluster) 392
  シェルピンスキの三角形 (Sierpinski triangle, Sierpinski gasket) 379
  自己アフィン (self affine) 383
  植物の生長 (growing plants) 381
  セル・オートマトン (cellular automaton) 395
  パーリン・ノイズ (Perlin noise) 398
  フラクタルの木 (fractal plant) 382
  分岐図 (bifurcation plot) 395
  ポロックの抽象画 (Pollock painting) 393
  マス目を勘定 (box counting) 387
  ランダムウォーク (random walk) 392
  粒子の堆積 (ballistic deposition) 384
  粒子の堆積に相関 (correlated ballistic deposition) 390
フローチャート (flowchart) 38
ブロードキャスト (broadcast) 247
ブロック (block) 269
プロット (plot) 12
分解能 (resolving power) 280
分岐図
  自己相似性 (self-similarity) 343
  ビン分け (binning) 343
分散 (dispersion) 548
分散関係 (dispersion relation) 549
分子動力学
  カットオフ半径 (cutoff radius) 440
  周期境界条件 (periodic boundary condition, PBC) 443
  熱浴 (heat bath) 439, 442
  熱力学変数 (thermodynamic variable) 442

索　　引

ビリアル定理 (Virial theorem)　442
壁面の効果 (surface effect)　443
ベルレ法 (Verlet algorithm)　445
保存力 (conservative force)　440
レナード–ジョーンズポテンシャル (Lennard–Jones potential)　440
分子動力学 (molecular dynamics)　438
分数次元 (fractional dimension)　378
分配関数 (partition function)　407

並列計算 (parallel computing)　208, 217
　Beowulf 型 (Beowulf)　220
　Blue Gene　237
　FLOPS　237
　Fortran や C (Fortran and C)　244
　MIMD　225
　NumPy
　　ベクトル化 (vectorize)　249
　Python と Fortran (Python vs. Fortran)　250
　RAM　243
　アムダールの法則 (Amdahl's law)　222
　一斉通信 (broadcast)　239
　ウィーク・スケーリング (weak scaling)　231
　オーバーヘッド (overhead)　223, 245
　仮想マシン (virtual machine)　244
　仮想メモリ (virtual memory)　243, 245
　完全な並列 (perfectly parallel)　226
　キャッシュ (cache)　259
　キャッシュ・フロー (cache flow)　260
　キャッシュ・マネージャ (cache manager)　258
　キャッシュミス (cache miss)　258, 259
　キャッシュライン (cache line)　244
　競合状態 (race condition)　228
　共通バス (common bus)　219
　共有データ (shared data)　225
　空間的局所性 (spatial locality)　234
　ゲスト (guest)　224
　最適化 (optimization)　243, 249
　　NumPy　247, 249
　最適化オプション (optimization option)　249
　細粒度並列 (fine grain parallel)　220
　サブタスク (subtask)　221, 224
　時間的局所性 (temporal locality)　234
　スケーラビリティ (scalability)　230, 232
　ストライド (stride)　249, 258, 260
　ストロング・スケーリング (strong scaling)　231
　スレーブ・プロセス (slave process)　227
　スレッド (thread)　224
　性能 (performance)　221
　粗粒度並列 (coarse grain parallel)　219
　タスク並列 (task parallel)　233
　単一命令単一データ (SISD)　218
　単一命令複数データ (SIMD)　219
　逐次処理 (serial processing)　218, 222
　通信 (communication)　225
　通信時間 (communication time)　223
　データ・ストリーム (data stream)　219
　データ依存性 (deta dependency)　218
　データキャッシュ (data cache)　258
　データ並列 (data parallel)　233
　デッドロック (deadlock)　228
　同期 (synchronous)　226
　ノード (node)　218
　パイプライン並列処理 (pipeline parallel)　226
　バンド幅 (bandwidth)　223
　複数命令複数データ (MIMD)　219
　ブロードキャスト (broadcast)　249
　プログラミング (programing)　258
　分割型グローバルアドレス空間 (PGAS) プログラミング (global address space programing)　217
　分散メモリ (distributed memory)　220
　並列サブルーチン (parallel subroutine)　219
　マスター・プロセス (master process)　227
　命令ストリーム (instruction stream)　219
　メインタスク (main task)　224
　メッセージ・パッシング (message passing)　219, 225–227
　メモリ・アクセスの競合 (memory access conflict)　243
　メモリの競合 (memory conflict)　222
　粒度 (granularity)　219
　領域分割 (domain decomposition)　234
　ループ展開 (loop unrolling)　253, 256
　レイテンシ (latency)　223, 239
　レジスタ (register)　258

ローカルデータ (local data)　225
ワーキング・セット・サイズ (working set size)　243, 245
ページング (paging)　120
ベクトル化 (vectorize)　247
ベスト・フィット (best fit)　146
ベッセル変換 (Bessel transform)　583
偏微分方程式 (partial differential equation, PDE)　168, 453

ポアソン方程式
　差分 (difference)　459
　差分方程式 (finite-difference equation)　459
　ポアソン方程式 (Poisson's equation)　455
ポアンカレ断面 (Poincaré section)　377
崩壊定数 (decay rate, decay constant)　80
放射性崩壊 (radioactive decay)　79
放射能 (radio-activity)　80
放物体の運動 (projectile motion)　201
補間 (interpolation)　146
補間多項式 (interpolating polynomial)　147
捕食者–被食者モデル (Predator-Prey model)　349
ボリュームレンダリング (volume rendering)　13
ボルツマン分布 (Boltzmann distribution)　143, 407

ま 行

マイクロコードプログラム (microcode program)　214
窓関数 (window function)　295, 308
　ハミング窓 (Hamming window)　295
マルコフ鎖 (Markov chain)　409
マルチタスク (multitasking)　213
丸め誤差 (round-off error)　55, 58

ミクロカノニカル (小正準) 集団 (microcanonical ensemble)　407, 439
ミラーの後退漸化式法 (Miller's algorithm, backward recursion)　62

無損失圧縮 (lossless compression)　307

メッセージ・パッシング (message passing)　228
メトロポリス法
　棄却法 (rejection technique)　409
　統計的揺らぎ (statistical fluctuation)　413
　フォン・ノイマンの棄却法 (von Neumann rejection technique)　408
　メトロポリス法 (Metropolis algorithm)　408
メモリ
　アーキテクチャ (architecture)　210
　階層構造 (hierarchy)　209
　記憶制御装置 (paging storage controller)　211
　キャッシュ (cache)　211
　キャッシュライン (cache line)　211
　行優先順 (row-major order)　209
　スタティック RAM (SRAM)　211
　ダイナミック RAM (DRAM)　211
　バッファ (buffer)　211
　ページ (page)　211
　ページフォールト (page fault)　212
　メイン・メモリ (main memory, central memory)　211
　ランダム・アクセス・メモリ (RAM)　211
　レイテンシ (latency)　211
　レジスタ (register)　210
　列優先順 (column major order)　209
　論理配置 (logical arrangement)　209
メルセンヌ・ツイスター (Mersenne Twister)　71

モアレパターン (Moire pattern)　282
問題解決のための環境 (problem-solving environment)　33
問題解決のパラダイム (problem solving paradigm)　2
モンテカルロ法 (Monte Carlo technique)　68, 102

や 行

ヤコビ行列 (Jacobian matrix)　117
ヤコビ法 (Jacobi method)　460

誘起双極子–双極子相互作用 (induced dipole-induced dipole interaction)　441
有限要素法 (finite-element method, FEM)　523

索　引

重み付き残差法 (method of weighted residual)　525
　ガラーキン法 (Galerkin method)　525
　スペクトル分解 (spectral decomposition)　526
　基底関数 (basis function)　524
　剛性マトリクス (stiffness matrix)　527
　三角形要素 (triangular element)　535
　試験関数 (trial function, test function)　525
　弱形式 (weak form)　525
　正規座標 (normal coordinate)　536
　ディリクレ境界条件 (Dirichlet boundary condition)　535
　ノイマン境界条件 (Neumann boundary condition)　534
　変分形式 (variational form)　525
　面積座標 (area coordinate)　536
　ヤコビ行列 (Jacobian matrix)　537
有効数字 (significant figure)　43
幽霊ビット (phantom bit)　45

横波 (transverse wave)　513

ら　行

ラグ (lag)　288
ラグランジュ補間 (Lagrange interpolation)　147
ラックス–ウェンドロフ法 (Lax-Wendroff algorithm)　547
ラプラス方程式 (Laplace's equation)　455
　差分 (difference)　459
　フーリエ級数による解 (Fourier series solution)　456
乱数列 (random sequence)　68
ランダムウォーク (random walk)　59, 74
　自己回避ランダムウォーク (self-avoiding random walk)　78
リープ・フロッグ法 (leapfrog method)　502, 508, 546
離散的非線形系のダイナミクス (discrete nonlinear dynamics)　335
離散フーリエ変換 (discrete Fourier transform, DFT)　278
リスト (list)　248
リップマン–シュウィンガー方程式 (Lippmann–Schwinger equation)　584, 587
流体力学 (fluid dynamics)　561
　移流方程式 (advection equation)　544
　渦度 (vorticity)　568
　渦無しの流れ (irrotational flow)　568
　境界層 (boundary layer)　565
　格子レイノルズ数 (grid Reynolds number)　570
　実質微分 (substantial derivative)　562
　状態方程式 (equation of state)　563
　層流 (laminar flow)　564
　定常流 (steady flow)　562, 563
　流れ関数 (stream function)　568
　流線 (stream line)　568
　ナビエ–ストークス方程式 (Navier–Stokes equation)　563
　粘性 (viscosity)　563
　非圧縮 (incompressibility)　563
　非圧縮性 (incompressible)　561
　物質微分 (material derivative)　562
　ラグランジュ微分 (Lagrangian time derivative)　562
　乱流 (turbulent flow)　570
　流跡線 (path line)　564
　流線 (stream line)　564
　レイノルズ数 (Reynolds number)　570
　連続方程式 (continuity equation)　544
衝撃波
　バーガース方程式 (Burgers' equation)　546
　ラックス–ウェンドロフ法 (Lax-Wendroff algorithm)　546
衝撃波 (shock wave)　546
量子力学 (quantum mechanics)　186

累積分布関数 (cumulative distribution function)　111
ルンゲ–クッタ–フェールベルク法 (Runge-Kutta–Fehlberg method)　175
ルンゲ–クッタ法 (Runge-Kutta rule)　172

列優先順 (column-major order)　121

連続的非線形系のダイナミクス (continuous nonlinear dynamics)　359
連続方程式 (continuity equation)　544
連立非線形方程式 (simultaneous nonlinear equation)　115

ロード (load)　35
ロードモジュール (load module)　35
ロジスティック写像
　安定状態 (stable state)　340
　過渡現象 (transients)　340
　間欠状態 (intermittency)　340
　擬似乱数 (pseudo random number)　344
　消滅 (extinction)　340

漸近解 (asymptote)　340
多重周期 (multiple period)　340
ファイゲンバウム定数 (Feigenbaum constant)　344
分岐図 (bifurcation diagram)　341
ロジスティック写像 (logistic map)　336
ロンバーグの外挿 (Romberg's extrapolation)　101

わ 行

ワード長 (word length)　41
惑星の運動 (planetary motion)　204
ワン–ランダウ法 (Wang-Laundau sampling)　415

監訳者略歴

小柳　義夫
　　　1943年　東京都に生まれる
　　　1971年　東京大学大学院理学研究科物理学専門課程博士課程修了
　　　　　　　筑波大学教授・東京大学教授・工学院大学教授・神戸大学
　　　　　　　特命教授を経て
　　現　在　一般財団法人 高度情報科学技術研究機構 神戸センター サ
　　　　　　　イエンス・アドバイザー
　　　　　　　東京大学名誉教授・理学博士

実践Pythonライブラリー
計算物理学I
　　―数値計算の基礎／HPC／フーリエ・ウェーブレット解析―　　　定価はカバーに表示

2018年4月20日　初版第1刷
2022年8月5日　　　第4刷

　　　　　　　　　　監訳者　小　柳　義　夫
　　　　　　　　　　発行者　朝　倉　誠　造
　　　　　　　　　　発行所　株式会社　朝　倉　書　店
　　　　　　　　　　　　　　東京都新宿区新小川町6-29
　　　　　　　　　　　　　　郵便番号　162-8707
　　　　　　　　　　　　　　電話　03(3260)0141
　　　　　　　　　　　　　　FAX　03(3260)0180
　　　　　　　　　　　　　　http://www.asakura.co.jp

〈検印省略〉

ⓒ 2018〈無断複写・転載を禁ず〉　　　　　　　　Printed in Korea

ISBN 978-4-254-12892-5　　C 3341

JCOPY ＜出版者著作権管理機構 委託出版物＞

本書の無断複写は著作権法上での例外を除き禁じられています．複写される場合は，
そのつど事前に，出版者著作権管理機構（電話 03-5244-5088, FAX 03-5244-5089,
e-mail: info@jcopy.or.jp）の許諾を得てください．

◆ 実践Pythonライブラリー ◆
研究・実務に役立つ／プログラミングの活用法を紹介

愛媛大 十河宏行著
実践Pythonライブラリー
心理学実験プログラミング
―Python/PsychoPyによる実験作成・データ処理―
12891-8 C3341　　　　A5判 192頁 本体3000円

Python(PsychoPy)で心理学実験の作成やデータ処理を実践。コツやノウハウも紹介。〔内容〕準備(プログラミングの基礎など)／実験の作成(刺激の作成，計測)／データ処理(整理，音声，画像)／付録(セットアップ，機器制御)

前東大 小柳義夫監訳
実践Pythonライブラリー
計 算 物 理 学 Ⅱ
―物理現象の解析・シミュレーション―
12893-2 C3341　　　　A5判 304頁 本体4600円

計算科学の基礎を解説したⅠ巻につづき，Ⅱ巻ではさまざまな物理現象を解析・シミュレーションする。〔内容〕非線形系のダイナミクス／フラクタル／熱力学／分子動力学／静電場解析／熱伝導／波動方程式／衝撃波／流体力学／量子力学／他

慶大 中妻照雄著
実践Pythonライブラリー
Pythonによる ファイナンス入門
12894-9 C3341　　　　A5判 176頁 本体2800円

初学者向けにファイナンスの基本事項を確実に押さえた上で，Pythonによる実装をプログラミングの基礎から丁寧に解説。〔内容〕金利・現在価値・内部収益率・債権分析／ポートフォリオ選択／資産運用における最適化問題／オプション価格

海洋大 久保幹雄監修　東邦大 並木 誠著
実践Pythonライブラリー
Pythonによる 数理最適化入門
12895-6 C3341　　　　A5判 208頁 本体3200円

数理最適化の基本的な手法をPythonで実践しながら身に着ける。初学者にも試せるようにプログラミングの基礎から解説。〔内容〕線形最適化／整数線形最適化問題／グラフ最適化／非線形最適化／付録:問題の難しさと計算量

前千葉大 夏目雄平・前千葉大 小川建吾著
基礎物理学シリーズ13
計 算 物 理 Ⅰ
13713-2 C3342　　　　A5判 160頁 本体3000円

数値計算技法に止まらず，計算によって調べたい物理学の関係にまで言及〔内容〕物理量と次元／精度と誤差／方程式の根／連立方程式／行列の固有値問題／微分方程式／数値積分／乱数の利用／最小2乗法とデータ処理／フーリエ変換の基礎／他

前千葉大 夏目雄平・千葉大 植田 毅著
基礎物理学シリーズ14
計 算 物 理 Ⅱ
13714-9 C3342　　　　A5判 176頁 本体3200円

実践にあたっての大切な勘所を明示しながら詳説〔内容〕デルタ関数とグリーン関数と量子力学／変分法／汎関数／有限要素法，境界要素法／ハートリー-フォック近似／密度汎関数／コーン-シャム方程式と断熱接続／局所近似

夏目雄平・小川建吾・鈴木敏彦著
基礎物理学シリーズ15
計 算 物 理 Ⅲ
―数値磁性体物性入門―
13715-6 C3342　　　　A5判 160頁 本体3200円

磁性体物理を対象とし，基礎概念の着実な理解より説き起こし，具体的な計算手法・重要な手法を詳細に解説〔内容〕磁性体物性物理学／大次元行列固有値問題／モンテカルロ法／量子モンテカルロ法：理論・手順・計算例／密度行列繰込み群／他

日本応用数理学会監修
前東大 薩摩順吉・早大 大石進一・青学大 杉原正顕編
応 用 数 理 ハ ン ド ブ ッ ク
11141-5 C3041　　　　B5判 704頁 本体24000円

数値解析，行列・固有値問題の解法，計算の品質，微分方程式の数値解法，数式処理，最適化，ウェーブレット，カオス，複雑ネットワーク，神経回路と数理脳科学，可積分系，折紙工学，数理医学，数理政治学，数理設計，情報セキュリティ，数理ファイナンス，離散システム，弾性体力学の数理，破壊力学の数理，機械学習，流体力学，自動車産業と応用数理，計算幾何学，数論アルゴリズム，数理生物学，逆問題，などの30分野から260の重要な用語について2～4頁で解説したもの。

上記価格（税別）は 2022年 7月現在